原子力显微镜及其生物学应用

［英］V. J. 莫里斯
［英］A. R. 柯尔比　著
［英］A. P. 冈宁
钟　建　译

上海交通大学出版社
SHANGHAI JIAO TONG UNIVERSITY PRESS

内容提要

本书共 9 章,内容涵盖原子力显微镜的设备介绍、使用方法及其相关的应用研究领域,既包含了原子力显微镜技术的基本原理,又探讨了其应用在不同生物组织系统中的关键问题。

本书适合从事与原子力显微镜技术相关的如生物学、材料学、食品科学等领域的技术人员、科研人员及相关专业的师生阅读参考。

图书在版编目(CIP)数据

原子力显微镜及其生物学应用/(英) V. J. 莫里斯
(Victor J. Morris),(英) A. R. 柯尔比
(Andrew R. Kirby),(英) A. P. 冈宁
(A. Patrick Gunning)著;钟建译. —上海:上海交
通大学出版社,2019
ISBN 978 - 7 - 313 - 16884 - 9

Ⅰ.①原… Ⅱ.①V… ②A… ③A… ④钟… Ⅲ.①原
子力学-显微镜-应用-生物学 Ⅳ.①TH742②Q

中国版本图书馆 CIP 数据核字(2019)第 088134 号

原子力显微镜及其生物学应用

著　　者:[英] V. J. 莫里斯　A. R. 柯尔比　A. P. 冈宁　　　译　者:钟　建
山版发行:上海交通大学出版社　　　　　　　　　　　　　　地　址:上海市番禺路 951 号
邮政编码:200030　　　　　　　　　　　　　　　　　　　　电　话:021 - 64071208
印　　制:上海万卷印刷股份有限公司　　　　　　　　　　　经　销:全国新华书店
开　　本:710 mm×1000 mm　1/16　　　　　　　　　　　　印　张:24
字　　数:450 千字
版　　次:2019 年 6 月第 1 版　　　　　　　　　　　　　　印　次:2019 年 6 月第 1 次印刷
书　　号:ISBN 978 - 7 - 313 - 16884 - 9/TH
定　　价:168.00 元

版权所有　侵权必究
告读者:如发现本书有印装质量问题请与印刷厂质量科联系
联系电话:021 - 56928178

译者序

∙∙∙

　　原子力显微镜是扫描探针显微镜家族的一员，是由斯坦福大学的Gerd Binnig 与 Calvin F. Quate 和 IBM 硅谷研究室的 Christoph Gerber 于 1985 年合作发明的。它可以在纳米级别上对各种样品（包括生物样品等）的形貌、力学性能、分子分布等进行探测，并且可以直接对样品进行纳米级加工。因此，原子力显微镜广泛应用于生物医学、医学科学、材料科学、表面科学和纳米科学等领域。原版书是原子力显微镜在生物学应用方面的经典著作，自 1999 年首次出版以来反响良好，并于 2010 年第二次修订出版。原版书的三位著者 Victor J. Morris，Andrew R. Kirby，A. Patrick Gunning 均在著名的英国 Quadram 生物科学研究所（原食品研究所）工作，都是国际著名的原子力显微镜生物学应用（特别是食品）专家。

　　原版书的特点是三位著者均有丰富的原子力显微镜生物应用经验，且他们在同一个单位进行紧密合作，因此原书系统、全面地对原子力显微镜生物学应用进行了详细的阐述，包括设备、原理、基本流程、针对不同生物系统的应用、与其他设备的联用、力谱技术等。既在理论上有深度，又注重应用实践的详细描述，具有很好的实用性。相比于无机或者有机样品，生物样品具有自己的独特特点，如样品尺度从分子到细胞再到组织，样品软且容易损伤，需要观察活细胞等。因此，应用原子力显微镜从事生物研究时需要进行更为全面、深入的考虑。然而，国内有关原子力显微镜生物学应用的著作基本没有，原版书中译本的出版无疑填补了这方面的空白。本书具有系统性强、内容全面、注重实际等特点，译者相信它对于我国的有关专业人员会起到启迪思路、开阔视野的作用，并且能为生物科学（包括食品科学）专家进入该领域时提供指导，有望缩短他们的学习时间。

　　本书由钟建（上海海洋大学副研究员、硕导）翻译与统稿。丁梦真（上海海洋大学硕士生）和王盼盼（上海海洋大学硕士生）参与了本书的文字校对和参考文献整理等工作,在此表示感谢。译者特别感谢上海市"食品科学与工程"高原学科(上海海洋大学)和开放大学团队建设横向项目(E‐6005‐00‐0039‐13)的经费支持。最后,译者感谢上海交通大学出版社武晓雁、张潇等编辑的辛勤工作。

　　尽管译者具有十多年的原子力显微镜生物应用实践经验,但仍然由于译者知识水平有限,加上时间仓促,译稿中的不妥之处,竭诚欢迎广大专家学者批评斧正。

上海海洋大学食品学院

农业部水产品加工副产物综合利用技术集成科研基地

国家淡水水产品加工技术研发中心(上海)

上海水产品加工及贮藏工程技术研究中心

钟　建

E‐mail:jzhong@shou.edu.cn

本书献给 Martin Murrell 和 Mark Welland，他们向我们介绍了探针显微镜技术，从而使我们随后愉快地花了很多时间深入钻研 AFM 工作。另外要献给 Christina，Gloria 和 Yvonne，Ellie 和 Alex，在写作这本书的过程中他们付出了充分的耐心和理解。

纪念"Ginny" Annison 和 Christopher Gunning。

目　录

1 绪 论

原子力显微镜(atomic force microscope，AFM)是扫描探针显微镜(scanning probe microscope，SPM)家族中的一员，其应用广泛。扫描探针显微镜主要通过"感受"标本而不是通过"观看"来形成图像。这种新型成像模式的放大倍率范围包括了光学显微镜和电子显微镜的放大倍率范围，光学显微镜通常是在"自然"成像条件下进行的。在自然条件下，分子水平或者亚分子分辨水平实时成像的生物系统是生物学家所感兴趣的。因此，自从扫描探针显微镜开发以来，吸引了众多生物学家和生物物理学家将其应用于生物学研究。关于 AFM 的研究论文最早发表于 20 世纪 80 年代初，之后 SPM 的生物应用发展极为快速。本书的目的之一是分析研究这些技术对生物科学的影响，并尝试去评估其未来的应用潜力。

扫描探针显微镜技术始于 20 世纪 80 年代初 Binnig 和 Rohrer 发明的扫描隧道显微镜(scanning tunneling microscope，STM)，它彻底改变了传统的显微镜技术。该发明的重要性迅速被大家所公认，发明人获得了 1986 年诺贝尔物理学奖。STM 是不断成长的大 SPM 家族的第一位成员。SPM 主要通过针尖扫描样品表面、测量探针与样品表面的某些作用形式来感受样品表面的结构。STM 的发展起源于在薄绝缘层电性能的研究，进而开发了通过测量导电表面和导电探针之间的隧穿电子来检测探针和样品表面距离的 SPM 设备。几年之后(1986 年)，Binnig 和同事们宣布了 SPM 家族的第二个成员——原子力显微镜(也命名为扫描力显微镜，scanning force microscope)的诞生。在 20 世纪 80 年代后期，商业化 STM 已成为可能。20 世纪 90 年代初商业化 AFM 开始出现，到目前为止已经经历了几代的演变。改良型和新型 SPM 已经出现，且在未来将继续发展。生物研究中的重要进展包括力显微镜与光学或电子显微镜等的联用，冷冻原子力显微镜、扫描离子电导显微镜和扫描近场光学显微镜。

严格意义上讲，SPM 不是显微镜，它们主要采用尖锐的针尖来"触摸"或者感觉表面来观察样品表面。传统(远场)显微镜主要通过收集透过样品或从样品表面反射的辐射来成像。其最终的分辨率依赖于辐射波长的衍射极限。因此，传统光学显微镜的分辨率受限于 200 nm 左右。而在电子显微镜(electron microscope，EM)中可以通过使用高能电子而获得更高分辨率的生物材料图像。尽管最近环境

图 1.1   用于探测样品表面结构的 AFM 探针针尖的扫描电子显微镜图像(探针"触摸"样品表面,放大倍数约为 10 000x,图片由 Paul Gunning 提供)

型电子显微镜的开发取得了新的进展,但仍然要求样品在真空或部分真空下进行检验来获得分子级别的分辨率。电子显微镜已经开发出许多卓越的制备方法来保持生物材料的"天然"结构。采用不同机制(见图 1.1)和不同标准的扫描探针显微镜的分辨能力也不同。

扫描探针显微镜技术是在探针扫描下方的样品表面时通过测量探针与样品表面之间相互作用的大小变化来获取图像的。因此,图像的分辨率取决于探针针尖的尖锐度或者表观尖锐度,以及样品相对于探针定位的准确度。利用 SPM 观察平坦表面可以实现"原子级"分辨率,且能够在气体或液体环境实现。对于大分子而言,原子级分辨率仅可以在观察每个原子都与平坦基底表面紧密接触的简单分子时实现。然而,SPM 能够实现"自然"条件下的大多数生物聚合物的亚分子级分辨率。SPM 具有观察自然或者生理条件下分子过程的能力,其能够在光学显微镜学家熟悉的实验条件下提供与大多数商业化电子显微镜同级别的分辨率。

最初的生物学研究是通过 STM 进行的。随着样品表面和探针间距的增加,隧道电流呈指数衰减。探针-样品间距上原子尺寸的变化将导致隧道电流的数量级变化。这意味着在针尖上最接近样品表面的原子发生了隧道效应,从而探针表现出像原子级尖锐一样的行为。因此 STM 可提供 SPM 家族中最高的分辨率。然而,隧道电流的快速衰减使得 STM 只能用于薄界面或单个生物聚合物的研究。对于较大的生物系统来说,探针-样品间距太大,从而隧道电流太小而无法检测到。此外,样品表面需要导电,这通常意味着需要涂覆生物样品,这就抵消了 SPM 方法(STM)的主要优点。然而,AFM 对于样品大小没有上述的限制,且 AFM 能够并已经对自然状态下从单个分子到细胞再到组织的不同尺寸范围的生物样品进行成像。原子力显微镜及其改进后的产品如低温原子力显微镜已经成为生物学研究中首选的 SPM 方法。早期,SPM 被认为是非侵入性技术。在实践中,样品的损坏和推移影响了 STM 和 AFM 的早期应用。对这些问题的理解和解决推进了可靠和可重现的成像方法的发展。研究重点也从显微镜的验证转移到生物学问题的研究。

其他类型的 SPM 已经用于生物学研究并且将发挥越来越重要的作用。一个可能的候选者且目前已经商业化的是扫描离子电导显微镜(scanning ion conductance microscope，SICM)，本书中将讨论其基本原理及合适的生物学应用。人们越来越重视 AFM 与传统光学或共聚焦显微镜联用，或者与其他表面技术如表面等离子共振技术等联用，本书也将讨论部分显微镜联用技术。早期的显微镜联用技术与独立原子力显微镜相比受限于分辨率，然而，最新代的联用技术提供了联用光学显微镜来定位和表征生物样品的多用途性且具有与独立 AFM 相同的分辨能力。对于软样品(如细胞)仍然很难获得高分辨图像，而最新的扫描离子电导显微镜以及远场和近场光学显微镜的进展都是有力的竞争者。随着探针显微镜技术的成熟，重点已经从仅仅获取图像转变为更普遍地使用该技术来解决生物学中的问题。越来越多的探针显微镜被视为研究生物系统的工具箱，应用范围包括有诸如弹性、摩擦、电荷等参数的整体绘谱，表面的特定亲和力绘谱以及使用探针显微镜来修饰和操纵生物系统。逐渐地，在自然条件下单分子水平测量的能力也与 AFM 成像应用受到同等重视，应用范围包括单个分子的表征，分子相互作用及它们在分子和细胞水平摩擦以及黏附中的作用。本书将聚焦于 AFM 的生物学应用，评估该技术的优点和局限性。这一领域的文献是极为广泛的并且是出版迅速的，本书不可能引用关于特定主题所有的已发表论文。相反，我们试图引用图书、最近的综述和部分研究论文。用这些论文来强调某一点，或提供一条通往该领域文献的路径。对于这些文献的选择并不意味着优先，文献遗漏纯粹是由于时间和空间限制，并不代表对这些出版物质量的评价。

我们希望这本书要写什么？首先是介绍 AFM，以及描述可用的设备类型及其使用方式。其次是查看已经研究过的生物样品类型，以及了解这些研究的成功程度，并评估 AFM 的使用是否在这些领域产生了新的知识或理解。一般来说，我们希望了解什么是可以做的，什么是不能做的。若可以做那么它是如何做的，以及到目前为止做了什么和将来可能往哪里走。我们希望谁能从阅读这本书中获益？我们希望本书能为查找 AFM 生物应用相关文献提供良好的资源基础。本书所提供的信息将使读者能够批判性地评估目前已经出版的和未来将出版的关于 AFM 生物应用的数据，能够决定 AFM 是否能用于读者所感兴趣的领域。本书对于学习 AFM 新人而言将提供关于决定应用哪种技术、其内部局限性、如何去避免和识别假象，以及如何优化 AFM 使用来解决问题等基础知识。

2 仪 器

2.1 原子力显微镜

AFM 没有任何的镜头,当考虑 AFM 如何工作时,第一件需要考虑的事情就是无视所有传统显微镜的设计概念。事实上,AFM 是通过"触摸"而非"观察"来对样品进行成像的。一个很好的比喻就是"盲人摸象",盲人通过他们的手指触摸物体并通过他们所触摸的结果来构建大脑中的图像。如同盲人的手指,原子力显微镜能产生清晰的细节图,不仅包括被触摸物体的表面形貌,还包括其质地或材料特征,如软或硬、弹性或柔性、黏或滑。AFM 另外的应用将在后续章节进行更详细地讨论(第 3.3 节和第 7.1.2 节)。现在我们只考虑 AFM 在形貌学方面所提供的信息以及如何最优地实现。图 2.1 简略地介绍了原子力显微镜的主要特征。

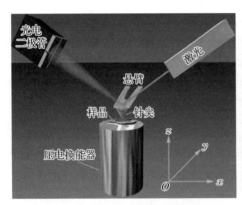

图 2.1 原子力显微镜示意图

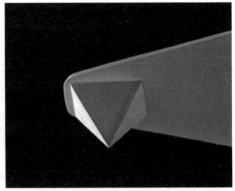

图 2.2 AFM 的探针针尖和悬臂的扫描电子显微镜(SEM)图(锥体的基本长度是 4 μm,图片由 Paul Gunning 拍摄)

原子力显微镜的第一个且毫无争议的最重要部分是触针或者说是探针针尖。它的作用是"触摸",图 2.2 显示了一根原子力显微镜探针针尖的电子显微镜图。

探针是由悬臂及其末端微加工的一个十分尖锐的针尖所组成。这个微小的探针组合黏在玻璃基底(通常为 PMMA 胶膜)上以便于操作。这个尖(常命名为针尖)的尖锐度决定了显微镜的分辨能力。悬臂使得探针针尖在扫描样品时可以上下移动。其方式相当于唱片的唱针扫描一个唱片(更确切地说是在 CD 发明前的年代)。并且,悬臂通常具有非常低的弹性系数(这在物理教科书中称为力常数),使得 AFM 可以非常精确地控制探针和样品之间的力。探针(悬臂-针尖组合)通常由硅或氮化硅制成。这些材料既硬又耐磨,是用于微加工的理想材料。

　　AFM 第二个至关重要的特征就是扫描机制。仅仅具有非常尖锐的探针针尖而不具有相对于样品表面非常精确的探针定位方法也是没有用的。扫描机制是通过压电转换器来实现的(见图 2.3)。其原理与压电气体打火机的原理相同——即当压电陶瓷的晶体被挤压时,其产生足够大的电位差(即偏置电压)以产生火花。如果这个过程被反转,施加电位差到压电陶瓷上,它就会膨胀。这种移动方式是极具可重复性且相当敏感的,以致足够清晰的电子信号可以使压电陶瓷以原子尺寸的精度移动。这为 AFM 以及所有探针显微镜提供了它们所需的样品定位或者探针针尖定位的准确性。在后续章节将讨论其他许多不同的几何结构(第 2.2 节)。图 2.1 列出了一种通常的扫描机制设计,在图 2.1 中,样品安装在压电转换器的顶部。样品可以在三个正交方向 x、y 和 z 上精确移动,这三个方向被指定为仪器控制电子学中的三个通道。可以使用 z 通道将样品非常接近 AFM 探针(常常实际上已经接触),然后使用 x 和 y 通道进行光栅扫描(即一行一行地),以构建样品表面选定区域的图像。

　　该仪器的最后一个特征是它的检测系统。探针在样品表面来回移动时的运动必须监控。本书后文将详细描述几种不同的检测方法(见第 2.5 节)。为了简单起见,在此描述最常见的检测方法——光学杠杆系统,如图 2.1 所示。激光束聚焦到悬臂的端部,最好是直接在探针针尖的上方,然后激光被反射到光电二极管检测器上。在现代的仪器中,光电二极检测器分为四个象限。当扫描过程中探针针尖对样品表面形貌做出反应而移动时,反射激光束的角度改变,因此落在光电二极检测器上的激光斑点移动,从而产生其在每个象限中的强度变化。这个令人惊讶的简单系统实际上是一个机械放大器,它足够灵敏,可以检测探针针尖在样品上来回移动时针尖的原子级别移动。光电二极检测器上方两个象限和下方两个象限之间的激光强度差异产生一个电信号来量化探针针尖的正常(上下)运动,光电二极检测器的左侧两个象限和右侧两个象限激光强度的差异来量化探针任何横向或扭曲的运动。因此,摩擦信息可以与形貌信息区别开来。

　　当扫描样品时,样品的形貌使得悬臂随着探针和样品之间的力的变化而发生偏转。在最简单的操作模式(有关操作模式的更多细节见第 3.2 节)中,控制回路控制样品或探针在每一个成像点沿适当的方向移动,从而确保悬臂的偏转保持在一个控制回路预定的恒定水平。在这种操作模式下,反馈机制对于生成图像至关重要。记录并显示压电扫描器 x、y 和 z 方向位移就可以产生样品表面的图像。

2.2 压电扫描器

现代原子力显微镜使用两种基本扫描机制的一种：一种是扫描样品机制，另一种是扫描探针机制。它们都依赖于压电转换器。压电效应是由于施加应力而在某些晶体（压电晶体）的相对面上产生电位差。如果应力改变是从压缩变为拉伸，产生的电极化与应力和极化变化的方向成比例。反压电效应是与之相反的压电扫描器工作现象，如果在压电晶体的相反面上施加电位差，则晶体变形。AFM 中使用的压电材料是陶瓷，通常是所谓的 PZT 型（锆钛酸铅）。在扫描探针显微镜技术早期，扫描器的几何结构是由放置在三脚架中的三块压电陶瓷组成，可使探针或样品在三个正交方向 x、y 和 z 移动。目前，压电三脚架已经被压缩陶瓷材料管（在某些情况下是三脚架和管的组合）所取代，这是由 Binnig 和 Smith 于 1986 年首次引入的[1]。这种几何结构相对于三脚架组合具有许多优点，最主要的优点可能是具有由于更为紧凑以及由对称几何结构导致的更大扫描范围。

扫描器由径向极化的薄壁硬压电陶瓷组成。如图 2.3 所示，电极连接到管的内表面和外表面，且管的外表面相对于轴线被分为四部分。通过在内部和所有外部电极之间施加偏压，压电扫描管将膨胀或收缩（即在 z 方向上移动）。如果将偏置电压仅施加到一个外部电极，则压电扫描管将弯曲，即在 x 和 y 方向上移动。为了使该弯曲更显著从而提高扫描范围，外部电极对向分布，即 $+x$ 与 $-x$ 相反，这意味着如果压电扫描管的一个电极上施加以 $+n$ 伏偏压，而在对向电极上施加 $-n$ 伏偏压，这将使压电扫描管弯曲 2 倍于单个电极施加偏压时候的情况。Taylor 在 1993 年对压电扫描管动力学进行了详细的数学研究[2]。管式压电扫描器有两个主要缺点。第一个是压电扫描管的末端运动驱动探针或样品在 x 和 y 方向运动是以一个弧而不是直线的方式，这导致在进行大范围扫描时产生"眼球"效应。平坦的表面看起来像是球体表面的一部分，因而命名为"眼球"效应。这种效果可以用图像处理软

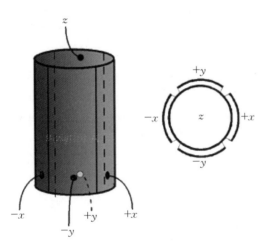

图 2.3 压电扫描管示意图（虽然管仅在三个正交方向 x、y 和 z 移动，实际上实现这个运动需要五个电极 $+x$、$-x$、$+y$、$-y$ 和 z）

件来纠正。第二个问题是扫描速度。压电扫描管不能快速移动,如果要研究非常快速的过程,则需要使用由小型压电陶瓷堆组成的压电扫描管。在本章的校准部分(见第2.8节)中将讨论与压电扫描管非线性有关的其他问题。

一种新的压电扫描器几何机构出现在现代高性能 AFM 中,即所谓的"屈曲台"。这种设计相当巧妙地将压电元件放置在嵌套的摇篮状结构中,通常由单片薄合金板加工而成。与传统的多部件扫描器设计相比,它由单件材料加工而成,因此弯曲阶段显著提高了机械和热稳定性。从图2.4可以看出,压电元件推动分离的金属臂,从而在每个臂底部的支点区域发生弯曲。每一个嵌套板角落的铰链设计限制了嵌套版各自的后续运动仅仅是在纯正交的方向。这种安排将每个压电元件的运动分离而使轴串扰最小化,使扫描器相比于管扫描器可以更可靠地追踪所选区域。屈曲设计还使得其更容易并入用于闭环反馈校正电路的独立移动传感器,以确保扫描精度(见第2.8.1节)。屈曲台的另一个显著优点是机构保护了精密的压电元件。在这种布置中,压电体不是直接承重的,因此不太容易受到过度"勤快"的初学者的机械损坏。同时,它们也保护了压电体不受过度液体溢出(一年级本科

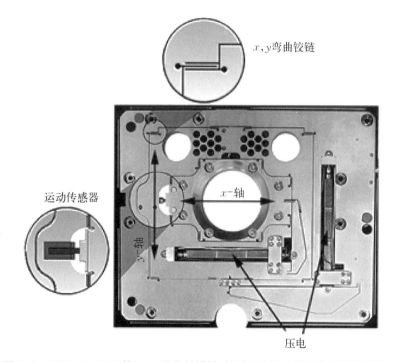

图2.4 MFP-3D AFM 的 x、y 屈曲扫描管结构[两个独立的压电元件推动连接到嵌套扫描管板(x 在中心,y 在外面)的金属臂,嵌套板铰链从而限定在每个脉冲下,它们只在纯正交方向移动,注意其中使用了结合移动传感器来验证扫描管的精度,图片由 Asylum Research(Santa Barbara, CA, USA)提供]

新生容易犯的错误)的影响。这种布置的另一个显著的优点是，由于它们的平坦形状，x/y 屈曲台相对更容易与常规光学显微镜整合，样品区域几乎像以前一样（大多数将轻易地容纳玻璃片和培养皿）。

2.3 探针和悬臂

AFM 的心脏是与样品相互作用的探针针尖。即使是最精妙的 AFM，也会因为使用钝的探针针尖而产生最令人失望的、糟糕的、毫无价值的结果，这类似于将光滑磨损的轮胎装配到法拉利跑车。质量和一致性是好的原子力显微镜探针的关键。这意味着即使在 AFM 的早期阶段，也公认需要专门制造的探针针尖[3]，那种手工自制的 AFM 探针很快就被放弃了！现代的 AFM 探针针尖和悬臂是通过多项微加工技术制造而成，这些已经用于集成电路制造的微加工技术，包括平版印刷光掩模、蚀刻和气相沉积。悬臂和探针针尖几乎都由硅或氮化硅制成。它们通常涂覆有另一种材料从而可以是导电的或不导电的。如果使用光学传感方法来监测悬臂偏转，则它们被涂覆薄金层以提高其反射率；如果需要磁灵敏性，则可以包裹铁磁性涂层。商业原子力显微镜探针通常将几百个探针组成的"晶片"进行销售①。每个探针可以根据制造商说明进行分离。Boisen 和同事们给出了探针和悬臂制造的详细描述[4]。

2.3.1 悬臂的几何形状

如图 2.5 的扫描电子显微镜图片所示，悬臂上有两种基本的几何形状。三角

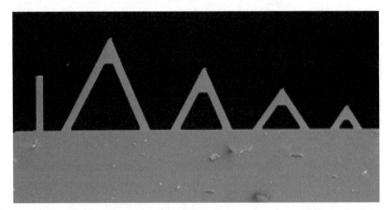

图 2.5　AFM 悬臂的 SEM 图像（放大倍数约为 100 倍，图片由 Paul Gunning 提供）

---

① 目前以盒装多个、单个探针为主要销售形式（译者注）。

形状通常称为 V 形臂,最初的设计目的是减少扫描样品时的扭转运动或者扭曲,是纯形貌成像的首要选择。最近,John 和 Raymond Sader 两兄弟[5]使用了一个几何近似模型来确认矩形臂比 V 形臂扭曲更剧烈的理论预测[6]。

不考虑几何形状,作用于样品上的导致悬臂弯曲的作用力(F)由以下简单方程确定,这个方程称为胡克定律:

$$F = -ks \tag{2.1}$$

式中,k 为悬臂的弹性常数;s 为其位移。负号表示力作用的方向与悬臂位移的方向相反。弹簧常数(k)随着悬臂厚度增加而增加,但随着悬臂长度增加而减小。

> 问:"由于较长的悬臂具有较低的弹性常数,它们是否是用于以更小的力成像易损生物样品来获得更好分辨率的最佳选择?"
>
> 答:"虽然它们确实能够实现更小的力,但实际上这个因素由于更低灵敏度而并不会导致更好的分辨率。"

对于悬臂几何形状的一般规则如下,如果采用光束检测方法(应用于几乎所有现有的 AFM),较长的悬臂较不灵敏。反射激光束的角位移(θ)与悬臂长度(l)之间的关系为

$$\theta \propto \frac{1}{l} \tag{2.2}$$

相比于短的悬臂,给定位移会使长的悬臂通过一个更小的角度反射激光束。因此,在光电检测器面板上激光点移动更小的距离,产生更小的输出信号传递给控制环路。此类缺乏灵敏度的实际应用是更长的悬臂对于更粗糙的样品效果更佳,这是因为探针更大的位移产生了更小的激光束角偏移,降低了激光束反射到光电检测器之外的可能性,避免反馈机制失活而导致失去控制。然而,非常低弹性常数的悬臂具有低共振频率(通常为 7～9 kHz)的缺点,如果不仔细选择扫描条件,则会使其不够稳定和更难使用。原则上悬臂应该具有比成像期间遇到的最快扫描速度高至少 10 倍的共振频率,否则可能会激发共振而造成图像质量的损失(见第 3.6.2 节)。此外,这些长且软的悬臂也容易受到环境噪声的影响。

解决长且软的悬臂梁缺乏灵敏度和不稳定性的一种方法是使它们缩短。通常这是以更高的刚度为代价的,这对于力谱应用来说不是一件好事。然而,在制造非常短(因此非常敏感)且低弹性常数的悬臂方面已经取得了重大进展(如日本的 Olympus)。这些变化对现代 AFM 仪器的力学灵敏性产生了巨大的影响。理论上

说,较短的悬臂具有更好的性能。但是,使用时必须权衡,当使用传统的分离式光电二极管检测器来收集反射光束时,悬臂越短,其线性范围越小。使用 $12\ \mu m$ 悬臂获得的实验数据表明光电信号在悬臂位移 115 nm 时偏离了纯线性响应,检测器的上方部分在悬臂位移 182 nm 处达到饱和[7]。

由于悬臂是系统中的弹簧,因此它决定了 AFM 探测样品的种类分为接触、非接触、轻敲和力调制模式。这些是各自成像模式中的探测方式,稍后会详细描述(见表 2.1 和第 3.2 节)。表 2.1 中进行了简要描述,其给出了弹性常数(k)和共振频率(f_r)的典型值,并解释了为什么在特定应用中使用特定的悬臂。

表 2.1　悬臂属性和使用概述

悬臂的类型	$k/(\mathrm{N} \cdot \mathrm{m}^{-1})$	f_r/kHz	评　论
接触模式(直流模式) 通常为 V 形	0.01～1.0	7～50	需要软臂来最小化力,需要小臂来防止不必要的共振振荡并提供最大灵敏度
非接触模式(交流模式) V 形和矩形	0.5～5	50～120	交流模式意味着臂在共振附件振荡,所以高 Q 因子①很重要。通过使用比直流模式更坚固的臂来实现最佳效果
轻敲模式(交流模式) 矩形	30～60	250～350	非常硬的臂以提供高 Q 因子并克服空气中工作时针尖和表面之间的毛细管黏附,注意:液体中轻敲模式时需要更软的臂
力调制模式(交流模式) 矩形	3～6	60～80	用于在扫描期间施加可变力来绘制表面的柔度和通过交流模式测量响应。因此,高 Q 因子对灵敏度很重要。弹性常数的选择由样本模量决定,一定程度的样品变形必须是可能的,否则测量是无意义的(就好比不能用羽毛按压足球来测量足球变形能力)

① 关于 Q 因子详见图 3.5。

2.3.2　探针针尖的几何形状

探针针尖的实际形状是原子力显微镜使用中的一个重要考虑因素。探针针尖形状的选择与所研究样品的性质密切相关。市场上有各种不同形状的商业探针,每个都有特定的功能。首先,它们可以简单地分为两个重要的类型:高长径比针尖和低长径比针尖。对于任何给定样品在决定使用何种针尖时,一个与其他形式显微镜中类似的概念相关的,即景深。如图 2.6 所示,当样品粗糙时,需要大的景深,则需要高长径比的针尖。

说到这一点,读者应该意识到原子力显微镜的景深是相当有限的。不管探针

图 2.6　不同长径比 AFM 探针针尖的示意图

(a) 适用于粗糙样品的高长径比针尖；(b) 只能研究相对光滑试样的低长径比
针尖；(c) 一种称为"锐化的"针尖的混合针尖

针尖的长径比如何，AFM 都不适合非常粗糙的样品。从图 2.6 可以明显看出，当
样品粗糙度接近或超过针尖高度时，不可能对样品进行正确的成像。然而，如果样
品是平坦的，那么低长径比的针尖是合适的。一些低长径比针尖在顶点具有较高
的长径比部分(称为"锐化"针尖)用来提高相对平坦的样品的分辨率，且只需要增
加少量的成本(见图 2.6)。图 2.7 显示了三种最常见的探针针尖形状：金字塔型
(a)、各向同性型(b)和"火箭针尖"型(c)。从实际的角度来看，不同探针针尖形状
的重要性可以通过探针针尖的"开放角度"来定义，这是定义探针针尖锐利端的长
径比的一种方式。简而言之，这个因素决定了样品的 AFM 图像被探针针尖形状
在多大程度上"软化"或模糊，低开放角度探针针尖提供更清晰的图像(此效果称为
探针针尖加宽效应，在 2.8.2 节中有更详细的讨论)。

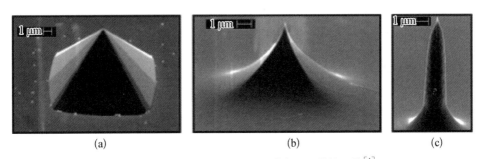

图 2.7　常见探针针尖形状的扫描电子显微镜图像[4]

　　样品越粗糙，针尖的开口角度应越低，以避免成像过程中针尖过度的卷曲。应
注意的是，开放角度不应与探针锐度混淆，针尖锐度通常用来定义 AFM 探针针尖
顶点处的曲率半径，例如金字塔型探针针尖可以与"火箭针尖"型针尖一样锐利。

2.3.3 探针针尖功能化

原子力显微镜的一大优点来自它不是简单地生成图像,而是具有与样品相互作用的能力。AFM 针尖功能化可以进一步增强这一优势。通过用某些材料涂覆针尖,针尖和样品之间的力具有无数种的差别。这可以用来研究针尖—样品相互作用的特定类型或可以用来绘制样品表面上的选定位置的性质(见第 7.1.2 节)。涂层可用来获得特定的化学灵敏性[8]。在一个此方法的显著改进中,使用功能化AFM 探针针尖证明了手性灵敏性[9]。功能化探针针尖对于 AFM 在生物学中的应用具有显著的意义,现在可以从几个专门的公司购买功能化探针(bioforce, NT-MDT)。许多功能属性都是基于生物分子对针尖的附着性。它们的范围从相当简单的亲水或疏水涂层到更复杂的功能化,如抗体或抗原包裹的探针针尖以及配体或受体包裹的探针针尖。另一个显示出前景的进展是碳纳米管附着在 AFM 悬臂上[10],这提供了一种灵活的、高长径比的针尖,其顶点具有非常好的几何特征,即 C_{60} 分子,其适于进一步的化学功能化[11]。近来,通过应用碳纳米管功能化针尖来分辨生物膜表面上方的水层结构[12],发现当碳纳米管针尖接近磷脂双层时,研究观察到与单个水分子尺寸一致的力间隔跳跃效应。

2.4 样品架

对于在空气中成像,基底上的样品是将其简单地安装在小的金属圆片上。最好是使用双面导电胶带或银 Dag™ 将样品粘贴到圆片上,从而防止成像过程中样品的移动以及样品上的静电积累。然而,在空气中进行成像通常不是生物样品的最佳选择,大多数时候是在液体池中进行成像。话虽如此,现代原子力显微镜通常是自动悬臂调谐,因而对于未知样品最简单的成像方法是在空气中使用交流模式如轻敲模式进行成像。

2.4.1 液体样品池

与电子显微镜明显的差别特征是 AFM 具有进行液态操作的能力。尽管光学显微镜中的新技术已经开始在努力提高分辨率[13]。与光学显微镜相比,AFM 具有无与伦比的分辨率。AFM 液体成像需要液态样品池。无论其设计如何,所有液体样品池基本具有三个功能:包含样品,容纳液体,并为从悬臂背反射的激光束提供稳定的光路。显然,如果使用光束检测方法,则光束不是简单地通过液体-空气界面,由于液面的移动,它将被折射到"任何位置"。解决这个问题的方法是使用一个浸在液体中的玻璃观察板。液态样品池的一般设计如图 2.8 所示。一些液态样品池通过压缩放置在样品架和探针架之间的 O 形圈来密封,另外一些使用胶乳膜来密封,还有一些保持开放状态。密闭液体池更"耗时费事",但是能防止水分的蒸发并且允许在整个实验过程中液体可以流过样品池。此外,开放样品池使液体通过样品池的流动变得困难,但仍然可以实现更换或添加液体。在成像期间液体添加、更换或流动通过样品池可以用来研究动态事件,例如酶促催化。在添加试剂之前,最好从稳定的静态系统开始,以便定义一个明确的起点。

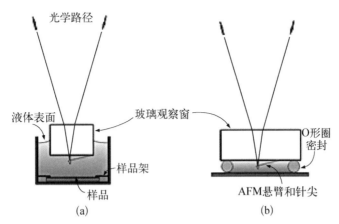

图2.8　用于光学检测的桶型(a)和O形圈型(b)液态样品池

液体样品池应由惰性材料制成,玻璃、PTFE或不锈钢是通常使用的材料。材料选择取决于样品和所使用液体的性质。另一个要求是样品固定在样品池的底部。塑料和玻璃样品池通常使用推入式垫圈来完成,但也可以使用磁性垫圈。可以用胶水将样品固定在样品池底部,但这是最不满意的选择,有污染样品的风险。最近,液体样品池设计发生了显著的改进,大多数AFM制造商提供了优秀的温度控制系统以及用于活细胞成像的专用液体样品池。

2.5　检测方法

在AFM发展的初始阶段,用几种不同的方法检测AFM探针在来回扫描样品时的运动。作为一种记录历史的形式,本节给出了这些方法的简要描述。一般来说,这些方法分为两类:光学方法和电子方法。

2.5.1　光学检测:激光束偏移

激光束偏移已经成为现代商业原子力显微镜中最常见的检测方法。这并不是偶然的,因为它是最简单、最便宜和最灵活的方法,一个通用设计如图2.9所示。这个原理类似于在一个阳光明媚的下午,一群坐在教室后排的调皮孩子,使用手表的表面将太阳光射向老师的眼睛。尽管距离在增加了捣蛋者安全性的同时,也增加了击中目标的难度,这正是本方法的关键,即机械放大。将手表表面改为微加工探针,将阳光改为激光光束,将老师的眼睛改为光电检测器,然后就拥有了一台AFM 传感器!然而,在 AFM 中反射物(悬臂)和目标(光电检测器)之间的距离实际上不能决定放大倍数,因为更大的距离导致光电探测器上的扩散更多,因此光电检测器上的激光点强度降低会减少整体信噪比。在实际中,原子力显微镜光束设计中的放大倍数取决于悬臂尺寸:悬臂越短,激光束的角位移越大。这个机制是由 Meyer 和 Amer[14] 开拓的,就如同所有的好主意一样,在事后看起来它是显而易见的。这个方法提供的不那么明显的优势是敏感度。Meyer 和 Amer 证明,通过构造小型悬臂梁,理论上最小可测量位移约为 4×10^{-4} Å[①]。实际上,位移灵敏度受到悬臂随机热激发的限制,但是在合适的设计下很容易检测到原子尺度位移。光检测器通常是简单的光电二极管,这是一种使入射光转换成为电信号的半导体器件,当入射光变亮时,电信号增加。光电二极管分为四个部分,从而能够区分探针针尖的正向和侧向运动。通过比较每个象限中的反射激光的相对强度,可以实现针尖位移的近似量化。然而,为了更精确地测量针尖位移,如对单个分子进行力-距离力谱分析时,则线性位置敏感检测器是一种较好的检测方法选择[15]。

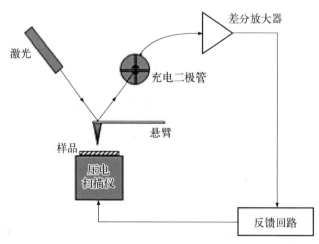

图 2.9　激光束偏转检测方法

近来已经证明,除了悬臂长度外,激光光斑直径在光束检测技术灵敏度方面同样起着重要的作用[16]。这是因为在实际中,激光点不是像原来理论处理时所假定的无穷小的点,而是具有一定尺寸的且是非圆形的。这意味着悬臂实际上表现得

---

① Å(埃),长度单位,1 Å=0.1 nm=10^{-10} m。

更像曲面镜而不是平面镜,这样显著改变了光反射的结果。与预期相反,较大的光斑直径会在偏转信号中产生较低的热噪声水平[16]。对于被压制的悬臂(即实际上与刚性样本表面接触),该效果可以大大降低热噪声至原来的 1/4~1/5。然而,需要注意的是,在典型的软生物样品上,这种理想的效果只能用非常柔软的悬臂来实现(约为 0.1 N/m)。如果臂和样品的选择不适合,它们有类似的弹性常数,即使在约为 1 nN 这样相当高的力设定点时悬臂也将表现得如同自由的一样,因而,热噪声(即被周围的气体或液体分子引起的臂 Brownian 轰击造成)将远高于使用最佳臂时产生的热噪声。同样光斑直径也是有一定限度的,光斑直径不应大于悬臂本身,否则光会超出臂的边缘,增加了其他噪声源的影响。在实际情况下,最佳降低热噪声的解决方案是使用光斑直径约等于软悬臂宽度的激光光斑[16]。幸运的是(在很多情况下,设计都很谨慎),大多数商业 AFM 的光斑直径与最短商业悬臂的宽度(38 μm)大致相匹配。

在过去几年中,发光二极管技术(现在很多设备都配备了绚烂的蓝色 LED)快速发展以及超级发光二极管(SLD)等新型器件已经出现。它们提供与激光二极管相似的光强度,但与激光器不同,它们的光输出具有低相干性,这为 AFM 检测提供了显著优势。低相干光源几乎消除了采用激光二极管获得的力谱中常见的周期性噪声。这些年来随着 AFM 仪器和悬臂技术的发展,最低力检测限得到了改善。因此,消除任何来源的噪声已成为一个关键问题,SLD 将成为现代高性能 AFM 的行业标准。

2.5.2　光学探测器:干涉测量

干涉测量最初是检测 AFM 针尖非常小的位移的合适选择,它是 1880 年 Michaelson 发明的用于小位移检测的高精度测量技术[17]。它在 AFM 中的应用如图 2.10 所示。用光学干涉仪测量原子力显微镜悬臂梁背面反射激光相比于标准的相位变化,该相移代表悬臂的相对位移。相比于光束偏转它具有优势。这种方法具有应对大的偏转的能力和高的信噪比。然而,在实际操作中,它会导致仪器难以安装,需要一个光学平台来实现足够的振动和声隔离,并且容易受到激光频率的热漂移和变化的影响。尽管存在这些问题,已被 Erlandsson 和同事们[18]在 AFM 中成功解决,其他科学家也已经开发了几项基本的干涉检测方法[19-23]。该技术应用在一些专门的研究级 AFM 中。

2.5.3　电子探测器:电子隧道

如图 2.11 所示,在这种方法中,STM 传感器用于测量 AFM 针尖的位移。悬

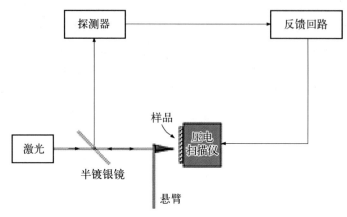

图 2.10　干涉仪检测方法

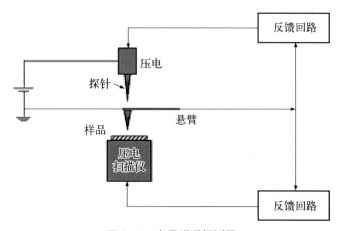

图 2.11　电子隧道探测器

臂必须导电或用导电材料(通常为金)涂覆,然后该悬臂成为 STM 成像的"样品"。隧道电流随 STM 针尖—悬臂分离呈指数变化,这用于监测 AFM 探针的运动。由于对探针-"样品"分离具有高灵敏度,为了具有有效的工作范围,隧道电流用于反馈回路并保持恒定的探针-"样品"分离(即 STM 探针针尖和 AFM 悬臂之间)是非常有必要的。

　　该技术有两个缺点,都与其极端的灵敏性有关。首先是 STM 反馈控制和隔振存在问题。其次是 STM 传感器对探针悬臂粗糙度很灵敏,因而如果在成像期间由于悬臂弯曲而悬臂上的隧道位置发生变化,则所产生的图像是实际样品表面及悬臂背表面的复合。该方法是 1986 年由 Binnig、Quate 和 Gerber 建立的第一台 AFM 使用的方法[24],但它已不用于任何现代的 AFM 仪器。

2.5.4　电检测器：电容

　　$300\,\mu m \times 300\,\mu m$ 的小金属板通常贴在 AFM 悬臂的背面,第二个小金属板贴在压电转换器的端部(这样可给它一个更好的动态 z 范围),板间隔约为 $1\,mm$[25],一种电容力传感器的设计如图 2.12 所示。电容取决于板之间的距离,因而提供了悬臂位移的测量方法。电容非常坚实,与超高真空系统相容且易于配置,但易受测量电路中参考比电容的温度的影响,导致漂移。此外,悬臂的弹性常数随电容而变化。如在干涉位移感测的情况下,电容感测主要应用于监测压电扫描器在闭环反馈系统中的位移,而不是作为监测 AFM 针尖运动的主要方法。

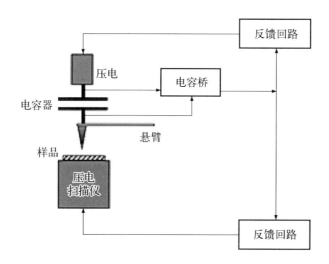

图 2.12　电容检测方法

2.5.5　电探测器：压电悬臂

　　在这种方法中,AFM 悬臂由压电材料制成或涂覆上压电材料[26]。原理如图 2.13 所示。

　　当悬臂响应样品形貌的变化而弯曲时,压电材料的弯曲产生对应悬臂位移的电位差。压电材料的弯曲也导致其电阻变化,从而提供了另一种检测手段。这种方法对于检测光敏样品具有明显的优势,并且结合其合理的灵敏度,使其成为现代商业 AFM 中最流行的替代光学检测方法的方法。一个缺点是悬臂的成本相对较高。尽管随着生产量的增加,预期价格可能会合理地下降。压电式阻压臂目前只在极少数的地方应用,其最激动人心的例子是安装在 NASA "凤凰号"着陆器上的 AFM,用于成像从火星表面获得的矿物粒,直到这可怕的"外星技术小精灵"罢工,目前无任何主要 AFM 制造商能提供远离地球的技术支持。

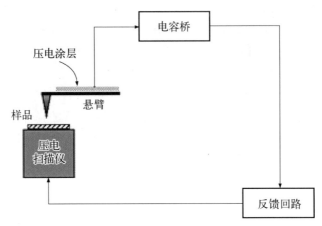

图 2.13   压电悬臂检测方法

2.6   控制系统

2.6.1   AFM 电子

　　每个现代 AFM 都有一个数字控制系统[27,28]。如图 2.14 所示，它包含四个部件。第一个部件是位于图像采集计算机中的数字控制电子处理器[在早期是以数字信号处理器(DSP)卡的形式]。

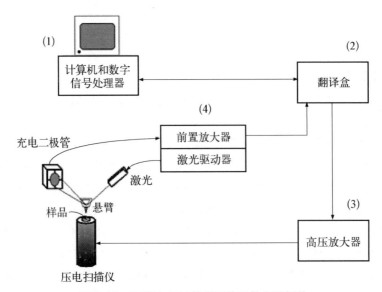

图 2.14   典型的 AFM 控制系统及其主要部件

DSP 执行了原子力显微镜实时操作中所有的信号处理和计算。现在,由 DSP 卡执行的许多功能由计算机的 CPU 直接处理,这是由于 CPU 轻快且足够满足仪器的全部需求。不管什么形式,DSP 都与电子设备的第二个部件相连接,为了更好地描述,我们将第二个部件称为翻译盒。翻译盒将从 DSP 卡发送的数字信号转换为模拟形式,以便操纵显微镜的扫描器机构。并且,其将来自显微镜头部的模拟数据信号转换为 DSP 卡接受的数字信号。基本上,翻译盒类似于客厅中的 CD 播放器,有数模转换器(DAC)和模数转换器(ADC)功能,且通常由于降噪的目的而具有独立的电源。

控制电子设备的第三部分是高压(HV)发生器。该发生器的输入来自翻译器中数模转换器的模拟信号。它放大低电压信号来产生驱动上述压电扫描器的高电压信号(通常为 ±150 V)。设备最后一部分是激光/SLD 驱动器电子元件(假设 AFM 使用光学检测方法)和原始数据信号前置放大器。通常将这些功能组合到一个盒子或控制电子器件区域中,可以良好的屏蔽由数字转换器和高压发生器电子器件产生的电噪声,这种噪声可能来自数字转换器盒的高速开关和来自高压发生器的工业频率,且干扰低电压原始数据信号。激光/SLD 驱动器电路为 AFM 的光源提供电源。由于光输出稳定性是激光/SLD 和检测电路的重要要求,激光/SLD 驱动器电路具有自己的反馈环路,它改变电源供应以保持恒定的光强度。根据检测系统类型,原始数据信号前置放大器的具体组件明显不同。但无论哪一种系统,它都放大了从 AFM 悬臂位移传感器直接输出的小输出信号。对于大多数 AFM 使用的光束检测方法,除了简单的放大,它也有一系列的求和与求差运算来产生翻译盒的输出信号,从而确定针尖的正常或侧向运动(见图 2.15)。

已经应用于许多现代仪器,包括最新代 AFM 中的一个电子新发展是现场可编程门阵列芯片(field programmable gate array chip,FPGA)。简单来说,该器件可以认为是集成电路(integrated circuit,IC),其功能可以通过软件编程来设定。与传统的固定功能 IC 相比,其优点是仪器功能不再受硬件限制,这是因为随着新技术的发展,FPGA 可以不断升级。这对于新操作模式继续以令人惊叹的速度发展的仪器诸如 AFM 具有明显的优势。

2.6.2 电子操作

AFM 控制电子设备每一部分的功能已在上一节中进行了描述。本节介绍 AFM 在扫描样品时控制电子设备每一部分如何协同工作。整个系统实际上在一个反馈或控制回路中工作,使得探针可以始终以受控的方式精确地跟踪样品的表面。最明显的例子是,当原子力显微镜在所谓的"恒力模式"(见第 3.2 节)下运行时,用接触模式成像来描述这一点是最容易的。在接触模式成像(也称为直流模

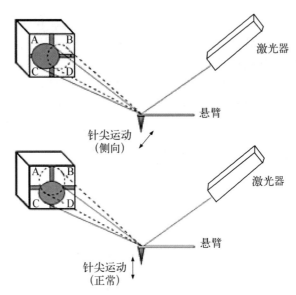

图 2.15　将光电探测器分成四个部分,悬臂的侧向运动或扭转(顶部)
可以与正常或垂直运动(底部)区分开

式)中,AFM 探针针尖实际上接触样品的表面,就像留声机唱针播放唱片。探针针尖与样品表面接触,然后使用压电扫描器机构以预定量驱动 z 方向,导致具有探针针尖的悬臂偏转。该预定的悬臂偏转水平是在仪器软件中设定,称为仪器的操作设定值。整个扫描过程中由 DSP 卡控制的反馈回路控制使得该操作设定值维持恒定。通过将驱动信号发送到压电扫描器的 x、y 电极来实现扫描,使得被检查的区域以光栅方式扫描,即样品或探针沿着 x 方向的一条线移动,然后沿 y 向上移动一行,以此重复进行。当探针针尖遇到物体时,悬臂开始弯曲,并且反馈回路调节压电管的 z 通道以沿适当的方向移动样品或探针,从而使悬臂回复到其偏转操作设定点。该过程意味着对于均匀样品,由于悬臂偏转保持在固定值(即探针和样品之间的力固定),这种操作模式称为恒力成像。通过对应 x 和 y 绘制 z 校正信号生成图像。因此,该模式中的高度信息是从反馈校正信号中获得的,而不是直接来自 AFM 探针。另外有一种模式命名为可变偏转模式,该模式下悬臂响应于样品形貌时是自由弯曲的。在这种情况下,图像中的“高度”数据是直接来自 AFM 悬臂和探针位移。在实际中,即使该模式也使用了反馈控制,仅仅是环路的增益设置为一个很低的值。下一章中会更详细地描述几个其他成像模式。第三种(处于两种状态之间)称为“误差信号”模式成像,因为它是一种特殊情况,它提供了一种克服 AFM 反馈回路基本限制的方法。在误差信号模式下,反馈环路在一个较低的水平是可以操作的,意味着悬臂与其设定点的偏差(即“误差信号”)对于陡峭的梯度相对较大,但对于小梯度可忽略不计,因此通过直接记录悬臂偏转可产生以忽略粗略细节为代价而增强细微细节的图像。这种模式特别适用于粗糙的样品(如整个细胞),其整体形状不重要,但需要精细的表面细节信息。其原理是反馈回路刚好足以从图像中去除低频背景(粗略细节)信息,留下要显示的高频(细微细节)信息。

2.6.3 反馈控制回路

在 AFM 中使用的反馈控制回路可以由用户通过设置仪器的增益来改变。控制器的基本功能是维持预置的设定点。这类似于日常生活中家庭中央供暖系统中的恒温机。最基本的控制形式是所谓的开关控制。对于家中的供暖系统来说,这意味着在达到所需温度时只需关闭加热,然后在温度下降时再次打开。该控制如图 2.16 所示。从图中可以看出,通过使用这种方法,实际上并不可能保持设定点。相反,信号(在加热系统中是温度)持续在设定点周围振荡,过冲再下冲。显然,这尝试控制 AFM 探针针尖或压电扫描管运动的方式并不令人十分满意。

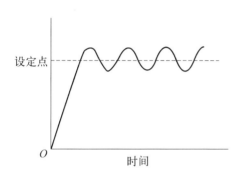

图 2.16 开关或"砰-砰"控制,设定点从未实现

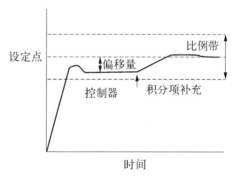

图 2.17 添加了比例和积分的控制器的响应

AFM 控制系统应尽可能准确,但也要尽可能快,以便给予足够高的带宽。这通过将额外的术语引入到三种常用类型的控制信号中来实现:比例、积分和微分(PID)控制。

比例控制简单地放大设定点和测量值之间的误差,以建立所需校正信号的大小。它通过定义一个比例带来完成控制。该比例带占控制器总跨度的一定百分比,实际的比例是系统的增益,如比例带为 25%,则比例增益为 4,比例带为 5%,则增益为 20,等。因此,高增益意味着窄的比例带。比例带的宽度决定了对误差信号的响应幅度。如图 2.17 所示,比例控制引发响应。其中信号稳定在比设定点稍低(或稍高)的点,即存在一个偏移量。理论上,可以通过增加比例增益来减少比例带的宽度从而减小偏移量。然而,实际上这会导致高度不稳定的系统。这是因为如果信号移动到新的较窄比例带之外,则将不可避免地转换到开关控制,即振荡。

一种更好的消除偏移量的方法是通过添加一个集成在一小段时间周期内偏离设定点的额外积分项(见图 2.17)。重要的是要记住,如果这个时间周期太小,那么控制信号可能比压电扫描器能够实际响应的移动速度更快,从而会发生振荡。最后,有时用一个与控制信号变化率成比例的微分项用来减少控制回路异常行为的趋势,这是因为微分项可以对大的偏移量做出快速响应。另外,微分控制对于恢复设定点的小扰动也是最有利的。对于原子力显微镜控制回路,比例增益迅速响应样品表面上的小特征,积分增益有助于维持精确的设定点(它不能响应小特征)。微分增益则减少不必要的振荡,但如果设置值过大,则可能会增加高频噪声。一些 AFM 系统可能仅具有单个用户可以调整的增益参数,而仪器软件将使用算法来实现改变所有三种控制的增益。在许多系统中,用户只能访问前两种形式的控制(或增益),并且设置这些控制(或增益)的一个很好经验法则是比例增益应该设置为比积分增益高 10~100 倍。一些系统允许用户访问所有三个增益控制,此时用户应牢记以下几点:

(1) 比例增益过高使得控制环路振荡;

(2) 比例增益过低提供缓慢的控制;

(3) 积分增益过高会导致急速响应和不稳定;

(4) 积分增益过低会减慢在启动时的接近设定点和在干扰后的返回设定点。

虽然微分项作用有助于实现稳定性,但过度的导数增益可能会因为急切的修正而带来不稳定。这可能是正确设置增益时最难的部分。因此,除非在非接触(ac)操作模式下进行扫描,否则微分项通常设置为零。最后,仪器增益设置对实际 AFM 图像的实践效果在下一章(见第 3.6.2 节)中进行说明。

2.6.4 设计限制

反馈控制回路的操作意味着对性能的某些限制,这些都是电子和机械的。带宽(频率响应)和放大器的稳定性、模数转换速度或采样速率等电子效应因素对 AFM 的操作都有所限制。实践中,正确设计的 AFM 系统带宽应该受到压电扫描器力学的限制,而不是受到电子的限制。这是因为穿过非常粗糙表面的探针针尖将需要来自反馈电子的极快校正信号以维持恒定偏转,而压电扫描器对诸如高频信号的响应速度有限制。因为图像中的细微细节表示高频信息,因而带宽对图像中的细节水平有所限制,所以在任何 AFM 设计中带宽是一个重要的考虑因素。

压电管和屈曲台具有相对较低的共振频率(特别在 x、y 方向上),通常为 5~10 kHz,使得它们不能被驱动得太快,否则将发生共振并伴随着不可避免的稳定性损失,因此它们的带宽有限。压电管的扫描范围随着长度的增加而增加,但其共振频率随着长度的增加而减小,所以会有一个左右为难的局面。更长的管可以进行更大范围的扫描,但必须以更慢的速度运行,这本身不是一个问题,因为当进行大范围扫描时缓慢扫描以将针尖速度保持在合理范围内是明智的。然而,如果扫描速度增加,低共振频率使得它们容易产生不希望出现的共振。这意味着即使扫描更小的区域,为了产生更高倍率的图像,扫描也必须缓慢进行。与压电管稳定性和长度具有相同下降趋势的另一因素是它们的灵敏度,由于加长压电管每伏特对单位电位会产生更大的距离偏转,所以驱动信号上的任何噪声都会导致更长扫描器产生更大的不必要抖动,这在扫描非常小的样品如单个分子时会产生问题。AFM针尖偏离设定点的偏差将很小,因而 z 反馈电压校正信号将相应很小,这意味着信噪比恶化。这也意味着没有一种压电扫描器是能满足所有样品的理想选择,而是应仔细选择扫描器以匹配特定的样品。因此,如果人们想要成像大的粗糙样品如整个细胞,就必须使用大扫描范围的压电管,但是最终的分辨率不会很高。如果希望研究平整表面如云母上的单分子,则扫描范围较小的扫描器更好,将提供更高的分辨率和容许更高的扫描速度。由于这个原因,仍然使用压电扫描器的商业 AFM具有可互换压电管的扫描器。

2.6.5 提高大扫描器的性能

尽管人们被迫使用面向大样品的大扫描范围压电管,但是存在改善其性能的方法,从而使得高放大倍数是可能的。毕竟使用 AFM 的用途是希望对所有细胞进行成像从而比光学显微镜得到更多的小细节。幸运的是,通过缩小扫描区域时驱动扫描管的高压发生器上的不必要净空可以改善大扫描范围的长压电管的信噪比问题。这可以通过缩小高压放大器输入信号来实现,具体做法是用电位分压器将翻译盒中输出信号与 DAC 简单地分开,或者通过 DSP 卡的软件控制降低 DAC的电压幅值。这比直接分开高压放大器的输出信号更容易且安全。

2.7 振动隔离:热和机械

任何高分辨率测量装置都需要稳定的环境进行操作才能使其达到最佳状态,AFM 也不例外。温度和振动是必须控制的两个最重要的因素。AFM 设计试图通过仔细选择其构建的材料(即具有相似的膨胀系数的材料)来减小温度梯度的影响,但不要相信那些可能声称不需要温度调节器的销售人员。事实上,一些 AFM从业者倡导在开始成像之前将样品插入 AFM 后放置 1~2 小时,从而使仪器移动可以忽略不计。幸运的是,通过空调系统来控制温度是相对比较直观的方法,能够将室温控制在1℃变化以内的装置就足够了。

就其本质而言，AFM对样品或探针针尖非常小的位移很敏感。这当然意味着隔振是获得高分辨率图像的关键。当然AFM设计通过将显微镜结构尽可能紧凑和较好刚性(与用于高性能光学显微镜的方式类似)来努力减少机械振动的影响。就像压电管扫描器和AFM悬臂一样，所需的效果是将显微镜头本身的共振频率尽可能地远离能影响显微镜头的典型机械振动的频率，例如建筑物振动(15~20 Hz)。这个"共振"是什么? 这里有一个合适的比喻:如吉他等弦乐器如何工作。通过拨弦而产生的声音实际上是相当小的，但是仪器的声箱或主体的共振频率非常接近琴弦的频率，从而同时振动，增加了振动的振幅，因此放大了声音，这称为共振效应。任何人弹了拔掉一根弦的电吉他，然后将它与好的吉他比较，就知道声音水平的差异就像"夜晚和白天"一样。在两种情况下，弦的振动频率是相同的(假设它们都是一致的)，但是固体电吉他琴本体的共振频率与弦不匹配，因此不会产生(机械)放大。所以可以想象，AFM设计与乐器设计具有完全相反的目的，即外部振动不应放大。除此之外，即使没有仪器的共振放大，机械振动仍然会导致问题。解决方案是将仪器安装在某种形式的机械隔离平台上，范围从气浮式隔离光学台到悬挂在蹦极绳上的重石基座。实际上，第二个解决方案更简单、更便宜，并且因为它可以自由摆动而提供更好的隔离横向(剪切)运动。这对于AFM安置在非底层实验室而言是一个特别有用的因素。上面说了这么多，其实大部分AFM简单放于坚固桌子上的Sorbothane™垫上就将会令人惊奇地很好工作，但是最终可能会无法获得非常高的分辨率。

自第一代以来，主动隔振平台已经变得平常了。这些工作方式与降噪耳机相同。它们整合了一个运动传感器来"听"来自建筑物的背景振动，用于产生与输入振动完全不同步的信号来驱动隔振平台中设备承重台下方的一系列制动器。这具有消除传入振动的效果，从而使显微镜被隔离。隔振平台的主要优势在于其现在的尺寸比如斯诺克桌面的"前辈"们要小得多!

2.8　校准

总有一个时刻需要对AFM图像进行一些定量测量。毕竟AFM图像为我们提供了样品表面的三维图，这充满了等待了解的有用信息。如今AFM的使用已经从简单地询问AFM可以成像什么的时期转向采用它去解决问题的时代，因而要用到大量其收集的数据。这通常是一件好事，但是意味着对仪器校准的重要性也超过以前任何时候。关于AFM在计量(测量科学)中应用的论文越来越多，这一研究领域正在帮助制定可以评估这种测量可靠性的标准(可参见英国国家物理实验室网页）。使用 AFM 对样品进行测量有一些潜在的问题：有些问题是与扫描器相关的，有些问题是与探针相关的。

2.8.1 压电扫描器的非线性特性

虽然压电扫描器能以不可思议的精度移动并允许进行高分辨率成像，但它们本质上是非线性的。对于小位移，这种非线性可以忽略不计，但对于大扫描，它可能成为一个问题。这里大扫描是指扫描器全扫描范围为位移的 70% 以上。如图 2.18 所示，扫描器的最常见配置压电管在其前进和后退过程中具有滞后现象。

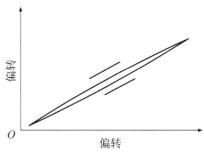

图 2.18　压电管扫描器在其前进和后退过程中的响应时滞

此外，扫描器相对于扫描速度是非线性的，并且扫描器在以光栅方式扫描样品时总是在一个方向上比另一个方向更快地移动，这意味着校准因子对于"快"和"慢"方向会稍微不同。扫描器也容易蠕变，这是一种在恒定压力下的放松。大多数现代商业 AFM 具有"闭环"反馈系统，其使用干涉测量，电容、应变计或线性可变差动变压器（LVDT）传感器可独立地检测扫描器运动，然后校正其非线性运动。热漂移也可能影响扫描器，但在这方面，压电管远远优于压电三脚架扫描器。最后，压电扫描器的电子和物理特性随着时间变化，特别是如果长时间不使用扫描器的时候。

2.8.2 探针相关因素：卷积效应

AFM 探针针尖不是无限锋利的，因此每个图像将是实际表面形貌和探针针尖形状的卷积。针尖形状对图像施加的程度由被检查表面的性质决定，即取决于样品。

如图 2.19 所示，当扫描粗糙表面时，高特征的边缘将产生针尖侧壁的镜像，而不是物体本身的镜像。对于平坦表面，卷曲程度大大降低，这是因为针尖顶端近似为一个半球。不过，即使是单个 DNA 分子这样的小物体（直径约为 2 nm）也受"探针加宽"的影响。该影响与图 2.19 中所示的基本相同，差别为在这种情况下，仅针尖顶端处的半球形区域与分子接触，使得分子的图像在横截面中看起来不是如同高特征样品一样棱角分明的，但分子的宽度被大大高估了。即使对仪器进行精确校准，总是会出现探针加宽的现象，这意味着除非使用好的针尖去卷积软件。因为针尖在 z 方向上的位移不受探针加宽的影响，所以最好使用对称特征的高度作为样品尺寸的度量。但有一个忠告，软质生物样品可能被针尖压紧[29]。如果在液体中进行成像,则静电效应可以改变其表观高度[30]。科学家已经提出了一种用于获得软样品精确高度和体积的有用方法,这种方法是基于力绘制以避免设定点诱导的变化性[31]。

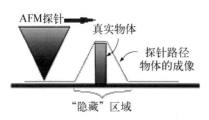

图2.19　针尖卷积[因为 AFM 针尖不是无限锋利(顶部),所以物体的 AFM 图像被针尖的轮廓涂抹;该卷积的程度取决于针尖形状和被成像物体的高度(底部);还要注意,高特征附件有一些表面区域,这些区域被针尖隐藏起来]

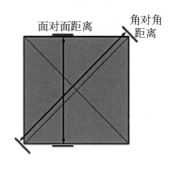

图2.20　俯视的金字塔形针尖(面对面和角对角的距离形成两个三角形的边长,其顶端定义了针尖在扫描方向上的尖锐度;显然,角对角的更大边长意味着顶端更大的角度,因此针尖在该方向上明显地"变钝")

　　探针针尖的几何形状可能影响探针加宽或针尖卷积的水平,特别是对于更高的样品。这意味着针尖相对于样品的扫描角度将对图像中看到的探针变宽水平产生影响。金字塔形状的针尖就是一个例子,如图2.20所示,这是因为金字塔形状针尖的对角比对面更远地分开。AFM 针尖可能在成像期间由于样品污染或者磨损变钝而改变形状,因此事情可能更复杂。在这两种情况下,由于探针加宽或针尖卷积的程度改变,并且任何一个的效果可能是不对称的,这将在一定程度上影响测量。

2.8.3　校准标准

　　在 x、y 和 z 中校准 AFM 的标准是商业可用的,并且通过使用这些标准的组合,可以在每个维度上执行多点校准,由于压电非线性特性,因而这是重要的。校准样品通常设计为显示针尖形状[见图2.21(c)],并尽量减少探针加宽效应,以使 x 和 y 维度的校准尽可能准确[见图2.21(a)和(b)]。

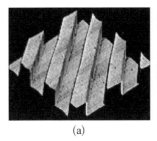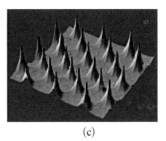

(a)   (b)   (c)

图 2.21   来自 NT‑MDT(俄罗斯)的校准光栅的 AFM 偏转模式图像

(a) 用于测定高度;(b) 用于测定侧向校准常数;(c) 用于测定针尖形状的硅尖峰阵列

标准样品通常由硅制成,因此是不可压缩的和稳定的。但是它们会引起针尖磨损。可用于校准的其他有用材料包括聚苯乙烯胶乳、胶体金球(均可从任何显微镜配件供应商获得)和烟草花叶病毒(TMV)。TMV 是具有明确直径(18 nm)的圆柱形病毒颗粒,其用作透射电子显微镜的校准样品,在生物学角度上看也是比较硬的,因此只要成像力不太高,压缩就不是问题。TMV 不会像硅标准那样损坏AFM 针尖,因而它非常适合于校准 AFM 扫描器(特别在生物应用时)的 z 轴。

2.8.4 扫描校准样品的探针针尖

下面列出了一些关于 AFM 校准的一般性观点。

(1) 选择适当的校准标准,即在样品的大小范围内。如果正在测量高度仅为2 nm 的样品,则以 1 μm 步长校准 z 尺寸是无意义的。

(2) 为反馈回路选择正确的增益设置,特别是当校准 z 时。过高的增益则反馈超调会歪曲数据,过低的增益则会低估高度。

(3) 以不同的速度进行扫描,以确定校准系数在哪个扫描速度范围内是可靠的。

(4) 扫描不同尺寸(或高度)的几个区域以给出多点校准因子。

(5) 执行前进(跟踪)和后退(回扫)扫描,以检查摩擦效应、压电蠕变和扫描器一致性。

最后,虽然许多现代商业仪器具有复杂的(且在某些情况下是自动化的)软件算法以用于执行校准,但如果出现问题,则对 AFM 测量相关基本问题的评估是有用的。毕竟,按照上述步骤对仪器的校准进行了特殊的手动检查并不需要很长时间,并且好过依靠盲目的信念。考虑到上述所有因素,很明显 AFM 图像的测量不是一个直截了当的过程。如果需要定性数据,则需要考虑所有潜在的系统误差。如果可能,对这些系统误差进行量化。

2.9 整合型原子力显微镜

AFM 通常与其他仪器组合,一些例子如下所述。由于有许多高度专业化的自制 AFM,这里并不是详尽无遗的。但是本节对一些生物学家特别感兴趣的工具进行了简短的描述。

2.9.1 联用 AFM‐光学显微镜

到目前为止,最常见的整合型仪器是联用 AFM‐光学显微镜(AFM‐LM)。AFM 的主要缺点之一是其图像采集速度慢,典型的扫描可能需要 $1\sim2$ min[①]。这意味着在样品表面上找到感兴趣的区域不像其他形式的显微镜(可以快速跟踪直到眼睛识别出可辨认的特征)那样容易。通过将 AFM 与好的光学显微镜联用可以克服这个问题。大多数主要制造商提供联用仪器,尽管它们当然比独立 AFM 更昂贵。他们几乎都采用将 AFM 安装在倒置光学显微镜样品台上方的形式,使其无阻碍地观察样品。该配置还允许光学显微镜始终观察到样品和 AFM 针尖。样品可以放在玻璃片或培养皿上用于液体成像,无须特殊处理。当 AFM 使用光束检测方法时,可以将滤光片放置在光路中以防止激光通过目镜进入使用者的眼睛。

过去 10 年,AFM 与倒置光学显微镜的整合已经取得了显著的进步,并开发了详尽的软件和修改硬件。示例包括允许使用光学图像来定义 AFM 扫描区域,重叠 AFM 和光学数据,使用相差照明和使用高数值孔径(NA)聚光镜。此外,AFM 与 RAMAN(拉曼)、共聚焦激光扫描显微镜(CLSM)和全内反射显微镜(TIRFM)联用现在也可商购。联用 AFM‐LM 对于诸如全细胞或生物组织等大型生物样品的观察来说是非常好的,它们在需要的放大倍率范围内存在重叠,并且在进行 AFM 扫描之前可以用光学显微镜快速准确地定位感兴趣区域。许多用于光学显微镜的技术,如染色和荧光在大多数联用商业仪器上都可用,以帮助定位和识别感兴趣的结构特征。但由于 AFM 头部的原因,依赖于上头照明的一些对比度增强模式可能难以实现。这是在购买联用仪器之前值得检查的一点,尽管对最新一代联用仪器而言这并不是问题。由于设计所需的折中,联用仪器的分辨率通常明显地逊于独立的 AFM,但在过去几年中,这个问题已经克服,独立 AFM 可能总是代表分辨能力的极限。最后,至少有一家公司已经建立了一个可以通过标准螺丝安装座即可非常紧密地安装到任何光学显微镜物镜上的 AFM

---

① 实际上需要 $6\sim10$ min(译者注)。

(DME AlS，Denmark)。

2.9.2 "潜艇 AFM"——联用 AFM-Langmuir 槽

　　界面现象是生物学中主要感兴趣的领域，其研究的主要方法之一是 Langmuir 槽(见第 5 章)。或许生物界面系统的最重要例子是细胞膜。动物细胞的细胞膜是由磷脂双层组成，它控制细胞功能的许多方面。AFM 本身就是界面技术，通常在固液界面操作，因此这两种方法的联用是非常有吸引力的。这样一个工具已经建造出来[32]，在 Langmuir 槽中，感兴趣的表面活性分子在合理区域的平面(空气-水界面)处组装，以产生界面膜，并且允许测量各种物理参数。为了获得界面膜的原位 AFM 图像，该针尖必须从下方接近，否则毛细管力将简单地将其拖过空气-水界面而进入本体液体。因此，该仪器称为"潜艇 AFM"。然而，以这种方式成像目前来看是有一个限制的，就是界面膜必须相对刚性，所需的刚度由 AFM 悬臂的柔软度(弹性常数)决定。如果悬臂具有太高的弹性常数，则 AFM 针尖将简单地通过界面膜而不偏转。这需要高填充密度表面活性分子以在"固相"中产生界面膜，这是在健康的天然细胞膜中不会出现的情况。

2.9.3 联用 AFM-表面等离子共振技术

　　虽然 AFM 能够在分子尺度上成像动态事件，但由于扫描尺寸和单位时间的扫描次数等因素，其提供这种事件定量数据的能力受到限制。这意味着，虽然 AFM 非常适合在高度细节尺度上提供描述，但对于测量整个系统的平均属性来说不太有用。另一方面，表面等离子体共振(SPR)是一种常规用于量化生物分子相互作用动力学的技术。该技术通过监测样品相对较大面积的表面折射率变化。在本章末尾引用的 Silin 和 Plant 的文章中可以找到对 SPR 一个很好的综述[33]。

　　等离子体或等离子体波是在等离子中传播的电荷密度振荡。在金属的情况下，这是自由电子"气体"。等离子体可以在金属和介电材料的界面(在商业仪器中通常为金和水)产生，称为表面等离子体。操作的一般原理是这些等离子体可以被入射光束激发共振。当这种情况发生时，一些光的能量被吸收，这提供了量化等离子体共振的手段。结果发现共振发生的角度对金属表面上界面区域的折射率敏感，随着材料的添加而发生变化——金表面上分子吸附层越厚，则激发等离子体共振所需的入射光束角度越大。事实上，该技术对光学厚度的变化极为敏感，可以获得比 0.1 nm 更好的分辨率。这意味着表面吸附物浓度检测限为 0.5 ng·cm^{-2}。虽然它具有杰出的高度分辨率，但它的侧向分辨率只有大约 5 μm，所以 AFM 增加了联用仪器的敏锐的横向分辨率。

　　因此，AFM 与 SPR 的联用为分子水平动态表面事件的定量研究提供了强大而独特的方法[34]。通过聚合物降解和蛋白质吸附的研究证明了 AFM – SPR 的能力。在这两个实验中,SPR 提供了表面动力学的定性动力学数据,AFM 提供了 SPR 不可见的关于事件本质方面的详细空间信息。

2.9.4　冷冻 AFM

原子力显微镜由于其在大气条件下工作的能力相比传统的电子显微镜具有很大的优势。进一步地,冷冻原子力显微镜已经开发出来使生物系统获得更高的分辨率[35]。在低温下工作的好处是分子运动被冻结,并且分子具有更高的机械强度(例如是在室温下水合蛋白质的 1 000～10 000 倍),因此样品的针尖诱导变形微不足道。基本上,仪器由悬浮在含有液氮的低温恒温器中的 AFM 组成。在液氮蒸气中 AFM 操作可实现 77～220 K 的温度范围。值得注意的是,温度低于 100 K 时获取免疫球蛋白、DNA 和红细胞残骸的高分辨率图像是可能的。

参考文献

[1]　Binnig G, Smith D P E. Single-tube three-dimensional scanner for scanning tunneling microscopy. *Review of Scientific Instruments* **1986**, *57* (8), 1688 – 1689.

[2]　Taylor M E. Dynamics of piezoelectric tube scanners for scanning probe microscopy. *Review of Scientific Instruments* **1993**, *64* (1), 154 – 158.

[3]　Binnig G, Gerber C, Stoll E, et al. Atomic Resolution with Atomic Force Microscope. *Surface Science Letters* **1987**, *s189 – 190* (3), 1281.

[4]　Boisen A, Hansen O, Bouwstra S. AFM probes with directly fabricated tips. *Journal of Micromechanics & Microengineering* **1996**, *volume 6* (6), 58.

[5]　Sader J E, Sader R C. Susceptibility of atomic force microscope cantilevers to lateral forces: Experimental verification. *Applied Physics Letters* **2003**, *83* (15), 3195 – 3197.

[6]　Sader J E. Susceptibility of atomic force microscope cantilevers to lateral forces. *Review of Scientific Instruments* **2003**, *74* (4), 2438 – 2443.

[7]　Schaffer T E. Force spectroscopy with a large dynamic range using small cantilevers and an array detector. *Journal of Applied Physics* **2002**, *91* (7), 4739 – 4746.

[8]　Frisbie C D, Lieber C M. Functional Group Imaging by Chemical Force Microscopy. *Science* **1994**, *265* (5181), 2071 – 2074.

[9]　Mckendry R, Theoclitou M E, Rayment T, et al. Chiral discrimination by chemical force microscopy. *Nature* **1998**, *391* (6667), 566 – 568.

[10]　Dai H, Hafner J H, Rinzler A G, et al. Nanotubes as nanoprobes in scanning probe microscopy. *Nature* **1996**, *384* (6605), 147 – 150.

[11]　Wong S S, Joselevich E, Woolley A T, et al. Covalently functionalized nanotubes as nanometre-sized probes in chemistry and biology. *Nature* **1998**, *394* (6688), 52.

[12] Higgins M J, Polcik M, Fukuma T, et al. Structured Water Layers Adjacent to Biological Membranes. *Biophysical Journal* **2006**, *91* (7), 2532 – 2542.

[13] Hell S. In Breaking the barrier: fluorescence microscopy with diffraction-unlimited resolution, *International Chromosome Conference*, 2007; pp 55 – 55.

[14] Meyer G, Amer N M. Novel optical approach to atomic force microscopy. *Applied Physics Letters* **1988**, *53* (12), 1045 – 1047.

[15] Pierce M, Stuart J, Pungor A, et al. Specific and non-specfic adhesion force measurements using AFM with a linear position sensitive detector. **1994**.

[16] Schaffer T E. Calculation of thermal noise in an atomic force microscope with a finite optical spot size. *Nanotechnology* **2005**, *16* (6), 664.

[17] Hecht E. Interference. *In Optics* **1987**, *Addison-Wesley Publishing Company, Reading, Massachusetts.* Hell, 333 – 388.

[18] Erlandsson R, Mcclelland G M, Mate C M, et al. Atomic force microscopy using optical interferometry. *Journal of Vacuum Science & Technology A Vacuum Surfaces & Films* **1988**, *6* (2), 266 – 270.

[19] Martin Y, Williams C C, Wickramasinghe H K. Atomic force microscope-force mapping and profiling on a sub 100 – Å scale. *Journal of Applied Physics* **1987**, *61* (10), 4723 – 4729.

[20] Rugar D, Mamin H J, Guethner P. Improved fiber-optic interferometer for atomic force microscopy. *Applied Physics Letters* **1989**, *55* (25), 2588 – 2590.

[21] Schonenberger C, Alvarado S F. A differential interferometer for force microscopy. *Review of Scientific Instruments* **1989**, *60* (10), 3131 – 3134.

[22] Rugar D, Mamin H J, Erlandsson R, et al. Force microscope using a fiber-optic displacement sensor. *Review of Scientific Instruments* **1988**, *59* (11), 2337 – 2340.

[23] Martin Y, Wickramasinghe H K. Magnetic imaging by "force microscopy" with 1 000 Å resolution. *Applied Physics Letters* **1987**, *50* (20), 1455 – 1457.

[24] Binnig G, Quate C F, Gerber C. Atomic force microscope. *Physical Review Letters* **1986**, *56* (9), 930.

[25] Goddenhenrich T, Lemke H, Hartmann U, et al. Force microscope with capacitive displacement detection. *Journal of Vacuum Science & Technology A Vacuum Surfaces & Films* **1990**, *8* (1), 383 – 387.

[26] Tansock J, Williams C C. Force measurement with a piezoelectric cantilever in a scanning force microscope. *Ultramicroscopy* **1992**, *42* (92), 1464 – 1469.

[27] Wong T M H, Welland M E. A digital control system for scanning tunnelling microscopy and atomic force microscopy. *Measurement Science & Technology* **1993**, *4* (3), 270.

[28] Baselt D R, Clark S M, Youngquist M G, et al. Digital signal processor control of scanned probe microscopes. *Review of Scientific Instruments* **1993**, *64* (7),

1874－1882.

[29] Weisenhorn A L, Khorsandi M, Kasas S, et al. Deformation and height anomaly of soft surfaces studied with an AFM. *Nanotechnology* **1993**, 4 (2), 106.

[30] Muller D J, Engel A. The height of biomolecules measured with the atomic force microscope depends on electrostatic interactions. *Biophysical Journal* **1997**, 73 (3), 1633.

[31] Jiao Y, Schaffer T E. Accurate height and volume measurements on soft samples with the atomic force microscope. *Langmuir the Acs Journal of Surfaces & Colloids* **2004**, 20 (23), 10038－10045.

[32] Eng L M, Seuret C, Looser H, et al. Approaching the liquid/air interface with scanning force microscopy. *Journal of Vacuum Science & Technology B Microelectronics & Nanometer Structures* **1996**, 14 (2), 1386－1389.

[33] Silin V, Plant A. Biotechnological applications of surface plasmon resonance. *Trends in Biotechnology* **1997**, 15 (9), 353－359.

[34] Chen X, Davies M C, Roberts C J, et al. Dynamic Surface Events Measured by Simultaneous Probe Microscopy and Surface Plasmon Detection. *Analytical Chemistry* **1996**, 68 (8), 1451－1455.

[35] Han W, Mou J, Sheng J, et al. Cryo atomic force microscopy: a new approach for biological imaging at high resolution. *Biochemistry* **1995**, 34 (26), 8215.

有用的信息来源

[1] John Sader 的在线弹簧常数计算器,http://www.ampc.ms.unimelb.edu.aulafml

[2] NT-MDT Co., Zelenograd Research Institute of Physical Problems, 103460 Moscow, Russia. http://www.ntmdt.rui

[3] DME AlS, Herlev, Denmark, http://www.dme-spm.dk

[4] Dimensional and spring constant and tip shape calibration advice/service from the National Physical Laboratory (NPL), Teddington UK: http://www.npl.co.uk/server.php? show=ConWebDoc.583

3 基本原理

3.1 力

AFM 如何实际记录图像,我们如何确保成像质量好? 如第 1 章和第 2 章所述,AFM 通过"触摸"样品表面而产生图像,当样品在探针针尖下方扫描或探针针尖在样品表面扫描时,探针针尖和样品之间的力将会随着扫描的进行而发生变化。力的变化被连接到柔性悬臂的探针针尖感测到。根据悬臂是感知排斥力或者吸引力,可以应用不同的成像模式(见第 3.2 节)。AFM 操作取决于检测探针针尖和样品之间的力,因而在本节中将介绍生物系统中可能遇到的不同类型的力。最后,本节将会介绍获得图像之后的伪像识别、常见问题和图像处理技术等。

如"原子力显微镜"名字所建议,探针针尖和样品之间的重要相互作用是由于一个或多个力,那么这些力是什么,它们的源起是什么?

3.1.1 范德瓦尔斯力和力-距离曲线

经典模型中,物质内的电子是连续运动的,并且极快地进行。量子物理学将它们视为波而不是粒子。虽然给定的物质在常规时间段内可能呈现电中性,但是在短时间内,如一个快照时间,由于电子的存在而电子电荷分布并不完全对称。这产生了称为"偶极子"或"多极子"的微妙电荷不失衡。因此,在给定的快照中,每个分子表现出略微不同的电荷分布,这也取决于分子拥有的电子数。一个分子中的电荷不平衡可以引起邻近分子产生类似的不平衡。最终的结果是一个分子的带稍微正电的末端将与相邻分子的带负电端相互吸引,这是范德瓦尔斯力的源起。通常这些影响被非常强的静电力遮蔽。然而,强调范德瓦尔斯力存在于所有材料甚至电中性材料中是非常重要的。

通过对相互作用力建模,表征探针针尖和样本之间的力-距离关系中的吸引力和排斥力部分是可能的。这涉及分析 AFM 探针针尖顶点处颗粒的势能差异,该差异是由于该颗粒与样品表面上离散颗粒的相互作用而产生的。随着它们的距离(r)变化,势能的值也在改变。这可以通过一个对势能函数 $E^{pair}(r)$ 来进行数学描述。众所周知的"Mie"对势能函数的一个特殊情况被用来建模这种行为,称为

"Lennard-Jones"或"12 - 6"函数：

$$E^{\mathrm{pair}}(r) = 4\varepsilon\left[\left(\frac{\sigma}{r}\right)^{12} - \left(\frac{\sigma}{r}\right)^{6}\right] \tag{3.1}$$

式中，ε 和 σ 为依赖于材料的常数。

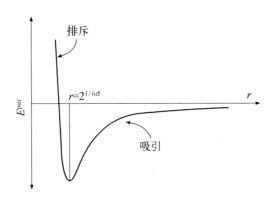

图 3.1 Lennard-Jones 函数描述的两个原子之间的分离(r)对势能(E^{pair})的影响示意图

另外，σ 近似等于原子的直径，有时称为"硬球直径"。图 3.1 示出了两个原子之间的对势能的变化。$1/r^{12}$ 项说明在很小的距离(如当 $r < \sigma$ 时原子之间由于 Pauli 不相容原理而彼此强烈排斥)时对 $E^{\mathrm{pair}}(r)$ 显著增加。$1/r^6$ 项规定了在相对大的距离(范德瓦尔斯力为主)时较慢的吸附力变化。

想象一下，当用手慢慢接近本页直至压到表面上时不会体验到最初的吸引力，这是因为吸引力在非常小的距离时才会非常显著，在这种情况下因为太小而不能被辨别出来。但是，当手实际上搁在页面上时，尝试进一步向下压时，排斥力就会突然阻止进一步下压。

有了对这个力的一些理解，让我们用真实的探针针尖来代替把手当作早期 AFM 探针的概念。请记住，探针针尖是悬挂在一个非常灵活的悬臂末端。在相对较大的距离(如几百纳米)，样品中的原子与金字塔型 AFM 针尖末端原子直接的任何吸引力都太小而无法展现出显著的效果。此外，悬臂的弹性本质确保了其没有明显的偏转(见图 3.2，位置 1)。然而随着距离减少，探针针尖和样品之间的力迅速增加。即使探针针尖和样品都是电中性的，也会发生这种情况。因此，尽管不发生离子间相互作用，悬臂仍然在范德瓦尔

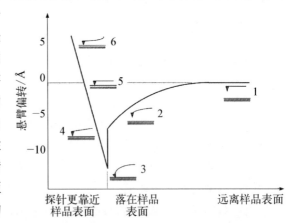

图 3.2 一个理想的力-距离曲线，说明在真空中悬臂弯曲如何随与刚性样品的距离而变化[请注意，该图显示一个放大的接近于已经接触的区域，为了明确区分悬臂弯曲的不同阶段，有些特征被夸大(更为典型的实验力-距离曲线见图 3.4)]

斯吸引力的影响下开始弯曲,如图 3.2 中位置 2 所示。事实上,这发生在极短的距离内,AFM 探针针尖几乎立刻落在基底的表面上。这种现象通常称为"跳到接触(jump to contact)"或"突然压上(snap in)"。在这一位置上,探针针尖落在样品的表面上,悬臂展现出显著的弯曲来试图将探针针尖从样品表面上拉回,如图 3.2 中位置 3 所示。当探针针尖被推向更靠近样品时,悬臂上的弯曲再次伸直,如图 3.2 中位置 4 所示。

除非样品不是刚性的并且容易变形,这种情况总会发生。当悬臂大致伸直时,其施加在样品上的力几乎为零(见图 3.2 中位置 5)。这通常是一般成像的理想条件。

然而,如果探针针尖损坏,由于存在如 3.1.3 节所讨论的"黏附力",这种情况并不是真的。同样,如果探针针尖被迫进一步压向样品,则悬臂开始向相反方向弯曲,如图 3.2 中位置 6 所示。

3.1.2　静电力

迄今为止我们考虑的分子间力中,离子键中存在的静电或库仑力具有最大的物理影响。在真空中的两个带相反电荷的离子 q_1 和 q_2,在很短的距离(r)时互相吸引。它们之间的力遵循库仑定律,与 $1/r^2$ 成正比。

$$F = \frac{1}{4\pi\varepsilon_0} \cdot \frac{q_1 q_2}{r^2} \qquad (3.2)$$

式中,常数 ε_0 称为"自由空间介电常数"。

随着离子的靠近,它们之间的吸引力急剧上升。最终,每个离子周围的外壳层电子相互作用,并且两个离子之间的力变成排斥力。这是由于泡利(Pauli)不相容原理,以及在非常小的距离时周围的电子屏蔽核间相互作用比较差的事实。人们可能熟悉这个称为"核心排斥"的概念,在这一个位置上,如果没有相对较大的能量输入,离子之间不能再进一步碰到一起。

3.1.3　毛细管力和黏附力

具有小曲率半径并且置于表面上的点是空气中冷凝水蒸气的理想成核位置。可惜的是,典型的 AFM 探针针尖具有约 30 nm 的曲率半径,并且在其用于接触模式成像时完全符合水蒸气理想成核位置的标准。此外,在正常相对湿度(RH)下,样品表面上会冷凝形成一层水膜。这意味着当在空气中成像时,探针针尖将被半月形液体向下拉向样品,产生所谓的"毛细管力",其探针针尖"黏"到样品表面上,如图 3.3 所示。因为毛细管力与仪器设置无关,因此这是 AFM 工作的一个主要问题,不能轻易地由操作者解决。其导致的结果是,成像力足够大到能破坏或移动基底上的易损样品。虽然可以通过将 AFM 头包裹在装有干燥空气的密封箱中以减小湿度来避免这种影响,但是由于这阻碍了接触仪器而并不方便。

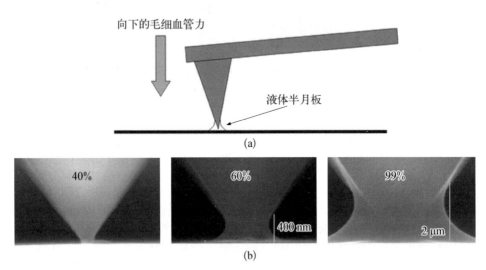

向下的毛细血管力

液体半月板

(a)

40%   60%   400 nm   99%   2 μm

(b)

图 3.3   当在空气中成像时,大的毛细力将探针针尖拉向样品[图(a)];图(b)为在不同湿度水平下半月形液体的 ESEM 图像,由得克萨斯理工大学化学工程系 Brandon L Weeks 提供[1]

接触模式下毛细管力的存在限制了实际的扫描尺寸,比此区域范围更小时,增加的成像点密度将导致样品损坏而不太可能获得更多的信息。根据经验,当空气接触成像时,该扫描尺寸限制大约为 $1\ \mu m^2$。已经证明消除毛细管力是许多生物样品成像成功最重要的一步,这可以通过在液体下成像或使用轻敲模式来实现(见第 3.2.2 节)。

显然,AFM 探针针尖不会永远持续地尖锐下去。随着时间的推移,它们开始变钝,也可能被少量样品所污染。这两种情况都导致探针针尖和样品之间形成更大的接触面积,最终导致黏附力的存在。因为离散分子之类的小物体在很大的力量下容易损坏,因此,这两种情况对于研究诸如离散分子之类的小物体是一个主要问题。然而,研究大样品时并不重要,因为大样品总能承受更高的成像力。幸运的是,可以通过测试力-距离曲线和检查其接近和离开部分的任何不对称来证实是否存在黏附力(参见第 9 章有关力曲线的更多信息),如图 3.4 所示。

当黏附力成为一个大问题时,唯一真正的解决方案是重新使用一个新的探针。但新探针的质量并不能总是得到保证,即使来自同一盒,某些探针会产生比其他探针更好的图像。

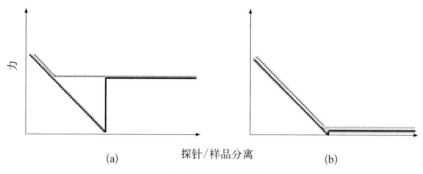

图 3.4　两个典型的力-距离曲线示意图

［图(a)的曲线显示存在大的黏附力,而对于大多数成像情况来说,图(b)的曲线是理想的;虚线表示探针接近,实线表示探针离开］

3.1.4　双层力

当在液体介质中进行成像时,云母(普通的 AFM 基底)带负电荷并且可以从溶液中吸引相反电荷的离子,从而会出现双层力。这导致它们在固液界面处聚集,形成带正电荷的层,因看起来像地球大气而通常称为"离子云"。静电势从表面呈指数衰减,这种离子云的"厚度"称为"Debye 长度"($1/\kappa$)。对于低表面电势(ψ_0),在距离 x 的电势(ψ_x)与 Debye 长度的关系可以通过 Debye-Huckel 近似方程进行描述:

$$\psi_x \approx \psi_0 \mathrm{e}^{-\kappa x} \tag{3.3}$$

对于 Debye 长度、双层和许多其他表面和界面现象的完整解释,可以参见文献[2]。

通常,成像介质的离子强度越大,AFM 探针针尖接近样品表面的静电排斥力越低(见第 6.4.2 节)。因此,当在诸如缓冲液等液体中成像时,有可能使 AFM 针尖免遭相对较大的力的影响。这通常可以通过向成像液体中加入少量(数毫摩尔)浓度的含二价金属离子的盐来实现。但是,读者应该意识到,添加过量的金属离子(约为 2 M,1 M＝1 mol/dm^3)是不可取的,因为它可能会夸大所谓的"水合力"的作用[3]。

3.2　成像模式

AFM 具有许多成像模式。这些往往是根据每种情况下涉及的力相互作用的性质来区分的。每种模式都有自己的优点和缺点。以下是一些最重要成像模式的概述。

3.2.1　接触直流模式

在这种模式下,AFM 探针针尖与样品的表面直接接触,并且在许多 AFM 设备中,样品在探针针尖下扫描(探针-样品相互作用在本质上是排斥的)。该模式可以在空气中或液体(如生物缓冲液)中进行。在仪器软件中调整预设成像力的值,使得在整个扫描过程中悬臂维持小而固定的弯曲量,因此这种模式称为"恒力模式"。悬臂的弯曲程度越大,样品经受的成像力就越高。当然,弯曲程度相似时,具有较大力常数的悬臂比具有低力常数的悬臂产生更大的力。通过调整力,可以改变图像对比度和(或)减少对样品的损伤。第 2.6.2 节也讨论了恒力模式。

这种模式的一个优点是不需要特殊的探针,事实上,几乎任何合理柔性的探针都可以使用。最常使用的探针可能是力常数约为 $0.4 \, \mathrm{N \cdot m^{-1}}$ 的探针,而且这些探针相当便宜。通过在液体中采用接触直流模式,可以消除毛细管力,从而在控制施加的力方面可以获得更高的精度。尽管使用生物缓冲液可以更好地了解离子相互作用,丙醇和丁醇等溶剂也是可行的。

3.2.2　交流模式:轻敲模式和非接触模式

避免毛细管层引起问题的另一种方法是使用更长程的吸引力来检测探针针尖-样品之间相互作用。这些吸引力弱于接触直流模式中检测到的排斥力,因此需要不同的技术来利用它们。交流模式成像有两种主要形式:第一种通常称为"轻敲模式",而第二种称为真正的非接触模式。

重要的一点是,早期由于需要设置仪器,这些交流成像模式对于新手用户来说显得更加复杂。因此,使用交流模式比传统的接触模式更难获得良好的图像。然而,近年来,随着软件-硬件通信的改进,特别是随着全数字电子的出现,交流模式成像变得非常容易。

1) 空气轻敲模式

在这种模式下,仪器在空气中操作,使用相对刚性的矩形或"梁型"悬臂。使用此模式的目的是防止 AFM 探针被样品周围极薄的水膜所引起的"毛细管力"所影响。悬臂被电振荡器激发到幅度约为 100 nm,使得其在样品上扫描时上下有效地反弹(或者在表面上跳动)。放置 AFM 探针的玻璃基座被一滴胶水或一个弹簧夹固定到直接被精密信号发生器产生的信号所激励的压电材料小块上。除了消除毛细管黏附的影响外,由于探针针尖在样品表面上花费的时间较短,轻敲模式还减少了样品上的侧向(侧面对侧面)力。这意味着可以对易损的样品(如分子网络)进行成像而不会因这些剪切力产生严重的变形或损伤,因此这是很有用的模式。

2) 液体轻敲模式

在这种情况下,样品浸没在液体中,没有"毛细管力"导致成像困难,所以不需要超级刚性悬臂。悬臂可以被非直接地驱动产生振动,例如悬臂可以被施加到高压放大器 z 通道上的小正弦电信号而激发。这使得主压电扫描器在垂直(z)方向上下振动,同时仍然执行其对来自控制回路的信号进行响应的正常任务。因此,样品和周围的液体开始振动。该振动通过黏性耦合传递到浸入液体中的悬臂。或者,一个小的压电振荡器附接到液体单元外部或集成到探针装针器中且用于更直接地激发悬臂。因为振动耦合更为有效,所以这种方法通常更受青睐。

> 问:"如果在液体成像中没有毛细管力存在,而传统的接触模式更容易设置时,为什么我们要去使用轻敲模式?"
>
> 答:"即使在低力仪器条件下,接触模式仍然对样品施加明显的剪切力或侧向力。尽管对于许多样品而言这不是问题,然而如果我们想观察弱附着于基底的动态,甚至活的样品时,高的侧向力可能会从基底上把样品刮下来。请记住这些样品可能对于基底具有低的亲和力。"

涂有磁性材料的悬臂可以被附近的电磁铁激发,这称为"磁交流模式"或 MAC 模式。例如,电磁体可以是缠绕在液体电池上的几条铜线圈。然后由信号发生器驱动。使用该方法的主要优点是更容易找到悬臂的真正共振峰。这是因为它不会与从样品架上反射的信号卷积或与探针针尖-样品池组件的声学模式混同。

3) 真正的非接触式交流模式

在该成像模式中,探针从未实际接触到样品的表面。悬臂在样品上方移动时以数纳米的振幅在振动。样品和 AFM 探针之间的相对长程范德瓦尔斯吸引力对振荡悬臂产生阻尼作用,因此其振动幅度随着接近表面而降低。

> 问:"所以我现在知道各种交流模式之间有什么区别,但真正的非接触式交流模式有哪些优点和缺点?"
>
> 答:"由于在真正的非接触式交流模式中,探针与样品没有明显接触,因此施加在样品上的力非常低,这导致样品的变形和剪切非常小。更重要的是,图像对比度可以显著提高。事实上,非接触模式可用来实现真正的原子级分辨率。
>
> 选择具有低共振频率(如约 30 kHz)的相当柔性悬臂是非常必要的。事实上,经常使用液体接触直流模式悬臂。这是因为相对较弱的范德瓦尔斯力对刚性悬臂几乎没有阻尼作用。如果 AFM 没有最优设置好,在扫描过程中

从一开始就有可能在某个时刻探针会接触样品。当在空气中成像时,这是很严重的问题,因为毛细管力将容易地捕获这种柔性悬臂,使其"胶合"到样品上,并突然停止其振动。如果这种情况不停发生,锥体针尖可能损坏或者被样品的碎片污染。换一种说法,探针针尖在与样品表面发生无意的高速接触后会变钝。一根变钝的针尖总是会产生较差分辨率的图像,因而在任何AFM 模式下都是无用的。

真正的非接触式成像是相对不受欢迎的。这是因为现在的超级软悬臂可以使常规液体轻敲模式在任何情况下都会产生最小的样品损伤。另外,真正的非接触式成像必须使用慢扫描速度来防止意外的探针损坏,因而不能很好地检测粗糙的样品。"

4)悬臂调谐

为了振荡悬臂,需要找到其自然的谐振频率(f_r),即对激发最敏感的频率。现代仪器具有软件内置的扫频功能。图 3.5 示出了在 321.6 kHz 处具有谐振峰的典型扫频。请注意,只有一个单一的、几乎对称的、相当"尖锐"的峰。这是因为悬臂是刚性的且扫频是在空气中进行的。

谐振峰值"锐度"的度量称为其质量因子或 Q 因子:

$$Q = \frac{f_r}{\Delta f} \tag{3.4}$$

其中,Δf 为"半高宽度"。

具有相当高 Q 因子的悬臂具有明显尖锐的峰,其肩端显示陡峭的梯度。梯

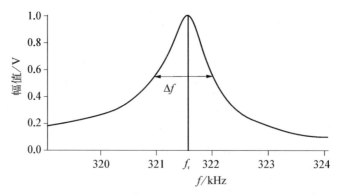

图 3.5　Olympus AC160 悬臂在空气中的频率扫频显示谐振频率(f_r)和半宽高度(Δf)(在这种情况下,Q 因子约为 320)

度越大,悬臂对驱动频率的变化和与样品表面的相互作用越敏感。这些正是优秀 AFM 传感器的特征。

虽然这是一个在空气中的简单直接测量的过程,但是如果想要测量其在液体中的共振性质,驱动悬臂振荡将不会起作用。这是因为振动悬臂的运动被液体的黏度所阻尼。另外,样品支架本身还有信号反射和共振贡献。幸运的是,可以"聆听"未驱动悬臂的自然热振动。这是因为空气/液体分子通过布朗运动与悬臂持续碰撞。

通过比较图 3.6 和图 3.7 中的曲线可以看出,当悬臂浸没在液体中时,各种共振峰使其锐度变宽,它们变得越来越大,其 Q 因子大大降低,通常下降到个位数。为了执行液体轻敲模式,可能需要以一种较高频率模式进行驱动(第二种模式通常运行良好,但值得尝试使用其他模式)。

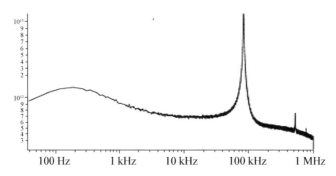

图 3.6　在空气中记录的一种 Olympus"迷你型"生物悬臂的热谱(基频约 80 kHz,伴随的特征频率发生在约 140 kHz 及以上)

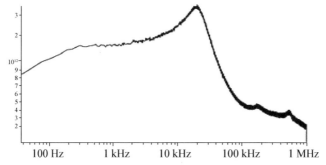

图 3.7　在水中记录的同一种 Olympus"迷你型"生物悬臂的热谱(相应的峰值迁移到较低的值,并且它们变宽,表明较低的 Q 因子,注意峰振幅降低)

5) 驱动频率的影响

由于用于描述各种交流成像模式的术语并不是特别固定化,临时用户之间对于它们之间的重要区别存在一定程度的混淆。例如,术语"非接触"通常用于描述几乎不是直流模式的所有内容,这对初学者来说无益。为了澄清这种情况,以下部分详细描述了就物理基础和实际操作而言轻敲模式和真实非接触模式之间的区别。直观地,读者可能会认为最好以其谐振频率驱动悬臂。然而,因为它可能会导致图像伪影,所以情况并非如此。对于空气中或液体中轻敲模式,驱动频率应该略微小于谐振频率。对于真正的非接触操作,驱动频率应该比谐振频率稍大。

空气中或液体中轻敲模式:远离样品表面时,悬臂在自由空间中振动,其驱动频率故意设置为略低于悬臂的固有谐振频率。当悬臂靠近样品时,它会感受到吸引力,因此,悬臂"感觉"变重,其谐振频率下降,驱动频率和谐振频率现在比以前更接近。这增加了能量传递的效率,使得悬臂以比在自由空间中更大的幅度振动,如图3.8所示。

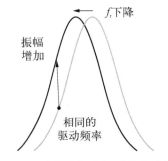

图 3.8 在轻敲模式中,随着悬臂接近表面,振动的幅度增加

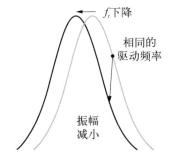

图 3.9 在真正的非接触模式中,随着悬臂接近表面,所得的振动幅度减小

当悬臂接近样品表面时,振动幅度继续增加,直到探针针尖"敲击"样品表面为止,此时它将降低到更低的值。轻敲的力度越大,悬臂振幅减小得越大。因此,设定点应低于自由振幅,低多少将决定探针在样品上轻敲的硬度。

真正的非接触模式:远离样品表面时,悬臂在自由空间中振动,驱动频率被故意设置为略高于悬臂的固有共振频率。当悬臂靠近样品时,它会感受到吸引力,这种情况下,悬臂"感觉"更重,谐振频率下降。驱动频率和谐振频率比以前离得更远。这降低了能量传递的效率,使得悬臂以比在自由空间更小的振幅振动(见图3.9)。当悬臂接近样品表面时,振荡幅度继续下降。通过不允许振荡下降到零,我们可以将探针针尖保持在样品表面上方一个小的距离而不实际接触到表面。因此,设定点应选择为仅略低于自由振幅值。

对于使用排斥模式和吸引模式的特点总结如下:

使用排斥模式	使用吸引模式
标准 Q 因子轻敲悬臂	非常高的 Q 因子悬臂
驱动频率设定在 f_r 以下	驱动频率设置在 f_r 以上
振荡幅度大	振荡幅度小
探针针尖和样品之间的强轻敲力(即设定点比自由振幅低得多)	探针和样品之间的微小力(即设定点仅略微低于自由振幅)

　　吸引模式成像的优点:非常高的分辨率,高对比度的图像,以最小的力施加在样品上。

　　吸引模式成像的缺点:如果有任何热漂移,则几乎不可能将力保持在吸引力区间,结果经常发现图像变形或探针与样品脱离。而且此模式对粗糙的样品不能很好地成像。由于需要高 Q 因子悬臂,所以在空气环境中比液体环境中更容易设置。

3.2.3 偏转模式

　　为了在施加低力的情况下针尖在样品上仍然能准确检测,系统控制回路(即控制回路或反馈回路)的增益有必要尽可能调节到最佳值。然而,偏转模式将增益故意设置为相对较低的值,使得控制回路响应非常缓慢。在这种情况下,图像当然不会在恒定的力作用下进行记录。事实上,AFM 探针针尖逐步地压向特征样品,而不是轻轻地抬升过去。在这种情况下 AFM 记录的就是样品的力图(或"力图像"),力图中大的特征表示大的悬臂弯曲,因而代表高力区域。"偏转"模式的名字起源于其是采用悬臂偏转来产生图像对比度的事实。更精细的偏转模式是所谓的"误差信号"模式(见第 2.6.2 节)。基本上,该反馈回路只允许增益正好消除样品形貌中的低频背景波动,但不足以处理由精细结构引起的高频变化。对于高或粗糙的样品,"误差信号"模式会产生一个损失成像目标整体形状而获得表面细节增强的图像(见图 3.10)。

　　问:"我明白误差信号模式是如何设置的,但它看上去和我们努力想要获得的满意的图像完全相反啊,它真的有什么实际价值吗?"

　　答:"有,误差信号模式是非常有用的技术,特别是当用于成像粗糙的样品时,如图 3.10 所示。有许多样品对于 AFM 来说太粗糙,在整个扫描过程中如果不连续调节增益将无法获得良好的质量图像。在这种情况下，由于增益不是最佳值，因此施加在样品上的力将会相当高。标准成像模式下，在控制回路的指令下压电扫描管使样品（或探针）上下移动。虽然这是动态控制成像力的传统方式，但却有缺陷，尤其是这种机电技术必须移动相对较大的质量。如果样品粗糙，但刚性很强，则实际成像力不那么关键。通过将控制回路的增益设置为较低的值，可以有效地限制压电扫描管和样品在 z 方向上的响应。这意味着悬臂将比以前更大程度地偏离其设定点，并且误差信号图像将比形貌图像具有更多的细节。请记住悬臂的质量比扫描管/样品组合要小得多，因此它的频率响应要高得多。其主要应用是成像粗糙而相当坚硬的样品，如细胞和细菌。"

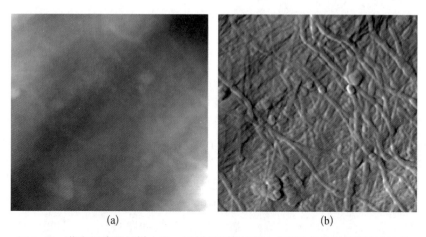

(a)　　　　　　　　　　(b)

图 3.10　荨麻细胞壁材料上同一区域的形貌图像(a)和误差信号图像(b)比较（尽管无高度信息，但误差信号图像中可用的较高频率信息产生了相当多的细节信息，扫描尺寸为 2.5 μm×2.5 μm）

3.3　成像类型

本节讨论显示数据的不同方法，有些依赖于读者感兴趣的样品属性。图像类型与成像模式相反，通常可以在单次扫描期间获得多种图像类型。例如，在对样品形貌成像的同时相对容易地获得样品的摩擦数据。

3.3.1 形貌

这是迄今为止 AFM 记录图像最常用的方法。仪器软件用于创建图像的信息是压电扫描管的垂直和水平运动。理想情况下,整个扫描过程应以恒定的施加力进行,即悬臂弯曲恒定。针对过量悬臂弯曲的补偿方法是通过压电扫描管将样品或探针移动使它们一起或分开。这种图像类型,通过使用"线轮廓"软件可以测量图像中目标的高度。虽然这听起来可能很明显,但实际上值得强调的是,因为其他图像类型使用不同的对比度机制所以无法获得高度信息。

3.3.2 摩擦力

这种操作类型也称为侧向力成像。由第 2 章可知,典型的光电二极管检测器的面部分为四个区域或象限。在大多数成像情况下,顶部两个和底部两个象限之间的信号差异是测定悬臂垂直偏转程度所需的全部信息。然而,在摩擦力成像中,使用侧面对侧面的信号差异来测定悬臂在测向力下的扭转行为。也就是说,将两个左侧和两个右侧象限接收的激光强度差异进行比较。当扫描具有显著摩擦组分的样品区域时,AFM 探针针尖被侧向力限制运动,因此发生悬臂的扭转从而检测到摩擦。这项功能非常强大,能够揭示形貌图像中不可获得的信息(见图 3.11)。

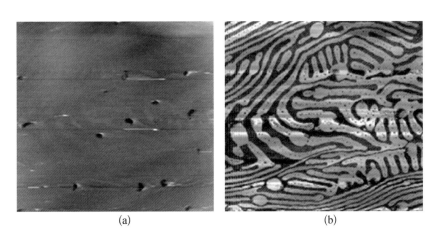

(a)   (b)

图 3.11 云母上的相分离磷脂-蛋白质混合单层的形貌(a)和摩擦(b)图像
(扫描尺寸为 10 μm × 10 μm)

3.3.3 相位

相位(或者更准确的描述为"相位滞后")是可以在交流轻敲模式下记录的量。这种模式下,控制回路使用振荡悬臂的振幅下降来确定压电扫描管的垂直运动。

此外,当探针针尖敲击样品时,它的振荡相位受到干扰,不再精确地与驱动它的电振荡器的相位一致。这主要是因为每次探针针尖敲击样品时,它会传递少量的能量给样品。能量的多少取决于样品的黏弹性。图 3.12 显示了由环氧树脂黏合剂制备的合成样品,与质量不是很好的形貌图像相比,相图提供了非常多的细节。当开始第一次使用相位技术时,由于其很容易准备且具有几乎不可破坏的优点,就可能会喜欢去试这个样品。混合少量的两部分环氧胶黏剂,但确保混合得不好,通过这样做,固化剂和黏合剂不会形成均匀的混合物,使得混合物固化后,某些区域比其他区域更具弹性。在固化前,将混合物夹在两片 PTFE 之间形成足够平坦的表面以便成像。固化后,剥离 PTFE 以露出刚性环氧树脂板。

(a)   (b)

图 3.12   故意混得不好的两部分环氧树脂样品是阐明相位成像能力的一个例子[传统的形貌图像(a)因为样本基本上是平的而显示很少的信息,然而,同时记录的相位图像(b)却相当详细,并突出显示具有不同弹性的区域;扫描尺寸为 4 μm×4 μm]

相图中合理的对比度主要取决于样品中至少有两个组分具有足够不同的黏弹性。理想的材料可能类似于嵌入柔性聚合物基体中的小刚性金属颗粒。作者要提醒大家,相位图像中对比度的解释不是一个小问题。因为如前文所述,在扫描过程中振动的 AFM 探针针尖与样品之间的相互作用可能会在不同的模式之间突然跳跃。这可能导致相位信号发生与样品无关而与组合系统的振幅、阻尼和谐振特性之比有关的大变化。

3.4 基底

为了采用 AFM 对材料进行成像,需要将其沉积并固定在刚性基底上。生物 AFM 实验中最常用的基底类型如下。

3.4.1 云母

这是最流行的 AFM 基底,特别适用于研究单个分子。流行的部分原因是其广泛的可用性和低成本。它由一系列薄且平的结晶平面组成。通过在其边缘插入一个针或者使用胶带使其可以很容易地被分开("撕开")。其结果是形成一个真正新的没有暴露在空气中(因为它最初是数百万年前形成)的表面。此外,云母片具有平整的大面积(通常为几微米),如果要实现分子分辨率,这是必不可少的。此外,云母片在大面积(通常为几微米)上是原子级别平坦,这对于实现分子分辨率是必需的。目前有许多不同类型的云母,其主要区别是含有的金属离子不同。也许用作 AFM 基底的最常见的类型是"白云母"$[(KAl_2(OH)_2AlSi_3O_{10})]$。读者应该记住的一点是云母在中性 pH 值水液体中带负电荷。

3.4.2 玻璃

玻璃通常是抛光的盖玻片形式,是成像较大样本(如细胞)的理想基底,在这种情况下,分子级分辨率通常是不必要的。考虑到玻璃盖玻片的成本低,它可以说是相当平的,在几微米范围内粗糙度可以低至几纳米。不过很明智的做法是在使用前利用异丙醇或酸冲洗盖玻片以清除任何污染物。细胞和细菌可以直接在盖玻片上培养,但是在成像前需要仔细洗去培养基。清洁通常能促进样品更好地附着于玻璃,因此此有助于确保在水性溶液中样品不会脱附(有关详细的表面清洁方案见第 5 章)。玻璃在中性 pH 值水液体中也是带负电荷。

3.4.3 石墨

这种材料自 STM 早期就已经使用,因为 STM 要求基底必须导电。除非需要同时获取 STM 数据,否则对于 AFM 研究来说基底导电是没必要的。石墨可以使用胶带分开,但如果要避免去除厚层,则需要多加练习。需要考虑的一点是石墨是非常疏水的,因此水溶液样品的沉积"湿润和扩散性"非常差。然而,石墨仍然用于 AFM,特别是在怀疑样品构象受到与云母表面相互作用的影响时可作为对照实验的基底。

3.5 一般问题

3.5.1 热漂移

这现象通常仅在液体成像时才明显。如果液体和液体池的温度存在显著差异,则热流可以逐步形成。液体成像中典型的悬臂是由表层为反射性金层的氮化硅组成。如果金层厚度碰巧非常厚,则该悬臂可能表现为双金属条,并随温度弯曲。这是因为每层具有不同的膨胀系数,因此在任何给定的温度下都会膨胀不同的量。此外,在制造过程中产生的内部应力可以使不同批次的悬臂产生更大的热弯曲[4]。最好在样品池填充液体后使仪器和样品平衡一段时间来避免热漂移。由于热漂移的存在部分取决于金层的厚度,你可能会发现它发生自同一批探针针尖,但是却不会发生自所有不同批次的探针针尖。

热漂移有两种形式:首先,随着时间的推移,悬臂弯曲的差异使得样品从基板上刮下或悬臂不断地从样品表面上脱离下来。其次,样品的 x - y 漂移使得图像出现突然转向。非常慢的扫描可以突出显示热漂移的存在。

3.5.2　多针效应

更令人沮丧的是一种非常普遍的称为"双针尖"的效应。顾名思义,探针针尖顶端的尖锐点有时可能伴随其他物质,这通常是磨损、损坏或污染的结果(见图3.13)。理论上可以有任何数量的额外针尖,但最常见的仅仅是两到三个。这会产生图像的副本,其偏转距离等于探针针尖之间的间隙,通常为几十纳米。虽然这听起来像是一个严重的伪像,但是由于图像具有明显的对称性,所以可以放心。很容易确定双针尖是否存在,图3.14显示了两个例子。对于离散特征,双针尖伪像很容易发现[见图3.14(a)]。然而,对于具有更复杂形貌的样品[见图3.14(b)],效应可能难以识别。然而,仔细检查图像可以发现一个不自然的重复特征,这是双针尖的标志。如果双头是由污染引起的,有时可以通过大面积高速扫描来纠正,这样可以去除污染物从而改善后续的图像。

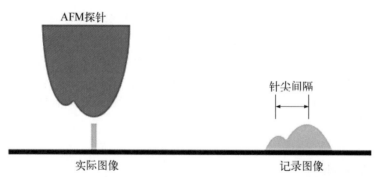

图3.13　理想情况下,AFM探针针尖的顶点应该是只有几个原子,然而,探针损坏和污染意味着这是很少的情况,大部分情况是可能存在多个探针针尖[因为AFM图像将始终在一定程度上被探针针尖形状卷积(见第2.8.2节),双针尖的记录图像将显示两个"明显"特征,即每个实际的探针针尖跟踪得到的特征]

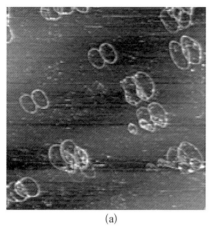 

$$(a) \qquad\qquad\qquad (b)$$

图 3.14 多针尖成像的示例,一个是明显的,另一个更隐秘

(a) 从小麦提取的多糖阿拉伯木聚糖的圆形构象,扫描尺寸为 $2\ \mu m \times 2\ \mu m$;(b) 缬氨酸纤维素,扫描尺寸为 $2\ \mu m \times 2\ \mu m$

3.5.3 "泳池"伪像

当使用轻敲模式时可能会形成这种类型的伪像。因为图像中的高特征部分看上去是部分浸没在液体下(见图 3.15),所以命名为"泳池"伪像。当驱动频率设置得太接近悬臂的共振频率时会发生这种情况。在共振(f_r)时,振幅的变化率为零(即在该精确点处的悬臂的灵敏度为零),这并不是一个好的位置!本质上,"泳池"伪像是由仪器控制环路在吸引和排斥模式之间跳跃所引起的。

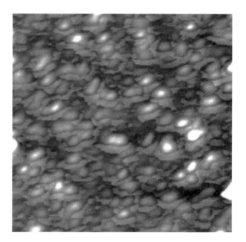

图 3.15 成像聚电解质多层膜时拍摄的"泳池"伪像(扫描尺寸为 800 nm × 800 nm)

3.5.4 高反射样品上的光学干扰

如果激光光斑不能很好地聚焦在悬臂上,那么大量的激光可能照射到样品表面,在反射效果很强的样品,如金或硅上,部分激光可能被反射回光电二极管检测器。由于激光是相干光源,所以在从悬臂反射的光束与从样品反射出的光束之间可能会发生建设性和破坏性的干扰。结果是 AFM 图像呈现出条纹图案而不是平坦背景(见图 3.16)。虽然这在成像时不是一个大的问题,但是当尝试获取力-距离数据时是一个严重的问题,因为条纹图案的大表观幅度破坏了信噪比,使得较小的力不能分辨出来。正是由于这个

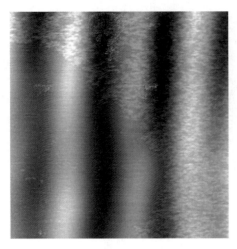

图 3.16 蛋白质膜的形貌图像(扫描尺寸为 5 μm×5 μm,垂直线是由来自悬臂的激光溢出而引起的干涉条纹)

原因,许多较新的仪器不再使用传统激光器,而是使用低相干超亮度光电二极管(SLD)源。

3.5.5 样品粗糙度

典型的金字塔探针针尖只有大约 3 μm 高,这限制了 AFM 成功成像的任何样品的粗糙度(见图 3.17)。如果样品非常粗糙并且具有超过 3 μm 高的特征,则悬臂的平坦下侧将接触样品而不是探针针尖接触样品。这对成像过程非常不利,类似于使用了钝针尖的仪器。许多感兴趣的样本太过于粗糙而无法通过 AFM 进行成像。

图 3.17 200 μm 长悬臂的扫描电子显微镜图像(其突出了确保样品不能过分粗糙的重要性,这也说明探针针尖是非常小的,图片由 Paul Gunning 提供)

该问题的一个解决方案是将样品部分地嵌入到一个基质中,以便有效地降低它的高度[5]。第 4.4.4 节和第 7.11.1 节讨论了使用这种方法的例子。或者可以购买更高的高长径比探针(如第 2.3.2 节中概述的那些),但注意它们比普通探针贵一些。此外,它们假定探针针尖高度是使用的限制因素,但这不一定是真的。大多数压电扫描管具有相对适中的垂直范围(只有几个微米),因此该因素也决定了可以成功成像的样品最大允许粗糙度。

在某些情况下,可以使用组织学里开发的"切片"技术。将样品包裹在树脂中,然后用切片机将其切成薄层,随后可以使用 AFM 对其进行成像(见第 7.11.1 节)。当然,这也使 AFM 可以获得大样本的内部结构。

该方法的主要缺点是 AFM 功能强大到足以检测到切片机刀片中的任何可能导致图像伪影的缺陷(见图 3.18)。然而,当以这种方式切片时,样品会产生一定程度的非均质性,这能够有效地提供额外的对比度(见图 7.23)。

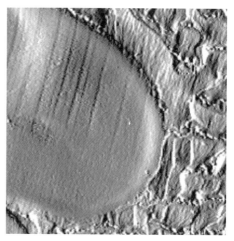

图 3.18　将淀粉颗粒嵌入树脂基质中,然后使用切片机切成薄片,样品表面现在相当平滑,并且可以成功成像(该方法中显然存在一些缺点:垂直条纹是由切片机刀片边缘的小缺陷和"刀抖动"造成的伪影;扫描尺寸为 17 μm×5 μm)

3.5.6　样品流动性

当在空气中成像时,样品被干燥于基底上,因而通常是固定的。然而,在液体(特别是水性缓冲液)中成像时,这种情况发生了变化。大多数生物材料对水具有高亲和力并且在水中存在膨胀或变得可流动。这是在含水介质中成像时的主要问题。因为样品可能脱离基底而变得无法成像。解决这个问题的主要方法是使用在双层力部分(见第 3.1.4 节)讨论过的点筛选技术。在自然介质中的成功成像是一个具有挑战性的问题。目前根据样品特征已经设计了许多解决方案。

3.5.7　液体中成像

在液体中工作通常比在空气中工作更困难,但下面列出的要点可以避免一些新手常见的容易碰到的陷阱。

良好的热平衡在液体工作时至关重要,这是因为对流会严重影响 AFM 的稳定性。如果可能,将液体储存在空气调节的、温度可控制的 AFM 实验室中,这样液体温度与设备温度并不会有明显差别。如果使用需要储存在冰箱中的溶液,则从冰箱中取出后应放置在实验室数小时后再开始实验。填充液体池时应非常小心,泄漏将会很昂贵且有危险,因为许多设备具有位于液体池下方的连接到压电器件上的高压电极(典型的高达 200 V)。开放式桶型池需要特别小心,如果匆忙地填充所谓的"密封"液体池也可能会泄漏。不使用 O 形圈,而采用三明治一滴液体的方式也可能由于添加表面活性化合物(如洗涤剂、脂质或蛋白质)降低液体的表面张力而发生泄漏。现在许多 AFM 可以放置在倒置光学显微镜上,因此使用常规的玻璃载玻片作为样品平台。可以通过使用如图 3.19 所示的特氟龙(Teflon)涂覆的玻璃载玻片来降低溢出的可能性。或者可以使用称为"PAP 笔"的装置在样品区域周围绘制一个圆。这产生了疏水性"墨水"屏障,其干燥后有点像石蜡。

图 3.19   用于阻止液体泄漏到昂贵 AFM 压电扫描管的特氟龙涂层载玻片

由于水性液体具有高表面张力,液体池可能难以"润湿"。桶型液体池中液体是离散的半球形液滴,因而这是一个特别的问题。然而,这通常可以通过填充液体池后轻轻振动再将其固定在仪器上来解决。显然,绝对必要条件是所有组件都要严格清洁。在液体填充过程中密封液体池中气泡可能会被探针针尖和玻璃观察板所捕获。这会以两种方式之一表现出来:第一种是添加液体后,即使不断调整光电二极管也找不到反射的激光光斑;第二种是可以发现反射的激光斑点,但是"闪烁"不定,从而使光电二极管产生快速变化的输出信号,使得仪器不可能操作。

3.6   开始

如果读者刚刚获得了 AFM,不确定从哪里开始操作,那么本节内容对你非常有帮助。本节不是讲述操作原子力显微镜的"绝技"。相反,主要目的是给读者一些技巧,包括最常见的陷阱,无须阅读大量的文献,使读者快速地入门。显然,所有仪器的精确安排不同,同样重要的是它们的软件可能会有很大的不同。因此,本节不可能讨论个别仪器特有的具体特征。本节假设读者已经掌握了基本知识,即放入探针、对齐激光,且探针接触读者放置的样品表面,进而可以开始检测真正的生物样品。

3.6.1   DNA

由于以下种种原因,DNA 是开始学习 AFM 的一个极佳的例子:

(1) 它已经被很好地表征,所以可以预期它的合理观察尺寸和形状。

(2) 它来源广泛,因此获得相对纯的样品应该没有问题。

（3）这是一个非常脆弱的样品，因此可以快速查看正确设置仪器参数的结果，例如力和增益，以获得良好的质量图像。然后，可以学习当更改其中一个成像参数到不确定值时会发生什么。

（4）虽然脆弱，但与许多其他离散分子相比，DNA 是令人惊奇的结实，这是因为 DNA 形成双螺旋结构。这意味着对于初学者并不会是难以想象的困难。如果你随机选择一个样品，可能就会是难以想象的困难。

需要的材料如下：

（1）纯化的约为 $1\,\mu g\cdot mL^{-1}$ DNA 混悬液，在纯水或低盐（小于 $2\,mM$）缓冲液中浓度绝对不超过 $10\,\mu g\cdot mL^{-1}$。

（2）长度约为 $100\,\mu m$ 的短悬臂，力常数约为 $0.4\,N\cdot m^{-1}$。

（3）丙醇或丁醇，优选重蒸过的。将其用作成像介质，这比从水性缓冲液开始要容易得多。因为当在醇下成像时，DNA 不会从云母表面再溶解。事实上，醇被广泛用作 DNA 制备中的沉淀剂。

（4）一小片云母，如 $10\,mm^{2}$，通过在其一个边缘插入一个尖锐的针或类似的东西而撕开。

（5）另外一件值得的事情是拿到以下论文的复印本，因为它们都为 DNA 成像提供了有用的信息：文献[6,7]。

如果发现 AFM 系统具有不同扫描尺寸的扫描管，那么最好选择最小的扫描管之一。这是因为执行扫描超过 $5\,\mu m$ 没有任何优势，任何单独的分子将会太小而不能看到。此外，较小的扫描管通常比大扫描头具有更好的信噪比。将一小滴 DNA 混悬液滴加到新鲜暴露的云母表面中心，使用干净的微量移液管，且混悬液不超过 $5\,\mu L$。确保云母是新鲜裂开的，所以如果裂开后超过几分钟了就不要使用它，否则大气中的有机分子可能会干扰 DNA 的吸附。接下来，使用镊子拿起云母，轻轻地用手旋转水滴约 $20\,s$，以产生合理均匀的覆盖率。这是为了防止液滴干燥到一个微小但非常集中的地方，不会在其他任何地方留下任何分子。最后在室温下空气干燥约 $10\sim15\,min$。

将样品固定在液体池中后，可能需要参考仪器的说明书以确定用作成像介质的丙醇或丁醇的量。大约 $200\,\mu L$ 是平均值，但是如前所述，压电扫描器过度填充造成的泄漏可能会损坏压电扫描管，因此不管怎样都应仔细查看该数据。填充液体池后，如果激光斑点失踪不用惊讶，这是由于空气和醇具有不同的折射率，所以在引入液体之后激光路径可能发生非常显著的变化。因此，需要重新调整激光器和（或）光电二极管的位置，以便它再次捕获反射的激光光斑。

现在准备接近样品表面。大多数系统往往是自动和手动接近的组合。因此，这一步应该是相当简单的（假设默认仪器参数是合理的）。如果不简单，可以观察到以下情况之一。

（1）探针针尖在样品表面剧烈振动。这通常是由于增益参数设置得太高而导致的，因此控制回路过度灵敏并且在尝试稳定探针针尖位置时不断地超调。

（2）显示光电二极管接收激光强度的指示器变得非常暗淡或变为低值。那么可能只是"毁坏了探针"（自我解释）。无论如何，我们都做到了接近样品。首要原因是接近样品太快，在这种情况下，即使正确设置的控制回路也不能足够快地反应来防止探针与样品碰撞。或者控制回路增益可能已经被先前的用户设置为低值，导致压电扫描器的垂直移动非常缓慢。

（3）仪器在样品表面周围不停搜寻但从未接近样品。这可能是由于软件中的力设置点太低（即离空点太近）造成了"假"的针尖接触。试着增加一点力的设置点。

（4）成功地接触了样品表面，但是在某个时候（也许扫描过程中的一半时），探针再次离开表面。再次尝试增加一点力。如果反复发生，那么可能是热漂移的原因。在这种情况下，至少离开 20 min 以便先使系统平衡。

将 AFM 探针成功接触到样品表面后，应选择适当的扫描尺寸，如 1 μm 或 2 μm，这将能够确保云母基底上的分子覆盖度。瞄准调整扫描线密度和速度以便在 1.5～2 min 内获取由 256 行组成的整个图像，从而确保探针不至移动得太快而完全穿透样品。当线密度大于 256 获取图像时，显然需要更慢的扫描速度。

如果幸运的话，会发现 DNA 分子在云母基底上均匀分布。然而，也可能会发现有一定程度的聚集，因而一些区域只是云母，其他区域包含相对较大的分子团块。如果是第二个描述则适合初步观察，可能需要重新准备新的沉积样品，如前所述保持在空气中用镊子轻轻旋转云母。但是，如果在准备新的沉积样品后再次观察到聚合体，则可能是储存液已经聚集。当样品在低温下冷冻或储存时这样的情况常常发生。

在 40～50℃的水浴中温和加热通常会提供足够的能量来分开这些聚集物。或者如果测试质粒，通过将样品放在超声水浴中几分钟或者 UV 切割松弛 DNA 链来分开这些聚集物。

3.6.2　麻烦的大样品

通常对于传统显微镜，样品越大，成像越容易。令人惊讶的是，AFM 并不符合此规则，这主要是与探针针尖卷积和表面粗糙度有关的问题，例如确保悬臂底部和样品之间有足够的间隙。对于非常大的样品，当传统形式的显微镜更容易应用并获得更好的结果时，没有理由使用 AFM。然而，有时需要对较大样本的小区域获得高分辨率数据，例如细胞表面上的受体（在 AFM 术语中，细胞真的是相当大的样品），在这种情况下，只要探针不被持续地强迫扫描超大的特征，AFM 是有用的。将颗粒样品一起包装成单层以确保探针简单地扫描样品的顶部，而不必在特征之间返回到裸露的云母基底,因此表观粗糙度降低。此类大样品材料包括细胞、细菌、淀粉颗粒和乳胶球,诸如此类。由于它们都是离散的、单独的粒子,可达几微米,所以它们成像具有相同的一般规则。用于最小化细胞材料粗糙度的各种方案将在 7.1.1 节中进行详细讨论。

首先,最重要的是专注于准备样品以形成单层来减少样品粗糙度。如果样品形成堆积的颗粒,则不可能获得高质量的、有意义的图像。在成像细菌的情况下,与细胞一样,单层沉积形式通常可以通过操纵培养条件来控制[8]。对于颗粒(如淀粉颗粒),将样品的细粉尘加到黏在样品架上的双面胶带上,然后用空气流喷射以除去任何过量的颗粒。但是,不要尝试对直径大于 5 μm 的较大样品进行成像,因为除非采用嵌入式技术,AFM 对此来说不是合适的技术。在胶乳球的情况下,通常可以通过向原料悬浮液中加入少量洗涤剂来促使它们形成单层。当然,仍然可能对这里所讨论类型的单独样品进行成像,但是这取决于牢固地附着在基底上的它们本身。

过分强调以确保大颗粒样品尽可能接近形成连续单层。由于不认真对待这一建议而发生的图像失真问题可以概括如下:

(1) AFM 探针的错误追踪和零星跳跃——由条纹图像指出。

(2) 严重图像卷积产生的伪影,例如弯曲样品表面可能显示为严重扁平。

(3) 在相同区域拍摄的后续图像产生不同的结果——孤立的、不锁定在连续层中的颗粒可能被探针所推移走——微观足球!

在对这类材料进行成像时,以下是一些有用的指导原则:

(1) 以保守的扫描尺寸开始成像,约为 2 μm。那么如果遇到一个意想不到的大的表面特征,它不会由于探针针尖损坏而导致实验结束。

(2) 大多数大样品具有令人惊奇的弹性,因此实现超低的力不再是优先事项。

(3) 如果能负担得起,请使用高长径比探针。

(4) 比平常扫描更慢。控制回路在扫描大特征过程中有更多的工作要做,减少扫描速度就像增加控制回路的增益一样,但不会导致如图 3.20 所示的"增益波动"。请注意,当存在相当大的物体时,增

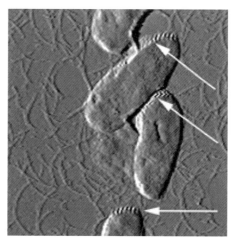

图 3.20　细菌生物膜的误差信号图像[其由于过度地控制回路增益而在细菌边缘显示波纹伪影(箭头);请注意,扫描方向(从左到右)由细菌远端存在的阴影指出;扫描尺寸为 6 μm×6 μm]

益波动趋向于在其边缘发生。

(5) 尝试使用误差信号模式。

3.7　图像优化

3.7.1　灰度级和彩色表

这仅仅是将图像信息(高度、力或相位等方面)描绘成不同亮度区域的一种方式。用于形貌(高度)成像的通常惯例是将最低点设置为黑色,最高点设为白色,其余部分作为线性变化的灰色阴影。在图像中使用 256 个不同的灰度级(0~255)是相当标准的做法,不过要注意制造商定义 0 水平代表黑色或白色是不同的。这不是一个问题,因为在不同的软件包之间交换时反转图像以获得正确的对比度是一件小事。

也可以在仪器软件本身或通过诸如 PhotoShop(Adobe Systems Inc)的图像增强包来人为地对图像进行着色。这可以通过将单色彩色表应用于图像(如绿色线性过渡到黑色)来实现。但是,包含多种颜色的颜色表可能难以实现,除非在使用此类软件方面有相当的经验。对图像应用彩色的优点是,相比于灰度图像的强度差异,眼睛对彩色图的波长(颜色)变化更敏感。

3.7.2　亮度和对比度

这可能是采用仪器软件或单独的图像增强包最容易的处理方法,效果相对精妙但也值得,特别是在打印之前。注意:任意参数的调整超出±15%是需要避免的。

3.7.3　高通和低通滤波

这是不言自明的。高通滤波器的应用取出图像中的较低频率信息。如果想让图像背景变得更平,这是特别有用的,因为它看起来像一个起伏的景色,而不会失去任何细节。另一方面,低通滤波去除起伏景观之外的其他东西。

3.7.4　归一化和平面拟合

AFM 记录图像是逐行缓慢获取的。每个单独的行可以包含多达 256 个灰度级,但是后续行可能不一定将相同灰度级别归于相同的高度、力或相位值。因此,有必要确保给定的灰度级在整个特定图像中代表相同的高度,这个过程称为"归一化"。

平面拟合或"平面相减"涉及在整个图像上使用最小二乘法来计算虚拟平面。这是因为样品表面不完全平行于 AFM 扫描管的 $x-y$ 平面而执行。通过从原始图像中减去该假想平面,我们可以有效地去除任何潜在的倾斜。该技术通常紧随其后的是上面所述的归一化过程。

3.7.5 去尖

图像中的小亮白点(可能是单个像素)通常由探针针尖跳跃产生。当暂时停留在表面特征上的 AFM 探针针尖被迫向上离开样品时易发生探针针尖跳跃。由于探针针尖跳跃是图像中最高的部分,这会对产生的对比度有不利影响,因此图像中所有有趣的部分被压缩到一些更黑的灰色水平。去尖通常搜索那些有极大变化梯度的小区域——一个尖峰。该尖峰通过采用那些周围像素的中值来替代而去除。随后,对图像进行归一化处理。

3.7.6 傅里叶过滤

这种技术在图像处理的许多分支中获得了不好的声誉。这是不合理的,因为它被正确使用时是非常强大的工具。问题通常只有在技术被错误使用或以极端的方式使用时才开始出现。当它被错误使用时,它完全可以产生一无所有的东西。傅里叶过滤通常仅用于优化包含周期性信息的图像,例如原子格或有序结构。

傅里叶过滤的介绍往往是高度数学化的,因为该技术本身是数学的,且是很复杂的。这种做法相当难消化,特别是如果以前没有遇到过。幸运的是,纯从光学的角度考虑,可以很好地掌握该技术,这也是本节采用的方法。要了解这种技术的运行方式,请考虑一个来自激光器的单色窄光束落在狭缝上的实验。当光束在狭缝的另一侧出射时,它展开或"衍射"。该效果可以通过将其投影到屏幕上而获得,它显示为许多明亮的条纹,称为"衍射图案"。通过改变狭缝的宽度、数量或取向,可以显著地改变衍射图案。有趣的是,在衍射图案中条纹分离和引起它们的狭缝宽度之间存在着相反的空间关系。在更一般的术语中,这可以表示为:"精细的细节导致宽间距条纹,或者在衍射图案外边缘处的条纹。"

通常存在于 AFM 软件中的快速傅里叶变换(FFT)程序提供了为任何给定的数字图像生成等效衍射图案的自动数学方法,尽管现在通常将其称为"功率谱"或"频域"。图 3.21 示出了在各自遮光片之上功率谱的两个例子。图像中的高周期性信息会导致功率谱中出现亮点。再次,功率谱边缘处的任何点是由原始图像中存在的细微细节(高频)引起,而靠近功率谱中心的光点则来自图像中较粗的细节(低频)。现在可以通过使用 FFT 软件来编辑功率谱,从而提供在重新应用傅里叶变换之前去除任何非周期随机噪声的机会。傅里叶变换的重新应用称为"反向"或"后退"变换。傅里叶逆变换的结果应该是形成一个更清晰的图像。这就是危险所在:如果功率谱非常嘈杂,可能只是原始图像嘈杂,或者图像中没有显著的周期信息。如果功率谱现在被恶意地编辑以增强任何出现甚至极小周期性的区域,无论

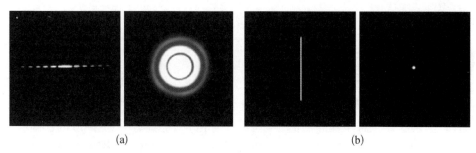

图 3.21　功率谱(a)的两个例子,以及产生它们所用的遮光片(b)

是否真实存在,逆变换都将产生具有强周期性结构的图像。

3.7.7　相关平均

傅里叶过滤图像处理技术起源于电子显微镜,经常应用于周期性结构(如二维蛋白质晶体,甚至是独立的大分子)。首先,根据整个图像识别出重复的单元特征。其中许多单元特征被选择和排列(如通过旋转)。通过对多个单元特征的求和,可以得到平均的表示,它具有改进的信噪比,因此改进了对比度。这项技术已经应用于如第 6.3.5 节中讨论的膜蛋白研究。

3.7.8　立体图和浮雕

立体图或"立体对"仅仅是从稍微不同的观点拍摄和观看样品的两个图像。这是为了模拟左眼和右眼观察到的微妙变化。当图像并排放置,通过立体镜(一个用于眼睛观察的包含收集透镜的简单框架)观看时,大脑叠加它们,并且产生包含粗 3D 信息的单个图像。这种技术最初在维多利亚时代受欢迎,随后用于 SEM、TEM以及较少程度应用到 AFM 图像[9]。在 AFM 数据情况下,原始图像经过电子处理以产生看起来在不同观点获取的两个微妙不同的图像。

浮雕非常相似,除了偏转图像用红色和青色着色,并用包含相应滤色器的眼镜观看图像。浮雕的三维效果更强大,但任何颜色纯度都会丢失。

3.7.9　做好你的功课

AFM 文献包含图像的简单事实意味着应该特别注意如何最终复制它们。最重要的是,可以尽可能地最大限度地发挥图像的影响力,因为它可以决定研究是否被阅读或传递。可惜的是,使用上述图像优化技术并不是意味着结束。即使以优异的高对比度图像开始,也不能保证出版时它们与交稿时一模一样。令人惊讶的是,大多数出版社实际上更多地聚焦于文本(拼写、语法、风格等)上,而不是图像。这部分是因为打印机决定什么出现在纸上。许多读者看到图书馆复印件,而不是原件或重印本①。所以如果原件很差，则复印件将是可怕的（有时只是一个黑盒子）。随着电子重印本的可行性，这类问题越来越少。专门的显微镜期刊几乎总能做到公正，但为了达到最广泛的读者群，根据样品或研究问题而瞄准某个期刊可以做得更好。

彩色图像通常都能很好地复制，尽管不是所有的期刊都提供这个选项，而且通常会收费。为了保证良好的图像复制质量，建议要求查看图片校样，不接受传真或复印件。此外，研究杂志的过刊、关注图像质量和实际用于打印图像的纸张也非常重要。

参考文献

[1] Weeks B L, Vaughn M W, Deyoreo J J. Direct imaging of meniscus formation in atomic force microscopy using environmental scanning electron microscopy. *Langmuir the Acs Journal of Surfaces & Colloids* **2005**, 21 (18), 8096.

[2] Israelachvili J N. Intermolecular and surface forces. *Academic Press* **1985**.

[3] Butt H J. Measuring electrostatic, van der Waals, and hydration forces in electrolyte solutions with an atomic force microscope. *Biophysical Journal* **1991**, 60 (6), 1438 – 1444.

[4] Radmacher M, Cleveland J P, Hansma P K. Improvement of thermally induced bending of cantilevers used for atomic force microscopy. *Scanning* **1995**, 17 (2), 117 – 121.

[5] Thomson N H, Miles M J, Ring S G, et al. Real-time imaging of enzymatic degradation of starch granules by atomic force microscopy. *Journal of vacuum science & technology. B, Microelectronics and nanometer structures: processing, measurement, and phenomena: an official journal of the American Vacuum Society* **1994**, 12 (3), 1565 – 1568.

[6] Hansma H G, Vesenka J, Siegerist C, et al. Reproducible imaging and dissection of plasmid DNA under liquid with the atomic force microscope. *Science* **1992**, 256 (5060), 1180 – 1184.

[7] Li M Q, Hansma H G, Vesenka J, et al. Atomic force microscopy of uncoated plasmid DNA: nanometer resolution with only nanogram amounts of sample. *Journal of Biomolecular Structure & Dynamics* **1992**, 10 (3), 607.

[8] Gunning P A, Kirby A R, Parker M L, et al. Comparative imaging of Pseudomonas putida bacterial biofilms by scanning electron microscopy and both DC contact and AC non-contact atomic force microscopy. *Journal of Applied Bacteriology* **1996**, 81 (3), 276 – 282.

[9] Shao Z, Somlyo A P. Stereo representation of atomic force micrographs: optimizing the view. *Journal of Microscopy* **1995**, 180 (2), 186 – 188.

---

① 现通常为阅读电子版，所以无须太担心（译者注）。

4 大分子

4.1 成像方法

为了通过 AFM 研究单个大分子,首先需要将大分子固定在合适的表面或界面上。理想情况下,为了发挥 AFM 的全部优势,我们希望在自然条件下(通常在水性或缓冲环境中)研究这些分子。最后,成像过程本身不应该损坏或推移这些分子。然而,同时实现所有这些条件是非常困难的,故需要做出一些妥协。其使用的方法将取决于分子的类型和在分子结构上所需分析的信息。一般来说,首先讨论成像方法是方便的。

4.1.1 针尖黏附、分子损伤和推移

最初的大分子研究是通过使用扫描隧道显微镜来分析的,其主要问题是样品损伤、伪像和不可重复性。这些问题的起源对于 STM 和 AFM 是一样的。大多数问题出现是因为样品吸附到合适的基底后在空气中进行成像。这是因为样品表面上会存在一层薄薄的水(除了在低相对湿度下),并且也存在于探针针尖上(依赖其曲率半径)。当这两个表面充分靠近在一起时,这些液体层将会聚结。结果是产生将针尖有效地黏附到样品表面上的黏附力(见第 3.1.3 节)。当针尖和表面相互扫描时,难以将探针提升超过沉积的分子。针尖要么撕裂分子,要么推动它们在表面上移动。高黏附力可以使分子在表面上推移,只有当分子被推动到样品表面缺口上时才能观察到,分子聚集体趋向于在台阶或者其他特征处定向排布,这是导致成像重复性差的原因。不仅样品推移导致不可重复,早期研究中高度伪像也导致不可重复。如果只有当分子被捕获在缺口处时才能看到,那么观察到缺口的机会将与观察到分子的机会相似。可惜的是,一些缺口可能会被误认为是大分子的图像。最广泛的例子是晶界的 STM 图像,这可能被误认为螺旋分子如 DNA[1]。早期的成像方法(其中有许多是经验开发的)是旨在降低分子的流动性,防止样品损伤和推移。

4.1.2 将大分子沉积在基底上

生物聚合物通常制备为水溶液,然后沉积或铺展在合适的基底上。基底需要

平坦(相比于分子尺寸来说)、干净、便宜且易于准备。最常用的基底是云母。云母是非导电层状材料,价格很便宜,并且可以容易地使用大头针或者有时用胶纸来撕开以产生干净、原子级别的平面(甚至大到毫米级别平面)。云母最常见的形式是白云母$[KAl_2(OH)_2AlSi_3O_{10}]$。表面上可以观察到的最小台阶是单层(1 nm)厚度和层内的六方晶格常数 0.52 nm,这些数据可以用于校准。将分子引入基底的常见方法如图 4.1 所示。可以使用移液器将一滴溶液滴在表面上[见图 4.1(a)];也可以在疏水表面(如封口膜)上形成一滴溶液,并将云母接触到液滴表面[见图 4.1(b)];或将溶液作为气溶胶喷涂到基底上[见图 4.1(c)]。在水溶液中加入少量表面活性剂可以增强沉积物在基底表面的扩散。样品可直接从水性溶液(或在甘油存在下)喷洒。甘油是非必需的,且可能仅仅作为样品的防腐剂或冷冻保护剂存在,而不是用来提高样品黏度。在任何情况下,都需要除去存在的甘油(如通过在真空中干燥)以防止其涂覆分子或污染针尖。然后将样品在空气中干燥约 10 min,再进一步制备或成像。云母是亲水表面,可以作为疏水性表面的一种基底是高取向热解石墨(HOPG)。HOPG 也是一种简单的层状结构,可以通过使用胶带进行撕开,形成平坦且干净的表面。石墨表面包含比云母表面更多的台阶。HOPG 上的常见缺陷是晶界。石墨的层间距为 0.355 nm,最小台阶尺寸为 0.669 nm。层中碳原子的真正六边形晶格间距为 0.142 nm。然而,层层之间是交错的,并且每个层中等同的碳原子间距是 0.246 nm。较大的大分子复合物可以沉积到较粗糙的基底上后成像。例如染色体通常沉积到玻璃上,胶原纤维可以沉积到很粗糙的滤纸上成像。基底的粗糙度必须小于样品的"高度"。

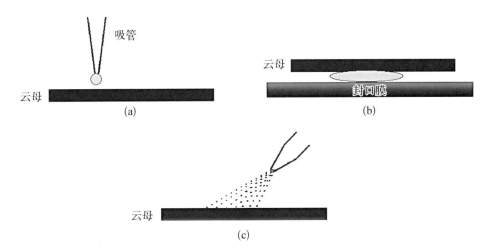

图 4.1 将大分子沉积到基底上的不同方法

(a) 液滴沉积;(b) 三明治夹心法;(c) 喷雾沉积

4.1.3 金属涂层样品

这种方法借鉴了透射电子显微镜(TEM)中使用的方法,并将其改变以用于探针显微镜。相较于 TEM 中生成和成像金属复制品,金属涂层样品可以通过 AFM 直接观察。将分子沉积在基底(通常是云母)上,然后空气干燥,放到真空涂层单元中,抽真空并涂覆金属。

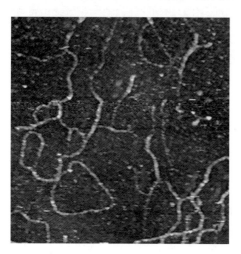

所制备得到的金属涂层样品可以直接成像或储存一段时间后再成像。如果初始沉积条件是正确的,则表面浓度将足够低以允许可以观察到各个大分子(见图 4.2)。金属涂层冻结分子运动并保护底层分子免受损坏或推移。因此,可以在空气中在恒定力(dc)条件下获得图像,获得关于整个分子群体的分子大小和形状的信息。即使金属涂层相当均匀,仍然难以获得关于分子高度或直径的信息。该方法的主要缺点是在样品制备过程中分子可能变性,以及因涂覆样品的金属颗粒尺寸而导致分辨率损失。制备过程中的分子畸变问题,电子显微镜学家已经研究清楚了,此领域开发的优良

图 4.2 在丁醇中成像的金属包覆纤维多糖(黄原胶)的 AFM 图像(扫描尺寸为 1.6 μm×1.6 μm)

方法可以修改从而用于 AFM 研究。因此,样品可以冷冻干燥,或者薄的样品可以被非常快速地冷却,从而在玻璃化转变温度以下通过升华将水除去。这些方法可以保留分子的天然结构。通过优化涂层条件和适当选择涂层材料,可以最小化金属颗粒的尺寸,然而,这个因素将限制 AFM 可实现的潜在分辨率。

4.1.4 在空气中成像

为了获得空气中分子的图像,必须要消除黏附力。一种方法是去除表面的水层。这可以通过将样品置于低真空下或储存在低相对湿度(通常 RH 小于 40%)的干燥器中完成。样品需要在低 RH 下在 AFM 中成像:将 AFM 头封闭并充填干燥氮气。这些条件下,可以实现直流恒定力模式下的理想成像力(通常为 1～10 nN),该成像力足够高以产生图像中的对比度,但不能太高致使样品损坏或推移。另一种方法是在轻敲模式下进行成像。在干燥空气、氩气或氮气下工作可以改善成像效果。悬臂通常在低于针尖-悬臂组件共振频率约为 0.1～2 kHz 的频率下工作。图 4.3 显示了多糖样品在空气中轻敲模式的图像。我们在实验室已经注意到,在相似的沉积条件下,通过轻敲模式在表面观察到的聚合物浓度通常高于在

直流恒定力模式下成像时所观察到的聚合物浓度。这可能是沉积导致形成多层的多糖:最紧密结合的主层被稍紧密结合的两层覆盖,在较少受控的直流接触模式成像下第二层可能被探针针尖所推移。文献报道表明,轻敲模式下常常需要更低的样品浓度。轻敲模式下的成像也倾向于显示更多的"脏"基底。另外,表面上的碎屑可能更容易被直流模式下的探针针尖推移或拾取,因此在图像中看不到。

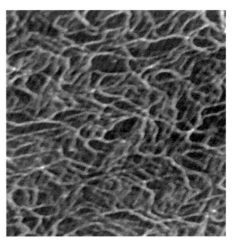

图 4.3 在空气中轻敲模式成像的多糖黄原胶缠结阵列(扫描尺寸为 1.2 μm × 1.2 μm)

4.1.5 非水性液体成像

消除黏附力的另一种方法是在液体中进行成像。所选择的液体水替换了表面水层,从而允许在成像期间控制成像力,通常在非溶剂(如醇)中成像,可以使用各种醇,包括丁醇、丙醇和丙二胺。这些似乎通过换水起作用,从而抑制基底表面上的分子运动,并且预防样品从表面脱附。可以使用直流恒力条件或轻敲模式进行成像。在直流条件下,仍然需要精确地控制成像力。图 4.4 显示了改变成像力对图像质量的影响。在图 4.4(a)中,当成像力变得太小时(小于 1 nN)分子融合到背景中。图 4.4(b)示出了在扫描期间成像力增加的效果。在足够大的成像力(大于 10 nN)下,出现分子的损伤和推移。在最佳条件下,可以获得具有良好对比度的可重复性图像[见图 4.4(c)]。图 4.5(a)示出了与图 4.4(c)所示的图像对应的力-距离曲线。力-距离曲线完全可逆、无粘连迹象。即使在这些条件下,图像的质量也随着时间而开始下降。这个时间通常在几个小时之内,有时所涉及的时间尺度取决于样品,可以短到几分钟。图 4.4(d)显示了质量已经开始下降的图像,图 4.5(b)示出了相应的力-距离曲线。图像质量的下降与增加的黏附力有关,可假定当针尖从样品表面积聚分子或其他碎屑时黏附力出现。也可以在液体条件下通过轻敲模式获得图像。成像条件的设定稍微困难一些,因为针尖-悬臂组件的单一共振频率通常由一定范围的共振频率代替,其性质将取决于液体池的几何形状。所选择的条件通常比二次谐波低 0.3～2 kHz。

4.1.6 将分子与基底结合

除了将分子简单地物理吸附到基底(如云母)上,也可以将分子特异性地修饰到基底表面以改善分子黏附。对于在水性或缓冲溶液中持续成像以及作为避免分

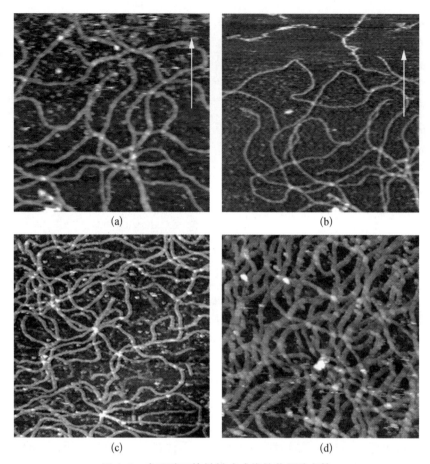

图 4.4   在乙醇下接触模式成像的黄原胶多糖

(a) 力从图像底部(3 nN)向顶部减小(力在箭头处约 1 nN,图像对比度降低,扫描尺寸为 600 nm×600 nm);(b) 力从图像底部(3 nN)向顶部增加(箭头处的力约为 10 nN,发生损伤和推移,扫描尺寸为 700 nm×700 nm);(c) 优化的对比度图像(扫描尺寸为 1.2 μm×1.2 μm);(d) 由于黏附力导致的图像劣化(扫描尺寸为 700 nm×700 nm)

了畸变或干燥变性的方法,这一点尤为重要。该主要方法涉及在基底上使用自组装单层。这个领域的相关文献很广泛,此处指考虑扫描探针显微镜适用的方法。早期的尝试是修饰 STM 研究用基底(其需要导电基底),主要是在云母上外延生长金层。

云母表面上生长平的金岛屿是具有挑战性的,但标准方法已有文献发表[2,3]。新鲜撕开的预热(300℃,过夜)云母上热蒸发形成大约 200 nm 厚的金层。剪下或冲压包覆云母得到小圆片(尺寸约为 1 mm)。金涂覆的云母碎片立即与烷烃-硫醇衍生物的溶液孵育而衍生。将衍生的云母取出,洗涤,在氮气下干燥,然后立即用于固定生物聚合物。吸取一滴合适浓度的生物聚合物溶液到封口膜上,并将活化

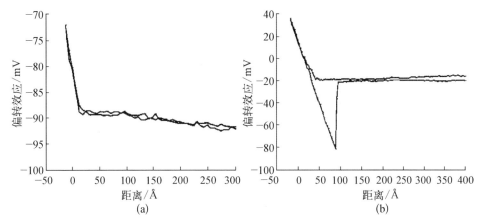

图 4.5 对应图 4.4 所示图像的力-距离曲线

(a) 对应于图 4.4(c); (b) 对应于图 4.4(d)

的涂覆云母放置在滴液的顶部。该组件被盖上盖子以防止蒸发并允许孵育适合的时间段。将生物聚合物涂覆的样品用缓冲液洗涤,无须干燥,直接置于 AFM 液体池中使用直流接触、交流或轻敲模式成像。不同类型的硫醇衍生物可用于结合不同类型的生物聚合物。因此,蛋白质、磷脂或含有氨基糖的分子可以使用二硫双(琥珀酰亚氨基十一酸酯)(DSU)[4,5]共价连接(见图 4.6)。阴离子生物聚合物可以通过使用"正"电荷的 2 - 二甲基氨基乙硫醇[6,7]来结合。这种 AFM 方法的局限性在于很难生产大平面金表面。

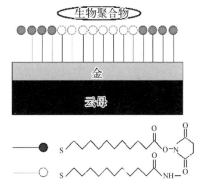

图 4.6 使用衍生的硫醇将生物聚合物结合到镀金云母的示意图(该过程使用 DSU)

另一种选择是直接衍生云母表面。云母的主要成分是 SiO_4 四面体,因此可以通过将硅烷共价连接到云母表面上来实现[8]。可以使用 3 - 氨基丙基三乙氧基硅烷(APTES)的共价连接来产生可以与阴离子生物聚合物结合的正电荷表面[9,10]。将云母新鲜撕开并置于包含硅烷溶液的干燥容器顶部。将干燥容器抽真空,充入干燥氩气,并使反应进行约 2 小时。取走硅烷溶液,再次将干燥容器抽真空,充入干燥氩气,储存活性云母直到使用。通过将基底浸入到生物聚合物溶液中或通过将一滴溶液放置在基底上而将生物聚合物连接到基底上(见图 4.7)。然后清洗表面,并在真空或干燥气体下干燥。

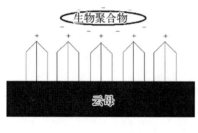

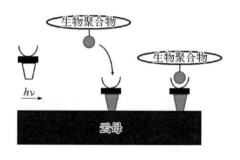

图 4.7　使用硅烷衍生物将生物聚合物结合到云母表面的示意图(该过程用 APTES,通过省略干燥步骤,可以制备保持在液体成像的样品;通过使用其他硅烷衍生物,可以选择性地结合特定的生物聚合物)

图 4.8　使用光活性双功能试剂将生物聚合物结合到云母的示意图(首先将试剂与云母结合,然后利用靶位点捕获生物聚合物)

　　光化学反应可用于将生物聚合物[11]固定在裸露的基底如云母上,或将大分子结合到上述热化学衍生的云母上。可以使用异双功能的光化学反应剂如三氟甲基芳基二氮杂环丁烷将分子直接附着到裸基底上(见图 4.8)。用于附着生物聚合物的目标基团是伯胺或硫醇。将新鲜撕开的云母用乙醇冲洗并在氮气下干燥。将光敏剂的溶液滴加到基底表面上,并在室温下真空蒸发溶剂。摇动基底并用合适的光源(350 nm)带照射,三氟甲基芳基二氮杂环丁烷共价交联到基底表面上。随后通过冲洗和超声处理除去过量的交联剂,并将基底在温和真空下干燥。将生物聚合物溶液与基底孵育,洗涤和超声处理从而将生物聚合物连接到基底上,再在缓冲液下成像。一种替代方法是使用这些光交联剂将生物聚合物连接到含有共价连接烷基硫醇或烷基胺的衍生基底上。这需要优化实验条件,特别是为了避免光聚合反应引起的交联剂聚集。可以通过使用单独的对照或光掩模技术来评估对这些基底的非特异性结合。

4.1.7　在水或缓冲液下成像

　　在水或缓冲液下成像分子和分子过程可能是 AFM 应用最令人激动的方面之一。尽管最初感觉到分子需要共价连接到基底上以防止它们的脱附、损伤或推移,但现在越来越多的证据表明,这些限制不像最初想到的那样严重。对于诸如核酸或多糖等纤维分子,在直流模式下难以实现足够低的成像力而成像。可能的是,在扫描过程中由探针施加的横向或摩擦力可以使弱吸附的物理吸附分子推移。使用轻敲模式肯定会使成像更容易。还可以通过增强吸附或抑制分子从表面的解吸附而改善成像。例如,可以在缓冲液成像之前将样品在云母上进行空气干燥、真空干

燥甚至用醇洗涤。图4.9显示了已经沉积在云母上然后通过在缓冲液下轻敲模式
成像的水溶性多糖的图像序列。不仅可以清楚地解决分子的问题,而且连续的图
像显示分子在云母表面上的明显的运动。正如第4.2.1节和第4.4.1节所述,这
种类型的运动是分子试图从表面解吸的结果。获得运动中分子的这种图像能力已
经允许产生生物过程的"分子电影"。在某些物理吸附蛋白质情况下,与基底如云
母的结合足够强,并且蛋白质结构具有足够的抗扭曲性,是允许在水或缓冲液下成
像的,甚至在直流接触模式下(只要应用最小的力)也可以(见第4.5.1节)。现在
轻敲模式已成为在液体下成像大分子的标准方法。如第4.5.1节和第6.2.2节所
示,正在开发的在接近其天然状态的环境(近生理条件)中研究复杂膜蛋白的方法。
这些进展正在缓慢地实现将探针显微镜应用于生物系统研究的最初目标之一。

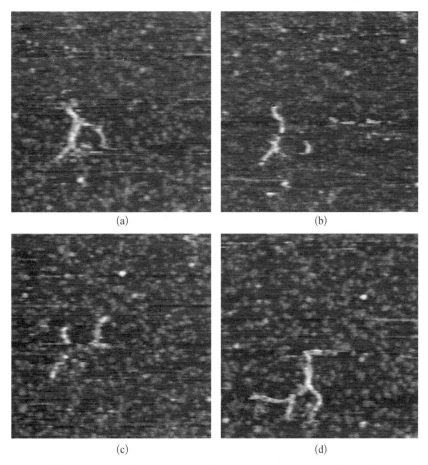

图4.9 轻敲模式下的水溶性小麦戊聚糖多糖成像在10 mM HEPES缓冲液加2 mM ZnCl₂
(pH=7)的图像(扫描尺寸为600 nm×600 nm,图序列显示分子"运动")

4.2　核酸(DNA)

DNA 是通过扫描探针显微镜方法研究最多的生物聚合物。事实上,第一个公开出版的 STM 研究生物聚合物的图像就是沉积在涂覆 Si 晶片上的 DNA 分子[12]。DNA 是 AFM 最先(如果不是第一的话)成像的生物聚合物之一。DNA 受到这样的关注是不难理解的,因为 DNA 是具有特殊生物重要性的表征良好的生物聚合物,其特征尺寸和形状使其成为评估 SPM 图像质量和可靠性的良好模型系统。线性 DNA、环形质粒、明确的限制性片段灯的可用性以及合成具有特定结构和长度序列的可能性使得这些分子成为研究的理想候选者。早期研究 DNA(主要采用 STM)为 AFM 的常规成像奠定了基础,现在 AFM 研究已经是 DNA 研究的首选方法。事实上,关于 DNA 的研究可能在开发生物聚合物成像方法中发挥了关键作用。AFM 用于 DNA 研究的驱动力在于 AFM 在自然或生理条件下的潜在高分辨率。在早期,使用 AFM 方法进行 DNA 自动测序或操作的可能性为核酸研究提供了动力。其他目标包括以下前景:研究序列的微小变化(或与小分子如药物、致癌物的结合)怎么改变分子的结构,以及在生理条件下表征许多生物学信息的重要的蛋白质- DNA 相互作用的能力。

4.2.1　DNA 成像

现在获得 DNA 的可靠和可重现的 AFM 图像是可能的,所应用的方法取决于所需的信息类型。基本上有两种类型的实验很重要。第一种是分子固定的静态研究,其感兴趣的部分是分析分子结构的大小、形状和细节。第二种是在缓冲或生理介质中分子被部分固定的动态研究,其感兴趣部分是成像分子的运动。

尽管一些研究室使用石墨作为基底[13-15],但是用于 DNA 的 AFM 成像的最常见基底是云母或衍生云母。石墨导电基底的优点是可以施加电位差以辅助吸附。然而,与 STM 和石墨缺陷相关的历史困难可能解释了为什么使用这种材料作为基底的研究很少。使用云母的情况下,分子通常是滴液沉积到新鲜撕开的云母表面上,早期研究中是在其后空气干燥并成像。获得这种固定 DNA 分子可靠图像的主要问题似乎是由于“黏附力”引起的针尖损伤或推移(见第 3.1.3 节和第 4.1.5 节)。虽然已经在空气中获得了 8~10 nm 分辨率的图像[16,17],但是最可靠和可再现的图像最初是在醇下成像获得的[18-20],其中黏附力被消除并且成像期间施加力被控制。

轻敲模式的发展为消除黏附力提供了替代方法,从而允许在空气中、气态介质如干氮中、水和缓冲介质中成像 DNA。目前轻敲模式是成像 DNA 的首选方法。

增强成像的创新方法包括识别单个分子并将扫描面积限制在分子局部环境的反馈算法[22]、剪切力显微镜[23]和使用活性质量因子控制[24,25]。由于 DNA 可溶于水性介质,成像技巧涉及增强 DNA 与云母的结合,这可以通过几种方式实现。在液体成像之前用空气干燥样品,真空干燥或用醇洗涤似乎可以提高表面样品覆盖率。可将某些二价阳离子添加到成像介质中增强结合而不需要干燥阶段。讨论将一价离子[26]和二价离子[27]添加到 DNA 松散地附着到云母以允许分子运动中的作用,进一步地,Pastre 和同事们[28]更详细地讨论了这方面。在水和缓冲介质中使用轻敲模式允许 DNA 分子运动的实时观察[29-31]及其与各种酶的相互作用(见第 4.2.3 节)。

相位成像也证明在静态和动态(见图 4.10)条件下研究 DNA 是有用的。对于不纯或"脏"的样品(DNA 存在于云母上较厚的污染层中),相图突出显示刚性的较不可压缩的核酸,此时这些核酸在高度图中是未能观察到的[32]。相位成像允许在较低的力和较高的扫描速率时实现分子分辨率,从而允许研究更快的过程[21]。

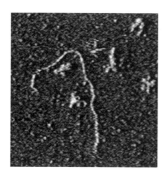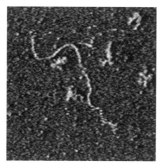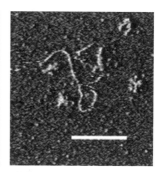

图 4.10   ΦX - 174 DNA 分子运动的相图[21]

4.2.2   DNA 构象、大小和形状

吸附到云母上的 DNA 分子图像代表分子"天然"状态,还是吸附扰动或变性了分子?

通常,实验观察所获得的分辨率不足以直接观察螺旋结构,尽管很多时候,特殊的图像显示出与螺旋结构的转角相适应的结构特征(见图 4.11)。因此,在丁醇[34]或丙醇[35]下获得的图像与螺旋结构一致。从水溶液中沉积并随后在丙醇下成像的环形质粒的测量数据与 B - DNA 螺旋结构一致[36]。DNA 的最高空间分辨率图像(见图 4.12)是通过沉积在阳离子双层上形成紧密堆积阵列,再在含水缓冲液中通过直流接触模式成像获得的[37]。图像显示了螺距为(3.4±0.4)nm 的右旋螺旋,与已知的 B - DNA 的双螺旋螺距有很好的一致性。冷冻 AFM 的使用[38,39]提供了改进分辨率的前景,但迄今为止尚未证明可以一致地分辨螺旋结构[39]。

DNA 螺旋的直径是已知的,分子宽度或高度的测量应有助于确认螺旋结构的存在。宽度的测量由于探针加宽效应而变得复杂。当探针增宽效应被评估后观察到的大小通常与预期的螺旋结构一致,并且紧密堆积阵列中(探针加宽效应被最小化)的测量值接近预期的螺旋构象的值。

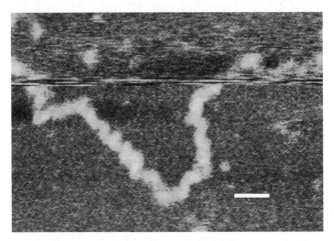

图 4.11   使用轻敲模式 AFM 成像的右旋 DNA 螺旋结构[33](双链 DNA 已经在水性缓冲液下吸附到云母上,然后在丙醇下成像,螺旋线的间距与 B - DNA 的主槽的间距相当,标尺为 10 nm)

　　一般来说,高度测量值小于预期值。这些值随着样品制备条件和施加的力不同而变化。测量的高度往往小于预期的螺旋尺寸高度。目前尚未完全了解这种差异的原因。鉴于上述关于保留"天然"螺旋构象的证据,最有可能的解释是在扫描期间螺旋被压缩,并且有一些实验证据支持这种断言[40]。已经有研究报道了与结构或构象变化相一致的高度变化:松弛和拉伸 DNA 分子的 AFM 研究[41]显示拉伸分子具有较低的高度;单、双和三螺旋 DNA[42]的比较研究分析了单螺旋形式的最小高度和三螺旋形式的最大高度。序列变化也导致测量高度的变化:含有鸟嘌呤四聚体基序(G-四重奏)的 G - DNA 的高度与从 X 射线和 NMR 数据获得的预期值接近,表明这些分子的压缩程度比 B - DNA 小[43]。实际上,高度测量可用于探测 DNA 分子的不寻常特征。例如,长度和高度的测量已用于酶抗性 DNA 片段的表征,并表明这种结构是不寻常的多股形式 DNA[44]。冷冻 AFM 的使用研究将消除热运动而可产生更可靠的分子尺寸。在低温下对单个 DNA 大分子的力测量表明它们比室温下更坚硬[38,39]。已有研究提出了一种从轻敲模式数据估计 DNA 的径向杨氏模量的方法[45]。冷冻 AFM 中的高度测量应更为接近实际,目前,其测量的高度似乎比室温值小 1 nm,有很好的证据表明这至少部分是因为分子被埋在云母上的薄层冷冻溶液中。更准确的测量高度将等待开发用于暴露 DNA 分子的冷冻蚀刻方法。剪切力 SNOM 测量双链 dsDNA 的高度比 AFM 测量值更高（约为 1.4 nm），更接近于 DNA 螺旋的预期直径（约为 2 nm）[46]。在这种情况下，降低的高度仅归因于脱水效应。水介质中样品高度的测量值将取决于样品-针尖和基底-针尖的相互作用[47]。

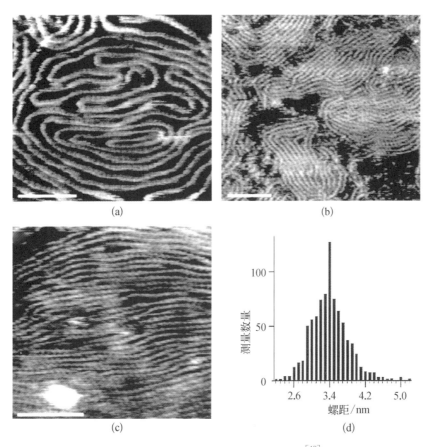

图 4.12 三个 DNA 样品的高分辨图像[48]

(a) pBR 322(4.36 kb)；(b) pBR 325(6 kb)；(c) φX174 的 HaeⅢ限制性片段；(d) 测量值谱显示平均值为(3.4±0.4)nm，与 DNA 双螺旋螺距一致

例如，如果分子上的局部电荷分布不同于基底的电荷分布，则力-距离曲线对于样品和表面将是不同的。因此，在"恒定力"条件下测量的估计"高度"不是简单地由分子的直径确定的。可以筛选静电相互作用[49,50]，并且在这些条件下可以获得更好的高度值。然而，这种效果似乎没有对 DNA 进行系统研究。

DNA 的图像可以提供有关分子大小和分子强度的信息。DNA 的大小是分子生物学中重要且广泛使用的工具：DNA 分子的长度用于限制图谱、＋/－筛选、指纹图谱和基因分型。已经表明，由 AFM 测定的轮廓长度对应于从碱基对的序列和数量预期的长度[51-54]。已有研究使用轮廓长度的测量来推断某些类型 DNA 的新型 A-螺旋[55]。然而，发现与云母结合的分子的长度与用于将 DNA 与云母结合的阳离子种类密切相关，因而需要使用最佳的标准化方法来制备样品。已有研究建议 DNA 的自动化识别、筛选和分析方法[56-58]，并将这些方法与常规使用的电泳方法进行了比较[56]。虽然这种方法似乎在技术上是可行的，但目前还没有广泛使用。开发用于生物系统的全自动化系统面临的一个问题是针尖的污染，其引入了黏附力并限制针尖的工作寿命，因而需要设计用于替换或清洁针尖的方法。自动成像将有可能绘制 DNA 分子的序列特异性修饰，实例可包括化学修饰、与短寡聚体的杂交，或用于保健或法医筛选应用的序列特异性蛋白质（如限制酶）结合。为了改进 DNA 轮廓长度测量准确性[59,60]，已有研究讨论了沉积条件对 DNA 的大小和构象的影响。

　　基底上的分子形状取决于序列特异性因子，其决定了分子的立体化学特性。对于最简单类型的聚合物，单体单元可以围绕单体连接物自由旋转，因而分子采用无规卷曲构型。聚合物的总体尺寸取决于单体单元的数量和尺寸。关于链接的自由旋转的立体化学限制（如采用螺旋构象）增加了分子的总体尺寸。对于扩展聚合物链的这种效应的最简单的处理为根据持久长度 L_p 的参数来定义分子强度（或扩展）。持久长度是在空间中随机分布的链的点距离，并且通常通过光散射测量[61]，或通过电光学方法如瞬时电双折射或二色性测量[62]。对于聚电解质，基本上有两个原因：电荷排斥，其增强了低离子强度下的刚度，并且可以通过筛选来消除以揭示第二个"内在"原因。可以通过 AFM[32,42,52,63,64] 测定 DNA 的持久长度。该测量过程包括测量轮廓长度（L）分隔的分子间切线的角度（θ）。用角度平方的算术平均值 $<\theta^2(L)>$ 与轮廓长度作图，其斜率的倒数就是持久长度 L_p。这些实验线不是线性的，L_p 的值取决于研究的尺寸范围，可能性导致了样品与样品之间测量 L_p 的差异性。给定样品的 L_p 值是基底依赖性的，表明表面相互作用影响分子的形状和延伸，这种表面相互作用意味着由 AFM 测量的 L_p 值可能不等于那些溶液中测定 DNA 的结果。另一种方法是评估碱基对单个组合对 DNA 的局部柔性的贡献：X 射线和 NMR 数据的组合已用于计算局部柔性并且结果确证了 AFM 测试 DNA 的结果[65]。如果与 DNA 的表面相互作用对分子延伸的贡献很小，那么 AFM 测量的形状仍然可以用于研究 DNA 分子的结构变化。事实上已经观察到不同类型 DNA 的 L_p 差异：发现单链 DNA（ssDNA）比正常双链 DNA（dsDNA）更柔韧，而正常双链 DNA（dsDNA）又比双股多聚（A）复合物更柔韧[32]。总体尺寸的测量提供了分子刚性的替代评估。形状的变化可用于研究分子相互作用（如配体与 DNA

结合)的影响。这种方法的一些早期实例是使用 AFM 观察由于添加了配体分子霉素和微量促进剂(MGT-6b)而导致的异常弯曲基体 DNA 的矫直,加入 MGT-6b 后导致正常 DNA 的弯曲[66]以及位点特异性寡核苷酸与 DNA 的结合[67]。由于这些早期研究,AFM 现在广泛用于探测 DNA 与配体的相互作用[68-72]。使用显微镜研究分子形状的优点在于它可以定位、观察和定量分析单个分子内的局部变化,或群体内分子结构或构象的差异。使用 AFM 比使用 EM 的可能优点是样品制备更简单,样品可以在更自然的条件下进行检查。

一般来说,测量 DNA 分子和纤维分子刚性的另一种方法是使用 AFM 来测量力-距离曲线,并分析这些数据以确定分子的刚度。这种类型的研究提供有关构象变化和配体-DNA 或蛋白质-DNA 相互作用的有趣信息。Giannotti 和 Vansco[73]及 Strick 和同事们[74]发表的综述很好地总结了单分子力谱学。这些数据的测量方法和分析在第 9 章中有更详细的讨论。在这种类型的实验中,分子通常沉积在基底上,由针尖拾取,并测量力-伸长曲线。在最简单的实验类型中,分子可以物理吸附到基底上。对于 DNA,可以衍生分子的 3′端和 5′端,以允许选择性地附着到基底和针尖上。DNA 分子可以使用各种共价键来直接连接到基底或针尖上,或通过使用柔韧间隔分子例如聚乙二醇来连接。连有间隔分子使分子从表面上进一步移动,从而可帮助消除基底-分子相互作用,但是因需要量化连接分子的拉伸效应而可能使数据分析复杂化。黏附还可以包括特异性相互作用,例如将生物素化 DNA 连接到链霉抗生物素蛋白包被的表面[75]。对于小的 DNA 拉伸,力-伸展曲线可以通过无规卷曲模型[76]或蠕虫样链模型[74,77-81]进行描述,这些模型可以通过 Kuhn 长度来帮助分析熵和焓的贡献。这种方法提供了在纯显微镜研究中不容易获得的宽范围离子强度下分析分子的前景。当然,在不同离子强度下使用光学镊子拉伸 DNA 分子导致持久长度的变化[82]。在更大的 DNA 拉伸中,DNA 首先显示了协作转换,随后在较高伸长中进一步进行了不可逆转换。力-伸长曲线中的第一个平台的位置取决于碱基对的性质,归因于从正常双螺旋向拉伸形式 DNA(S-DNA)的转变。较高伸长的转变则是归因于双螺旋的解离或熔解成单链。DNA 的伸长对于 sDNA 和 dsDNA 均具有序列依赖性[83-86],并对已有研究分析了长[87-97]和短[98,99]股 DNA 链的行为。尽管与自然过程(如复制和转录中 B 转换至 S 转换)相关的拉伸过程和对拉伸 DNA 分析和建模的重要性仍然是一个具有争议的领域[96,100-109]。已有研究对 sDNA 的拉伸进行了分析[110-115],高延伸下的 dsDNA 第二个转换归因于单链 DNA 的融合和延伸。DNA 分子的力谱受配体结合影响,该方法可以通过 AFM 或其他单分子技术(如光学镊子)进行研究[75,116-124]。

AFM 可以用来研究 DNA 分子形状变化过程。这种类型研究的例子是 DNA

超螺旋[125-128]、DNA 损伤[129-139]、DNA -药物相互作用[140-153] 以及 DNA 缩合和转染研究[154-179]。Turner 和同事们[180] 对 AFM 在药物传递研究中的应用进行了更全面的综述。观察到的 DNA 分子形状提供了关于 DNA 分子的结构特征的信息,例如端粒环[181]、打结的 DNA 结构[182]、能够在复制和重组期间形成的中间结构[183-185]、可以用于观察异常复合物如多糖多核苷酸复合物的结构[186-187] 或与诸如阿尔茨海默病过程相关的结构变化[188,189]。

由于 AFM 的广泛使用,越来越难以找到致力于使用 AFM 来研究 DNA 的综述。一些有用的综述包括 Poggi 和同事们[190-192],Lyubchenko、Hansma 和同事们[193],Greenleaf 和同事[31] 的综述。这些综述也提供了 AFM 广泛使用的指示,特别是 DNA 作为组装纳米结构工具的应用方面。

4.2.3 DNA -蛋白相互作用

DNA -蛋白结合的研究[33,35,194-196] 及其随后对 DNA 缩合(包装)和加工的影响是感兴趣的主要领域之一。由于有非常多的关于 DNA 和 DNA -蛋白质相互作用 AFM 研究的文献,有很多包含这个研究领域的很好的综述。Lyubchenka 和同事们[194] 及 Bustamante 和同事们[197] 的文章特别有用,提供了 DNA 和 DNA -蛋白复合物成像方法的详细描述。以下给出了 AFM 研究 DNA -蛋白复合物的一些实例。

越来越感兴趣的领域是使用力谱学方法探测 DNA 和配体之间的相互作用,特别是探索 DNA 和肽[198] 或蛋白质[198-207] 之间的相互作用。轮廓长度的变化可用于推断构象(如环区)变化,可以探测蛋白质结合对 DNA 融合或双链体形成的影响,并且可以获得固定在针尖和基底上的互补结构之间的结合信息。例如,可以通过研究蛋白质结合对 DNA 拉伸的影响[208]、研究与肽[209] 或蛋白质[199-202,204] 和 DNA 之间的特异性结合,或者通过分析单个 DNA 与蛋白的交联信息[210] 来获得蛋白质结合的信息。

1) RNA 聚合酶复合物

这是一个主要的兴趣领域,其研究的目的是研究 DNA 转录。RNA 聚合酶是一种高分子量蛋白质(465 kD),比较容易观察到其与 DNA 的黏附,研究[197,211-217] 已经表明,可以观察到该酶与 DNA 结合,并且 AFM 可用于研究 DNA 转录涉及的复合物结构。除了研究单个 RNA 聚合酶与 DNA 的结合之外,还可以研究聚合酶-活化剂复合物的形成[217] 和收敛转录中的碰撞事件[216]。比较 EM 和 AFM 图像[218] 揭示了两个 RNA 聚合酶特异性结合到圆形质粒 DNA 上的位点。早期关于 RNA 聚合酶结合 DNA 作为转录复合物的研究主要是将样品干燥沉积到云母上之后在空气中成像[197,219]。DNA 形状或轮廓长度的变化可以用来推测与 DNA 形成的复合物的构象。可以通过监测 DNA 的复制程度来评估聚合酶的活性：复制和未复制的 DNA 可以通过其持久长度的差异来区分。还可以获得关于聚合酶产生的 RNA 构象信息。在水或缓冲液下成像 DNA 和 DNA-蛋白复合物的能力导致了探测转录和转录复合物的巨大进步。主要进展是使用选定的阳离子将 DNA 结合到云母上，再使用轻敲模式对分子进行成像[220,221]。在缓冲液条件下可以观察 DNA 分子的运动（见图 4.10）[35,222]。时间延迟图片显示线形或环形 DNA 形状的变化。在某些图像中，分子部分缺失，表明这些部分已经离开表面，它们在溶液中的运动使得它们不可能成像。这似乎建议制备条件迫使 DNA 沉积在表面上，运动是分子部分解吸附-吸附的反映，这是因为整个分子试图从表面逃逸到缓冲介质中。通过观察，一些 DNA 分子最终完全消失，一些新分子出现在表面上[35]，进一步证明了这一观点。AFM 在自然条件下成像的能力允许成像 RNA 聚合酶-DNA 复合物的组装[212,213,223] 和 RNA 聚合酶转录线性 dsDNA（见图 4.13）以及单链 ssDNA 圆形模板[33,195,196] 的实时观察。通过使用低浓度三核苷酸（NTP）前体，使转录过程的速度变慢。已经有可能观察到 RNA 聚合酶引起的 DNA 模板转位、成像通过控制特定 NTPs 供应引起的失速复合物以及在开始与云母结合后的 RNA 产生过程。在酶活性中蛋白质形态的变化可以通过 AFM 检测高度波动来分析[224]，也可以加上用于观察个体蛋白质的这种变化的"跟踪"方法[225] 来分析。这些成果表明检测转录过程中聚合酶形状的变化是可能的。

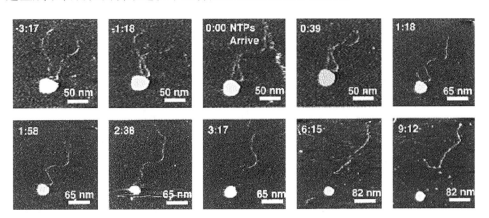

图 4.13　AFM 时间延迟系列图像显示了由 RNA 聚合酶分子引起的 1047 双链 DNA 模板转录[196][前两个图像显示，在加入核糖核苷 5′-三磷酸（NTP）之前，DNA 在云母基底上是可移动的；之后的 6 个图像（时间从 0:00 开始）显示在 NTP 加入后 DNA 分子的"读取"直到释放（2:38）]

2）染色质

了解染色质的分子结构对于解释细胞中基因复制和表达的机制是重要的。

AFM 是一种非常适合研究核蛋白复合物形成引起的 DNA 缩合的工具。实际上，AFM 研究重组[226,227]和天然[228-233]染色质在解决染色质结构争议上已经发挥了重要作用。染色质是染色体的重要结构单元。染色质的基本单位是核小体，由 146 bp 的 DNA 分子缠绕在组蛋白八聚体周围组成的 10 nm 颗粒。最近的研究[234]引起了人们对关于染色质纤维建议的规则"螺线管样"[235]或"扭曲带状"[236,237]几何形状的疑问。AFM 数据表明纤维由核小体的不规则 3D 阵列组成。在通过 AFM 对有袋类动物精子的研究中已经检测到由组蛋白或精蛋白包裹的染色质组织之间的差异[238]：核酸精蛋白颗粒比核酸组蛋白颗粒形成更紧密的束。从鸡红细胞[231,239,240]和人 B 淋巴细胞[232,239,240]等渗细胞裂解可用来制备和成像大部分完整的染色质。这些研究部分保留了相邻染色质位点之间的空间关系，从而允许研究间期细胞核中所建议的染色质分隔。

3）其他 DNA-蛋白复合物

涉及 DNA 重组和修复的蛋白质复合物 AFM 研究包括 DNA 与单链 DNA 结合（SSB）蛋白[241,242]和 RecA 蛋白与 DNA[35,194,243-252]的结合研究。SSB 与单链 DNA 结合在 DNA 复制和重组中是重要的。AFM 图像显示蛋白质沿着 DNA 链均匀包被。Rec 蛋白可以与 ssDNA 和 dsDNA 结合。已经对 Rec-DNA 复合物的装配和拆卸以及组装过程中涉及的中间状态（包括 ATP 存在下 Rec-DNA 复合物形成过程的实时图像），通过使用碳纳米管作为针尖来获得更高分辨率的图像。也有研究比较了在 ssDNA-结合蛋白存在下 RecA 和 RecN-ssDNA 细丝的竞争性结合和进一步排序[249,252]。

DNA 错配修复对于维持基因组稳定性很重要，AFM 已用于探测 MutS 蛋白对 DNA 的识别和结合特异性[253-255]。有许多特定的蛋白质-DNA 相互作用中结合的构象约束可导致 DNA 的弯曲、展开或叠加。这些相互作用引起相当大的兴趣，并且关于这些复合物有很多晶体学、光谱学和生物化学数据。毫不奇怪，这些复合物中有许多已由 AFM 探测出来。实例包括对 DNA 糖基化酶与 DNA 未损伤区域的结合[256]、Cro 蛋白的特异性和非特异性结合、λ-噬菌体生长中的关键调节蛋白诱导的扭结，以及所导致的 DNA 弯曲[257,258]。AFM 揭示了 DNA 与噬菌体 φ29 连接蛋白[259]或转录阻遏蛋白 TtgV[260]和由 ParR 与大肠杆菌质粒 R1 着丝粒 parC 结合诱导的 U 形复合物[261]相互作用导致的 DNA 弯曲。已经观察到抗体掺入到 Z DNA 序列的结合[262]，以及 Fur 抑制蛋白的结合导致 DNA 的变硬或矫直[263]。

DNA 成环在涉及原核和真核基因表达、位点专一性重组、DNA 复制表达等调节过程中扮演重要的角色。当单个蛋白质或蛋白质复合物与 DNA 分子上的两个分离的位点结合时会出现这种现象，从而将这些位点连接在一起而使 DNA 成环。在此，AFM 补充或扩展了 EM 工作。越来越多的 AFM 工作研究了与 DNA 的转录和酶切割相关的成环[264-273]。例如在热休克转录因子 2(HSF)作用下，由于 HSF 交联到 DNA 上结合位点而观察到成环。AFM 的使用比以前的 EM 研究提供了更多的信息，这是因为高度测量允许结合复合物的化学计量分析：由于 HSF 三聚体与 DNA 上的特定位点结合而被分析认为发生了连接[264]。在关于使用转录复合物(PIC)导致 DNA 成环的 AFM 研究[265]中也观察到了多酶复合物。PIC 与启动子区域结合，仅在存在 Jun 蛋白质(可以结合远离的 AP-1 位点)时发生成环。这些结果显示 AP-1 位点的缺失可防止成环及蛋白质与 DNA 的结合，这表明 Jun 蛋白的结合稳定了 PIC 复合物。

已经使用 AFM 观察涉及 DNA 复制和降解的酶相互作用。获得了显示 DNA 聚合酶与 ssDNA 结合[274]和 DNA 复制[21,33]的图像。相位成像直接观察了缓冲溶液环境下的时间依赖性的 DNA 复制[21]。ssDNA 显示为球状结构，归因于其分子内部碱基配对。随着时间的延长，dsDNA 分子出现在图像中。实时成像的另一个令人兴奋的例子是 DNA 酶降解和缩合 DNA 复合物的观察[33,275-278]。

DNA 的一级、二级和三级结构在蛋白质结合中可能是重要的。AFM 可用于鉴定与 DNA 结合的特定位点、形成的复合物的类型或 DNA 结构对结合的作用[279-293]。AFM 的使用为研究在调控热休克蛋白生产中此类影响的重要作用提供了证据[279]。金黄色葡萄球菌热休克操纵子(HSP70)包含一个位于启动子和第一个结构蛋白(ORF37)基因之间的倒序重复序列，命名为 CIRCE(控制伴侣表达的倒序重复)，这被认为形成了茎-环结构。启动子区域的 AFM 图像已经揭示了一个突出部分，位于 CIRCE 区域，并被解释为一个新的茎-环配对。已显示 ORF37 蛋白结合该结构，为热休克基因表达的"反馈"过程提供了分子基础[279]。AFM 工作已经揭示了由 tau 蛋白与 DNA 形成的新型"珠-线"复合物[287,288]。已经使用相位谱采用蛋白功能化针尖来绘制固定化寡核苷酸的位置[286]，及采用延时成像来揭示 p53-DNA 复合物的偶联/解离的中间阶段[280]。

4.2.4　特定站点的定位和绘谱

标记 DNA 上的特定位点提供了定位和绘谱这些区域的方法。这应该是非常适合 AFM 应用的显微镜研究。这种标记与之前描述的(见第 4.2.2 节)用于收集和分析 DNA 的快速自动化程序组合将为绘谱 DNA 提供强大的物理工具。科学家设想了各种标签，其中一些已经用于实验研究。标记可能涉及化学修饰、短寡聚体杂交以产生三重螺旋区域[56]，这可能引起 DNA 结构的扭结[67]或者调节了位点特异性蛋白质的结合。当然，序列特异性蛋白质结合[294]和 ssDNA 杂交探针鉴定[295]已经来辅助 TEM 绘谱 DNA。

如前所述，成像表明蛋白质可以与 DNA 结合，因此可以用作标记物。水解酶可能修饰 DNA 上活性位点来结合但不会剪切。一个例子是通过直接 AFM 成像（见图 4.14）来绘谱单个黏粒 DNA[296]。

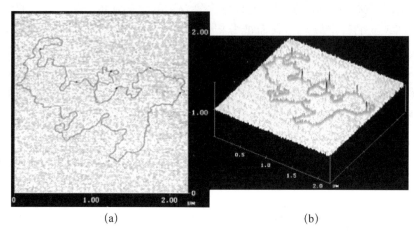

(a)　　　　　　　　　　　　　(b)

图 4.14　35 kb 黏粒克隆与突变 EcoRI 内切核酸酶的绘谱[296]

(a) 图像显示 6 个 EcoRI 结合位点；(b) 计算机生成的图像强调结合位点

已经表明,野生型 EcoRI 核酸内切酶与 DNA 结合可以观察到,突变酶(能够特定结合但不会剪切)绘谱的精确性也通过绘谱很好表征的 λDNA 来进行评价,随后应用于绘谱黏粒 DNA。其他各种酶也应用于类似的绘谱研究[297-299]。

生物素标记的核苷酸已用作 DNA 结合序列特异性标签的基础[300-302]。链霉亲和素轭合物已经用来作为掺入线性或环状 DNA 的生物素化核苷酸的靶向标记物[301,302]。链霉亲和素和葡萄球菌蛋白 A 的两个 IgG 结合结构域之间的嵌合蛋白融合用作鉴定 DNA 片段末端的生物素标记的标记物[300]。力谱可用于监测固定在针尖和表面的互补 DNA 链的杂交[303],这种相互作用可用于表征 DNA 芯片制备的不同阶段[304]。

涉及基因表达转录调控的许多蛋白质已被克隆,其功能也得到很好的表征。这样的蛋白质可以用作特定核苷酸序列的探针。一个例子是 AFM 研究蛋白质 Ap2 与 DNA 的结合[305]:根据 AFM 图像,这些结合位点与分子末端的距离与已知的核苷酸序列数据一致,这些研究中也注意到低水平的非特异性结合。

抗体也提供高的特异性。抗 Z DNA IgG 抗体已经用来标记在负超螺旋 DNA 质粒(pAN022)中的 d(CG)$_{11}$ 插入物的左旋 Z DNA 构象,以便于 AFM 成像。抗体结合引起 DNA 的弯曲,结合抗体的位置与已知的核苷酸序列一致,并引起 DNA 采用 B DNA 螺旋结果[262]。稍后的第 4.2.5 节会讨论染色体上的位置和绘谱。

在其他地方讨论了使用 SPM 方法测序 DNA 的优缺点[34,306]。如前所述,自动化 AFM 操作程序的前景似乎很好,但 AFM 目前可以实现的分辨率至少需要提高一个数量级以达到测序所需的水平。虽然 AFM 作为高分辨率绘谱工具具有良好的前景,但似乎不太可能在不久的将来对标准生化测序方法进行挑战。生物系统的主要问题将始终是针尖污染。然而,AFM 探针已经用于将 DNA 分子分解成更小的片段[19,128,307,308],并且有建议,在这样的分解后 DNA 片段可以附着在探针上,或由探针拾取,并可分离、转染或者 PCR 放大[309-311]。在下一节(见第 4.2.5 节)中讨论了这种染色体上的相关研究。一种巧妙的测序方法是基于监测 DNA 通过纳米孔的易位。Kasianowicz 和同事们首先报告了这种方法[312]。当 DNA 通过纳米孔时,通过注意离子电流的变化来尝试测序 DNA[313,314],但信号较弱,基因的集体运动妨碍了单碱基的检测。围绕 DNA 分子的纳米孔可以选择性地连接到 AFM 针尖上并沿着分子拉伸以对结构进行测序[315,316]。通过使用这样的系统来测量 DNA 中发夹解压所需的力已经证明该方法的实际可行性[315],但是计算机模拟表明,虽然各个碱基对应该是可检测的,但目前的可实现拉伸速率太慢而无法防止热波动,妨碍了单个碱基对的区分[316]。

即使 AFM 不用于 DNA 测序,也可能有与基因治疗相关的应用。如前所述(见第 4.2.2 节),AFM 具有测定 DNA 缩合的潜力,这对于不同的基因治疗模式是重要的。DNA 可以有多种形状,包括短棒和环状物。这些研究表明,AFM 可用于评估最佳缩合,其与受体摄取效率有关。另外,已经有报告开始成功应用质粒包被的 AFM 针尖来转染细胞[317,318]。

4.2.5　染色体

细胞遗传学(染色体的研究)基本上是视觉科学。已建立的显微镜方法(如光和电子显微镜)已广泛用于研究染色体。使用低渗方法导致染色体制样的良好扩散,允许测定数量和形态。引入条带和杂交技术已经允许染色体的识别和绘谱。细胞遗传学的目标是提高探针的规格和定位,并进行更快速地分析。AFM 在这两个领域都具有潜力,已经加入了用于研究染色体的显微镜技术家族。染色体通常分布在玻璃上,可在空气或液体下成像。

AFM 非常适用于研究参与核糖核酸形成的蛋白质-DNA 相互作用[319-322]、核糖体组装和折叠以形成染色质纤维[323-326]以及随后的染色质纤维缩合和组装[327-330]。除了可观察核糖核酸的"珠子线"模型之外,还可以成像核糖体重组动力学,研究特定蛋白质在核型重塑中的特定作用,研究组蛋白突变和变异的作用,这些 AFM 研究导致一种水合染色质结构的改进模型。

多线染色体是存在于特定双翅类细胞核中的间期染色体的扩增形式。基本上它们比正常的哺乳动物中期染色体大得多,并且含有密集的带状区域以及松散密集的交错带区和膨化区。这些特征可以在 AFM 中成像观察到,在 AFM 图像中带表现为高的区域,交错带区和膨化区作为低或平坦区域[331-335]。所获得的分辨率取决于所使用针尖的类型,在一些图像中已经显示了小至 1 nm 的特征[332]。胶体金作为校准标准已用于重建染色质图像[336]。通过增加成像力,已经有可能切割多线染色体。在切割后发现图像质量下降,这归因于染色质片段在针尖上的吸附。据报道,可以从针尖回收 DNA 并通过 PCR 方法扩增[332],这种更详细和可控的研究已经在中期染色体上进行。

中期染色体的 AFM 成像显示结构与光学显微镜和电子显微镜获得的结果相似。被认为在肿瘤发展中起重要作用的细胞遗传学异常染色体长度变化[337]或双臂染色体[338]表达已由 AFM 确认。AFM 已经用来成像人[339-345]和中国仓鼠[346,347]的染色体。Wu 和同事们综述了中国汉斯特卵巢细胞中各种有丝分裂期染色体的观察尝试[347]。中期染色体由折叠的 30 nm 纤维折叠形成串联的径向环阵列,其被包装成总直径为 200~250 nm 的纤维。染色体表面的高分辨率 AFM 图像显示 30~100 nm 尺寸范围内的结构特征,其可对应于 30 nm 纤维的环[346]。其他一些作者[343,348-350]发表了小至 10~20 nm 的特征,其可以对应于单个核小体。AFM 已用于探测缩合的机理。

条带用于显微镜分类染色体的核型。植物染色体的 AFM 图像显示 C 和 N 条带被观察到是在略微折叠的染色体结构上具有高度浮雕的区域[348-350]。可以在未处理的人类中期染色体中识别与 G 条带图案相当的特征[351],并将其用于染色体分类。这表明,至少在这种情况下,AFM 的高分辨率允许观察内在的条带图案,而其他显微镜方法需要通过染色来增加。AFM 和 SNOM 已经结合起来研究人[352,353]和大麦染色体[354],结果证实相比于远场光学显微镜,使用近场光学显微镜可实现更高的分辨率。虽然化学条带是核型分析的基础,但 EM 已经表明中期染色体的相对体积是染色体特异性的,因此可以用于分类[355]。AFM 已经用来测量植物[349]和人染色体[356]的体积。空气干燥染色体的高度随着水性缓冲液中的再水化而增加[231,346,357,358],并且这种溶胀伴随着它们的黏弹性性质的变化,如 AFM 测试所示[240]。对于植物染色体,已经显示在干燥样品上测定的体积可用于分类[349]。已经开发了用于绘谱染色体的杂交技术。AFM 已经用于人类染色体上原位杂交探针的定位[358,359]。使用生物素化 DNA 探针进行绘谱,通过检测过氧化物酶-联苯胺反应诱导的形貌变化,可以观察特异性位点。在关于谷物染色体的研究中,使用 AFM 成像由于使用标准荧光原位杂交过程而形成生物素-亲和素-异硫氰酸荧光素复合物的高度改变而检测到 D 基因组特异性探针 pAs 1[349,350]。人类染色体的 FISH 研究的 SNOM 图像已经证明了在纳米分辨率下的荧光最大值的检测提高了检测单个探针分子的可能性[46]。

从染色体上的细胞遗传识别区域直接切割和收集 DNA 的技能提供产生原位杂交探针、产生染色体的条带特异性文库和使用这种探针绘谱染色体的潜力。已经证明 AFM 可以用作从人染色体上选择位点提取 DNA 的显微切割工具[360-365]。通过提高单行扫描的成像力来实现染色体 2 的显微切割(见图 4.15)。黏附到探针上的 DNA 分离,通过修饰的 peR 程序扩增并通过 FISH 研究进行应用,以证明染色体 2 的切割区域的特异性。与当前其他方法如用玻璃针或激光切割获得的探针相比,使用 AFM 可获得更小的探针,从而允许对染色体进行更详细的绘谱。AFM 针尖已经改进以改善染色体或 DNA 的微加工[363-365],已经表明使用 AFM 从染色体中提取 DNA -组蛋白复合物的可能性[366]。

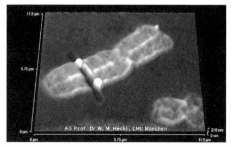

图 4.15　使用 AFM 显微切割人染色体 2[360]

4.3　核酸(RNA)

RNA 是核酸中的灰姑娘:只有少得多的数据,这可能是由于处理 RNA 以及将其吸附到云母上涉及的非常大的困难。由于 RNA 和 RNA -蛋白复合物的复杂的三维结构,RNA 是 AFM 研究的有吸引力的候选者。由渗透休克病毒如流感病毒[367]释放的 RNA 的图像已经通过冷冻 AFM 获得。早期研究描述了结合 RNA 到化学修饰云母的方法[9]和报告了呼肠孤病毒 dsRNA 的研究[9,10]。发现这些分子表现出复杂的形状,在某些情况下,结构紧凑。已经发表的数据被解释为核糖体 RNA 显示为三元结构[368]。AFM 图像显示从水中沉积到云母上的 ssRNA 为球状结构。用甲酰胺处理并沉积到硅烷化云母上显示为线性变性结构[369]。也已经有尝试使用轻敲模式观察样品空气干燥在云母上的 polyA 和 polyG ssRNA[42,370]。PolyA 样品显示出位于 RNA 链末端的具有"斑点"样结构的不同大小的种群。"斑点"的高度大于其余 ssRNA 的,并且可以表示碱基对或螺旋 RNA 的区域。PolyG 样品的外观非常不同,显示出无定形的"凝胶状"聚集体。已有研究表明 mRNA 也具有相似的无定形聚集体结构,并且这阻止了研究 polyA 结合蛋白(PABP)与 mRNA 的 polyA 尾的结合[370]。已经观察到 polyA 的 PABP - RNA 结合,PABP 随机结合,单独的 RNA 上的"斑点"特征消失,表明蛋白质结合时 RNA 结构的改变[370]。蛋白质 dsRNA 复合物的形成是宿主防御病毒感染的重要分子事件。蛋白激酶(PKR)的疫苗病毒抑制剂(蛋白质 p25)的特征在于对 dsRNA 的不寻常的结合特异性。p25 - dsRNA 复合物的 AFM 研究已经揭示了蛋白质与 RNA 的结合以及 p25 诱导 RNA 聚集的证据。有学者[194]推测这种缩合可以阻止 PKR 对 dsRNA 的可接近性，从而抑制干扰素合成的 dsRNA 依赖性诱导。线性和环状 DNA 与 RNA 聚合酶和新生 RNA 的三元复合物已被成像[36,195,196,211,219]，它们的转录过程被实时观察到（见图 4.13）[196]。蛋白质- RNA 复合物也被 AFM 观察到[232,371]。成像方法的持续改进使得观察 RNA 分子形成的复杂结构和这些结构之间的动态交换变得更容易[372-376]。对负载在云母基底上的膜中的单独 RNA 和 RNA 进行了研究[373]。RNA 酶 A 的降解用于区分从逆转录病毒释放的 DNA 和 RNA，并产生反映二级结构模式的 RNA 片段[376]。已观察到抗体结合 dsRNA，表明它们可用于鉴定特定位点的位置[377]。

　　AFM 已经用来成像细胞化学检测后的细胞间 RNA[378]。将大鼠 9G 和 HeLa 细胞与用于核糖体和信使 RNA 的半抗原探针杂交。用过氧化物标记的抗体进行检测，用二胺联苯胺（DAB）显色。DAB 沉淀物可以通过 AFM 检测，尽管分辨率仅比通过光学显微镜获得的分辨率好一些（甚至在干缩的细胞上）。AFM 已经成像了 tRNA 的结晶过程[379]，这在第 6.1.3 节会进一步讨论。

　　力谱的使用正在成为探索 RNA 折叠和展开转变的新兴工具[380-382]。力谱也可用于探测重要的 RNA -蛋白质相互作用，如解旋酶可以扫描 RNA 分子的机制[383]。Vilfan 和同事们的文章通过各种方法讨论了 RNA 分子单分子研究的"工具箱"：它讨论了用于表面固定的 DNA 构建体的生产方法和抑制 RNA 消化的方法[381]。

4.4　多糖

　　多糖是 AFM 研究的理想候选者。研究多糖有很好的理由。它们是植物细胞壁的重要结构成分，淀粉和其他细胞壁多糖是重要的食品成分，细菌、陆生植物和藻类来源的多糖提取物在工业上广泛应用，纤维素就是最重要的例子之一。

　　许多多糖在理解疾病的发展和治疗中是重要的，具体实例包括透明质酸在随年龄增长的关节僵硬及其引起的疾病诸如类风湿性关节炎中的作用，细菌藻酸盐在囊性纤维化中的作用，以及细菌多糖作为疫苗的持续使用和开发。由细菌分泌的多糖引起广泛的兴趣，因为它们是植物和人类病原体的重要致病因子，它们促进细菌对表面的黏附，除了作为疫苗用于医学用途之外，这些多糖用作商业工业聚合物。像核酸一样，多糖是纤维聚合物，但与核酸不同，它们通常是复杂的不规则结构。结构可以是支链或多支链的。有天然嵌段共聚物的例子，多糖链中的少量取代可以从根本上改变它们的形状、构象或与其他生物聚合物的相互作用模式。大多数这些异质特征很难通过当前的生物物理学方法进行研究,探针显微镜技术应该在这一领域发挥重要作用。

4.4.1 多糖成像

最早的探针显微镜研究多糖时使用 STM。这些数据通常相当差,并且无法产生关于多糖结构的新信息[306]。通过 AFM 成像多糖的挑战与成像核酸所面临的挑战类似。开发用于成像多糖的方法与开发用于成像核酸的方法相同。为了获得可重复、可靠的图像必须解决的主要问题是需要消除黏附力以及由此导致的分子损伤和推移。由于分子被喷雾或液滴沉积在云母上,空气干燥但又在空气中成像,所以出现了困难。多糖成像首先开发用于 STM 研究[384],随后应用于 AFM 研究[385,386]的最简单的方式是通过喷雾[384]或液滴沉积[385,386]将分子沉积到云母上,然后再对样品进行金属涂覆。金属涂层防止分子的损坏或推移。样品可以随意存储和成像,并提供关于分子大小和形状的信息(见图 4.2)。这种方法的主要缺点是分散样品的需要和金属涂层粒度对分辨率的限制(见图 4.16)。另一个最简单的方式是在液体下成像从而消除黏附力。与核酸一样,在液体(如抑制分子从基底解吸附的醇类)下成像时非常方便[386]。为了优化图像对比度并防止分子损伤或推移(见第 4.1.5 节),只要控制施加的法向力,就能可靠和可重复地获得高质量的图像[见图 4.4(c)]。由于探针针尖从样品表面积累碎屑,黏附力逐渐出现,图像质量缓慢减退[见图 4.5(b)]。成像多糖的另一

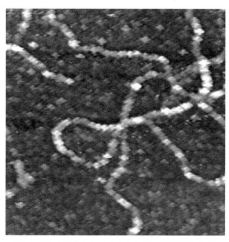

图 4.16　涂覆在金属表面的黄原胶多糖 AFM 图像(扫描尺寸为 700 nm×700 nm,图像显示了由于金属颗粒有限尺寸引起的限制性分辨率)

种方法是使用非接触式交流方法。样品通过喷雾或滴落沉积在云母上,随后空气干燥,在空气中通过轻敲模式或非接触模式原子力显微镜成像(NCAFM)[387-389]。通过使用轻敲模式也可以在水或缓冲环境中成像多糖。图 4.9 示出了沉积在云母上的纤维状水溶性戊聚糖的图像,该图像是在缓冲液中轻敲模式下形成的。仔细检查图像显示多糖链的部分似乎消失[见图 4.9(b),(c)]。这是因为多糖实际上试图从表面解吸附,并且那些溶于缓冲介质的部分(环)因为移动得太快而不能成像。分子的可见部分(序列)是那些仍然与云母接触的部分。该过程的结果是分子在云母表面上明显地运动。图 4.9 中可以看出在不同时间拍摄的图像序列中的几个“静

止图像"。随着时间变化,分子的不同部分解吸附,然后再重吸附在不同的位置,导致分子形状的变化。最终分子赢了,能够从表面完全解吸附。该图像序列可以连接在一起以产生该分子运动的分子"电影"。在自然条件下成像多糖分子的能力提供了研究分子相互作用或过程(如复合碳水化合物结构的酶分解)的前景。

4.4.2 大小、形状、结构和构象

有两种主要方法用于成像多糖。第一种情况下,分子溶液滴落在云母上,空气干燥,然后在醇中用直流接触模式成像[386]。第二种情况下,将分子溶液喷雾到云母上,空气干燥,然后以交流非接触模式成像[389]。

在这两种技术用于研究相同系统的情况下,得到结果一致[386,389-392]。AFM提供有关分子形状和大小的信息。无规卷曲多糖如葡聚糖是高度流动的,AFM图像[393-395]显示为球状结构。尽管公开的图像是以单层形式结合的硫醇衍生物,但可能成像被动吸附到云母上的右旋糖苷。"团"的大小根据分子量预期[393]和在单层水合(脱水时)观察到的溶胀(去溶胀)[394]而变化。AFM已经用来补充原位检测葡萄糖苷酶存在时的葡聚糖降解[395]。

随着分子的持久长度增加,分子变得更伸长、较少移动和更容易成像。图像能

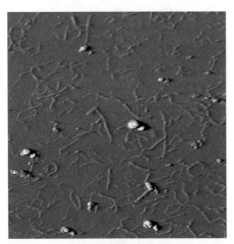

显示有关分子结构的更多细节。木聚糖酶分子显示为低程度支链的半柔韧棒[396]。通常被认为是线性聚合物的果胶多糖显示出极少数支链结构[397-399]。检测到的支链水平太低,因而不能通过常规的化学或酶学方法进行结构分析,所以AFM图像提供了关于分子结构的新信息。图4.17显示了"绿色番茄"果胶种群的AFM图像,显示了线性和支链结构的存在。阿拉伯木聚糖[400]和直链淀粉[401]的多糖骨架也偶尔具有支链结构。表面活性大豆多糖也具有相当复杂的多支链结构[402]。所获得的图像可以详细分析以提供轮廓长度、支链长度、每分子所含支链数量或支链距离等的分布,并且这些数

图 4.17 高甲氧基番茄果胶分子的误差信号模式 AFM 图像显示出分支的证据(扫描尺寸为 1 μm × 1 μm,该分子在丁醇中云母上成像)

据可用于研究果胶的化学或酶修饰的影响。

果胶是植物细胞壁的重要成分,在延伸和生长中起重要作用。对果胶结构和相互作用的详细了解在构建细胞壁分子模型和解释其生物学功能方面具有重要意

义。有一些关于角叉藻聚糖(藻类细胞壁中发现的一种类似多糖的结构)的研究[392,403-406]，一些研究显示了个体分子[392]，其他研究[386,405,406]揭示了聚合物结构(见第4.4.3节)。单个κ卡拉胶分子的图像[392]是高度伸长的，即使在沉积之前在溶胶状态下，它们应当处于变性的"卷曲"状态。这表明要么喷雾沉积延伸了分子，或者它们在沉积时改变了螺旋状态。细胞外基质多糖透明质酸沉积到云母后通过在丁醇中直流接触模式成像[见图4.18(a)]或通过空气中轻敲模式成像[见图4.18(b)][388,407]，均可以获得它们的图像。在中等高的储备浓度下，分子形成网状结构表明分子趋向于在溶液中偶联的趋势[408]。在足够高的稀释度下，可以看到单个的刚性延长结构[388,407]，还可以成像对应于自偶联各种水平的多种更复杂的结构[388]。

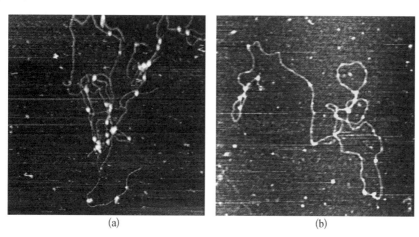

(a)   (b)

图 4.18　纠缠透明质酸分子的 AFM 图像[388]

(a) 沉积在云母上并在丁醇中成像(扫描尺寸为 $2\,\mu m \times 2\,\mu m$，在作者实验室获得的图像)；(b) 透明质酸链的空气下轻敲模式图像显示简单的交叉点(扫描尺寸为 $1.2\,\mu m \times 1.2\,\mu m$)

　　已研究最多的多糖是刚性较强的螺旋状细菌多糖：黄原胶[385-387,392,403,409,410]、acetan[385,386,411]、the acetan variant CR1/4[412]、胶凝糖[389-392,413]、凝胶多糖[414,415]和硬葡聚糖(裂褶菌素)[389,392,416-418]。除了早期 Meyer 和同事的研究[409]显示了周期性结构且没有明确识别的个体分子，最近对黄原胶、acetan、CR1/4 和硬葡聚糖的研究显示高度延伸刚性纤维生物聚合物的分布。除了成像分子之外，可以通过产生多糖的轮廓长度分布来量化数据[392,412,417]，该数据能提供关于分子大小和多种分散性的信息。如果分子的构象是已知的，则其每单位长度的质量是已知的，且轮廓长度分布可以转化为分子质量分布。相反，如果构象未知，则 AFM 数据可以与光散射数据组合以确定每单位长度的质量，因此确定分子构象，该方法用于证明多糖 CR1/4 的双螺旋构象[412]。通过成像几百个分子可以获得相当准确的数据，尽管轮廓长度的测量是乏味的,但整个过程可能与使用凝胶渗透色谱(GPC)一样快。GPC 的使用通常是不可靠的,这是因为许多这些多糖易于聚集,如已经提到的透明质酸[388]可以监测和分析通过分子内结合形成的异常结构[389,392,416-418]。

特别是 AFM 已经用于监测、记录和分析硬葡聚糖的线性三螺旋向环状三螺旋的转变[389,392,416-418]。图 4.19 显示线性和环状硬葡聚糖与一些发夹结构的混合物。采用多个螺旋结构的多糖可以观察到环状结构。如果螺旋结构首先变性,并且允许改变,则可能发生分子内或分子间偶联。分子内偶联产生环状结构[417,418]。稍后第 4.4.3 节将讨论分子间偶联。

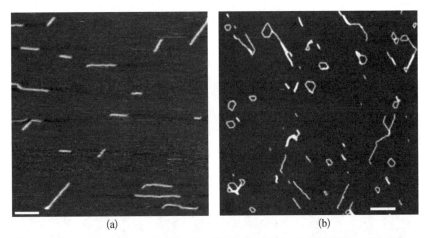

(a)　　　　　　　　　　(b)

图 4.19　AFM 图像显示多糖硬葡聚糖(标尺为 200 nm,数据由 McIntire 和 Brant 提供)

(a) 伸长螺旋;(b) 环状形式之间的转变

这些细菌多糖的延长结构表明,当它们沉积在云母上时保持其螺旋结构。目前还没有详细的分析确定是否可以从这样的图像中提取持久长度的有意义值。由于针尖加宽效应而导致 DNA 分子宽度测量通常太大,因此也不能用于测定多糖的构象。如果对探针针尖的尺寸和形状进行合理的估计,则多糖(如黄原胶)的测量宽度与预期的螺旋形式尺寸一致。如果成像多糖阵列,则“晶格”的周期性可以测量到。在这种情况下,针尖加宽效应消失,从而测量到分子的真实宽度[404]。Acetan 多糖的测量宽度与螺旋的预期直径一致。此外,还可以观察[见图 4.20(a)]沿着多糖分子的周期性与已知螺旋结构的螺距一致[404]。对于其他细菌多糖如黄原胶可获得类似的聚集体结果[见图 4.20(b)]。

有时可能观察到单个多糖的螺旋结构[见图 4.20(c)]。当发生“双针”时,往往会发生这种情况:可能的是,引起“双针”的针尖末端更尖锐的点允许多糖链的更高分辨率的图像。在没有螺旋结构的直接观察证据的情况下,多糖螺旋存在的更

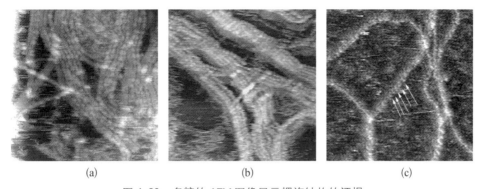

图 4.20　多糖的 AFM 图像显示螺旋结构的证据

（a）Acetan 微凝胶扫描尺寸为 140 nm×140 nm，空气干燥并在丁醇中成像；（b）黄原胶扫描尺寸为
200 nm×200 nm，空气干燥并在 1,2-丙二醇中成像；（c）单独黄原胶分子扫描尺寸为 135 nm×
135 nm，空气干燥，抽真空，然后在丁醇中成像（白色箭头表示螺旋的转角）

现实的测试是高度的测量，而不是宽度的测量。通常获得预期螺旋直径约 66% 的高度值[386,392]。这种效果的原因尚不清楚，但无疑与核酸研究的相同（见第 4.2.2节）。这种效应最可能的起因是扫描期间分子的压缩，或者在恒定力下成像直接产生分子高度的这种假设的崩溃。如果分子上的电荷密度不同于基底的电荷密度，则探针保持恒定悬臂偏转（恒定力）的偏移可能不直接与分子厚度相关。这些问题在 Müller 和同事们有更详细的论述[47,419]。

　　单个分子的力-距离曲线的测量提供了分子弹性的测量。这种方法已用于研究单个多糖链的弹性和构象变化[73,420-428]。在最简单的实验中，分子沉积到基底上，并且使用针尖（像钓竿）来拾取分子，然后拉伸它们。这是容易做到的，但是不能确定是单分子还是分子群附着到针尖上，也不能确定分子上的哪个点附着在针尖上。最好的方法是衍生分子的末端，使得它们可以特异性地连接到基底上，然后由针尖收集。在这样的实验中，整个分子更有可能被拉伸。最简单的分析是应用蠕虫样卷曲或自由连接链模型理论[79,420]，其允许计算持久长度。当轮廓长度与持久长度相比较大时，拉伸在很大程度上将大部分是熵变的，焓变效应出现在高伸长区域。过渡区域取决于多糖的分子量和详细二级结构。已经报道了多糖相关工作如天然和衍生的右旋糖苷[423,424,429,430]、纤维素衍生物[429,431]、来自大西洋假单胞菌的细胞外多糖[430]、肝素[432]、直链淀粉和修饰的直链淀粉[427,433,434]、海藻酸盐[435]、可逆凝胶[428]和黄原胶[429]。对低伸长右旋糖苷数据的分析研究建议 Kuhn 长度（$L_K = 2L_p$）为 0.6 nm[423,424]。力谱可以跟踪螺旋结构的展开，从而区分不同的螺旋结构[428]。在黄原胶的情况下，对天然和变性黄原胶进行了测量。变性黄原胶与结构相关的羧甲基纤维素类似，而天然黄原胶表现出非常不同的行为，这归因于螺旋形成[429]。大量多糖（直链淀粉、支链淀粉、右旋糖酐、果胶和甲基纤维素）的力-

距离曲线的研究已经考虑了吡喃糖环在确定聚合物链的弹性中的作用[436,437]。对于右旋糖酐、支链淀粉和直链淀粉,显示通过葡萄糖环的高碘酸盐裂解消除了弹性的焓分量,这表明糖环的力诱导扭曲和"椅子-船"构象转换决定了这一贡献。在采用有序螺旋二级结构的多糖(如果胶或直链淀粉)的情况下,高碘酸盐氧化将抑制螺旋形成,这有助于焓贡献的损失。与多糖例如右旋糖酐、支链淀粉、直链淀粉、肝素和果胶都显示出对其弹性的焓贡献(至少在大的伸长部分)相反,羧甲基纤维素和甲基纤维素在熵上表现[429,436]为在纤维素衍生物中,吡喃糖环已经完全伸长,无法进一步推动链条的伸长。λ、ι-和κ-角叉藻聚糖的比较研究表明了酸酐桥的存在是如何改变多糖的构象和伸长过程中的构象转变的[438]。已经提出与糖环相关的特征转变可以用作多糖的指纹[439-442]。海藻酸盐是天然嵌段共聚物的一个例子,力谱已经被探索用作通过监测来自多糖中不同"嵌段"的不同构象变化的特征来表征异质性的工具[435]。不是通过直接伸长来探测分子被强迫的构象变化,而是通过使用磁振荡悬臂[24,443]或通过分析附着多糖分子的 AFM 悬臂的热驱动振荡来诱导分子振荡[444]。

除了研究单个多糖分子的力-距离曲线之外,可以探测多糖在细胞或颗粒表面上的行为,并研究它们在颗粒黏附到表面中的作用。包括研究细胞外多糖在恶臭假单胞菌 KT 2442 细胞附着于表面中的作用[420,445]、表面多糖在硅藻[446]和发芽真菌孢子[447]上的材料性质以及胆固醇-支链淀粉纳米凝胶在表面上的黏附[433]。

力-距离曲线也可通过测量需要拉开键结构的分离能量或力,从而探测分子间的特异性相互作用。对于这些类型的研究,重要的是分子适当地共价连接到合适的基底和针尖-悬臂组件上。力谱已经用来探测木葡聚糖与纤维素的特异性相互作用[448]和 C-5 差向异构酶 AlgE4 与甘露聚糖链的分离:数据提供了有关碳水化合物基底上酶不同结构域的特异性信息以及酶的作用模式[449]。这种研究可用于探测碳水化合物的生物活性,特别是膳食碳水化合物在癌症发展和转移中的作用是临床重要的新兴领域。通常,膳食成分的健康要求基于流行病学研究,这只有有限的信息可用于了解其作用方式。然而对于改性果胶,已经提出了由于多糖片段结合哺乳动物凝集素半乳凝素 3(Gal3)和抑制其各种作用而产生抗癌作用[450]。Dettmann 和同事们[451]使用力谱和表面等离子体共振技术来测量配体(乳糖)与半乳糖结合蛋白结合。力谱已经用来表明果胶衍生线性半乳聚糖与 Gal3 的特异性结合,从而鉴定生物活性片段的性质并确认分子作用模式[452]。除了研究离散分子相互作用之外,还可以在生理条件下对细胞系统上的碳水化合物-凝集素相互作用进行绘谱[453-454]。已经通过力谱研究拴在纤维素基底和针尖上的木葡聚糖分子来探索植物细胞壁组装和延伸过程中重要的木葡聚糖-纤维素相互作用[455]。对合成聚合物凝胶的研究已经显示了 AFM 能够用于探测通过凝胶网络的分子运动。用疏基封端的聚乙二醇(PEG)分子被引入聚丙烯酰胺凝胶中,使用镀金 AFM 针尖在凝胶表面拾取硫醇而提取 PEG 聚合物(见图 4.21)。这允许研究 PEG 分子提取与凝胶交联密度的关系函数[456]。

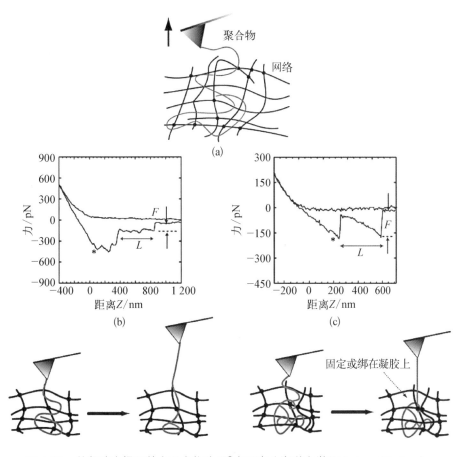

图 4.21　从凝胶中提取单个聚合物分子[由日本北海道大学(Takaharu Okajima)提供的图像]

(a) 掺入到聚丙烯酰胺凝胶网络(黑色)中的硫醇化 PEG 分子(灰色)由镀金 AFM 针尖拾取并拉伸;(b) 有时 PEG 被拉出网络是由于蠕动,可以在力曲线中看到;(c) 有时 PEG 被钉扎或系到网络中,PEG 的弹性拉伸可以在力曲线中看到

　　蛋白质-多糖配合物的直接成像可以为多糖提取物功能提供新的见解,并提供关于多糖结构异质性的新信息。大多数多糖不是表面活性的,然而,有一些多糖提取物确实显示有用的表面活性。这些多糖包括阿拉伯胶、甜菜果胶和水溶性小麦戊聚糖(阿拉伯木聚糖)提取物。所有这些提取物被认为含有蛋白质-多糖配合物,其被认为(至少部分)是提取多糖的表面活性的原因。AFM 具有可视化和表征蛋

白质-多糖复合物的潜力,但在实践中,提取物常常难以成像。在液滴沉积和空气干燥期间,蛋白质组分将在空气-水界面处集聚,部分变性并偶联,导致产生聚集结构。阿拉伯树胶提取物含有阿拉伯半乳聚糖、阿拉伯半乳聚糖-蛋白质复合物和糖蛋白。阿拉伯树胶在新鲜撕开云母上沉积产生聚集的结构,该聚集结构可以在表面活性剂吐温20的存在下被破坏,从而能看到小的单个分子。由于吐温20不仅会破坏蛋白质聚集体,而且会从云母中取代复合物,所以看到的分子可能是阿拉伯半乳聚糖部分[402]。

水溶性阿拉伯木聚糖和甜菜果胶提取物中含有蛋白质,其很难通过常规分离方法除去。如果获得了整个提取物的图像,则具有了蛋白质-多糖复合物存在的证据。对于阿拉伯木聚糖,酶处理去除蛋白质消除了复合物并产生单独的多糖组分的图像[400]。在甜菜果胶的情况下,发现提取物中67%的果胶分子是链接在多糖链末端的蛋白质分子[399,457]。

对复合物的直接观察为理解其在空气-水或油-水界面可能形成的结构类型进而为它们在稳定泡沫和乳液中的作用提供依据。许多多糖结构显示分子内和分子间的异质性。当蛋白质与多糖链上的某些序列特异性结合时,它们可用于评估异质性。蛋白质与多糖链的结合观察将证实特定取代基的存在或可能指示出嵌段结构的证据。可用于这种类型研究的蛋白质实例有抗体、非水解酶、灭活的水解酶或碳水化合物结合结构域。作为使用力谱研究差向异构化机制的一部分,甘露聚糖C-5差向异构酶与甘露聚糖基底的特异性结合已经观察到[449]。已经使用灭活的木聚糖酶来绘谱阿拉伯木聚糖的结构[459],可以通过绘谱最近相邻距离的分布函数来定义结合。即使对于随机结构,理论分布函数也难以计算[459],使用这种方法来测试生物合成模型或酶作用机制可能需要模拟研究来预测分布函数的形式。成像可能偶尔提供有关酶作用模式的独特信息。淀粉降解酶葡糖淀粉酶1是多结构域酶,淀粉结合结构域(SBD)对于结晶淀粉的分解至关重要。SBD和线性淀粉多糖直链淀粉的混合物形成独特的环形复合物(见图4.22)。复合物的建模建议,SBD应该能够定位并结合淀粉晶体的某些面上呈现的双螺旋直链淀粉链的末端,促进淀粉链的切割,从而为SBD的机械作用提供新的见解[458,460]。

4.4.3　聚集体,网络和凝胶

多糖之间的相互作用在确定多糖在其天然生物状态或用作工业添加剂的功能行为中起重要作用,AFM提供了研究这种相互作用的有用手段。因此,通过透明质酸的分子内偶联形成的复杂结构[388]可能是在更高浓度下形成的更复杂的分子间偶联的替代[408]。透明质酸是造成关节黏弹性和润滑性的原因,在诸如关节炎的疾病中,透明质酸分子结构被分解。一种提出的治疗形式是注射 Hylan(一种交联

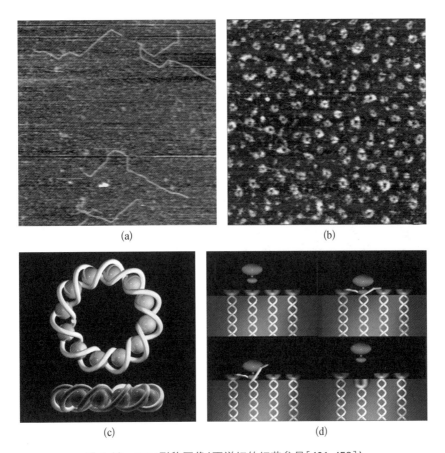

图 4.22　AFM 形貌图像(更详细的细节参见[401,458])

(a) 直链淀粉分子,扫描尺寸为 600 nm×600 nm;(b) 环状直链淀粉-淀粉结合结构域复合物,扫描尺寸为 1 200 nm×1 200 nm;(c) 复合物的模型;(d) 淀粉结合域在将酶葡糖淀粉糖对接在淀粉晶体上的作用模式

的透明质酸"微凝胶"。这增加了关节的黏弹性,并且由于它们的本质,交联结构更能抵抗分解。Hylan 微凝胶的 AFM 图像[408]显示为一种复杂点交联网络结构,这是由单个透明质酸分子的部分伸长而形成聚集的微凝胶。AFM 提供了关于复杂异质聚集物的新信息,这些信息不容易通过其他方式获得。进一步地,AFM 可用于在作为关节炎治疗试验期间随时间监测透明质酸结构的分解。类似的结构类型可由细菌多糖如黄原胶形成[461,462],并且负责测定其溶解性和触变性(作为增稠剂和悬浮剂时的重要特性)。许多关于黄原胶的 AFM 研究已经表明了分子聚集的证据[392,410],并且制备真正的多糖如黄原胶的溶液是相当困难的,通常必须通过离心或过滤除去聚集物。

图 4.4(c)和图 4.23 显示了在不同条件下制备的黄原胶的 AFM 图像。图

4.4(c)中,单个分子缠结的黄原胶溶液已经干燥在云母上。可以看到分子的末端,图像中的亮点显示出高度的加倍(当一个分子位于另一个分子的上方时)。

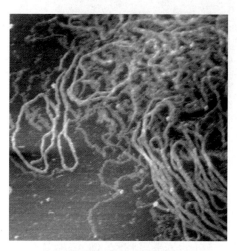

图 4.23 显示了黄原胶微凝胶的图像。当多糖溶液浓缩、沉淀或者在干燥时,螺旋结构部分变性,这些结构形成。浓缩过程促进了螺旋进一步形成和分子间链接(而不是分子内链接)形成,在干燥过程中得到进一步巩固。结果是如图 4.23 所示的微粒凝胶颗粒。黄原胶的溶解度通过测定这些颗粒溶胀的难易程度而得到。水性黄原胶制剂实际上是这些溶胀颗粒的分散体,这说明了样品的流变性。尽管经过详细的尝试来研究 Acetan 样品,存在少量微凝胶,其产生分子阵列,允许 Acetan 螺旋成像[404]。微凝胶是连续分支聚集体,其中难以定位各个分子的端部(见图 4.23)。观察 Acetan 微凝胶中的螺旋结构提示螺旋形成是分子间偶联

图 4.23　黄原胶微凝胶粒子的 AFM 图像,空气干燥在云母上,并在丁醇中以直流接触方式成像[扫描尺寸为 1.4 μm×1.4 μm,图 4.21(b)显示了聚集物是基于螺旋分子的相互作用]

的分子基础。

相似的聚集形式被认为是造成多糖凝胶化的原因。凝胶通常被认为是这些多糖的天然生物作用的有用模型。由细菌分泌的黏液细胞外多糖在防止脱水和辅助表面附着方面发挥作用。在植物中,多糖在确定细胞壁结构完整性方面起重要作用。可以按照这种类型的多糖-多糖偶联来测试凝胶化机理并研究凝胶的长程结构。这种研究通过对结冷胶胶凝作用研究得到最好的解释[390,391]。凝胶分子偶联的强烈趋势意味着实际上难以对单个分子进行成像:结冷胶胶体的 AFM 研究通常显示为聚集结构[389-392,413,463,464]。

这可以转化为优势并用于研究凝胶化机制。通过研究这种聚集体(见图 4.24),可以研究“卷曲-螺旋”转变和选择性阳离子结合对分子偶联的影响[390,391,413,463,464]。在没有凝胶促进抗衡离子的情况下,单独的螺旋形成导致恒定高度和宽度的分子间偶联和聚集体(长丝)[见图 4.24(a)]。当凝胶促进阳离子存在时,发生这些长丝的并排聚集,导致形成宽度和高度不同的分支纤维结构[见图 4.24(b)]。从更浓缩的溶胶沉积到云母上会导致水性膜的形成,在这些膜中形成的网络结构可以观察到[385,390,391,463,465][见图 4.24(c)],并且可以认为是在 3D 凝胶中结构形成模型。

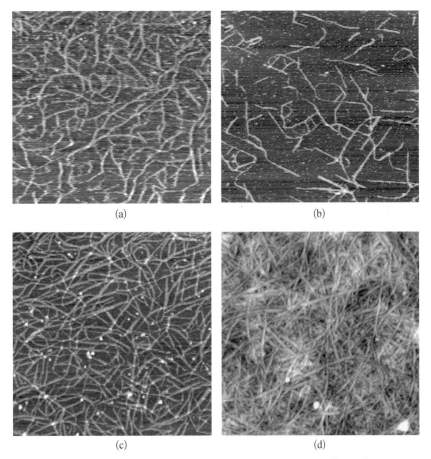

图 4.24 结冷胶凝胶前体,结冷胶网络和凝胶的 AFM 图像[390,391][将样品
(a)~(c)从水溶胶中沉积到云母上,空气干燥,然后在丁醇中成像,对于样品
(d),将凝胶置于云母上并在丁醇中成像]

(a) TMA 结冷胶分子的聚集体。扫描尺寸为 $1\ \mu m \times 1\ \mu m$;(b) 凝胶前体由结冷胶钾形
成。扫描尺寸为 $800\ nm \times 800\ nm$;(c) 水结冷胶网络(扫描尺寸为 $800\ nm \times 800\ nm$);
(d) 酸性水结冷胶凝胶(扫描尺寸为 $2\ \mu m \times 2\ \mu m$)

网络是连续分支的纤维结构,与凝胶前体研究推断的偶联模式一致。可以看
到的分子唯一末端是没有生长成较大分支的短胚胎柄。成像 3D 凝胶更困难,因为
在扫描模糊图像期间,凝胶表面看起来扭曲。结冷胶可以直接在云母上制备,并在
丁醇中进行表面成像。快速扫描凝胶可能会尽量减少失真并揭示凝胶分子结构的
一些细节[463]。不过此时图像显示周期性条缝,这是扫描太快时产生的典型伪像。
通过在酸性 pH 值下制备凝胶,可以生产非常硬的凝胶(1.2%凝胶,剪切模量约为
104 Pa)。这些刚性凝胶扭曲最小,可以观察到水合凝胶内的分子网络[390,391,463][见

图 4.24(d)]。在水合凝胶中观察到的纤维网络与在水合膜中观察到的相似。已经报道了钾和铯凝结的大尺度胶凝糖凝胶的类似纤维结构[396]。AFM 的应用已经

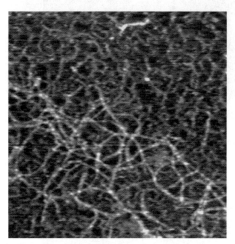

证实了从物理化学研究中推断的胶凝糖凝胶的机制，并提供了凝胶内长程结构和凝胶弹性分子原因的新见解[390,391,463]。可能认为胶凝糖是用于研究热可逆多糖凝胶的模型体系，胶凝糖系统的行为似乎是其他多糖体系的典型代表。因此报道的关于 iota 和 kappa 型角叉藻聚糖的研究也揭示了聚集的凝胶前体和含有纤维网络的水性膜[386,405,463,465,466]。使用较温和的提取方法从藻细胞壁提取半精制角叉藻聚糖，该方法不完全去除细胞壁的所有纤维素组分。半精制角叉藻聚糖的 AFM 图像[406]显示了可以容易地区分角叉藻聚糖和纤维素组分的互穿网络（见图 4.25）。破裂细胞壁的较硬、较厚的纤维素片段比

图 4.25　AFM 图像显示角叉藻聚糖和纤维素分子的混合网络[406]（纤维素分子比角叉藻聚糖分子更硬、更厚，在图像中显得更亮，扫描尺寸为 700 nm×700 nm）

较薄的角叉藻聚糖分子显得更亮。

在木葡聚糖和胶凝糖混合物的 AFM 图像中，有可能基于高度和柔韧来区分它们，并且可以区分通过破坏弱体积凝胶形成的微凝胶中的多糖[396]。AFM 已经使用对在 TBE(tris-borate-EDTA)下的相关藻类多糖琼脂糖的未受干扰的凝胶进行成像。这些研究[467,468]揭示了琼脂糖纤维束，其主要集中在对凝胶孔分布的详细研究。发现琼脂糖浓度下的孔径差异与使用吸引模型进行电泳推移率测量所推断的结果一致[468]，凝胶多糖形成热凝胶。已经对凝胶多糖溶胶的微纤维结构和加热形成的热诱导偶联进行了初步研究[415]。

果胶和藻酸盐是多糖嵌段共聚物的例子。在藻酸盐凝胶化的情况下，由于钙离子的协同结合可以引起古洛糖醛酸（G）嵌段偶联而形成凝胶，建议凝胶可能是橡胶状的、由延伸的基本随机链连接的连接区（关联的 G 嵌段）组成。藻酸盐膜和微凝胶的 AFM 图像表明纤维结构的性质取决于古洛糖醛酸钙比例，并且受游离 G 嵌段添加量所影响，表现为改变凝胶的流变学[469,470]。其他胶凝多糖如果胶的 AFM 研究也观察到类似的纤维结构[471]。

Suzuki 和同事们已经对合成聚合物凝胶的表面粗糙度进行了详细的研究[472-474]。这些研究包括观察由于温度诱导凝胶相变导致的表面结构变化。凝胶化多肽的一种替代方法是化学交联。Power 和同事们已经使用 AFM 研究了将羟

丙基瓜尔胶与硼酸盐交联形成的凝胶[475,476]。在成像之前将凝胶空气干燥,然后在丁醇或空气中使用直流接触或轻敲模式成像,发现空气中轻敲模式图像给出最佳图像[476]。文献作者报告了在静止条件下或在不同剪切条件下制备的凝胶的总体形貌变化。考虑到凝胶应该由柔韧多糖的点交联形成,观察到的纤维结构是令人惊讶的(即使是静态凝胶)。分支点之间的纤维似乎太长且太宽而不是单个多糖的部分。然而,也可能是在这些干凝胶中多糖链变得高度延伸和刚性,并且由于针尖加宽效应而使宽度增加。

4.4.4 纤维素,植物细胞壁和淀粉

1) 纤维素

纤维素是植物细胞壁的主要结构成分。它也是以结晶形式生物合成的少数几种多糖之一。在细胞壁内,它作为具有不同程度结晶度的微原纤维结构产生。有许多 AFM 工作对单个纤维素纤维进行了研究[477-482],其中一些报道了表面高分辨率图像和结构分析[477-480,482]。只要考虑到探针变宽效应,纤维的尺寸与通过电子显微镜观察到的尺寸一致。齿形米氏菌微纤维的 EM 和 AFM 比较研究为微纤丝的右手螺旋扭曲提供了证据[478]。腹谷草纤维素晶体的最高分辨率图像已经获得,归因于羟甲基的存在,可能能够分辨单个葡萄糖分子和特征[479]。在第 6.1.1 节中更详细地讨论使用 AFM 研究纤维素的晶体结构。

某些细菌种类也会产生纤维素,对木醋杆菌纤维素生产方面的研究在理解纤维素的遗传学和生物合成方面发挥了重要作用。细菌纤维素丝似乎比从植物提取的纤维素丝更像带状[406](见图 4.26)。植物和细菌纤维素都以纤维素 I 形式存在,但是迄今为止还没有获得细菌纤维素的高分辨率 AFM 图像。

2) 植物细胞壁

纤维素是植物细胞壁的主要结构组分,对细胞壁片段中的纤维素微纤维网络进行成像也是可能的[405,481,483-486],从玉米和萝卜中采用 H_2O_2/HAc 提取细胞壁基材后的根毛细胞壁已经观察到[481]。样品在玻璃载玻片上空气干燥后进行成像,另外聚-L-赖氨酸包覆的玻璃载玻片也用作基底来在水中成像这些细胞壁[481]。微纤维的尺寸和取向与由 EM 成像的铂/碳包覆样品观察到的结果一致。由羽孢林氏梳霉孢子囊中的细胞壁微纤维已获得类似的信息[487]。对于植物组织如胡萝卜、马铃薯、苹果或中国荸荠,可以通过球磨来分离细胞壁碎片,洗涤去掉细胞质成分,然后将其沉积在云母上[405,483,484]。

单独使用 AFM 很难定位未弯曲的碎片,但平放在云母表面上并使用 AFM/光学显微镜组合在这种研究中是有利的。在早期的研究中,也很难将这些碎片在水中成像,因为它们倾向于浮起离开云母[483]。对于扁平碎片,可以将多余的水分

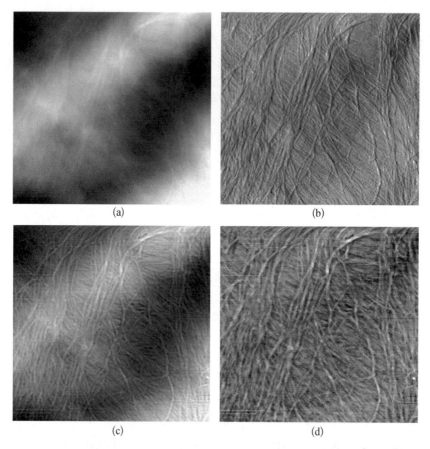

(a)   (b)

(c)   (d)

图 4.26   AFM 图像组合显示不同加工步骤对水化中国荸荠的影响[483,484]
          (经许可转载,扫描尺寸为 2 μm×2 μm)

(a) 形貌图像:明暗的条纹反映了细胞壁表面的粗糙度;(b) (a)所示区域的误差信号模式
图像,这种成像模式强调了图像中的"高频"分子结构;(c) 对应于(a)所示区域的高通滤波
图像;(d) (a)中显示区域减去背景后的图像(这种处理方式选择分子结构并将其投影到平
面上),图像重组类似于(b)所示,但在这种情况下,可以测量分子的高度

擦干并在碎片脱水之前,在空气中通过直流接触模式进行成像。制备方法呈现了
细胞壁的表面和邻近质膜(见图 4.26)。图像显示纤维素微纤维的分层阵列,其取
向随着朝向中间薄片向细胞壁向下观察而变化。碎片的表面是粗糙的,图像显示
明显没有分子结构的亮(高)和暗(低)区域[见图 4.26(a)]。在更亮(更高)的区域
中,微纤维结构更清晰可见:在这些区域中,眼睛可以更容易地感知灰度级之间的
差异,而整个图像可以包含比眼睛能区分的更多的灰度。相同面积区域的误差信
号模式图像显示更多细节[见图 4.26(b)]。这种成像形式有效地抑制表面的低频
背景曲率,突出了高频分子信息。尽管误差信号模式图像显示分子细节,但并不是

严格的"真实"图像。高度代表瞬间的力变化,并且实际上是形貌图像的微分函数。为了产生以可测量形式显示精细细节的图像,需要处理形貌图像[405,484]。高通滤波改善了图像[见图 4.26(c)],但更好的方法是从形貌图像中减去低频背景曲率,有效地将分子细节投影到平面上[405,484][见图 4.26(d)]。背景功能可以通过局部平滑形貌图像来除去精细(高频)细节而产生。AFM 应用于细胞壁制样看到的细节水平与 EM 研究所见相当。

木质组织木质化后,木浆纤维的相图显示光亮的斑块,这归因于残留的木质素,在正常的形貌图像中是不可见的[32]。木质素被认为比纤维素更疏水,从而引起对比度的差异。对于非禾本科植物,AFM 图像显示细胞壁内的纤维素纤维,但是不可能成像细胞壁的其他组分(如纤维之间的木葡聚糖系链)和互穿果胶网络。这可能是因为这些结构经历快速热运动并且在针尖扫描时变形。然而,可以选择性和顺序地除去其他细胞壁组分并观察其对纤维素网络的影响[486,488]。因为纤维素纤维相当密集,所以 AFM 可用于监测水合细胞壁碎片中的纤维间距。果胶网络的去除导致收缩,这与聚电解质果胶网络在细胞壁膨胀或去肿胀中的作用一致[488]。纤维素纤维已经在一系列植物物种中观察到,如竹子[489]、玉米[490]、稻草[491-493]、挪威云杉木细胞[494,495]。一项有趣和新颖的研究涉及使用单分子力光谱直接证明木葡聚糖和纤维素之间的结合[448]。

在水性溶液条件下成像的优点是它提供了探测细胞壁酶降解过程的前景,这对于了解植物废料的利用、细胞壁材料的肠道发酵和天然降解过程(如成熟)非常重要。目前唯一报道的纤维素酶-纤维素相互作用的 AFM 研究是对纤维二糖水解酶Ⅰ(CBHⅠ)或催化部位灭活的 CBHⅠ加入对棉纤维的影响的低分辨率成像[496]。据报道,添加灭活酶后,表面形貌保持不变,而添加活性酶后可以看出微纤维结构的一些破坏。这种研究的另一个目标是能够在生理条件下观察完整单个植物细胞中的细胞壁结构。

AFM 开始用于研究植物、藻类、真菌和苔藓植物细胞壁在生物过程的结构变化。这些生物过程包括生长[497-502]或伸长[503]。AFM 也开始用于细胞壁材料的加工[504,505]。

3)淀粉

淀粉是植物中主要的多糖储存形式。它由生物合成为大球形半结晶颗粒。淀粉可以溶解在溶剂如 DMSO 中并分解成两种极端类型的多糖:称为直链淀粉的本质上线性高分子质量(约 10^6 D)的聚合物和称为支链淀粉的非常高相对分子质量的高支链化多糖。目前有一些关于淀粉多糖的高分辨率 AFM 研究。然而,通过形成新的螺旋包合配合物,可以成像直链淀粉分子,揭示小百分比的支链分子性质,因此提供有关支链化性质的新信息[401]。据我们所知,目前没有单个支链淀粉分子的 AFM 图像。科学界也对成像完整的淀粉颗粒有兴趣。这取决于它们的植物来源,淀粉颗粒的大小范围从微米到数百微米。这引起了 AFM 使用中的问题。当这些物体沉积在平坦的表面上时,会形成非常有效的表面粗糙度,其与探针高度类似或者甚至更高[见图 4.27(a)]。目前,AFM 被设计成以高分辨率对非常平坦的表面进行成像,并且正常预制针尖的轴向比相当小。成像粗糙表面的一种方法是使用更高长径比探针针尖。然而,这样的针尖通常是脆的,如果在扫描期间它们撞击表面上物体就容易折断。

基于诸如碳纳米管等材料开发新的"柔韧"探针针尖可能提供该问题的解决方案。即使在"z"方向上可用的扫描范围将受到图像的横向扫描尺寸的限制,使得粗糙表面的高分辨率成像非常困难。这个问题的一个实际解决方案是将淀粉颗粒[506-508]包埋,从而降低表面的有效粗糙度[见图 4.27(b)],这种方法已用于实时观察小麦淀粉颗粒酶降解过程的研究[506]。将淀粉颗粒撒在云母上,包覆金属涂层,然后再用碳包覆。浸泡在水中后,可以用胶带来剥去云母从而暴露颗粒表面。然后可以在水性环境中对制样进行成像。颗粒表面的检查显示尺寸在 $50\sim450$ nm 之间的各种表面特征。具有暴露表面孔的颗粒或表面破裂的颗粒可能由于研磨而产生,可能实时观察由于 α-淀粉酶的作用而发生这些淀粉颗粒的破坏。

图 4.27　成像大样品所遇到的困难

(a) 大淀粉颗粒将与悬臂接触,迫使针尖离开表面;(b) 通过包埋淀粉颗粒,表面的有效粗糙度降低,颗粒的暴露表面可成像

形成的凹坑的类型与先前通过电子显微镜观察到的类似[509]。已经报道小麦和马铃薯淀粉颗粒之间的表面形貌差异,表面突起归因于支链淀粉侧链的有序簇末端[508]。对淀粉颗粒表面性质的研究越来越多,但对颗粒内部结构的研究较少。

在淀粉颗粒结构的早期研究中,是将颗粒嵌入渗透性树脂中[510],将其置于块中,然后切割开来,使颗粒显露内部。获得关于淀粉颗粒结构的可靠信息需要使用非渗透性树脂,因为使用透明树脂减少对比度并产生难以明确地显现内部结构的伪影[511]。

尽管块的切割面是平坦的,但由于颗粒暴露切割面的受控润湿引起了图像的对比[513]:颗粒的无定形区域中的水选择性吸收导致这些区域膨胀和软化,强调在颗粒内存在较硬的晶体结构(见图 4.28)。该方法可用于检查由于生物合成中选择性突变导致的颗粒结构变化[511-515]，并且这样的研究已经确定了高直链淀粉豌豆淀粉中的新结晶结构，其显著改变了淀粉的功能特性[516]。

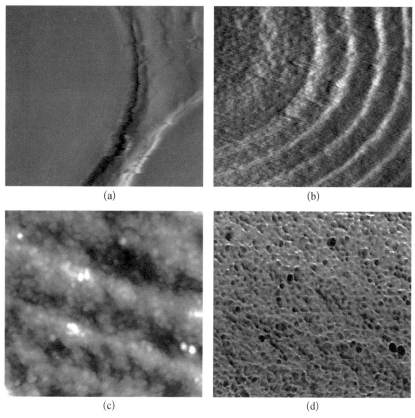

(a)   (b)

(c)   (d)

图 4.28   干豌豆种子淀粉的原位 AFM 图像[512]

（a）切割种子后暴露出来的淀粉颗粒部分，误差信号模式，扫描尺寸为 10 μm×10 μm；(b) 颗粒暴露面的受控水合显示生长环，误差信号模式，扫描尺寸为 20 μm×20 μm；(c) 颗粒内小块结构的高分辨率形貌图像，扫描尺寸为 1.7 μm×1.7 μm；(d) (c) 所示区域部分的高分辨率相位图像，显示小块在整个颗粒中连续分布，扫描尺寸为 1.7 μm×1.7 μm

在干种子中，淀粉自然地嵌入种子内。可以切开种子，并且允许种子内淀粉的原位高分辨率成像[512]。该方法可与其他显微技术一起用作筛选天然或诱导淀粉突变体文库的功能工具。成像在种子中的淀粉可监测在开发和生长期间淀粉结构的变化，并且允许表征颗粒内、细胞内以及遍及整个种子细胞内的淀粉结构异质性，可认为它出现在天然或诱导的生物合成突变体中。早期关于淀粉颗粒内部结构的研究是使用第一代整合 AFM/光学显微镜[511,513-515]进行的，图像中的细节是有限的。使用第二代整合 AFM/光学显微镜显著增强了图像质量[512]，这些研究已经证实了最初由 TEM 研究提出的淀粉结构小块模型[517]。AFM 研究消除了广泛持有的信念(从早期显微镜和最近的小角度 X 射线和中子散射研究推断),即淀粉颗粒含有交替的无定形和半结晶生长环[518]。特别地,高分辨率地形和相位图像的比较[见图 4.28(c)和(d)]表明整个颗粒是半晶的,其中由于结晶小块存在的颗粒中无定型(直链淀粉)背景材料局部非均匀分布的差异导致出现条带[512]。

4.4.5 蛋白多糖和黏蛋白

蛋白多糖是一种超家族(含有超过 30 个分子)成员,它具有多种生物功能。分子是一种特别类型的纤维糖蛋白,由糖胺聚糖(GAG)链及连接在其上的蛋白质核心组成。在软骨中发现的主要蛋白多糖是聚集蛋白聚糖,对该聚合物的研究说明了可以在这些复合生物聚合物上获得的信息。牛胎儿和成熟鼻软骨聚集蛋白聚糖分子已经在云母上成像[519]。云母表面用 3-氨基丙基三乙氧基硅烷(APTES)功能化,与负电荷的 GAG 链静电相互作用从而将聚集蛋白聚糖分子保留在基底上。所得到的图像(见图 4.29)是非常好的,显示了非糖基化的 N-末端区域和分离的单个 GAG 链,可以研究 GAG 链长度和间距对"瓶-刷状"结构的刚性的影响。AFM 图像的重构通常是困难的,因为针尖加宽效应,并且因为 AFM 仅产生表面轮廓。对于圆柱对称的聚集蛋白聚糖分子,有可能纠正针尖加宽效应并使用其他生物物理信息以允许 AFM 数据 3D 重建分子:宽度测量确定沿分子的不同蛋白质糖基化位点和轮廓长度测量指明分子上酶切特异性蛋白质位点[520]。

侧向力谱已经用来研究末端黏附在基底上的聚集蛋白聚糖分子的剪切力[521]和与将聚集蛋白聚糖分子黏附在探针针尖上的剪切力,因而可以在生理条件下探测聚集蛋白聚糖分子之间纳米尺度的压缩相互作用[522,523]。这些类型的摩擦学实验似乎非常适合 AFM 的应用,其他研究包括成像负责细胞间黏附的丛体细芽海绵细胞聚集因子(MAF)的星状支链化结构[369],以及涉及蛋白聚糖-胶原相互作用的研究[524-527]。黏蛋白是类似的糖蛋白,蛋白多糖主要涉及组织的结构方面,而黏蛋白主要作为屏障和润滑剂。Round 和同事们使用 AFM 来研究吸附到云母基底的黏蛋白的平衡构象[528,529]。分子间和分子内的黏蛋白异质性归因于黏蛋白糖基化的翻译后修饰,这是通过沿黏蛋白的高度测量和结合的单克隆抗体分布来研究。力谱已经用来探测黏蛋白衍生的针尖与云母以及与吸附在云母上的黏蛋白的相互作用[530]。胶体力谱已经用来研究黏膜黏附药物递送载体和人工黏蛋白仿生物之间的相互作用[531]。胃黏蛋白在酸性 pH 值下形成凝胶状结构,这些结构涉及保护胃免受酸性条件的影响。AFM 已经用来探测酸性 pH 值下在稀溶液和厚凝胶状膜中胃黏蛋白的聚集[532]。有少量关于唾液黏蛋白的文献,包括关于该膜结构的研究,不同组分在润滑中和黏蛋白基底上胆固醇晶体生长的研究[533-535]。使用 AFM 研究复合生物聚合物润滑和黏附的分子方面是很有前途的研究领域[534,536]。

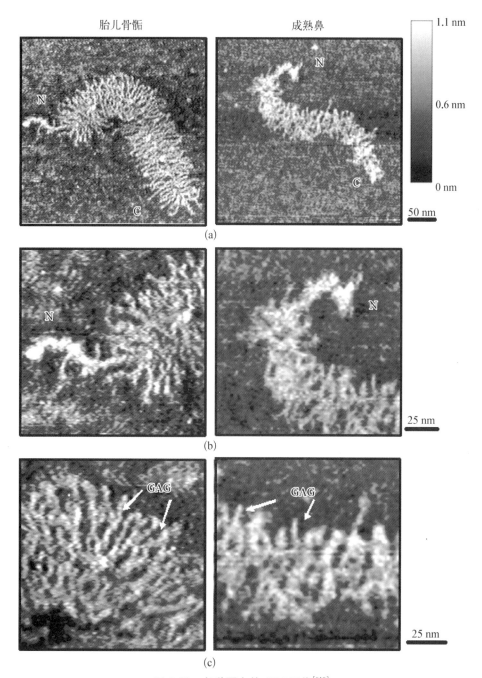

图 4.29 各种蛋白的 AFM 图像[519]

（a）胎儿骨骺及成熟鼻聚集蛋白聚糖单体的高分辨率 AFM 形貌图像；（b）在两个单体的 N 末端区域中可见的核心蛋白质的图像；（c）在成熟和胎儿单体上的 CS 刷毛区域中清楚可见的 GAG 链，并且成熟鼻聚集蛋白聚糖蛋白凝胶似乎更短

4.5 蛋白质

在表面对蛋白质成像有几个原因。首先,对蛋白质的内在结构有兴趣。这里的表面被认为是惰性载体。需要了解关于蛋白质的总体大小、形状和亚基结构。在更大尺度的情况下,有可能研究涉及生物组装或蛋白质凝胶化过程的分子相互作用。其次感兴趣的领域是蛋白质表面相互作用。此种兴趣非常广泛的应用来自从表面生物相容性、生物污损、表面清洁,到生物传感器和免疫测定的开发。这里的兴趣在于蛋白质如何与表面结合,以及这种结合如何影响其生物学功能。

直接观察蛋白质结构的折叠和展开越来越受到关注,力谱技术(与光学镊子技术一起)在这种形式的研究中发挥着重要的作用[537]。在折叠-展开过程中获得的信息与从热[538]和化学[539]研究中获得的信息进行了比较。在撰写本书时,相对较少的蛋白已经被研究。尽管已经对某些蛋白质进行了广泛的研究,如肌联蛋白[424,540-545]。肌联蛋白是一种旨在产生、传播或使用机械力的"机械蛋白质"。其他"非机械蛋白质"已经在单分子水平上进行了探测,包括β-夹层结构[532,539,546,547]、β-桶状结构[548-550]、β-螺旋结构[551]、α+β蛋白[552-560]、全部α蛋白[551,561-572]、非结构蛋白和蛋白质结构域[573-575]。还对一些多肽和少量蛋白质复合物进行了研究[556,576,578]。除了探索单个蛋白质的折叠和展开转换之外,还有可能研究错误折叠事件[539,579,580]、蛋白质-蛋白质相互作用[551,579]和蛋白质-配体相互作用[581-583]。一些创新研究建议蛋白质有序和无序区域的机械性能差异也可以通过连续高速AFM图像中无序区域的形状变化来揭示[584]。单个蛋白质的压缩可以用来测量其机械性能[585-587],并且已经用于探测酶-配体的结合[588]。

4.5.1 球状蛋白

有大量文献采用AFM研究简单球状蛋白[589]。已经使用各种各样的方法来将蛋白质固定在各种各样的表面上。然而,大多数蛋白质相对容易地吸附到诸如云母的表面,并且可以在醇或水性条件下使用直流或轻敲模式成像。吸附蛋白质的水合-脱水可以通过AFM和其他表面技术如石英晶体微量天平(QCM-D)进行监测[590]。需要注意消除黏附力并尽可能减少分子的损伤和推移。防止在基底上形成多层也是非常重要的。上层易于被探针推移和吸附,导致较差的成像条件。如果看不到蛋白质,则可增加样品浓度以便改善图像。然而,如果存在多层,并且如果这样使得将样品保留在基底上比较困难,则是可能需要使用较低的而不是较高的蛋白质浓度,以获得更好的图像。通常,当修正针尖加宽效应后,蛋白质的图像显示出具有尺寸的球形结构,其与单个蛋白质或蛋白质聚集体一致。已经证实通过 AFM 测量的天然或变性蛋白的体积与相对分子质量之间具有相关性[591]。在此,通过测量半高度处的直径和通过将分子作为球体部分计算体积来补偿针尖加宽效应。尚不清楚为什么对天然和变性蛋白质采用相同的校准。然而,该方法确实可以区别单个分子和分子聚集体。

　　AFM 可以观察有意诱导的蛋白质聚集。实际上对吸附动力学的研究建议吸附过程触发蛋白质表面相互作用,导致暴露蛋白质疏水区域从而有利于蛋白质聚集[592]。能够诱导许多植物和乳蛋白聚集或凝胶化[593-600]。这样的过程可以通过分离多聚体或凝胶前体而进行分析。图 4.30 显示了 7S 大豆蛋白质 β 伴大豆球蛋白偶联的一系列图像。样品在 100℃ 下热处理不同的时间,从而形成线性聚集体。单个蛋白质是盘状的。聚集体高度和长度的测量建议它们通过将这些盘堆叠成圆柱体而形成。通过这种对纯化组分的行为研究,可以了解更复杂的蛋白质提取物的功能行为。蛋白质聚集的一个更显著的例子是关于凝血酶诱导的纤维蛋白聚合的经典和开创性研究[601]。这是使用 AFM 监测生物学重要过程的动力学和提供在此复杂系统中组装模式新信息的最早示范之一。科学家仍然有兴趣研究纤维蛋白网络形成及其机械性能[572,602-604]。对纳米结构制造的越来越感兴趣导致对模型肽自组装的 AFM 研究越来越多[207,605-607]。

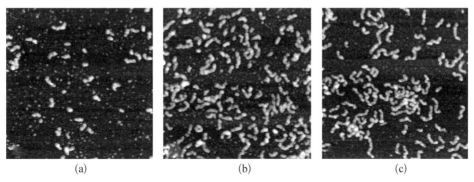

(a)　　　　　　　　　(b)　　　　　　　　　(c)

图 4.30　7S 大豆蛋白质聚集的 AFM 图像序列,扫描尺寸为 1.2 μm×1.2 μm(将蛋白质溶液加热至 100℃,随着时间的增加而分析聚集过程;将溶液稀释,沉积在云母上,空气干燥,然后在丁醇中成像)

(a) 加热 2 min 后,可以看到单个蛋白质和线性聚集体;(b) 加热 5 min 后;(c) 加热 60 min,这些蛋白质偶联形成线性可溶性聚集体

　　AFM 可用于蛋白质在表面或界面处的研究,其目的是了解蛋白质如何吸附以及吸附对蛋白质随后功能有什么影响。这些研究的典型应用可涉及生物传感器的开发、生物污损和表面清洁或生物相容性表面构建。AFM 研究可用于补充其他方法的研究,提供关于蛋白质吸附水平、蛋白质在表面上的取向、聚集和形成单层或多层的信息。关于蛋白质聚集和覆盖的信息不需要高分辨率成像,并且可以从表

面粗糙度的测量推断出来。

关于蛋白质吸附研究的实例是铁蛋白吸附的研究[608,609]和血清白蛋白与云母[610,611]或蛋白质与更复杂表面[612,613]的结合研究。酶与表面结合的性质和类型在开发和使用某些类型的生物传感器中是重要的。在这种情况下,可以使用 AFM来研究蛋白质的吸附和所得表面的活性。例如,AFM 已经用于研究在不同制备条件下的葡萄糖氧化酶与金表面的结合[614]。还可以研究这些表面的功能行为:导电针尖和电子隧道的测量可以用于研究电子转移过程以及蛋白质跟踪方法,通过酶的高度波动监测酶活性[225,615],从而可用于在底物存在下对表面上酶活性进行绘谱。这种研究类似于免疫测定中结合抗体的效率研究(见第 4.5.2 节)。

研究蛋白质在空气-水和油-水界面的吸附和相互作用对于了解泡沫和乳液的稳定性至关重要。在这种情况下,AFM 为观察形成的结构提供了唯一的直接方法。这些研究的例子稍后在第 5.7 节中给出。

使用 AFM 研究球状蛋白质的一个重要目标是提供关于蛋白质形状和内部结构的详细信息。显然,AFM 永远不会获得可以通过 X 射线衍射或现代 NMR 方法获得的原子分辨率。电子衍射图谱包含有关蛋白质原子结构的信息。在非常高分辨率的电子显微镜中,可以重建显示二级结构及其在蛋白质内连接的图像。当前,这些研究很少,且需要关于 2D 晶体的数据。然而,未来产生关于单个蛋白质的此类图像是真正具有前景的。构建这样的高分辨率图像所需的信息不存在于 AFM数据中,AFM 仅产生由局部因子(如样品的电荷或弹性)修饰的表面轮廓。然而,使用 AFM 的目的是改善通过常规电子显微镜获得的分辨率,或者在自然成像条件下实现可比较的分辨率。为了获得高分辨率图像,蛋白质需要固定在平坦的基底上。空气干燥蛋白质到基底(如云母)上再在空气中成像是造成成像困难的原因。沉积过程本身可能部分地使蛋白质变性,蛋白质结构内的运动将趋向于模糊图像,并且除非仔细控制成像力,否则探针会在扫描期间使蛋白质变形。对于被动吸附的蛋白质,可能获得关于整个形状和尺寸的信息,并且图像通常可以根据蛋白质结构的已知模型来解释。这种研究的一个例子是沉积在云母上的核糖体的轻敲模式图像[616]。对于分离蛋白质的研究,针尖加宽效应使其复杂化,这可能进一步使图像的解释复杂化。可以通过将沉积的蛋白质组织成有序阵列来减少针尖加宽效应。这也似乎减少了蛋白质的扭曲或推移。

如果蛋白质与云母结合强烈,并且能够抵抗探针的破坏,则可以获得单个蛋白质上的相当高分辨率图像。也许这些研究最好的例子就是对百日咳毒素的研究[617]。将完整的百日咳毒素和 B-寡聚体沉积在云母上并且在水中(不经过干燥阶段)直流接触模式成像。即使在原始数据中也可以解析 B-寡聚体中的五个(两个大,三个小)亚基,并且通过注意到在完整毒素中不存在 B-寡聚体的中心孔而定位 A-寡聚体在中心位置。原始图像通过相关平均增强,这种处理的结果如图 4.31 所示。在这些研究中,声称可以在图像中解析出小至 0.5 nm 的特征。AFM 观察到的五聚体结构不同于从 X 射线衍射研究推导出的七聚体结构[618]。目前还不清楚为什么会出现这种差异。然而,这说明 AFM 可以在检查从 X 射线数据中发现的蛋白质结构是否适合于溶液中的这些分子方面发挥重要作用。目前唯一可以提供这种信息的其他方法是 NMR。AFM 也可以用来研究毒素在不同 pH 值和温度条件下的稳定性[617]。

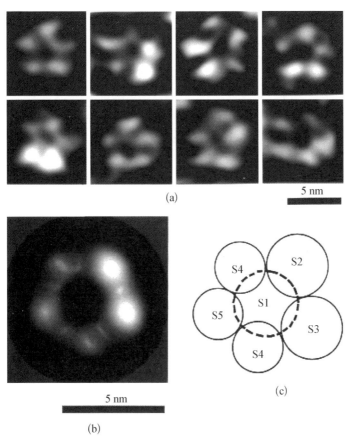

图 4.31　百日咳毒素的 AFM 图像[617]

(a) 百日咳毒素 B-寡聚体的八个代表性图像,其中两个亚基显示较亮,表明它们尺寸较大;
(b) 对齐后由 300 张单独图像形成的平均图像;(c) 建议的分子亚基结构,因为不可能区分亚基 S2 和 S3,所以不清楚 A 亚基附着在哪边

物理吸附蛋白质在云母上的高分辨率图像的另一个例子是大肠杆菌伴侣蛋白质的研究[619,620]。在溶液中获得了 GroEL 和 GroES 蛋白的高分辨 AFM 图像,并

且通过使用戊二醛化学固定而改善了图像。在原始数据中达到的分辨率高于负染EM(即使在相关平均之后)。AFM用于"解剖"GroEL颗粒,揭示该复合蛋白质内部结构的信息。尽管组合EM和AFM数据已用于为GroES生成新的改进模型,但是通过AFM获得的伴侣蛋白结构与EM和X射线衍射研究中推导出的结构大体上一致。化学交联是成像蛋白质的有用辅助方法。它不仅可以提高成像结构的稳定性,而且还可以用于捕获一系列过渡阶段,从而允许从容不迫地检查构象变化。快速扫描AFM已用于成像GroEL-GroES结合和ATP/ADP诱导的单个GroEL蛋白质的构象变化[621]。尽管有上述杰出的研究,一般来说为了在水性或生理条件下获得图像,通常需要将蛋白质在某种程度上固定在基底。

已经使用多种方法来固定用于AFM成像的蛋白质。最直接的方法是将蛋白质化学连接到基底上。本章开头讨论了一般原则(见第4.1.6节),下面给出了一些具体的例子。许多蛋白质含有巯基,它们可以结合镀金云母。蛋白质如BSA和明胶已被巯基衍生化,以增强与金的结合用于AFM研究[612]。光致交联剂已经用来将HPI层附着到玻璃基底上用于AFM研究[622],更特异性的标记也已经应用到此类工作中。细菌视紫红质分子已被遗传修饰(用半胱氨酸残基取代丝氨酸残基),以便可以共价附着于金而进行AFM成像[623]。一个镍螯合二肽连接到IgG抗体的重链的羧基末端,然后将其与氯化镍处理云母结合[624]。靶向结合位点的插入允许限定结合分子的取向,但修饰是复杂的,可能改变分子的天然结构或功能,因此可能仅用做最后的手段。如前所述,蛋白质有序阵列的形成通常使分子稳定。Shao和同事们描述的这种方法的一个有趣变化是通过用较小的分子填充分子间空隙来稳定稠密的大分子沉积物的横向运动[53]。这种方法已经成功地用于使用较小的霍乱毒素B-寡聚体来使低密度脂蛋白成像[53]。一种特别成功的膜蛋白成像方法是将纯化的蛋白质重组到支撑双层膜内以供AFM研究[625,626]。使用侧向聚合的磷脂酰胆碱双层膜,可以在低盐缓冲液中对膜结合霍乱毒素成像,获得1~2 nm的分辨率[625,626]。对于B-寡聚体(CTX-B)分辨得到五个亚基。为了消除聚合改变蛋白质功能的可能,Mou和同事们[627]通过对霍乱毒素的研究表明AFM完全能够使在生理相关支撑磷脂双层膜上的膜蛋白成像,不需要进行相关平均,就可以分辨出1~2 nm级的表面特征。此外,可以在这些模型膜上直接生长2D晶体阵列并通过AFM成像(见第6.2.2节)。建议该方法通常可用于成像只要可以插入到支撑双层膜中的膜蛋白(包括整合膜蛋白)[627]。为此,有些作者[627]建议将含蛋白质囊泡直接融合,这些囊泡在空气-水界面扩散[628-630],可以提供一条实现这一目标的途径。该方法可以形成3D和2D蛋白晶体,并且许多膜片段是天然存在的结晶材料。这些类型材料的成像将在第6章中描述。

4.5.2 抗体

抗体是大的、柔韧的多结构域蛋白质,已经通过生物物理和生物化学方法得到很好的表征。由于它们的生物学重要性及其在免疫标记和免疫测定中的用途,所以有兴趣表征其结构以及它们与抗原和表面的相互作用。

大多数室温 AFM 研究未能获得电子显微镜获得的分辨率[631]。通常"分子"看上去是球状的、无特征的和归因于单个抗体或者聚集体而导致的各种形式[369,624,632-635]。在最好的图像中,可以识别出与预期结构一致的形状[369,634]。球形形状归因于分子的扭曲[632]或分子柔韧性。通过在吸引力区域的轻敲模式获得的高分辨率 AFM 图像显示"Y"形和铰链区域细节,而在排斥状态下的成像看上去对分子造成扭曲和不可逆的损伤[636]。

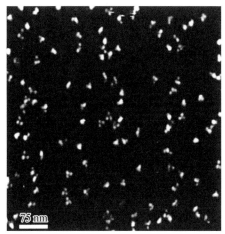

已经发现将样品干燥在云母上可以凝固分子运动,从而允许揭示抗体的三节点结构[637]。降低温度也可以降低分子运动,并通过冷冻 AFM 获得更高质量的图像[38,39,367]形。"Y"形 IgG(人 IgG1)分子清晰可见,结构异质性与柔韧铰链区域一致(见图 4.32)。单克隆 IgA(小鼠)的图像显示单体和各种多聚体,而不是预期的二聚体。在许多分子中可以看到 J 链和 Fab 结构域。通过 AFM 对单克隆 IgM(小鼠)抗体的研究已经揭示了[38,39]除了基于 X 射线散射数据[638]和 EM 研究[631]获得的扁平五聚体结构之外的新构象。

免疫分析和生物传感器开发对于抗体与表面结合的方式以及其如何影响抗体-

图 4.32   在约 85 K 下获得的 IgG(人 IgG1)的冷冻 AFM 图像[38](清晰地分辨出抗体的特征 Y 形状,图像中具有一系列的构象,指明分子的柔韧性)

抗原相互作用有相当大的兴趣。AFM 已经用来监测抗体对云母、改性云母、改性氧化硅、金和微量滴定板的吸附[639-642]。在针尖去卷积之后,已经有可能区分在表面上的 IgG 和 IgM 抗体[642]。成像可用于评估表面上单个抗体的分布,评估抗体聚集所引起的问题,或研究界面结构的稳定性。结合机制的性质[643,644]、用于链接抗体的间隔分子长度[645]和抗体的方向将影响抗体结合抗原的效率,这可以通过直接观察抗原结合来研究[646]。这些类型的实验已用于评估生物传感器制备或免疫分析方法,并用于评估其灵敏度[609,639-641]。

抗体提供用于鉴定和绘谱的特异性标记。免疫标记技术在光学显微镜和电子显微镜中都已很好地应用。可以使用抗体来探测和绘谱单个分子上的特异性抗原

（如 DNA，见第 4.2.4 节）、大分子复合物如染色体（见第 4.2.5 节）、细胞[647]或组织[648]。在单个分子或简单分子复合物的情况下，抗体大、易识别。对于诸如细菌 S 层[649]等平坦层状结构，仍然可以直接识别抗体-抗原复合物，尽管必须注意区分特异性结合和被动吸附。在更复杂的系统中，特别是在表面粗糙的系统或者需要确保特异性的系统，需要一些额外的标记形式。操作程序可以从已建立的免疫标记方法中进行调整。因此，可以直接制备和使用金标记的抗体，或者可以使用金标记的第二抗体来定位抗体-抗原复合物[647,648,650]。金标记在 AFM 中并不像 EM 研究那样直截了当。金标记可能与类似尺寸的表面突起[647]混淆，甚至被探针压缩进表面而使得它们难以发现[650]。通过产生更大的颗粒沉积物可以改善标记过程：用于 AFM 的实例包括银增强[647,651]、过氧化物酶标记抗体及其与 DAB 的反应（见第 4.2.5 节和第 4.3 节），或者甚至荧光标记的复合物[349,350]（见第 4.2.5 节）。然而，可能会与 AFM 一起使用的更灵敏的标签标记类型：磁性标记或包覆抗体的针尖可能会导致增强的相互作用和改善标记的对比度。抗原包覆的针尖已用于研究免疫分析系统所使用抗体的抗体-抗原相互作用[652]。一个似乎需要进一步研究的领域是开发 AFM 免疫标记研究的良好的阴性对照。对于相对平坦的表面如膜，可以跟踪抗体结合的动力学，以便研究该过程的动力学以及观察抗原的位置[653]。不是观察连接到表面抗原上的抗体，可能直接将抗体偶联到针尖上[643,644]，并使用亲和力绘谱来定位表面抗原。同样绘谱细胞系统或异质生物系统上的位点[654]，功能化针尖可用作生物传感器来探测表面吸附分子的构象[655]，或用于定位表面吸附蛋白混合物中的特定蛋白质[656]。

4.5.3　纤维蛋白

纤维蛋白的结构和组织是 AFM 调查的一个好主题，AFM 提供高分辨率和在自然条件下研究生物组装的前景。文献已经报道了大量此类研究，下面给出了这类工作的一些例子。

1）肌肉蛋白质

蛋白质肌球蛋白和肌动蛋白是肌肉的重要结构成分。对肌球蛋白的研究表明，广泛用于制备电子显微镜观察用蛋白质的甘油-云母法可用于 AFM 研究[657,658]。将蛋白质溶液（50%甘油）夹在云母片之间，将云母片拉开，然后在真空下干燥除去甘油和水。分子可以在丙醇或水/丙醇混合物中通过直流接触或轻敲模式成像。其分辨率与通过电子显微镜获得的分辨率相似，如可以观察到卷曲-卷曲 α-螺旋肌球蛋白尾的周期性。显示出过高的成像力会破坏或推移分子，但有时候探针似乎已将尾部中的螺旋分离[657]。在丙醇中，头部看上去会聚集，但在水/丙醇混合物中它们分离，并且所获得的图像与通过电子显微镜观察到的图像一致[658]。平滑肌肌球蛋白的冷冻 AFM 图像[659,660]清楚地解析了头部的马达区域和 a-螺旋卷曲-卷曲尾部的最高点。此外,可以获得关于硫代磷酸化对尾部结构影响以及保持在生理相关性 6S 构象中的肌球蛋白的头尾连接的柔韧性的新信息。关于肌球蛋白的详细结构信息可以通过 cryo - AFM 获得,该技术已用于研究硫代磷酸化对肌球蛋白结构的影响[659]。

对于肌动蛋白,通常采用卷曲构型,将 50% 甘油中的分子滴在云母上,进行离心以延伸分子,然后真空干燥,再在丙醇中轻敲模式成像。AFM 观察的延长结构(类似于电子显微镜)具有球状头部和延伸的尾部(见图 4.33)。在液体中使用轻敲模式揭示了一些子结构,"蝌蚪状"结构可能实际上是单个肌动蛋白分子组装而成的[658]。

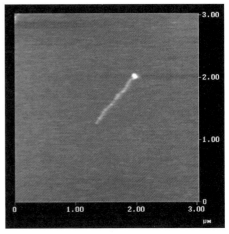

图 4.33　肌动蛋白的 AFM 图像[658]

分子的弹性性质对肌肉的生物学作用至关重要,AFM 研究允许检测各个分子的机械性能。研究生物聚合物机械性能的方法在第 9 章有详细描述。肌动蛋白在 Rief 和同事们[424]的早期开创性工作(它与使用光学镊子进行的实验互补且同时发表[661,662])之后采用力谱研究最广泛的蛋白质。肌球蛋白吸附在金表面上,针尖靠近表面而悬挂,允许肌球蛋白结构域物理吸附到针尖上,从而使得在磷酸盐缓冲盐水中获得单个肌球蛋白力-伸展曲线成为可能。现有大量关于肌球蛋白及其重组片段的研究,其允许对蛋白质拉伸后单个结构域展开所需力的全面测定和分析,也观察松弛时的蛋白质重折叠[540-545,663-665]和 I27 肌球蛋白结构域,已经成为蛋白质折叠/展开研究的模型系统。该分子由一串结构域组成,类似于串上的珠子。肌球蛋白和其单个结构域的机械研究已经用来构建蛋白质的机械模型,并且转而用于讨论完整肌原纤维的被动弹性。不同的结构域以不同的方式展开:在低伸展时,展开出现在"熵弹性域";而在高伸展下,在非生理条件下,发生一部分或者全部展开"焓结构域"。后者被认为起到减震器的作用,防止肌肉损伤。该研究表明,AFM 已经不仅仅是一个显微镜,它也可以用作在分子水平上研究机械性能的微型实验室。

2) 细胞骨架蛋白

AFM 已经用来研究分离的肌动蛋白丝[666-668]、血影蛋白分子[669,670]和微管[666,671]。对于肌动蛋白微丝,冷冻 AFM 已经揭示了肌动蛋白微丝的螺旋结构及其侧向偶联的某些方面的细节[672]。然而,这些材料的主要兴趣领域是使用 AFM

来探测细胞的细胞骨架结构,并研究活细胞中这些结构的动态变化(见第 7 章)。

3) 胶原

胶原蛋白是结缔组织中最丰富的结构蛋白。它以各种形态存在,是复杂自组装生物结构的一个很好的例子。单个胶原分子是长度为 280 nm、直径为 1 nm 的刚性线圈。通过冷冻 AFM[673]研究胶原蛋白分子和常规 AFM 研究胶原蛋白的片段长间隔(SLS)晶体[674]开始揭示沿着分子结构(直径)的变化,其可能在钙化组织的组装方面有重要作用。胶原蛋白分子组装成一系列纤维结构和网络。研究最多的组装产物是天然原纤维,其特征在于具有重复"68 nm"的周期性条带图案。AFM 已经用来观察 D 条带[见图 4.34(a)]以及天然[525,564,569,675-682]和重组胶原纤维[677]的详细表面结构。力谱已用于表征胶原原纤维的机械性能[564,565,569]。单体聚集[673]和在体外组装成纤维中的各种稳定的过渡态已经用 AFM 来定量研究,这主要是根据纤维化不同阶段的不同中间体的数量和结构来分析[683,684]。

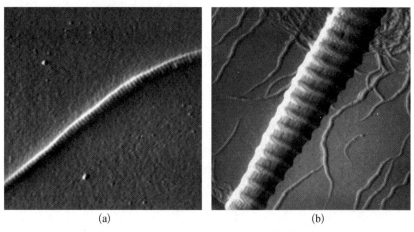

(a)　　　　　　　　　　　　(b)

图 4.34　胶原纤维的 AFM 图像[685]

(a) 正常胶原原纤维,扫描尺寸为 3 μm×3 μm,显示正常条带图案;(b) 具有更高周期性条带的纤维长间隔胶原(FLS)原纤维,扫描尺寸为 3.5 μm×3.5 μm

实时 AFM 成像已用来追踪 I 型胶原原纤维的酶降解过程[686,687]。已经有一些研究分析了在软化胶原中产生的复合物[688]。非典型纤维结构[如纤维性长间隔胶原(FLS)]与霍奇金病、硬化性斑块、骨髓增生性疾病和硅肺病等各种病原性病症相关。已有研究提出与其他分子(如糖蛋白)的相互作用可能影响 FLS 纤维的形成。在糖蛋白存在的情况下,FLS 纤维组装的体外 AFM 研究[见图 4.34(b)]表明了一个独特的组装过程,而不是正常纤维的形成和它们转化成 FLS[685]。在骨骼和其他钙化组织中,最终结构是基于胶原蛋白和沉积的磷灰石之间的相互作用。AFM 轻敲模式对体外和生理钙化肌腱胶原的研究表明原纤维的表面结构诱导磷灰石晶体的成核,并且其随后的生长不会显著改变原纤维结构[689]。来自大鼠尾肌腱的干胶原原纤维上的轻敲模式 AFM 已经用来观察胶原表面的蛋白聚糖结合[526]。通过比较天然结构、样品经软骨素酶处理、样品与 Cupromeronic 蓝(专为稳定阴离子糖胺聚糖链设计的铜酞菁)孵育的图像,测定了蛋白聚糖的分布。这些研究有助于了解这一复杂而重要的生物组装过程。

明胶基本上是变性胶原蛋白。由于其具有形成凝胶和膜的能力,所以它有各种各样的工业用途。

这些网络结构通常通过冷却热溶液来形成。可认为胶凝机理涉及卷曲-螺旋转变,三螺旋结构的形成会导致分子间聚集和网络形成。初始凝胶化步骤是快速的,然后是网状结构的较慢硬化,这通常归因于进一步的聚集水平,可能涉及胶原纤维状结构的重组。对于明胶薄膜的 AFM 研究未能揭示其分子结构[224,691],通常认为是因为薄膜在扫描过程中变形,模糊了图像。通过在明胶凝胶过程中分离凝胶前体,可以使用 AFM 获得关于凝胶化过程的线索[690]。图 4.35 显示了明胶凝胶前体,据说这是在凝胶中发现的连接区域类型。这些看上去是更小纤维的聚

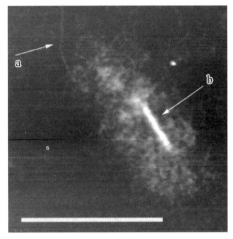

图 4.35　明胶凝胶前体的 AFM 图像[690] (标记为"b"的连接区看上去是由标记为"a"的丝状结构组成,该丝状结构被相信是单个明胶三重螺旋,刻度尺为 500 nm)

集体,可认为是重整的原胶原三重螺旋结构,并且聚集体在某些情况下表现出能在胶原纤维中看到的那些周期性过渡态。通过研究在空气-水界面形成的网络[690],可以获得关于明胶偶联和凝胶化的更多信息,这在第 5 章中有更详细的讨论。

4) 神经细丝

神经细丝是重要的细胞骨架成分。它们是不寻常的,因为细丝包覆有侧链。当在水性条件下 AFM[692] 成像时,因侧链运动而不能直接成像。然而,它们通过在分子周围产生一个区域来显示自己,可以排除这不是从溶液沉积到云母上的"碎片"(见图 4.36)。

这样一个排阻区在缺乏侧链的细丝周围看不到。每个图像点的力-距离曲线的测量(见第 7.1.2 节)揭示了由于这些侧链存在引起的排斥相互作用。已经建议这种"熵"排斥作为确定神经轴突中间间隔的新机制。AFM 能够用于研究磷酸化对侧链展开的影响[693]。明确地,在神经结构分子模型开发和神经退行性疾病结构变化研究中,AFM 可以补充 EM 分析。由于具有马达蛋白(如动力蛋白)的神经细

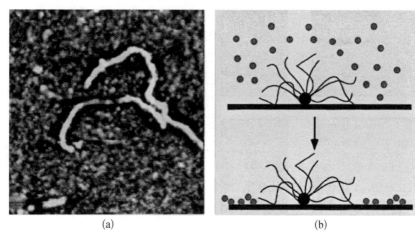

(a)　　　　　　　　　　(b)

图 4.36　神经细丝的 AFM 图像[692]

(a) 吸附在云母上并在溶液中成像的天然神经细丝的 AFM 轻敲模式图像，扫描尺寸约为
1.9 μm×1.9 μm，可运动测量在分子周围形成约 35～50 nm 宽度的排除区域（黑色）；(b)
形成该排阻区域的示意图

丝相互作用在细胞内转运中非常重要，已经研究了它们的相互作用[694]。

5）淀粉样纤维

纤维蛋白沉积物（淀粉样蛋白）的形成与某些疾病有关。AFM 用于表征纤维
结构[695]并观察其生长和聚集[696,697]。实例包括关于纤维形成和聚集早期阶段的
研究，其导致与神经变性疾病如阿尔茨海默病[698-701]、帕金森病[702]相关的神经炎
斑块和血管沉积物形成，或者导致与糖尿病[703-706]相关的纤维结构形成。在某些
条件下，一些与任何特定疾病明显无关的蛋白质也形成类似于淀粉样蛋白原纤维
的纤维状聚集体。AFM 也研究这样的蛋白和分离的多肽片段，从而分析淀粉样蛋
白的形成[707-716]。与之相似的细胞朊蛋白（PrPC）多肽 α 螺旋 β 折叠转换与海绵状
脑病的传播形式相关联，AFM 已用于试图表征单个 PrP 分子[717]。可以达到的高
分辨率为理解这种复杂神经变性疾病中生物响应的结构起源提供了希望。

AFM 可用于蛋白质在表面或界面处的行为研究，其兴趣是了解蛋白质如何吸
附以及吸附对蛋白质随后功能具有什么影响。这些研究的典型应用可能涉及生物
传感器的开发、生物污损和表面清洁或生物相容性表面构建。AFM 研究可用于补
充其他方法的研究，并提供关于蛋白质吸附水平、蛋白质在表面上的取向、聚集和
形成单层或多层的信息。

参考文献

[1] Clemmer C R, Beebe T P J. Graphite: a mimic for DNA and other biomolecules in
scanning tunneling microscope studies. *Science* **1991**, 251 (4994), 640 - 642.

[2] Chidsey C E D, Loiacono D N, Sleator T, et al. STM study of the surface morphology of gold on mica. *Surface Science* **1988**, *200* (1), 45 - 66.

[3] Clemmer C R, Beebe T P J. A review of graphite and gold surface studies for use as substrates in biological scanning tunneling microscopy studies. *Scanning Microscopy* **1992**, *6* (2), 319 - 333.

[4] Wagner P, Kernen P, Hegner M, et al. Covalent anchoring of proteins onto gold-directed NHS-terminated self-assembled monolayers in aqueous buffers: SFM images of clathrin cages and triskelia. *Febs Letters* **1994**, *356* (2 - 3), 267.

[5] Wagner P, Hegner M, Kernen P, et al. Covalent immobilization of native biomolecules onto Au(111) via N-hydroxysuccinimide ester functionalized self-assembled monolayers for scanning probe microscopy. *Biophysical Journal* **1996**, *70* (5), 2052 - 2066.

[6] Allison D, Bottomley L, Thundat T, et al. Immobilization of DNA for scanning probe microscopy. *Proceedings of the National Academy of Sciences* **1992**, *89* (21), 10129 - 10133.

[7] Allison D, Warmack R, Bottomley L, et al. Scanning tunneling microscopy of DNA: a novel technique using radiolabeled DNA to evaluate chemically mediated attachment of DNA to surfaces. *Ultramicroscopy* **1992**, *42*, 1088 - 1094.

[8] Bhatia S K, Shriver-Lake L C, Prior K J, et al. Use of thiol-terminal silanes and heterobifunctional crosslinkers for immobilization of antibodies on silica surfaces. *Analytical biochemistry* **1989**, *178* (2), 408 - 413.

[9] Lyubchenko Y L, Gall A A, Shlyakhtenko L S, et al. Atomic force microscopy imaging of double stranded DNA and RNA. *Journal of biomolecular structure and dynamics* **1992**, *10* (3), 589 - 606.

[10] Lyubchenko Y L, Jacobs B L, Lindsay S M. Atomic force microscopy of reovirus dsRNA: a routine technique for length measurements. *Nucleic acids research* **1992**, *20* (15), 3983 - 3986.

[11] Luginbuehl R H S. Light-dependent substrate functionalization and biomacromolecule immobilization. *In Procedures in Scanning Probe Microscopy*, **1998**, *module 7. 12. 2*, 5.

[12] Binning G, Rohrer H. Scanning tunneling microscopy. *Ibm Journal of Research & Development* **1984**, *126* (1), 236 - 244.

[13] Brett A M O, Chiorcea A M. Effect of pH and applied potential on the adsorption of DNA on highly oriented pyrolytic graphite electrodes. Atomic force microscopy surface characterisation. *Electrochemistry Communications* **2003**, *5* (2), 178 - 183.

[14] Klinov D, Martynkina L, Yurchenko V Y, et al. Effect of supporting substrates on the structure of DNA and DNA-Trivaline complexes studied by atomic force microscopy. *Russian Journal of Bioorganic Chemistry* **2003**, *29* (4), 363 - 367.

［15］ Klinov D, Dwir B, Kapon E, et al. A Comparative study of atomic force imaging of DNA on graphite and mica surfaces, AIP Conference Proceedings, AIP: 2006: pp 99 – 106.

［16］ Bustamante C, Vesenka J, Tang C L, et al. Circular DNA molecules imaged in air by scanning force microscopy. *Biochemistry* **1992**, *31* (1), 22 – 26.

［17］ Vesenka J, Guthold M, Tang C L, et al. Substrate preparation for reliable imaging of DNA molecules with the scanning force microscope. *Ultramicroscopy* **1992**, *s 42 – 44* (3), 1243 – 1249.

［18］ Hansma H G, Sinsheimer R L, Li M Q, et al. Atomic force microscopy of single- and double-stranded DNA. *Nucleic Acids Research* **1992**, *20* (14), 3585.

［19］ Hansma H G, Vesenka J, Siegerist C, et al. Reproducible imaging and dissection of plasmid DNA under liquid with the atomic force microscope. *Science* **1992**, *256* (5060), 1180 – 1184.

［20］ Lyubchenko Y, Oden P, Lampner D, et al. Atomic force microscopy of DNA and bacteriophage in air, water and propanol: the role of adhesion forces. *Nucleic acids research* **1993**, *21* (5), 1117 – 1123.

［21］ Argaman M, Golan R, Thomson N H, et al. Phase imaging of moving DNA molecules and DNA molecules replicated in the atomic force microscope. *Nucleic Acids Research* **1997**, *25* (21), 4379 – 4384.

［22］ Andersson S B. Curve tracking for rapid imaging in AFM. *IEEE Transactions on Nanobioscience* **2007**, *6* (4), 354.

［23］ Antognozzi M, Szczelkun M D, Round A N, et al. Comparison between shear force and tapping mode AFM-high resolution imaging of DNA. *Single Molecules* **2002**, *3* (2 – 3), 105 – 110.

［24］ Humphris A D L, Tamayo J, Miles M J. Active quality factor control in liquids for force spectroscopy. *Langmuir* **2000**, *16* (21), 7891 – 7894.

［25］ Humphris A D L, Round A N, Miles M J. Enhanced imaging of DNA via active quality factor control. *Surface Science* **2001**, *491* (3), 468 – 472.

［26］ Ellis J, Abdelhady H, Allen S, et al. Direct atomic force microscopy observations of monovalent ion induced binding of DNA to mica. *Journal of microscopy* **2004**, *215* (3), 297 – 301.

［27］ Zheng J, Li Z, Wu A, et al. AFM studies of DNA structures on mica in the presence of alkaline earth metal ions. *Biophysical Chemistry* **2003**, *104* (1), 37 – 43.

［28］ Pastré D, Piétrement O, Fusil S, et al. Adsorption of DNA to mica mediated by divalent counterions: a theoretical and experimental study. *Biophysical Journal* **2003**, *85* (4), 2507 – 2518.

［29］ Gallyamov M O, Tartsch B, Khokhlov A R, et al. Real-time scanning force microscopy of macromolecular conformational transitions. *Macromolecular rapid communications*

2004, *25* (19)，1703 – 1707.

[30] Gallyamov M，Tartsch B，Khokhlov A，et al. Conformational dynamics of single molecules visualized in real time by scanning force microscopy：macromolecular mobility on a substrate surface in different vapours. *Journal of microscopy* **2004**, *215* (3)，245 – 256.

[31] Greenleaf W J，Woodside M T，Block S M. High-resolution，single-molecule measurements of biomolecular motion. *Annual Review of Biophysics & Biomolecular Structure* **2007**, *36* (1)，171.

[32] Hansma H，Kim K，Laney D，et al. Properties of biomolecules measured from atomic force microscope images：a review. *Journal of structural biology* **1997**, *119* (2)，99 – 108.

[33] Hansma H G. Atomic force microscopy of biomolecules. *Journal of vacuum science & technology. B，Microelectronics and nanometer structures: processing，measurement，and phenomena: an official journal of the American Vacuum Society* **1996**, *14* (2)，1390 – 1394.

[34] Hansma A H G，Hansma P K. Potential applications of atomic force microscopy of DNA to the human genome project. *Proceedings of SPIE — The International Society for Optical Engineering* **1993**, *1891*.

[35] Hansma H G，Laney D E，Bezanilla M，et al. Applications for atomic force microscopy of DNA. *Biophysical Journal* **1995**, *68* (5)，1672.

[36] Hansma H G，Bezanilla M，Zenhausern F，et al. Atomic force microscopy of DNA in aqueous solutions. *Nucleic Acids Research* **1993**, *21* (3)，505 – 512.

[37] Mou J，Czajkowsky D M，Zhang Y，et al. High-resolution atomic-force microscopy of DNA：the pitch of the double helix. *FEBS letters* **1995**, *371* (3)，279 – 282.

[38] Zhang Y，Sheng S，Shao Z. Imaging biological structures with the cryo atomic force microscope. *Biophysical Journal* **1996**, *71* (4)，2168 – 2176.

[39] Han W，Mou J，Sheng J，et al. Cryo atomic force microscopy：a new approach for biological imaging at high resolution. *Biochemistry* **1995**, *34* (26)，8215.

[40] Xiao X C，Chu L Y，Chen W M，et al. Positively thermo-sensitive monodisperse core-shell microspheres. *Advanced Functional Materials* **2003**, *13* (11)，847 – 852.

[41] Thundat T，Allison D P，Warmack R J. Stretched DNA structures observed with atomic force microscopy. *Nucleic Acids Research* **1994**, *22* (20)，4224 – 4228.

[42] Hansma H G，Revenko I，Kim K，et al. Atomic force microscopy of long and short double-stranded，single-stranded and triple-stranded nucleic acids. *Nucleic Acids Research* **1996**, *24* (4)，713 – 720.

[43] Marsh T C，Vesenka J，Henderson E. A new DNA nanostructure，the G-wire，imaged by scanning probe microscopy. *Nucleic Acids Research* **1995**, *23* (4)，696.

[44] Li J W, Tian F, Wang C, et al. Possible multistranded DNA induced by acid denaturation-renaturation. *Journal of Vacuum Science & Technology B: Microelectronics and Nanometer Structures Processing, Measurement, and Phenomena* **1997**, *15* (5), 1637–1640.

[45] Lin Y, Shen X, Wang J, et al. Measuring radial Young's modulus of DNA by tapping mode AFM. *Chinese Science Bulletin* **2007**, *52* (23), 3189–3192.

[46] van Hulst N F, Garcia-Parajo M F, Moers M H P, et al. Nearfield fluorescence imaging of genetic material: towards the molecular limit. *J. Struct. Bioi* **1997**, *119*, 10.

[47] Muller D J, Engel A. The height of biomolecules measured with the atomic force microscope depends on electrostatic interactions. *Biophysical Journal* **1997**, *73* (3), 1633.

[48] Mou J, Czajkowsky D M, Zhang Y, et al. High-resolution atomic-force microscopy of DNA: the pitch of the double helix. *Febs Letters* **1995**, *371* (3), 279–282.

[49] Butt H J. Electrostatic interaction in scanning probe microscopy when imaging in electrolyte solutions. *Nanotechnology* **1992**, *3* (2), 60.

[50] Butt H J. Measuring local surface charge densities in electrolyte solutions with a scanning force microscope. *Biophysical Journal* **1992**, *63* (2), 578–582.

[51] Hansma H G, Hoh J H. Biomolecular imaging with the atomic force microscope. *Annual Review of Biophysics & Biomolecular Structure* **1994**, *23* (23), 115.

[52] Bustamante C, Rivetti C. Visualizing protein-nucleic acid interactions on a large scale with the scanning force microscope. *Annual Review of Biophysics & Biomolecular Structure* **1996**, *25* (25), 395.

[53] Shao Z, Mou J, Czajkowsky D M, et al. Biological atomic force microscopy: what is achieved and what is needed. *Advances in Physics* **1996**, *45* (1), 1–86.

[54] Thundat T, Allison D, Warmack R, et al. Atomic force microscopy of single-and double-stranded deoxyribonucleic acid. *Journal of Vacuum Science & Technology A: Vacuum, Surfaces, and Films* **1993**, *11* (4), 824–828.

[55] Borovok N, Molotsky T, Ghabboun J, et al. Poly (dG)-poly (dC) DNA appears shorter than poly (dA)-poly (dT) and possibly adopts an A-related conformation on a mica surface under ambient conditions. *FEBS letters* **2007**, *581* (30), 5843–5846.

[56] Fang Y, Spisz T S, Wiltshire T, et al. Solid-state DNA sizing by atomic force microscopy. *Analytical chemistry* **1998**, *70* (10), 2123–2129.

[57] Ficarra E, Benini L, Macii E, et al. Automated DNA fragments recognition and sizing through AFM image processing. *IEEE Transactions on Information Technology in Biomedicine A Publication of the IEEE Engineering in Medicine & Biology Society* **2005**, *9* (4), 508–517.

[58] Ficarra E, Masotti D, Macii E, et al. Automatic intrinsic DNA curvature computation

from AFM images. *IEEE transactions on biomedical engineering* **2005**, *52*（12），2074 – 2086.

[59] Rivetti C, Codeluppi S. Accurate length determination of DNA molecules visualized by atomic force microscopy: evidence for a partial B- to A-form transition on mica. *Ultramicroscopy* **2001**, *87*（1 – 2），55 – 66.

[60] Sanchez-Sevilla A, Thimonier J, Marilley M, et al. Accuracy of AFM measurements of the contour length of DNA fragments adsorbed on mica in air and in aqueous buffer. *Ultramicroscopy* **2002**, *92*（3），151 – 158.

[61] Burchard W. Light Scattering Techniques. Springer US: 1994; pp 151 – 213.

[62] Hagerman P J. Flexibility of DNA. *Annual Review of Biophysics & Biophysical Chemistry* **1988**, *17*（17），265.

[63] Rivetti C. Scanning force microscopy of DNA deposited onto mica: equilibration versus kinetic trapping studied by statistical polymer chain analysis. *Journal of Molecular Biology* **1996**, *264*（5），919.

[64] Moukhtar J, Fontaine E, Faivre-Moskalenko C, et al. Probing persistence in DNA curvature properties with atomic force microscopy. *Physical review letters* **2007**, *98*（17），178101.

[65] Marilley M, Sanchez-Sevilla A, Rocca-Serra J. Fine mapping of inherent flexibility variation along DNA molecules. Validation by atomic force microscopy（AFM）in buffer. *Molecular Genetics & Genomics* **2005**, *274*（6），658 – 670.

[66] Hansma H G, Browne K A, Bezanilla M, et al. Bending and straightening of DNA induced by the same ligand: characterization with the atomic force microscope. *Biochemistry* **1994**, *33*（28），8436 – 8441.

[67] Potaman V N, Lushnikov A Y, Sinden R R, et al. Site-specific labeling of supercoiled DNA at the A＋T rich sequences. *Biochemistry* **2002**, *41*（44），13198.

[68] Pope L, Davies M, Laughton C, et al. Intercalation-induced changes in DNA supercoiling observed in real-time by atomic force microscopy. *Analytica chimica acta* **1999**, *400*（1），27 – 32.

[69] Pope L H, Davies M C, Laughton C A, et al. Atomic force microscopy studies of intercalation-induced changes in plasmid DNA tertiary structure. *J. Microsc. -Oxf.* **2000**, *199*，68 – 78.

[70] Wang X M, Jiang X L, Zu Hong L U, et al. Evidence of DNA-ligand binding with different modes studied by spectroscopy. 中国化学快报（英文版）**2000**, *11*（2），147 – 148.

[71] Kaji N, Ueda M, Baba Y. Direct measurement of conformational changes on DNA molecule intercalating with a fluorescence dye in an electrophoretic buffer solution by means of atomic force microscopy. *Electrophoresis* **2001**, *22*（16），3357 – 3364.

[72] Pastré D, Piétrement O, Zozime A, et al. Study of the DNA/ethidium bromide interactions on mica surface by atomic force microscope: Influence of the surface friction. *Biopolymers* **2005**, *77* (1), 53 – 62.

[73] Giannotti M I, Vancso G J. Interrogation of single synthetic polymer chains and polysaccharides by AFM-based force spectroscopy. *ChemPhysChem* **2007**, *8* (16), 2290 – 2307.

[74] Strick T R, Dessinges M N, Charvin G D, et al. Stretching of macromolecules and proteins. *Rep Prog Phys* **2003**, *66* (1), 1.

[75] Zhang W, Barbagallo R, Madden C, et al. Progressing single biomolecule force spectroscopy measurements for the screening of DNA binding agents. *Nanotechnology* **2005**, *16* (10), 2325 – 2333.

[76] Smith S B, Finzi L, Bustamante C. Direct mechanical measurements of the elasticity of single DNA molecules by using magnetic beads. *Science* **1992**, *258* (5085), 1122.

[77] Bustamante C, Marko J F, Siggia E D, et al. Entropic Elasticity of λ-Phage DNA. *Science* **1994**, *265* (5178), 1599 – 1600.

[78] Marko J F, Siggia E D, Macromolecules 28, 8759. **1995**.

[79] Bouchiat C, Wang M, Allemand J-F, et al. Estimating the persistence length of a worm-like chain molecule from force-extension measurements. *Biophysical journal* **1999**, *76* (1), 409 – 413.

[80] Wiggins P A, Nelson P C. Generalized theory of semiflexible polymers. *Physical Review E Statistical Nonlinear & Soft Matter Physics* **2006**, *73* (1), 031906.

[81] Wiggins P A, Van Der Heijden T, Moreno-Herrero F S, et al. High flexibility of DNA on short length scales probed by atomic force microscopy. *Nature nanotechnology* **2006**, *1* (2), 137 – 141.

[82] Wenner J R, Williams M C, Rouzina I, et al. Salt dependence of the elasticity and overstretching transition of single DNA molecules. *Biophysical Journal* **2002**, *82* (6), 3160 – 3169.

[83] Lankas F, Sponer J, Hobza P, et al. Sequence-dependent elastic properties of DNA. *Journal of Molecular Biology* **2000**, *299* (3), 695.

[84] Ke C, Humeniuk M, Hanna S, et al. Direct measurements of base stacking interactions in DNA by single-molecule atomic-force spectroscopy. *Physical Review Letters* **2007**, *99* (1), 018302.

[85] Kühner F, Morfill J, Neher R A, et al. Force-induced DNA slippage. *Biophysical Journal* **2007**, *92* (7), 2491 – 2497.

[86] Chen H, Fu H, Koh C G. Sequence-dependent unpeeling dynamics of stretched DNA double helix. *Journal of Computational & Theoretical Nanoscience* **2008**, *5* (7), 1381 – 1386.

[87] Strunz T, Oroszlan K, Schäfer R, et al. Dynamic force spectroscopy of single DNA molecules. *Proceedings of the National Academy of Sciences of the United States of America* **1999**, *96* (20), 11277.

[88] Clausen-Schaumann H, Seitz M, Krautbauer R, et al. Force spectroscopy with single biomolecules. *Current Opinion in Chemical Biology* **2000**, *4* (5), 524 – 530.

[89] Netz R R. Strongly stretched semiflexible extensible polyelectrolytes and DNA. *Macromolecules* **2001**, *34* (21), 7522 – 7529.

[90] Williams M C, Wenner J R, Rouzina I, et al. Effect of pH on the overstretching transition of double-stranded DNA: evidence of force-induced DNA melting. *Biophysical Journal* **2001**, *80* (2), 874 – 881.

[91] Cocco S, Monasson R, Marko J F. Unzipping dynamics of long DNAs. *Physical Review E Statistical Nonlinear & Soft Matter Physics* **2002**, *66* (1), 051914.

[92] Cocco S, Yan J, Léger J-F, Chatenay D, et al. Overstretching and force-driven strand separation of double-helix DNA. *Physical Review E* **2004**, *70* (1), 011910.

[93] Danilowicz C, Coljee V W, Bouzigues C, et al. DNA unzipped under a constant force exhibits multiple metastable intermediates. *Proceedings of the National Academy of Sciences* **2003**, *100* (4), 1694 – 1699.

[94] Krautbauer R, Matthias Rief A, Gaub H E. Unzipping DNA oligomers. *Nano Letters* **2003**, *3* (4), 493 – 496.

[95] Storm C, Nelson P C. Theory of high-force DNA stretching and overstretching. *Physical Review E Statistical Nonlinear & Soft Matter Physics* **2003**, *67* (1), 051906.

[96] Harris S A. The physics of DNA stretching. *Contemporary Physics* **2004**, *45* (1), 11 – 30.

[97] Voulgarakis N K, Redondo A, Bishop A R, et al. Probing the mechanical unzipping of DNA. *Physical Review Letters* **2006**, *96* (24), 248101.

[98] Pope L H, Davies M C, Laughton C A, et al. Force-induced melting of a short DNA double helix. *European Biophysics Journal* **2001**, *30* (1), 53 – 62.

[99] Seol Y, Li J, Nelson P C, et al. Elasticity of short DNA molecules: theory and experiment for contour lengths of 0. 6 – 7 μm. *Biophysical journal* **2007**, *93* (12), 4360 – 4373.

[100] Charvin G. Twisting DNA: single molecule studies. *Contemporary Physics* **2004**, *45* (5), 383 – 403.

[101] Conroy R, Danilowicz C. Unravelling DNA. *Contemporary Physics* **2004**, *45* (4), 277 – 302.

[102] Morfill J, Kühner F, Blank K, et al. B-S Transition in short oligonucleotides. *Biophysical Journal* **2007**, *93* (7), 2400.

[103] Bornschlögl T, Rief M. Single-molecule dynamics of mechanical coiled-coil unzipping.

      Langmuir the Acs Journal of Surfaces & Colloids **2008**, *24* (4), 1338 - 1342.

[104] Luan B, Aksimentiev A. Strain softening in stretched DNA. *Physical Review Letters* **2008**, *101* (11), 118101.

[105] Wei H, Ven P T G M. AFM-based single Molecule force spectroscopy of polymer chains: theoretical models and applications. *Applied Spectroscopy Reviews* **2008**, *43* (2), 111 - 133.

[106] Whitelam S, Pronk S, Geissler P L. Stretching chimeric DNA: a test for the putative S-form. *Journal of Chemical Physics* **2008**, *129* (20), 205101.

[107] Alexandrov B, Voulgarakis N K, Rasmussen K O, et al. Pre-melting dynamics of DNA and its relation to specific functions. *Journal of Physics Condensed Matter An Institute of Physics Journal* **2009**, *21* (3), 034107.

[108] Calderon C P, Chen W H, Lin K J, et al. Quantifying DNA melting transitions using single-molecule force spectroscopy. *Journal of Physics Condensed Matter An Institute of Physics Journal* **2009**, *21* (3), 34114.

[109] Santosh M, Maiti P K. Force induced DNA melting. *Journal of Physics Condensed Matter An Institute of Physics Journal* **2009**, *21* (3), 034113.

[110] Zhang Y, Zhou H, Ou-Yang Z C. Stretching single-stranded DNA: interplay of electrostatic, base-pairing, and base-pair stacking interactions. *Biophysical Journal* **2001**, *81* (2), 1133.

[111] Dessinges M-N, Maier B, Zhang Y, et al. Stretching single stranded DNA, a model polyelectrolyte. *Physical review letters* **2002**, *89* (24), 248102.

[112] Zhou H, Zhang Y, Ou-Yang Z C. The elastic theory of a single DNA molecule. *Modern Physics Letters B* **2003**, *17* (01), 1 - 10.

[113] Tkachenko A V. Unfolding and unzipping of single-stranded DNA by stretching. *Physical Review E Statistical Nonlinear & Soft Matter Physics* **2004**, *70* (1), 051901.

[114] Li H, Cao E H, Han B S, et al. Stretching short single-stranded DNA adsorbed on gold surface by atomic force microscope. *Progress in Biochemistry & Biophysics* **2005**, *32* (12), 1173 - 1177.

[115] Cui S X, Albrecht C, Ferdinand Kühner A, et al. Weakly bound water molecules shorten single-stranded DNA. *Journal of the American Chemical Society* **2006**, *128* (20), 6636 - 6639.

[116] Krautbauer R, Clausenschaumann H, Gaub H E. Cisplatin changes the mechanics of single DNA molecules. *Angewandte Chemie International Edition* **2000**, *39* (21), 3912 - 3915.

[117] Krautbauer R, Pope L H, Schrader T E, et al. Discriminating small molecule DNA binding modes by single molecule force spectroscopy. *FEBS letters* **2002**, *510* (3), 154 - 158.

[118] Schotanus M P, Aumann K S A, Sinniah K. Using force spectroscopy to investigate the binding of complementary DNA in the presence of intercalating Agents. *Langmuir* **2002**, *18* (14), 5333 – 5336.

[119] Husale S, Grange W, Hegner M. DNA mechanics affected by small DNA interacting ligands. *Single Molecules* **2002**, *3* (2 – 3), 91 – 96.

[120] Husale S, Grange W, Karle M, et al. Interaction of cationic surfactants with DNA: a single-molecule study. *Nucleic Acids Research* **2008**, *36* (5), 1443 – 1449.

[121] Eckel R, Ros R, Ros A, et al. Identification of Binding Mechanisms in Single Molecule-DNA Complexes. *Biophysical Journal* **2003**, *85* (3), 1968.

[122] Ros R, Eckel R, Bartels F, et al. Single molecule force spectroscopy on ligand-DNA complexes: from molecular binding mechanisms to biosensor applications. *Journal of biotechnology* **2004**, *112* (1), 5 – 12.

[123] Sischka A, Toensing K, Eckel R, et al. Molecular mechanisms and kinetics between DNA and DNA binding ligands. *Biophysical journal* **2005**, *88* (1), 404 – 411.

[124] Wang C, Li X, Wettig S D, et al. Investigation of complexes formed by interaction of cationic gemini surfactants with deoxyribonucleic acid. *Physical Chemistry Chemical Physics* **2007**, *9* (13), 1616 – 1628.

[125] Tanigawa M, Okada T. Atomic force microscopy of supercoiled DNA structure on mica. *Analytica Chimica Acta* **1998**, *365* (1 – 3), 19 – 25.

[126] Lyubchenko Y L, Shlyakhtenko L S. Visualization of supercoiled DNA with atomic force microscopy in situ. *Proceedings of the National Academy of Sciences of the United States of America* **1997**, *94* (2), 496.

[127] Samori B, Nigro C, Armentano V, et al. DNA supercoiling imaged in three dimensions by scanning force microscopy. *Angewandte Chemie International Edition* **1993**, *32* (10), 1461 – 1463.

[128] Henderson E. Imaging and nanodissection of individual supercoiled plasmids by atomic force microscopy. *Nucleic Acids Research* **1992**, *20* (3), 445 – 447.

[129] Murakami M, Hirokawa H, Hayata I. Analysis of radiation damage of DNA by atomic force microscopy in comparison with agarose gel electrophoresis studies. *Journal of Biochemical & Biophysical Methods* **2000**, *44* (1), 31 – 40.

[130] Lysetska M, Knoll A, Boehringer D, et al. UV light-damaged DNA and its interaction with human replication protein A: an atomic force microscopy study. *Nucleic acids research* **2002**, *30* (12), 2686 – 2691.

[131] Yan L, Iwasaki H. Thermal denaturation of plasmid DNA observed by atomic force microscopy. *Japanese Journal of Applied Physics* **2002**, *41* (12), 7556 – 7559.

[132] Li B, Hu J, Wang Y, et al. Real time observation of the photocleavage of single DNA molecules. *科学通报(英文版)* **2003**, *48* (7), 673 – 675.

[133] Sui L, Zhao K, Ni M N, et al. Investigation of DNA strand breaks induced by 7Li and 12C ions. *High Energy Physics & Nuclear Physics* **2004**, *28* (10), 1126 – 1130.

[134] Sui L, Zhao k, Ni M, et al. Atomic force microscopy measurement of DNA fragment induced by heavy Ions. *Chinese Physics Letters* **2005**, *22* (4), 1010 – 1013.

[135] Yavin E, Stemp E D, Weiner L, et al. Direct photo-induced DNA strand scission by a ruthenium bipyridyl complex. *Journal of Inorganic Biochemistry* **2004**, *98* (11), 1750 – 1756.

[136] Psonka K, Brons S, Heiss M, et al. Induction of DNA damage by heavy ions measured by atomic force microscopy. *Journal of Physics Condensed Matter* **2005**, *17* (18), S1443.

[137] Yang P H, Gao H Y, Cai J, et al. The stepwise process of chromium-induced DNA breakage: characterization by electrochemistry, atomic force microscopy, and DNA electrophoresis. *Chemical research in toxicology* **2005**, *18* (10), 1563 – 1566.

[138] Uji-i H, Foubert P, De Schryver F C, et al. [Ru (TAP) 3]$^{2+}$-photosensitized DNA cleavage studied by atomic force microscopy and gel electrophoresis: a comparative study. *Chemistry-A European Journal* **2006**, *12* (3), 758 – 762.

[139] Jiang Y, Ke C, Mieczkowski P, et al. Detecting ultraviolet damage in single DNA molecules by atomic force Microscopy. *Biophysical Journal* **2007**, *93* (5), 1758 – 1767.

[140] Rampino N J. Cisplatin induced alterations in oriented fibers of DNA studied by atomic force microscopy. *Biochemical & Biophysical Research Communications* **1992**, *182* (1), 201 – 207.

[141] Berge T, Jenkins N S, Hopkirk R B, et al. Structural perturbations in DNA caused by bis-intercalation of ditercalinium visualised by atomic force microscopy. *Nucleic acids research* **2002**, *30* (13), 2980 – 2986.

[142] Berge T, Haken E L, Waring M J, et al. The binding mode of the DNA bisintercalator luzopeptin investigated using atomic force microscopy. *Journal of Structural Biology* **2003**, *142* (2), 241 – 246.

[143] Krautbauer R, Fischerlander S, Allen S, et al. Mechanical fingerprints of DNA drug complexes. *Single Molecules* **2002**, *3* (2 – 3), 97 – 103.

[144] Onoa G, Moreno V. Study of the modifications caused by cisplatin, transplatin, and Pd (II) and Pt (II) mepirizole derivatives on pBR322 DNA by atomic force microscopy. *International journal of pharmaceutics* **2002**, *245* (1), 55 – 65.

[145] Pastushenko V P, Kaderabek R, Sip M, et al. Reconstruction of DNA shape from AFM data. *Single Molecules* **2002**, *3* (2 – 3), 111 – 117.

[146] Viglasky V, Valle F, Adamcík J, et al. Anthracycline-dependent heat-induced transition from positive to negative supercoiled DNA. *Electrophoresis* **2003**, *24* (11),

1703 - 1711.

[147] Zhu Y, Zeng H, Xie J, et al. Atomic force microscopy studies on DNA structural changes induced by vincristine sulfate and aspirin. *Microscopy and Microanalysis* **2004**, *10* (2), 286 - 290.

[148] Tseng Y D, Ge H, Wang X, et al. Atomic force microscopy study of the structural effects induced by echinomycin binding to DNA. *Journal of molecular biology* **2005**, *345* (4), 745 - 758.

[149] Mukhopadhyay R, Dubey P, Sarkar S. Structural changes of DNA induced by mono- and binuclear cancer drugs. *Journal of Structural Biology* **2005**, *150* (3), 277.

[150] Cheng G F, Zhao J, Tu Y H, et al. Study on the interaction between antitumor drug daunomycin and DNA. *Chinese Journal of Chemistry* **2005**, *23* (5), 576 - 580.

[151] Adamcik J, Valle F, Witz G, et al. The promotion of secondary structures in single-stranded DNA by drugs that bind to duplex DNA: an atomic force microscopy study. *Nanotechnology* **2008**, *19* (38), 384016.

[152] Banerjee T, Mukhopadhyay R. Structural effects of nogalamycin, an antibiotic antitumour agent, on DNA. *Biochemical & Biophysical Research Communications* **2008**, *374* (2), 264.

[153] de Mier-Vinué J, Lorenzo J, Montaña Á M, et al. ynthesis, DNA interaction and cytotoxicity studies of cis-{[1, 2-bis (aminomethyl) cyclohexane] dihalo} platinum (II) complexes. *Journal of inorganic biochemistry* **2008**, *102* (4), 973 - 987.

[154] Fang Y, Hoh J H. Surface-directed DNA condensation in the absence of soluble multivalent cations. *Nucleic Acids Research* **1998**, *26* (2), 588 - 593.

[155] Hansma H G, Golan R, Hsieh W, et al. DNA condensation for gene therapy as monitored by atomic force microscopy. *Nucleic Acids Research* **1998**, *26* (10), 2481 - 2487.

[156] Golan R, Pietrasanta L I, Hsieh W, et al. DNA toroids: stages in condensation. *Biochemistry* **1999**, *38* (42), 14069.

[157] Dame R T, Wyman C, Goosen N. H-NS mediated compaction of DNA visualised by atomic force microscopy. *Nucleic Acids Research* **2000**, *28* (18), 3504 - 3510.

[158] Andrushchenko V, Leonenko Z, Cramb D, et al. Vibrational CD (VCD) and atomic force microscopy (AFM) study of DNA interaction with Cr3+ ions: VCD and AFM evidence of DNA condensation. *Biopolymers* **2001**, *61* (4), 243 - 260.

[159] Liu D, Wang C, Lin Z, et al. Visualization of the intermediates in a uniform DNA condensation system by tapping mode atomic force microscopy. *Surf. Interface Anal.* **2001**, *32* (1), 15 - 19.

[160] Liu Z, Li Z, Zhou H, et al. Immobilization and condensation of DNA with 3-aminopropyltriethoxysilane studied by atomic force microscopy. *Journal of microscopy*

2005，*218* (3)，233 – 239.

[161] Iwataki T，Kidoaki S，Sakaue T，et al. Competition between compaction of single chains and bundling of multiple chains in giant DNA molecules. *The Journal of chemical physics* **2004**，*120* (8)，4004 – 4011.

[162] Saito M，Kobayashi M，Iwabuchi S，et al. DNA condensation monitoring after interaction with hoechst 33258 by atomic force microscopy and fluorescence spectroscopy. *Journal of Biochemistry* **2004**，*136* (6)，813 – 823.

[163] Chim Y，Lam J，Ma Y，et al. Structural study of DNA condensation induced by novel phosphorylcholine-based copolymers for gene delivery and relevance to DNA protection. *Langmuir* **2005**，*21* (8)，3591 – 3598.

[164] Danielsen S，Maurstad G，Stokke B T. DNA-polycation complexation and polyplex stability in the presence of competing polyanions. *Biopolymers* **2005**，*77* (2)，86 – 97.

[165] Wittmar M，Ellis J S，Morell F，et al. Biophysical and transfection studies of an amine-modified poly (vinyl alcohol) for gene delivery. *Bioconjugate chemistry* **2005**，*16* (6)，1390 – 1398.

[166] Limanskaya L A，Limanskii A P. Compaction of single supercoiled DNA molecules adsorbed onto amino mica. *Russian Journal of Bioorganic Chemistry* **2006**，*32* (5)，444 – 459.

[167] Patnaik S，Aggarwal A，Nimesh S，et al. PEI-alginate nanocomposites as efficient in vitro gene transfection agents. *Journal of controlled release* **2006**，*114* (3)，398 – 409.

[168] Sansone F，Dudič M，Donofrio G，et al. DNA condensation and cell transfection properties of guanidinium calixarenes：dependence on macrocycle lipophilicity，size，and conformation. *Journal of the American Chemical Society* **2006**，*128* (45)，14528 – 14536.

[169] Volcke C，Pirotton S，Grandfils C，et al. Influence of DNA condensation state on transfection efficiency in DNA/polymer complexes：an AFM and DLS comparative study. *Journal of biotechnology* **2006**，*125* (1)，11 – 21.

[170] Groll A V，Levin Y，Barbosa M C，et al. Linear DNA low efficiency transfection by liposome can be improved by the use of cationic lipid as charge neutralizer. *Biotechnology progress* **2006**，*22* (4)，1220 – 1224.

[171] Guillot-Nieckowski M，Joester D，Stohr M，et al. *Langmuir* **2007**，*23*，10.

[172] Lee J H，Ahn H H，Shin Y N，et al. Gene delivery using a dna/polyethyleneimine nanoparticle to fibroblast cell. *Tissue Eng Regen Med* **2007**，*4* (4)，566.

[173] Limanskiĭ A. Compaction of single molecules of supercoiled DNA immobilized on amino mica：from duplex to minitoroidal and spheroidal conformations. *Biofizika* **2007**，*52* (2)，252.

[174] Mann A，Khan M A，Shukla V，et al. Atomic force microscopy reveals the assembly of

potential DNA "nanocarriers" by poly- 1 -ornithine. *Biophysical Chemistry* **2007**, *129* (2 - 3), 126 - 136.

[175] Mann A, Richa R, Ganguli M. DNA condensation by poly-l-lysine at the single molecule level: Role of DNA concentration and polymer length. *Journal of Controlled Release* **2008**, *125* (3), 252 - 262.

[176] Ruozi B, Tosi G, Leo E, et al. Application of atomic force microscopy to characterize liposomes as drug and gene carriers. *Talanta* **2007**, *73* (1), 12.

[177] Ahn H H, Lee M S, Cho M H, et al. DNA/PEI nano-particles for gene delivery of rat bone marrow stem cells. *Colloids and Surfaces A: Physicochemical and Engineering Aspects* **2008**, *313*, 116 - 120.

[178] Hou S, Yang K, Yao Y, et al. DNA condensation induced by a cationic polymer studied by atomic force microscopy and electrophoresis assay. *Colloids and Surfaces B: Biointerfaces* **2008**, *62* (1), 151 - 156.

[179] Stanic V, Arntz Y, Richard D, et al Filamentous condensation of DNA induced by pegylated poly-L-lysine and transfection efficiency. *Biomacromolecules* **2008**, *9* (7), 2048 - 2055.

[180] Turner Y T, Roberts C J, Davies M C. Scanning probe microscopy in the field of drug delivery. *Adv Drug Deliv Rev* **2007**, *59* (14), 1453 - 1473.

[181] Chen A, Cao E H, Sun X G, et al. Direct visualization of telomeric DNA loops in cells by AFM. *Surf. Interface Anal.* **2001**, *32* (1), 32 - 37.

[182] Lyubchenko Y L, Shlyakhtenko L S, Binus M, et al. Visualization of hemiknot DNA structure with an atomic force microscope. *Nucleic acids research* **2002**, *30* (22), 4902 - 4909.

[183] Shlyakhtenko L S, Potaman V N, Sinden R R, et al. Structure and dynamics of three-way DNA junctions: atomic force microscopy studies. *Nucleic acids research* **2000**, *28* (18), 3472 - 3477.

[184] Yamaguchi H, Kubota K, Harada A. Preparation of DNA catenanes and observation of their topological structures by atomic force microscopy. *Nucleic Acids Symposium* **2000**, *44* (44), 229.

[185] Yamaguchi H, Kubota K, Harada A. Direct observation of DNA catenanes by atomic force microscopy. *Chemistry Letters* **2000**, *2000* (4), 384 - 385.

[186] Bae A-H, Lee S-W, Ikeda M, et al. Rod-like architecture and helicity of the poly (C)/ schizophyllan complex observed by AFM and SEM. *Carbohydrate research* **2004**, *339* (2), 251 - 258.

[187] Sletmoen M, Stokke B T. Structural properties of poly C-scleroglucan complexes. *Biopolymers* **2005**, *79* (3), 115 - 127.

[188] Moreno-Herrero F, Pérez M, Baró A M, et al. Characterization by atomic force

microscopy of alzheimer paired helical filaments under physiological conditions. *Biophysical Journal* **2004**, *86* (1), 517 - 525.

[189] Morenoherrero F, Colchero J, Gómezherrero J, et al. Atomic force microscopy contact, tapping, and jumping modes for imaging biological samples in liquids. *Physical Review E Statistical Nonlinear & Soft Matter Physics* **2004**, *69* (1), 031915.

[190] Poggi M A, Bottomley L A, Lillehei P T. Scanning probe microscopy. *Anal. Chem.* **2002**, *74*, 11.

[191] Poggi M A, Gadsby E D, Bottomley L A, et al. Scanning probe microscopy. *Analytical Chemistry* **2004**, *74* (12), 3429 - 3443.

[192] Lyubchenko Y L. DNA structure and dynamics: an atomic force microscopy study. *Cell Biochemistry & Biophysics* **2004**, *41* (1), 75.

[193] Hansma H G, Kasuya K, Oroudjev E. Atomic force microscopy imaging and pulling of nucleic acids. *Current Opinion in Structural Biology* **2004**, *14* (3), 380 - 385.

[194] Lyubchenko Y L, Jacobs B L, Lindsay S M, et al. Atomic force microscopy of nucleoprotein complexes. *Scanning Microscopy* **1995**, *9* (3), 705.

[195] Kasas S, Thomson N, Smith B, et al. Biological applications of the AFM: from single molecules to organs. *International journal of imaging systems and technology* **1997**, *8* (2), 151 - 161.

[196] Kasas S, Thomson N H, Smith B L, et al. Escherichia coli RNA polymerase activity observed using atomic force microscopy. *Biochemistry* **1997**, *36* (3), 461 - 468.

[197] Bustamante C, Keller D, Yang G. Scanning force microscopy of nucleic acids and nucleoprotein assemblies. *Current Opinion in Structural Biology* **1993**, *3* (3), 363 - 372.

[198] Okada T, Sano M, Yamamoto Y, et al. Evaluation of interaction forces between profilin and designed peptide probes by atomic force microscopy. *Langmuir the Acs Journal of Surfaces & Colloids* **2008**, *24* (8), 4050 - 4055.

[199] Bartels F W, Baumgarth B, Anselmetti D, et al. Specific binding of the regulatory protein ExpG to promoter regions of the galactoglucan biosynthesis gene cluster of Sinorhizobium meliloti — a combined molecular biology and force spectroscopy investigation. *Journal of Structural Biology* **2003**, *143* (2), 145.

[200] Jiang Y, Qin F, Li Y, et al. Measuring specific interaction of transcription factor ZmDREB1A with its DNA responsive element at the molecular level. *Nucleic acids research* **2004**, *32* (12), e101 - e101.

[201] Kühner F, Costa L, Bisch P, et al. LexA-DNA bond strength by single molecule force spectroscopy. *Biophysical journal* **2004**, *87* (4), 2683 - 2690.

[202] Qin F, Jiang Y, Ma X, et al. A study of specific interaction of the transcription factor and the DNA element by atomic force microscopy. *Chinese Science Bulletin* **2004**, *49*

(13)，1376 - 1380.

[203] Raible M，Evstigneev M，Reimann P，et al. Theoretical analysis of dynamic force spectroscopy experiments on ligand-receptor complexes. *Journal of Biotechnology* **2004**，*112* (1)，13 - 23.

[204] Yu J，Sun S，Jiang Y，et al. Single molecule study of binding force between transcription factorTINY and its DNA responsive element. *Polymer* **2006**，*47* (7)，2533 - 2538.

[205] Basnar B，Elnathan R，Willner I. Following aptamer-thrombin binding by force measurements. *Analytical Chemistry* **2006**，*78* (11)，3638 - 3642.

[206] Montana V，Liu W，Mohideen U，et al. Single molecule probing of exocytotic protein interactions using force spectroscopy. *Cheminform* **2008**，*81* (1)，31.

[207] Zhang L，Zhong J，Huang L，et al. Parallel-oriented fibrogenesis of a β-sheet forming peptide on supported lipid bilayers. *The Journal of Physical Chemistry B* **2008**，*112* (30)，8950 - 8954.

[208] Williams M C，Rouzina I，Karpel R L. Quantifying DNA-protein interactions by single molecule stretching. *Methods in Cell Biology* **2008**，*84*，517 - 540.

[209] Sewald N，Wilking S D，Eckel R，et al. Probing DNA-peptide interaction forces at the single-molecule level. *Journal of peptide science : an official publication of the European Peptide Society* **2006**，*12* (12)，836 - 842.

[210] Krasnoslobodtsev A V，Shlyakhtenko L S，Lyubchenko Y L. Probing interactions within the synaptic DNA-SfiI complex by AFM force spectroscopy. *Journal of molecular biology* **2007**，*365* (5)，1407 - 1416.

[211] Zenhausern F，Adrian M，Heggeler-Bordier B T，et al. DNA and RNA polymerase/DNA complex imaged by scanning force microscopy：Influence of molecular-scale friction. *Scanning* **1992**，*14* (4)，212 - 217.

[212] Hansma H G，Golan R，Hsieh W，et al. Polymerase activities and RNA structures in the atomic force microscope. *Journal of structural biology* **1999**，*127* (3)，240 - 247.

[213] Thomson N H，Smith B L，Almqvist N，et al. Oriented，active Escherichia coli RNA polymerase：an atomic force microscope study. *Biophysical journal* **1999**，*76* (2)，1024 - 1033.

[214] Rivetti C，Guthold M，Bustamante C. Wrapping of DNA around the E. coli RNA polymerase open promoter complex. *Embo Journal* **1999**，*18* (16)，4464 - 4475.

[215] Crampton N，Thomson N H，Kirkham J，et al. Imaging RNA polymerase-amelogenin gene complexes with single molecule resolution using atomic force microscopy. *European journal of oral sciences* **2006**，*114* (s1)，133 - 138.

[216] Crampton N，Bonass W A，Kirkham J，et al. Collision events between RNA polymerases in convergent transcription studied by atomic force microscopy. *Nucleic*

Acids Research **2006**, *34* (19), 5416.

[217] Maurer S, Fritz J, Muskhelishvili G, et al. RNA polymerase and an activator form discrete subcomplexes in a transcription initiation complex. *Embo Journal* **2006**, *25* (16), 3784 - 3790.

[218] Zenhausern F, Adrian M, Heggeler-Bordier B, et al. Imaging of DNA by scanning force microscopy. *Journal of structural biology* **1992**, *108* (1), 69 - 73.

[219] Rees W A, Keller R W, Vesenka J P, et al. Scanning force microscopy imaging of transcription complexes: evidence for DNA bending in open promoter and elongation complexes. *Science* **1993**, *260*, 4.

[220] Thomson N H, Kasas S, Smith B, et al. Reversible binding of DNA to mica for AFM Imaging. *Langmuir* **1996**, *12* (12), 5905 - 5908.

[221] Hansma H G, Laney D E. DNA binding to mica correlates with cationic radius: assay by atomic force microscopy. *Biophysical journal* **1996**, *70* (4), 1933 - 1939.

[222] Shao Z, Yang J, Somlyo A P. Biological atomic force microscopy: from microns to nanometers and beyond. *Annual Review of Cell & Developmental Biology* **1995**, *11* (1), 241.

[223] Guthold M, Bezanilla M, Erie D A, et al. Following the assembly of RNA polymerase-DNA complexes in aqueous solutions with the scanning force microscope. *Proceedings of the National Academy of Sciences* **1994**, *91* (26), 12927 - 12931.

[224] Radmacher M, Fritz M, Cleveland J P, et al. Imaging adhesion forces and elasticity of lysozyme adsorbed on mica with the atomic force microscope. *Langmuir* **1994**, *10* (10), 3809 - 3814.

[225] Thomson N H, Fritz M, Radmacher M, et al. Protein tracking and detection of protein motion using atomic force microscopy. *Biophysical journal* **1996**, *70* (5), 2421 - 2431.

[226] Allen M J, Dong X F, O'Neil T E, Y et al. Atomic force microscopic measurements of nucleosome cores assembled along defined DNA sequences. *Biochemistry* **1993**, *32*, 7.

[227] Vesenka J, Hansma H G, Siegerist C, et al. In *Scanning force microscopy of circular DNA and chromatin in air and propanol*, OE/LASE'92, International Society for Optics and Photonics: 1992; pp 127 - 137.

[228] Zlatanova J, Leuba S H, Yang G, et al. Linker DNA accessibility in chromatin fibers of different conformations: a reevaluation. *Proceedings of the National Academy of Sciences of the United States of America* **1994**, *91* (12), 5277 - 5280.

[229] Martin L D, Vesenka J P, Henderson E, et al. Visualization of nucleosomal substructure in native chromatin by atomic force microscopy. *Biochemistry* **1995**, *34* (14), 4610 - 4616.

[230] Leuba S H, Yang G, Robert C, et al. Three-dimensional structure of extended chromatin fibers as revealed by tapping-mode scanning force microscopy. *Proceedings of*

the National Academy of Sciences **1994**, *91* (24), 11621 – 11625.

[231] Fritzsche W, Schaper A, Jovin T M. Probing chromatin with the scanning force microscope. *Chromosoma* **1994**, *103* (4), 231 – 236.

[232] Fritzsche W, Takac L, Henderson E. Application of atomic force microscopy to visualization of DNA, chromatin, and chromosomes. *Critical Reviews in Eukaryotic Gene Expression* **1997**, *7* (3), 231.

[233] Allen M J, Lee C, Lee J D, et al. Atomic force microscopy of mammalian sperm chromatin. *Chromosoma* **1993**, *102* (9), 623 – 630.

[234] Woodcock C L, Grigoryev S A, Horowitz R A, et al. A chromatin folding model that incorporates linker variability generates fibers resembling the native structures. *Proceedings of the National Academy of Sciences of the United States of America* **1993**, *90* (19), 9021.

[235] Finch J T, Klug A. Solenoidal model for superstructure in chromatin. *Proceedings of the National Academy of Sciences of the United States of America* **1976**, *73* (6), 1897.

[236] Woodcock C L, Frado L L, Rattner J B. The higher-order structure of chromatin: evidence for a helical ribbon arrangement. *Journal of Cell Biology* **1984**, *99* (1), 42 – 52.

[237] Bordas J, Perez-Grau L, Koch M, et al. The superstructure of chromatin and its condensation mechanism. I. Synchrotron radiation X-ray scattering results. *European biophysics journal: EBJ* **1986**, *13* (3), 157 – 173.

[238] Soon L L L, Bottema C, Breed W G. Atomic force microscopy and cytochemistry of chromatin from marsupial spermatozoa with special reference to Sminthopsis crassicaudata. *Molecular Reproduction and Development* **1997**, *48* (3), 367 – 374.

[239] Fritzsche W, Henderson E. Scanning force microscopy reveals ellipsoid shape of chicken erythrocyte nucleosomes. *Biophysical Journal* **1996**, *71* (4), 2222 – 2226.

[240] Fritzsche W, Henderson E. Ultrastructural characterization of chicken erythrocyte nucleosomes by scanning force microscopy. *Scanning* **1996**, *18*, 138 – 139.

[241] Hansma H G, Sinsheimer R L, Groppe J, et al. Recent advances in atomic force microscopy of DNA. *Scanning* **1993**, *15* (5), 296 – 299.

[242] Hamon L, Pastré D, Dupaigne P, et al. High-resolution AFM imaging of single-stranded DNA-binding (SSB) protein — DNA complexes. *Nucleic acids research* **2007**, *35* (8), e58.

[243] Seong G H, Niimi T, Yanagida Y, et al. Single-molecular AFM probing of specific DNA sequencing using RecA-promoted homologous pairing and strand exchange. *Analytical chemistry* **2000**, *72* (6), 1288 – 1293.

[244] Umemura K, Komatsu J, Uchihashi T, et al. Atomic force microscopy of RecA-DNA

complexes using a carbon nanotube tip. *Biochemical and biophysical research communications* **2001**, *281* (2)，390 – 395.

[245] Umemura K，Okada T，Kuroda R. Cooperativity and intermediate structures of single-stranded DNA binding-assisted recA-single-stranded DNA complex formation studied by atomic force microscopy. *Scanning* **2005**, *27* (1)，35.

[246] Sattin B D，Goh M C. Direct observation of the assembly of RecA/DNA complexes by atomic force microscopy. *Biophysical Journal* **2004**, *87* (5)，3430 – 3436.

[247] Sattin B D，Goh M C，Novel polymorphism of RecA fibrils revealed by atomic force microscopy. *Journal of Biological Physics* **2006**, *32* (2)，153.

[248] Shi W X，Larson R G. Atomic force microscopic study of aggregation of RecA-DNA nucleoprotein filaments into left-handed supercoiled bundles. *Nano Letters* **2005**, *5* (12)，2476.

[249] Shi W X，Larson R G. RecA-ssDNA filaments supercoil in the presence of single-stranded DNA-binding protein. *Biochemical & Biophysical Research Communications* **2007**, *357* (3)，755 – 760.

[250] Li B S，Sattin B D，Goh M C. Direct and real-time visualization of the disassembly of a single RecA-DNA-ATPγS complex using AFM imaging in fluid. *Nano letters* **2006**, *6* (7)，1474 – 1478.

[251] Guo C，Song Y，Wang L，et al. Atomic force microscopic study of low temperature induced disassembly of recA-dsDNA filaments. *The Journal of Physical Chemistry B* **2008**, *112* (3)，1022 – 1027.

[252] Sanchez H，Cardenas P P，Yoshimura S H，et al. Dynamic structures of Bacillus subtilis RecN-DNA complexes. *Nucleic Acids Research* **2008**, *36* (1)，110.

[253] Zhang Y，Lu Y，Hu J，et al. Direct detection of mutation sites on stretched DNA by atomic force microscopy. *Surf. Interface Anal.* **2002**, *33* (2)，122 – 125.

[254] Yang Y，Sass L E，Du C，et al. Determination of protein-DNA binding constants and specificities from statistical analyses of single molecules：MutS-DNA interactions. *Nucleic Acids Research* **2005**, *33* (13)，4322.

[255] Jia Y，Bi L，Li F，et al. α-shaped DNA loops induced by MutS. *Biochemical and biophysical research communications* **2008**, *372* (4)，618 – 622.

[256] Chen L，Haushalter K A，Lieber C M，et al. Direct visualization of a DNA glycosylase searching for damage. *Chemistry & Biology* **2002**, *9* (3)，345 – 350.

[257] Bustamante C，Erie D A，Keller D. Biochemical and structural applications of scanning force microscopy. *Current Opinion in Structural Biology* **1994**, *4* (5)，750 – 760.

[258] Erie D A，Yang G，Schultz H C，et al. DNA bending by Cro protein in specific and nonspecific complexes：implications for protein site recognition and specificity. *Science* **1994**, *266* (5190)，1562 – 1566.

[259] Valle M, Valpuesta J M, Carrascosa J L, et al. The interaction of DNA with bacteriophage φ29 connector: a study by AFM and TEM. *Journal of structural biology* **1996**, *116* (3), 390 – 398.

[260] Guazzaroni M-E, Krell T, del Arroyo P G, et al. The transcriptional repressor TtgV recognizes a complex operator as a tetramer and induces convex DNA bending. *Journal of molecular biology* **2007**, *369* (4), 927 – 939.

[261] Hoischen C, Bussiek M, Langowski J, et al. Escherichia coli low-copy-number plasmid R1 centromere parC forms a U-shaped complex with its binding protein ParR. *Nucleic Acids Research* **2008**, *36* (2), 607 – 615.

[262] Pietrasanta L I, Schaper A, Jovin T M. Probing specific molecular conformations with the scanning force microscope. Complexes of plasmid DNA and anti-Z-DNA antibodies. *Nucleic Acids Research* **1994**, *22* (16), 3288 – 3292.

[263] Le C E, Frechon D, Barray M, et al. Observation of binding and polymerization of Fur repressor onto operator-containing DNA with electron and atomic force microscopes. *Proceedings of the National Academy of Sciences of the United States of America* **1994**, *91* (25), 11816 – 11820.

[264] Wyman C, Grotkopp E, Bustamante C, et al. Determination of heat-shock transcription factor 2 stoichiometry at looped DNA complexes using scanning force microscopy. *Embo Journal* **1995**, *14* (1), 117 – 123.

[265] Becker J C, Nikroo A, Brabletz T, et al. DNA loops induced by cooperative binding of transcriptional activator proteins and preinitiation complexes. *Proceedings of the National Academy of Sciences of the United States of America* **1995**, *92* (21), 9727 – 9731.

[266] Yoshimura S H, Yoshida C, Igarashi K, et al. Atomic force microscopy proposes a 'kiss and pull' mechanism for enhancer function. off. *Journal of Electron Microscopy* **2000**, *49* (3), 407.

[267] Virnik K, Lyubchenko Y L, Karymov M A, et al. "Antiparallel" DNA loop in gal repressosome visualized by atomic force microscopy. *Journal of molecular biology* **2003**, *334* (1), 53 – 63.

[268] Heddle J G, Mitelheiser S, Maxwell A, et al. Nucleotide binding to DNA gyrase causes loss of DNA wrap. *Journal of Molecular Biology* **2004**, *337* (3), 597.

[269] Shin M, Song M, Rhee J H, et al. DNA looping-mediated repression by histone-like protein H-NS: specific requirement of Eσ70 as a cofactor for looping. *Genes & development* **2005**, *19* (19), 2388 – 2398.

[270] Van N J, Van d H T, Dutta C F, et al. Initiation of translocation by Type I restriction-modification enzymes is associated with a short DNA extrusion. *Nucleic Acids Research* **2004**, *32* (22), 6540.

[271] Lushnikov A Y, Potaman V N, Oussatcheva E A, et al. DNA strand arrangement within the SfiI-DNA complex: atomic force microscopy analysis. *Biochemistry* **2006**, *45* (1), 152 – 158.

[272] Kaur A P, Wilks A. Heme inhibits the DNA binding properties of the cytoplasmic heme binding protein of Shigella dysenteriae (ShuS). *Biochemistry* **2007**, *46* (11), 2994.

[273] Pavlicek J W, Lyubchenko Y L, Chang Y. Quantitative analyses of RAG-RSS interactions and conformations revealed by atomic force microscopy. *Biochemistry* **2008**, *47* (43), 11204.

[274] Yang J, Takeyasu K, Shao Z. Atomic force microscopy of DNA molecules. *Febs Letters* **1992**, *301* (2), 173.

[275] Bezanilla M, Drake B, Nudler E, et al. Motion and enzymatic degradation of DNA in the atomic force microscope. *Biophysical journal* **1994**, *67* (6), 2454 – 2459.

[276] Ikai A. STM and AFM of bio/organic molecules and structures. *Surface Science Reports* **1996**, *26* (8), 261 – 332.

[277] Abdelhady H G, Allen S, Davies M C, et al. Direct real-time molecular scale visualisation of the degradation of condensed DNA complexes exposed to DNase I. *Nucleic Acids Research* **2003**, *31* (14), 4001 – 4005.

[278] Yokokawa M, Yoshimura S H, Naito Y, et al. Fast-scanning atomic force microscopy reveals the molecular mechanism of DNA cleavage by ApaI endonuclease, *IEE Proceedings-Nanobiotechnology*, IET: 2006; pp 60 – 66.

[279] Ohta T, Nettikadan S, Tokumasu F, et al. Atomic force microscopy proposes a novel model for stem-loop structure that binds a heat shock protein in the staphylococcus aureusHSP70 Operon. *Biochemical and biophysical research communications* **1996**, *226* (3), 730 – 734.

[280] Jiao Y, Cherny D I, Heim G, et al. Dynamic interactions of p53 with DNA in solution by time-lapse atomic force microscopy. *Journal of molecular biology* **2001**, *314* (2), 233 – 243.

[281] Moreno-Herrero F, Herrero P, Colchero J, et al. Imaging and mapping protein-binding sites on DNA regulatory regions with atomic force microscopy. *Biochemical and biophysical research communications* **2001**, *280* (1), 151 – 157.

[282] Medalia O, Englander J, Guckenberger R, et al. AFM imaging in solution of protein-DNA complexes formed on DNA anchored to a gold surface. *Ultramicroscopy* **2002**, *90* (2 – 3), 103 – 112.

[283] Seong G H, Yanagida Y, Aizawa M, et al. Atomic force microscopy identification of transcription factor NFkappaB bound to streptavidin-pin-holding DNA probe. *Analytical Biochemistry* **2002**, *309* (2), 241.

[284] Argaman M, Bendetz-Nezer S, Matlis S, et al. Revealing the mode of action of DNA

topoisomerase I and its inhibitors by atomic force microscopy. *Biochemical and biophysical research communications* **2003**, *301* (3), 789 – 797.

[285] Gaczynska M, Osmulski P A, Jiang Y, et al. Atomic force microscopic analysis of the binding of the Schizosaccharomyces pombe origin recognition complex and the spOrc4 protein with origin DNA. *Proceedings of the National Academy of Sciences* **2004**, *101* (52), 17952 – 17957.

[286] Kim J M, Jung H S, Park J W, et al. AFM phase lag mapping for protein-DNA oligonucleotide complexes. *Analytica Chimica Acta* **2004**, *525* (2), 151 – 157.

[287] Qu M H, Li H, Tian R, et al. Neuronal tau induces DNA conformational changes observed by atomic force microscopy. *Neuroreport* **2004**, *15* (18), 2723 – 2727.

[288] Qu M, Li H, Xu Y, et al. Interaction of human neuronal protein tau with DNA. *Progress in Biochemistry & Biophysics* **2004**, *31* (10), 918 – 923.

[289] Chang Y-C, Lo Y-H, Lee M-H, et al. Molecular visualization of the yeast Dmc1 protein ring and Dmc1-ssDNA nucleoprotein complex. *Biochemistry* **2005**, *44* (16), 6052 – 6058.

[290] Lysetska M, Zettl H, Oka I, et al. Site-specific binding of the 9. 5 kilodalton DNA-binding protein ORF80 visualized by atomic force microscopy. *Biomacromolecules* **2005**, *6* (3), 1252 – 1257.

[291] Poma A, Spano L, Pittaluga E, et al. Interactions between saporin, a ribosome-inactivating protein, and DNA: a study by atomic force microscopy. *Journal of microscopy* **2005**, *217* (1), 69 – 74.

[292] Murakami M, Narumi I, Satoh K, et al. Analysis of interaction between DNA and Deinococcus radiodurans PprA protein by Atomic force microscopy. *Biochimica et biophysica acta* **2006**, *1764* (1), 20.

[293] Maskin L, Frankel N, Gudesblat G, et al. Dimerization and DNA-binding of ASR1, a small hydrophilic protein abundant in plant tissues suffering from water loss. *Biochemical and biophysical research communications* **2007**, *352* (4), 831 – 835.

[294] Schleif R, Hirsh J. Electron microscopy of proteins bound to DNA. *Methods in Enzymology* **1980**, *65* (1), 885 – 896.

[295] Wu M, Davidson N. Use of gene 32 protein staining of single-strand polynucleotides for gene mapping by electron microscopy: application to the phi80d3*ilvsu* + 7 system. *Proceedings of the National Academy of Sciences* **1975**, *72* (11), 4506 – 4510.

[296] Allison D P, Kerper P S, Doktycz M J, et al. Mapping individual cosmid DNAs by direct AFM imaging. *Genomics* **1997**, *41* (3), 379 – 384.

[297] Lushnikov A Y, Brown B A, Oussatcheva E A, et al. Interaction of the Zα domain of human ADAR1 with a negatively supercoiled plasmid visualized by atomic force microscopy. *Nucleic acids research* **2004**, *32* (15), 4704 – 4712.

［298］ Lonskaya I, Potaman V N, Shlyakhtenko L S, et al. Regulation of poly (ADP-ribose) polymerase-1 by DNA structure-specific binding. *Journal of Biological Chemistry* **2005**, *280* (17), 17076 - 17083.

［299］ Lushnikov A Y, Potaman V N, Lyubchenko Y L. Site-specific labeling of supercoiled DNA. *Nucleic Acids Research* **2006**, *34* (16), e111.

［300］ Murray M N, Hansma H G, Bezanilla M, et al. *PNAS USA* **1993**, *90*, 2.

［301］ Shaiu W-L, Larson D D, Vesenka J, et al. Atomic force microscopy of oriented linear DNA molecules labeled with 5nm gold spheres. *Nucleic acids research* **1993**, *21* (1), 99 - 103.

［302］ Shaiu W L, Vesenka J, Jondle D, et al. Visualization of circular DNA molecules labeled with colloidal gold spheres using atomic force microscopy. *Journal of Vacuum Science & Technology A: Vacuum, Surfaces, and Films* **1993**, *11* (4), 820 - 823.

［303］ Mazzola L T, Frank C W, Fodor S P, et al. Discrimination of DNA hybridization using chemical force microscopy. *Biophysical journal* **1999**, *76* (6), 2922 - 2933.

［304］ Rouillat M H, Dugas V, Martin J R, et al. Characterization of DNA chips on the molecular scale before and after hybridization with an atomic force microscope. *Applied Surface Science* **2005**, *252* (5), 1765 - 1771.

［305］ Nettikadan S, Tokumasu F, Takeyasu K. Quantitative analysis of the transcription factor AP2 binding to DNA by atomic force microscopy. *Biochemical and biophysical research communications* **1996**, *226* (3), 645 - 649.

［306］ Morris V J. Biological applications of scanning probe microscopies. *Prog. Biophys. Mol. Bioi* **1994**, *61*, 55.

［307］ An H J, Guo Y C, Zhang X D, et al. Nanodissection of single-and double-stranded DNA by atomic force microscopy. *Journal of nanoscience and nanotechnology* **2005**, *5* (10), 1656 - 1659.

［308］ An H, Huang J, Lü M, et al. Single-base resolution and long-coverage sequencing based on single-molecule nanomanipulation. *Nanotechnology* **2007**, *18* (22), 225101.

［309］ Lü J, An H, Li H, et al. Nanodissection, isolation, and PCR amplification of single DNA molecules. *Surf. Interface Anal.* **2006**, *38* (6), 1010 - 1013.

［310］ Lu M, Shi B, Li X, et al. A strategy for ordered sequencing based on single molecule nanomanipulation. **2006**.

［311］ Zhang Y, Lu J, Li M, et al. A strategy for ordered single molecule sequencing based on nanomanipulation (OsmSN). *International Journal of Nanotechnology* **2007**, *4* (1 - 2), 163 - 170.

［312］ Kasianowicz J J, Brandin E, Branton D, et al. Characterization of individual polynucleotide molecules using a membrane channel. *Proceedings of the National Academy of Sciences of the United States of America* **1996**, *93* (24), 13770 - 13773.

[313] Akeson M, Branton D, Kasianowicz J J, et al. Microsecond time-scale discrimination among polycytidylic acid, polyadenylic acid, and polyuridylic acid as homopolymers or as segments within single RNA molecules. *Biophysical journal* **1999**, *77* (6), 3227 - 3233.

[314] Fologea D, Gershow M, Ledden B, et al. Detecting single stranded DNA with a solid state nanopore. *Nano letters* **2005**, *5* (10), 1905.

[315] Ashcroft B A, Spadola Q, Qamar S, et al. An AFM/rotaxane molecular reading head for sequence-dependent DNA structures. *small* **2008**, *4* (9), 1468 - 1475.

[316] Qamar S, Williams P M, Lindsay S. Can an atomic force microscope sequence DNA using a nanopore? *Biophysical journal* **2008**, *94* (4), 1233 - 1240.

[317] Cuerrier C M, Lebel R, Grandbois M. Single cell transfection using plasmid decorated AFM probes. *Biochemical and biophysical research communications* **2007**, *355* (3), 632 - 636.

[318] Han S-W, Nakamura C, Kotobuki N, et al. High-efficiency DNA injection into a single human mesenchymal stem cell using a nanoneedle and atomic force microscopy. *Nanomedicine: Nanotechnology, Biology and Medicine* **2008**, *4* (3), 215 - 225.

[319] Zhao H, Zhang Y, Zhang S B, et al. The structure of the nucleosome core particle of chromatin in chicken erythrocytes visualized by using atomic force microscopy. *Cell Research* **1999**, *9* (4), 255 - 260.

[320] Zhang S B, Huang J, Hui Z, et al. The in vitro reconstitution of nucleosome and its binding patterns with HMG1/2 and HMG14/17 proteins. *Cell research* **2003**, *13* (5), 351 - 359.

[321] Doyen C M, Montel F, Gautier T, et al. Dissection of the unusual structural and functional properties of the variant H2A. Bbd nucleosome. *The EMBO journal* **2006**, *25* (18), 4234 - 4244.

[322] Takashima A, Sadamoto H, Okuta A, et al. Atomic force microscopic observation of nucleosomes consisting of core histones and DNA promoter regions. *Information - An International Interdisciplinary Journal* **2008**, *11* (4), 513 - 523.

[323] Leuba S H, Zlatanova J. Single-molecule studies of chromatin fibers: a personal report. *Archives of histology and cytology* **2002**, *65* (5), 391 - 403.

[324] Zlatanova J, Leuba S H. Chromatin fibers, one-at-a-time. *Journal of molecular biology* **2003**, *331* (1), 1 - 19.

[325] Woodcock C L. Chromatin architecture. *Current Opinion Struct. Bioi* **2006**, *16*, 8.

[326] Lohr D, Bash R, Wang H, et al. Using atomic force microscopy to study chromatin structure and nucleosome remodeling. *Methods* **2007**, *41* (3), 333 - 341.

[327] Wang H, Bash R, Lindsay S, et al. Solution AFM studies of human Swi-Snf and its interactions with MMTV DNA and chromatin. *Biophysical journal* **2005**, *89* (5),

3386 – 3398.

[328] Caño S, Caravaca J M, Martín M, et al. Highly compact folding of chromatin induced by cellular cation concentrations. Evidence from atomic force microscopy studies in aqueous solution. *European Biophysics Journal* **2006**, *35* (6), 495 – 501.

[329] Das C, Hizume K, Batta K, et al. Transcriptional coactivator PC4, a chromatin-associated protein, induces chromatin condensation. *Molecular and cellular biology* **2006**, *26* (22), 8303 – 8315.

[330] Hirano Y, Takahashi H, Kumeta M, et al. Nuclear architecture and chromatin dynamics revealed by atomic force microscopy in combination with biochemistry and cell biology. *Pflügers Archiv-European Journal of Physiology* **2008**, *456* (1), 139 – 153.

[331] Li M Q, Xu L, Ikai A. Atomic force microscope imaging of ribosome and chromosome. *Journal of Vacuum Science & Technology B: Microelectronics and Nanometer Structures Processing, Measurement, and Phenomena* **1996**, *14* (2), 1410 – 1412.

[332] Jondle D M, Ambrosio L, Vesenka J, et al. Imaging and manipulating chromosomes with the atomic force microscope. *Chromosome research* **1995**, *3* (4), 239 – 244.

[333] Mosher C, londle D, Ambrosio L, et al. Microdissection and measurements of polytene chromosomes using the atomic force microscope. *Scanning Microscopy* **1995**, *8*, 8.

[334] Vesenka J, Mosher C, Schaus S, et al. Combining optical and atomic force microscopy for life sciences research. *Biotechniques* **1995**, *19* (2), 240 – 248, 849, 852 – 853.

[335] Puppels G J. Raman microspectroscopy and atomic force microscopy of chromosomal banding patterns. *Proc Spie* **1992**, *1922*.

[336] Fritzsche W, Martin L, Dobbs D, et al. Reconstruction of ribosomal subunits and rDNA chromatin imaged by scanning force microscopy. *Journal of Vacuum Science & Technology B: Microelectronics and Nanometer Structures Processing, Measurement, and Phenomena* **1996**, *14* (2), 1405 – 1409.

[337] McMaster T, Hickish T, Min T, et al. Application of scanning force microscopy to chromosome analysis. *Cancer genetics and cytogenetics* **1994**, *76* (2), 93 – 95.

[338] Oberleithner H, Schneider S, Larmer J, et al. Viewing the renal epithelium with the atomic force microscope. *Kidney & blood pressure research* **1996**, *19* (3), 142.

[339] Heckl W M. Scanning tunneling microscopy and atomic force microscopy on organic and biomolecules. *Thin Solid Films* **1992**, *210*, 640 – 647.

[340] Murakami M, Minamihisamatsu M, Sato K, et al. Structural analysis of heavy ion radiation-induced chromosome aberrations by atomic force microscopy. *Journal of biochemical and biophysical methods* **2001**, *48* (3), 293 – 301.

[341] Ushiki T, Hoshi O, Iwai K, et al. The structure of human metaphase chromosomes: its histological perspective and new horizons by atomic force microscopy. *Archives of histology and cytology* **2002**, *65* (5), 377 – 390.

[342] Hoshi O, Owen R, Miles M, et al. Imaging of human metaphase chromosomes by atomic force microscopy in liquid. *Cytogenetic and genome research* **2004**, *107* (1-2), 28-31.

[343] Hoshi O, Shigeno M, Ushiki T. Atomic force microscopy of native human metaphase chromosomes in a liquid. *Archives of histology and cytology* **2006**, *69* (1), 73-78.

[344] Kimura E, Hoshi O, Ushiki T. Atomic force microscopy of human metaphase chromosomes after differential staining of sister chromatids. *Archives of histology and cytology* **2004**, *67* (2), 171-177.

[345] Wu Y, Cai J, Cheng L, et al. Atomic force microscopic examination of chromosomes treated with trypsin or ethidium bromide. *Chemical and pharmaceutical bulletin* **2006**, *54* (4), 501-505.

[346] Grooth B G D, Putman C A. High-resolution imaging of chromosome-related structures by atomic force microscopy. *Journal of microscopy* **1992**, *168* (3), 239-247.

[347] Wu Y, Cai J, Cheng L, et al. Atomic force microscope tracking observation of Chinese hamster ovary cell mitosis. *Micron* **2006**, *37* (2), 139-145.

[348] Winfield M, McMaster T, Karp A, et al. Atomic force microscopy of plant chromosomes. *Chromosome Research* **1995**, *3* (2), 128-131.

[349] McMaster T, Winfield M, Baker A, et al. Chromosome classification by atomic force microscopy volume measurement. *Journal of Vacuum Science & Technology B: Microelectronics and Nanometer Structures Processing, Measurement, and Phenomena* **1996**, *14* (2), 1438-1443.

[350] McMaster T J, Miles M J, Winfield M O, et al. Analysis off cereal chromosomes by atomic force microscopy. *Genome* **1996**, *39* (2), 439-444.

[351] Musio A, Mariani T, Frediani C, et al. Longitudinal patterns similar to G-banding in untreated human chromosomes: evidence from atomic force microscopy. *Chromosoma* **1994**, *103* (3), 225-229.

[352] Wiegräbe W, Monajembashi S, Dittmar H, et al. Scanning near-field optical microscope: a method for investigating chromosomes. *Surf. Interface Anal.* **1997**, *25* (7-8), 510-513.

[353] Kimura E, Hitomi J, Ushiki T. Scanning near field optical/atomic force microscopy of bromodeoxyuridine-incorporated human chromosomes. *Archives of histology and cytology* **2002**, *65* (5), 435-444.

[354] Ohtani T, Shichiri M, Fukushi D, et al. Imaging of chromosomes at nano-meter scale resolution using scanning near-field optical/atomic force microscopy. *Archives of histology and cytology* **2002**, *65* (5), 425-434.

[355] Heslop-Harrison J, Leitch A, Schwarzacher T, et al. The volumes and morphology of human chromosomes in mitotic reconstructions. *Human genetics* **1989**, *84* (1),

27 - 34.

[356] Fritzsche W, Henderson E. Volume determination of human metaphase chromosomes by scanning force microscopy. *Scanning Microscopy* **1996**, *10* (1), 108 - 110.

[357] Fritzsche W, Martin L, Dobbs D, et al. Reconstruction of ribosomal subunits and rDNA chromatin imaged by scanning force microscopy. *Journal of vacuum science & technology. B, Microelectronics and nanometer structures: processing, measurement, and phenomena: an official journal of the American Vacuum Society* **1996**, *14* (2), 1405 - 1409.

[358] Rasch P, Wiedemann U, Wienberg J, et al. Analysis of banded human chromosomes and in situ hybridization patterns by scanning force microscopy. *Proceedings of the National Academy of Sciences* **1993**, *90* (6), 2509 - 2511.

[359] Putman C, De Grooth B, Wiegant J, et al. Detection of in situ hybridization to human chromosomes with the atomic force microscope. *Cytometry Part A* **1993**, *14* (4), 356 - 361.

[360] Thalhammer S, Stark R, Müller S, et al. The atomic force microscope as a new microdissecting tool for the generation of genetic probes. *Journal of structural biology* **1997**, *119* (2), 232 - 237.

[361] Iwabuchi S, Mori T, Ogawa K, et al. Atomic force microscope-based dissection of human metaphase chromosomes and high resolutional imaging by carbon nanotube tip. *Archives of histology and cytology* **2002**, *65* (5), 473 - 479.

[362] Oberringer M, Englisch A, Heinz B, et al. Atomic force microscopy and scanning near-field optical microscopy studies on the characterization of human metaphase chromosomes. *European Biophysics Journal* **2003**, *32* (7), 620 - 627.

[363] Tsukamoto K, Kuwazaki S, Yamamoto K, et al. Nanometer-scale dissection of chromosomes by atomic force microscopy combined with heat-denaturing treatment. *Japanese journal of applied physics* **2006**, *45* (3S), 2337.

[364] Tsukamoto K, Kuwazaki S, Yamamoto K, et al. Dissection and high-yield recovery of nanometre-scale chromosome fragments using an atomic-force microscope. *Nanotechnology* **2006**, *17* (5), 1391.

[365] Yamanaka K, Saito M, Shichiri M, et al. AFM picking-up manipulation of the metaphase chromosome fragment by using the tweezers-type probe. *Ultramicroscopy* **2008**, *108* (9), 847 - 854.

[366] Sun Y, Arakawa H, Osada T, et al. Tapping and contact mode imaging of native chromosomes and extraction of genomic DNA using AFM tips. *Applied surface science* **2002**, *188* (3), 499 - 505.

[367] Shao Z, Zhang Y. Biological cryo atomic force microscopy: a brief review. *Ultramicroscopy* **1996**, *66* (3 - 4), 141 - 152.

[368] Wu X, Liu W, Xu L, et al. Secondary structure of rat ribosomal RNAs studied by atomic force microscope. *Progress in Biochemistry & Biophysics* (*China*) **1997**, *24* (5), 430 – 435.

[369] Fritz J, Anselmetti D, Jarchow J, et al. Probing single biomolecules with atomic force microscopy. *Journal of structural biology* **1997**, *119* (2), 165 – 171.

[370] Smith B L, Gallie D R, Le H, et al. Visualization of poly (A)-binding protein complex formation with poly (A) RNA using atomic force microscopy. *Journal of structural biology* **1997**, *119* (2), 109 – 117.

[371] Kiselyova O, Yaminsky I, Karger E, et al. Visualization by atomic force microscopy of tobacco mosaic virus movement protein-RNA complexes formed in vitro. *Journal of General Virology* **2001**, *82* (6), 1503 – 1508.

[372] Hansma H, Oroudjev E, Baudrey S, et al. TectoRNA and 'kissing-loop' RNA: atomic force microscopy of self-assembling RNA structures. *Journal of microscopy* **2003**, *212* (3), 273 – 279.

[373] Janus T, Yarus M. Visualization of membrane RNAs. *RNA – A Publication of the RNA Society* **2003**, *9*, 9.

[374] Giro A, Bergia A, Zuccheri G, et al. Single molecule studies of RNA secondary structure: AFM of TYMV viral RNA. *Microscopy research and technique* **2004**, *65* (4 – 5), 235 – 245.

[375] Kuznetsov Y G, Daijogo S, Zhou J, et al. Atomic force microscopy analysis of icosahedral virus RNA. *Journal of molecular biology* **2005**, *347* (1), 41 – 52.

[376] Kuznetsov Y G, McPherson A. Identification of DNA and RNA from retroviruses using ribonuclease A. *Scanning* **2006**, *28* (5), 278 – 281.

[377] Bonin M, Oberstrass J, Lukacs N, et al. Determination of preferential binding sites for anti-dsRNA antibodies on double-stranded RNA by scanning force microscopy. *Rna* **2000**, *6* (4), 563 – 570.

[378] Kalle W, Macville M, Van De Corput M, et al. Imaging of RNA in situ hybridization by atomic force microscopy. *Journal of microscopy* **1996**, *182* (3), 192 – 199.

[379] Ng J D, Kuznetsov Y G, Malkin A J, et al. Visualization of RNA crystal growth by atomic force microscopy. *Nucleic acids research* **1997**, *25* (13), 2582 – 2588.

[380] Zhuang X. Single-molecule RNA science. *Annu. Rev. Biophys. Biomol. Struct.* **2005**, *34*, 399 – 414.

[381] Vilfan I D, Kamping W, Van Den Hout M, et al. An RNA toolbox for single-molecule force spectroscopy studies. *Nucleic acids research* **2007**, *35* (19), 6625 – 6639.

[382] Woodside M T, García-García C, Block S M. Folding and unfolding single RNA molecules under tension. *Current opinion in chemical biology* **2008**, *12* (6), 640 – 646.

[383] Marsden S, Nardelli M, Linder P, et al. Unwinding single RNA molecules using

helicases involved in eukaryotic translation initiation. *Journal of molecular biology* **2006**, *361* (2), 327 – 335.

[384] Wilkins M, Davies M C, Jackson D E, et al. Comparison of scanning tunnelling microscopy and transmission electron microscopy image data of a microbial polysaccharide. *Ultramicroscopy* **1993**, *48*, 5.

[385] Gunning A P, Kirby A, Morris V, et al. Imaging bacterial polysaccharides by AFM. *Polymer Bull* **1995**, *34*, 5.

[386] Kirby A R, Gunning A P, Morris V J. Imaging polysaccharides by atomic force microscopy. *Biopolymers* **1996**, *38* (3), 355 – 366.

[387] Gunning A P, Kirby A R, Morris V J. Imaging xanthan gum in air by ac "tapping" mode atomic force microscopy. *Ultramicroscopy* **1996**, *63* (1), 1 – 3.

[388] Cowman M K, Li M, Balazs E A. Tapping mode atomic force microscopy of hyaluronan: extended and intramolecularly interacting chains. *Biophysical journal* **1998**, *75* (4), 2030 – 2037.

[389] McIntire T, Brant D. Imaging carbohydrate polymers with noncontact mode atomic force microscopy. *Techniques in glycobiology. Marcel Dekker, New York* **1997**.

[390] Gunning A, Kirby A, Ridout M, et al. Investigation of gellan networks and gels by atomic force microscopy. *Macromolecules* **1996**, *29* (21), 6791 – 6796.

[391] Gunning A, Kirby A, Ridout M, et al. Investigation of gellan networks and gels by atomic force microscopy (erratum). *Macromolecules* **1997**, *30*, 2.

[392] McIntire T M, Brant D A. Imaging of individual biopolymers and supramolecular assemblies using noncontact atomic force microscopy. *Biopolymers* **1997**, *42* (2), 133 – 146.

[393] Tasker S, Matthijs G, Davies M, et al. Molecular resolution imaging of dextran monolayers immobilized on silica by atomic force microscopy. *Langmuir* **1996**, *12* (26), 6436 – 6442.

[394] Frazier R A, Davies M C, Matthijs G, et al. High-resolution atomic force microscopy of dextran monolayer hydration. *Langmuir* **1997**, *13* (18), 4795 – 4798.

[395] Frazier R A, Davies M C, Matthijs G, et al. In situ surface plasmon resonance analysis of dextran monolayer degradation by dextranase. *Langmuir* **1997**, *13* (26), 7115 – 7120.

[396] Ikeda S, Nitta Y, Kim B S, et al. Single-phase mixed gels of xyloglucan and gellan. *Food Hydrocolloids* **2004**, *18* (4), 669 – 675.

[397] Round A N, Macdougall A J, Ring S G, et al. Unexpected branching in pectin observed by atomic force microscopy. *Carbohydrate Research* **1997**, *303* (3), 251 – 253.

[398] Round A N, Rigby N M, MacDougall A J, et al. Investigating the nature of branching in pectin by atomic force microscopy and carbohydrate analysis. *Carbohydrate Research*

2001, *331* (3)，337 – 342.

[399] Kirby A R，Macdougall A J，Morris V J. Atomic force microscopy of tomato and sugar beet pectin molecules. *Carbohydrate Polymers* **2007**, *71* (4)，640 – 647.

[400] Adams E L，Kroon P A，Williamson G，et al. Characterisation of heterogeneous arabinoxylans by direct imaging of individual molecules by atomic force microscopy. *Carbohydrate Research* **2003**, *338* (8)，771 – 780.

[401] Gunning A P，Giardina T P，Faulds C B，et al. Surfactant-mediated solubilisation of amylose and visualisation by atomic force microscopy. *Carbohydrate polymers* **2003**, *51* (2)，177 – 182.

[402] Ikeda S，Funami T，Zhang G. Visualizing surface active hydrocolloids by atomic force microscopy. *Carbohydrate polymers* **2005**, *62* (2)，192 – 196.

[403] Kirby A R，Gunning A P，Morris V J. Imaging xanthan gum by atomic force microscopy. *Carbohydrate Research* **1995**, *267* (1)，161 – 166.

[404] Kirby A R，Gunning A P，Morris V J，et al. Observation of the helical structure of the bacterial polysaccharide acetan by atomic force microscopy. *Biophysical Journal* **1995**, *68* (1)，360.

[405] Morris V，Gunning A，Kirby A，et al. Atomic force microscopy of plant cell walls， plant cell wall polysaccharides and gels. *International Journal of Biological Macromolecules* **1997**, *21* (1)，61 – 66.

[406] Gunning A，Cairns P，Kirby A，et al. Characterising semi-refined iota-carrageenan networks by atomic force microscopy. *Carbohydrate polymers* **1998**, *36* (1)，67 – 72.

[407] Cowman M，Liu J，Li M，et al. Hyaluronan interactions: self，water，ions. In *The chemistry，biology and medical applications of hyaluronan and its derivatives*， Portland Press: 1998.

[408] Gunning A，Morris V，Al-Assaf S，et al. Atomic force microscopic studies of hylan and hyaluronan. *Carbohydrate polymers* **1996**, *30* (1)，1 – 8.

[409] Meyer A，Rouquet G，Lecourtier J，et al. Characterization by atomic-force microscopy of xanthan in interaction with mica. *Editions TECHNIP* **1992**.

[410] Capron I，Alexandre S，Muller G. An atomic force microscopy study of the molecular organisation of xanthan. *Polymer* **1998**, *39* (23)，5725 – 5730.

[411] Kirby A R，Gunning A P，Morris V J，et al. Observation of the helical structure of the bacterial polysaccharide acetan by atomic force microscopy. *Biophysical journal* **1995**, *68* (1)，360 – 363.

[412] Ridout M，Brownsey G，Gunning A，et al. Characterisation of the polysaccharide produced by Acetobacter xylinum strain CR1/4 by light scattering and atomic force microscopy. *International journal of biological macromolecules* **1998**, *23* (4)， 287 – 293.

[413] Ikeda S, Nitta Y, Temsiripong T, et al. Atomic force microscopy studies on cation-induced network formation of gellan. *Food Hydrocolloids* **2004**, *18* (5), 727 – 735.

[414] Jin Y, Zhang H, Yin Y, et al. Comparison of curdlan and its carboxymethylated derivative by means of Rheology, DSC, and AFM. *Carbohydrate research* **2006**, *341* (1), 90 – 99.

[415] Ikeda S, Shishido Y. Atomic force microscopy studies on heat-induced gelation of curdlan. *Journal of agricultural and food chemistry* **2005**, *53* (3), 786 – 791.

[416] McIntire T M, Penner R M, Brant D A. Observations of a circular, triple helical polysaccharide using noncontact atomic force microscopy. *Macromolecules* **1995**, *28*, 3.

[417] McIntire T M, Brant D A. Observations of the (1→3)-β-d-glucan linear triple helix to macrocycle interconversion using noncontact atomic force microscopy. *Journal of the American Chemical Society* **1998**, *120* (28), 6909 – 6919.

[418] Brant D A, McIntire T M, Cyclic polysaccharides. *Large Ring Molecules* **1996**, 113 – 154.

[419] Müller D J, Fotiadis D, Scheuring S, et al. Electrostatically balanced subnanometer imaging of biological specimens by atomic force microscope. *Biophysical journal* **1999**, *76* (2), 1101 – 1111.

[420] Abu-Lail N I, Camesano T A. Elasticity of pseudomonas putida KT2442 surface polymers probed with single-molecule force microscopy. *Langmuir* **2002**, *18* (10), 4071 – 4081.

[421] Brant D A. Novel approaches to the analysis of polysaccharide structures. *Current Opinion in Structural Biology* **1999**, *9* (5), 556 – 562.

[422] Fisher T E, Marszalek P E, Fernandez J M. Stretching single molecules into novel conformations using the atomic force microscope. *Nat Struct Biol* **2000**, *7* (9), 719 – 724.

[423] Rief M, Oesterhelt F, Heymann B, et al. Single molecule force spectroscopy on polysaccharides by atomic force microscopy. *Science* **1997**, *275* (5304), 1295 – 1297.

[424] Rief M, Gautel M, Oesterhelt F, et al. Reversible unfolding of individual titin immunoglobulin domains by AFM. *science* **1997**, *276* (5315), 1109 – 1112.

[425] Sletmoen M, Maurstad G, Sikorski P, et al. Characterisation of bacterial polysaccharides: steps towards single-molecular studies. *Carbohydrate Research* **2003**, *338* (23), 2459 – 2475.

[426] Yuasa H. Ring flip of carbohydrates: functions and applications. *Trends in Glycoscience & Glycotechnology* **2006**, *18* (104), 353 – 370.

[427] Zhang Q, Lu Z, Hu H, et al. Direct detection of the formation of V-amylose helix by single molecule force spectroscopy. *Journal of the American Chemical Society* **2006**, *128* (29), 9387.

[428] Zhang L, Wang C, Cui S, et al. Single-molecule force spectroscopy on curdlan: unwinding helical structures and random coils. *Nano Letters* **2003**, *3* (8), 1119-1124.

[429] Li H, Rief M, Oesterhelt F, et al. Single-molecule force spectroscopy on xanthan by AFM. *Advanced Materials* **1998**, *10* (4), 316-319.

[430] Frank B P, Belfort G. Intermolecular forces between extracellular polysaccharides measured using the atomic force microscope. *Langmuir* **1997**, *13* (23), 6234-6240.

[431] Kühner F, Erdmann M, Gaub H E. Scaling exponent and Kuhn length of pinned polymers by single molecule force spectroscopy. *Physical review letters* **2006**, *97* (21), 218301.

[432] Marszalek P E, Oberhauser A F, Li H, et al. The force-driven conformations of heparin studied with single molecule force microscopy. *Biophysical journal* **2003**, *85* (4), 2696-2704.

[433] Lu Z, Nowak W, Lee G, et al. Elastic properties of single amylose chains in water: A quantum mechanical and AFM study. *Journal of the American Chemical Society* **2004**, *126* (29), 9033-9041.

[434] Zhang Q, Marszalek P E. Solvent effects on the elasticity of polysaccharide molecules in disordered and ordered states by single-molecule force spectroscopy. *Polymer* **2006**, *47* (7), 2526-2532.

[435] Williams M A, Marshall A, Haverkamp R G, et al. Stretching single polysaccharide molecules using AFM: A potential method for the investigation of the intermolecular uronate distribution of alginate? *Food Hydrocolloids* **2008**, *22* (1), 18-23.

[436] Marszalek P E, Oberhauser A F, Pang Y-P, et al. Polysaccharide elasticity governed by chair-boat transitions of the glucopyranose ring. *Nature* **1998**, *396* (6712), 661-664.

[437] Marszalek P E, Li H, Oberhauser A F, et al. Chair-boat transitions in single polysaccharide molecules observed with force-ramp AFM. *Proceedings of the National Academy of Sciences* **2002**, *99* (7), 4278-4283.

[438] Xu Q, Zhang W, Zhang X. Oxygen bridge inhibits conformational transition of 1, 4-linked α-D-Galactose detected by single-molecule atomic force microscopy. *Macromolecules* **2002**, *35* (3), 871-876.

[439] Lee G, Nowak W, Jaroniec J, et al. Molecular dynamics simulations of forced conformational transitions in 1, 6-linked polysaccharides. *Biophysical journal* **2004**, *87* (3), 1456-1465.

[440] Li H, Rief M, Oesterhelt F, et al. Single-molecule force spectroscopy on polysaccharides by AFM-nanomechanical fingerprint of α-(1, 4)-linked polysaccharides. *Chemical physics letters* **1999**, *305* (3), 197-201.

[441] Marszalek P E, Li H, Fernandez J M. Fingerprinting polysaccharides with single-molecule atomic force microscopy. *Nature biotechnology* **2001**, *19* (3).

[442] Zhang W, Zhang X. Single molecule mechanochemistry of macromolecules. *Progress in Polymer Science* **2003**, *28* (8), 1271 – 1295.

[443] Kawakami M, Byrne K, Khatri B S, et al. Viscoelastic measurements of single molecules on a millisecond time scale by magnetically driven oscillation of an atomic force microscope cantilever. *Langmuir* **2005**, *21* (10), 4765 – 4772.

[444] Kawakami M, Byrne K, Khatri B, et al. Viscoelastic properties of single polysaccharide molecules determined by analysis of thermally driven oscillations of an atomic force microscope cantilever. *Langmuir* **2004**, *20* (21), 9299 – 9303.

[445] Camesano T A, Abu-Lail N I. Heterogeneity in bacterial surface polysaccharides, probed on a single-molecule basis. *Biomacromolecules* **2002**, *3* (4), 661 – 667.

[446] Higgins M J, Sader J E, Mulvaney P, et al. Probing the surface of living diatoms with atomic force microscopy: the nanostructure and nanomechanical properties of the mucilage layer. *Journal of Phycology* **2003**, *39* (4), 722 – 734.

[447] van der Aa B C, Michel R M, Asther M, et al. Stretching cell surface macromolecules by atomic force microscopy. *Langmuir* **2001**, *17* (11), 3116 – 3119.

[448] Nordgren N, Eklöf J, Zhou Q, et al. In CELL 260-top-down grafting of xyloglucan to gold monitored by QCM-D and AFM: enzymatic activity and interactions with cellulose, The 235th ACS National Meeting, New Orleans, LA, April 6 – 10, 2008, 2008.

[449] Sletmoen M, Skjåk-Bræk G, Stokke B T. Single-molecular pair unbinding studies of Mannuronan C – 5 epimerase AlgE4 and its polymer substrate. *Biomacromolecules* **2004**, *5* (4), 1288 – 1295.

[450] Nangia-Makker P, Conklin J, Hogan V, et al. Carbohydrate-binding proteins in cancer, and their ligands as therapeutic agents. *Trends in molecular medicine* **2002**, *8* (4), 187 – 192.

[451] Dettmann W, Grandbois M, André S, et al. Differences in zero-force and force-driven kinetics of ligand dissociation from beta-galactoside-specific proteins (plant and animal lectins, immunoglobulin G) monitored by plasmon resonance and dynamic single molecule force microscopy. *Archives of Biochemistry & Biophysics* **2000**, *383* (2), 157 – 170.

[452] Gunning A P, Bongaerts R J, Morris V J. Recognition of galactan components of pectin by galectin-3. *The FASEB Journal* **2009**, *23* (2), 415 – 424.

[453] Touhami A, Hoffmann B, Vasella A, et al. Aggregation of yeast cells: direct measurement of discrete lectin-carbohydrate interactions. *Microbiology* **2003**, *149* (10), 2873 – 2878.

[454] Gunning A P, Chambers S, Pin C, et al. Mapping specific adhesive interactions on living human intestinal epithelial cells with atomic force microscopy. *The FASEB Journal* **2008**, *22* (7), 2331 – 2339.

[455] Morris S, Hanna S, Miles M. The self-assembly of plant cell wall components by single-molecule force spectroscopy and Monte Carlo modelling. *Nanotechnology* **2004**, *15* (9), 1296.

[456] Okajima T, Tao X-M, Azehara H, et al. Force spectroscopy on single polymer incorporated into polymer gels. *Journal of nanoscience and nanotechnology* **2007**, *7* (3), 790 – 795.

[457] Kirby A R, MacDougall A J, Morris V J. Sugar beet pectin-protein complexes. *Food Biophysics* **2006**, *1* (1), 51.

[458] Morris V J, Gunning A P, Faulds C B, et al. AFM images of complexes between amylose and Aspergillus niger glucoamylase mutants, native and mutant starch binding domains: a model for the action of glucoamylase. *Starch-Stärke* **2005**, *57* (1), 1 – 7.

[459] Adams E L, Kroon P A, Williamson G, et al. Inactivated enzymes as probes of the structure of arabinoxylans as observed by atomic force microscopy. *Carbohydrate research* **2004**, *339* (3), 579 – 590.

[460] Giardina T, Gunning A P, Juge N, et al. Both binding sites of the starch-binding domain of Aspergillus niger glucoamylase are essential for inducing a conformational change in amylose. *Journal of molecular biology* **2001**, *313* (5), 1149 – 1159.

[461] Morris V J. Atomic force microscopy. *The European Food and Drink Review.* **1998**, *Spring*, 5.

[462] Morris V, Kirby A, Gunning A. Using atomic force microscopy to probe food biopolymer functionality. *Scanning* **1999**, *21* (5), 287 – 292.

[463] Morris V J. Applications of atomic force microscopy in food science. *In Gums and Stabilisers for the Food Industry 9*, (eds. *P. A. Williams and G. O. Phillips*), *pp* **1998**, 10.

[464] Noda S, Fujami T, Nakauma M, et al. Molecular structures of gellan gum imaged with atomic force microscopy in relation to the rheological behaviour in aqueous systems. I. Gellan gum with various acyl contents in the presence and absence of potassium. *Food Hydrocolloids* **2008**, *22*, 12.

[465] Morris V J. Gelation of polysaccharides. *In Functional Properties of Food Macromolecules*, (eds. *S. E. Hill, D. A. Ledward and J. R. Mitchell*), *pp* **1998**, 84.

[466] Funami T, Hiroe M, Noda S, et al. Influence of molecular structure imaged with atomic force microscopy on the rheological behavior of carrageenan aqueous systems in the presence or absence of cations. *Food Hydrocolloids* **2007**, *21* (4), 617 – 629.

[467] Pernodet N, Maaloum M, Tinland B. Pore size of agarose gels by atomic force microscopy. *Electrophoresis* **1997**, *18* (1), 55 – 58.

[468] Maaloum M, Pernodet N, Tinland B. Agarose gel structure using atomic force

microscopy: gel concentration and ionic strength effects. *Electrophoresis* **1998**, *19* (10), 1606–1610.

[469] Decho A W. Imaging an alginate polymer gel matrix using atomic force microscopy. *Carbohydrate Research* **1999**, *315* (3), 330–333.

[470] Jørgensen T E, Sletmoen M, Draget K I, et al. Influence of oligoguluronates on alginate gelation, kinetics, and polymer organization. *Biomacromolecules* **2007**, *8* (8), 2388–2397.

[471] Fishman M L, Cooke P H, Chau H K, et al. Global structures of high methoxyl pectin from solution and in gels. *Biomacromolecules* **2007**, *8* (2), 573–578.

[472] Suzuki A, Yamazaki M, Kobiki Y. Direct observation of polymer gel surfaces by atomic force microscopy. *The Journal of chemical physics* **1996**, *104* (4), 1751–1757.

[473] Suzuki A, Yamazaki M, Kobiki Y, et al. Surface domains and roughness of polymer gels observed by atomic force microscopy. *Macromolecules* **1997**, *30* (8), 2350–2354.

[474] Suzuki A, Yamazaki M, Kobiki Y, et al. Surface roughness of polymer gels. *In The Wiley Polymer Networks Group Review Series*, **1998**, *1*, 15.

[475] Power D, Larsen I, Hartley P, et al. Molecular images of gels formed under shear using atomic force microscopy. *In Gums and Stabilisers for the Food Industry 9*, (eds. P. A. Williams and G. O. Phillips), *pp* **1998**, 7.

[476] Power D, Larson I, Hartley P, et al. Atomic force microscopy studies on hydroxypropylguar gels formed under shear. *Macromolecules* **1998**, *31* (25), 8744–8748.

[477] Hanley S J, Giasson J, Revol J F, et al. Atomic force microscopy of cellulose microfibrils: comparison with transmission electron microscopy. *Polymer* **1992**, *33* (21), 4639–4642.

[478] Hanley S J, Revol J F, Godbout L, et al. Atomic force microscopy and transmission electron microscopy of cellulose from Micrasterias denticulata: evidence for a chiral helical microfibril twist. *Cellulose* **1997**, *4* (3), 209–220.

[479] Baker A A, Helbert W, Sugiyama J, et al. High-resolution atomic force microscopy of native valonia cellulose I microcrystals. *Journal of structural biology* **1997**, *119* (2), 129–138.

[480] Baker A, Helbert W, Sugiyama J, et al. Surface structure of native cellulose microcrystals by AFM. *Applied Physics A: Materials Science & Processing* **1998**, *66*, S559–S563.

[481] Van der Wel N, Putman C, Van Noort S, et al. Atomic force microscopy of pollen grains, cellulose microfibrils, and protoplasts. *Protoplasma* **1996**, *194* (1), 29–39.

[482] Kuutti L, Peltonen J, Pere J, et al. Identification and surface structure of crystalline cellulose studied by atomic force microscopy. *Journal of Microscopy* **1995**, *178* (1),

1 – 6.

[483] Kirby A R, Gunning A P, Waldron K W, et al. Visualization of plant cell walls by atomic force microscopy. *Biophysical Journal* **1996**, *70* (3), 1138 – 1143.

[484] Round A, Kirby A, Morris V. Collection and processing of AFM images of plant cell walls. *Microscopy & Analysis* **1996**, *55*, 33 – 35.

[485] Thimm J C, Burritt D J, Ducker W A, et al. Celery (Apium graveolens L.) parenchyma cell walls examined by atomic force microscopy: effect of dehydration on cellulose microfibrils. *Planta* **2000**, *212* (1), 25 – 32.

[486] Davies L M, Harris P J. Atomic force microscopy of microfibrils in primary cell walls. *Planta* **2003**, *217* (2), 283 – 289.

[487] McKeown T, Moss S, Jones E. Atomic force and electron microscopy of sporangial wall microfibrils in Linderina pennispora. *Mycological research* **1996**, *100* (7), 821 – 826.

[488] Kirby A R, Ng A, Waldron K W, et al. AFM investigations of cellulose fibers in bintje potato (Solanum tuberosum L.) cell wall fragments. *Food Biophysics* **2006**, *1* (3), 163 – 167.

[489] Yu Y, Jiang Z H, Wang G, et al. Visualization of cellulose microfibrils of Moso bamboo fibers with atomic force microscopy. *Journal-Beijing Forestry University-Chinese Edition-* **2008**, *30* (1), 124.

[490] Ding S-Y, Himmel M E. The maize primary cell wall microfibril: a new model derived from direct visualization. *Journal of Agricultural and Food Chemistry* **2006**, *54* (3), 597 – 606.

[491] Yan L, Zhu Q. Direct observation of the main cell wall components of straw by atomic force microscopy. *Journal of applied polymer science* **2003**, *88* (8), 2055 – 2059.

[492] Yan L, Li W, Yang J, Zhu Q. Direct visualization of straw cell walls by AFM. *Macromolecular bioscience* **2004**, *4* (2), 112 – 118.

[493] Yu H, Liu R, Shen D, et al. Arrangement of cellulose microfibrils in the wheat straw cell wall. *Carbohydrate Polymers* **2008**, *72* (1), 122 – 127.

[494] Fahlén J, Salmén L. On the lamellar structure of the tracheid cell wall. *Plant Biology* **2002**, *4* (03), 339 – 345.

[495] Zimmermann T, Thommen V, Reimann P, et al. Ultrastructural appearance of embedded and polished wood cell walls as revealed by atomic force microscopy. *Journal of structural biology* **2006**, *156* (2), 363 – 369.

[496] Lee I, Evans B R, Lane L M, Woodward J. Substrate-enzyme interactions in cellulase systems. *Bioresource technology* **1996**, *58* (2), 163 – 169.

[497] Ma H, Snook L A, Kaminskyj S G, et al. Surface ultrastructure and elasticity in growing tips and mature regions of Aspergillus hyphae describe wall maturation. *Microbiology* **2005**, *151* (11), 3679 – 3688.

[498] Ma H, Snook L A, Tian C, et al. , Fungal surface remodelling visualized by atomic force microscopy. *Mycological research* **2006**, *110* (8), 879 – 886.

[499] Zhao L, Schaefer D, Xu H, et al. Elastic properties of the cell wall of Aspergillus nidulans studied with atomic force microscopy. *Biotechnology progress* **2005**, *21* (1), 292 – 299.

[500] Mine I, Okuda K. Fine structure of cell wall surfaces in the giant-cellular xanthophycean alga Vaucheria terrestris. *Planta* **2007**, *225* (5), 1135 – 1146.

[501] Kaminskyj S G, Dahms T E. High spatial resolution surface imaging and analysis of fungal cells using SEM and AFM. *Micron* **2008**, *39* (4), 349 – 361.

[502] Wyatt H D, Ashton N W, Dahms T E. Cell wall architecture of Physcomitrella patens is revealed by atomic force microscopy. *Botany* **2008**, *86* (4), 385 – 397.

[503] Marga F, Grandbois M, Cosgrove D J, et al. Cell wall extension results in the coordinate separation of parallel microfibrils: evidence from scanning electron microscopy and atomic force microscopy. *The Plant Journal* **2005**, *43* (2), 181 – 190.

[504] Fava J, Alzamora S, Castro M. Structure and nanostructure of the outer tangential epidermal cell wall in Vaccinium corymbosum L. (Blueberry) fruits by blanching, freezing-thawing and ultrasound. *Revista de Agaroquimica y Tecnologia de Alimentos* **2006**, *12* (3), 241 – 251.

[505] Wang B, Sain M, Oksman K. Study of structural morphology of hemp fiber from the micro to the nanoscale. *Applied Composite Materials* **2007**, *14* (2), 89.

[506] Thomson N, Miles M, Ring S, et al. Real-time imaging of enzymatic degradation of starch granules by atomic force microscopy. *Journal of Vacuum Science & Technology B: Microelectronics and Nanometer Structures Processing, Measurement, and Phenomena* **1994**, *12* (3), 1565 – 1568.

[507] Baldwin P, Frazier R, Adler J, et al. Surface imaging of thermally sensitive particulate and fibrous materials with the atomic force microscope: a novel sample preparation method. *Journal of Microscopy* **1996**, *184* (2), 75 – 80.

[508] Baldwin P, Davies M, Melia C. Starch granule surface imaging using low-voltage scanning electron microscopy and atomic force microscopy. *International Journal of Biological Macromolecules* **1997**, *21* (1), 103 – 107.

[509] Fannon J E, Hauber R J, Bemiller J N. Surface pores of starch granules. *Cereal Chemistry* **1992**, *69* (3), 284 – 288.

[510] Baker A A, Miles M J, Helbert W. Internal structure of the starch granule revealed by AFM. *Carbohydrate research* **2001**, *330* (2), 249 – 256.

[511] Ridout M, Gunning A, Parker M, et al. Using AFM to image the internal structure of starch granules. *Carbohydrate Polymers* **2002**, *50* (2), 123 – 132.

[512] Parker M L, Kirby A R, Morris V J. In situ imaging of pea starch in seeds. *Food*

Biophysics **2008**, *3* (1), 66 – 76.

[513] Ridout M J, Parker M L, Hedley C L, et al. Atomic force microscopy of pea starch: Origins of image contrast. *Biomacromolecules* **2004**, *5* (4), 1519 – 1527.

[514] Ridout M J, Parker M L, Hedley C L, et al. Atomic force microscopy of pea starch granules: granule architecture of wild-type parent, r and rb single mutants, and the rrb double mutant. *Carbohydrate research* **2003**, *338* (20), 2135 – 2147.

[515] Ridout M J, Parker M L, Hedley C L, et al. Atomic force microscopy of pea starch: Granule architecture of the rug3-a, rug4-b, rug5-a and lam-c mutants. *Carbohydrate polymers* **2006**, *65* (1), 64 – 74.

[516] Bogracheva T Y, Cairns P, Noel T, et al. The effect of mutant genes at the r, rb, rug3, rug4, rug5 and lam loci on the granular structure and physico-chemical properties of pea seed starch. *Carbohydrate Polymers* **1999**, *39* (4), 303 – 314.

[517] Gallant D J, Bouchet B, Baldwin P M. Microscopy of starch: evidence of a new level of granule organization. *Carbohydrate polymers* **1997**, *32* (3), 177 – 191.

[518] Donald A M, Kato K L, Perry P A, et al. Scattering studies of the internal structure of starch granules. *Starch-Stärke* **2001**, *53* (10), 504 – 512.

[519] Ng L, Grodzinsky A J, Patwari P, et al. Individual cartilage aggrecan macromolecules and their constituent glycosaminoglycans visualized via atomic force microscopy. *Journal of structural biology* **2003**, *143* (3), 242 – 257.

[520] Todd B A, Rammohan J, Eppell S J. Connecting nanoscale images of proteins with their genetic sequences. *Biophysical journal* **2003**, *84* (6), 3982 – 3991.

[521] Han L, Dean D, Ortiz C, et al. Lateral nanomechanics of cartilage aggrecan macromolecules. *Biophysical journal* **2007**, *92* (4), 1384 – 1398.

[522] Dean D, Han L, Grodzinsky A J, et al. Compressive nanomechanics of opposing aggrecan macromolecules. *Journal of biomechanics* **2006**, *39* (14), 2555 – 2565.

[523] Han L, Dean D, Mao P, et al. Nanoscale shear deformation mechanisms of opposing cartilage aggrecan macromolecules. *Biophysical journal* **2007**, *93* (5), L23 – L25.

[524] Dammer U, Popescu O, Wagner P, et al. Binding strength between cell adhesion proteoglycans measured by atomic force microscopy. *Science* **1995**, *267* (5201).

[525] Raspanti M, Alessandrini A, Gobbi P, et al. Collagen fibril surface: TMAFM, FEG-SEM and freeze-etching observations. *Microscopy research and technique* **1996**, *35* (1), 87 – 93.

[526] Raspanti M, Alessandrini A, Ottani V, et al. Direct visualization of collagen-bound proteoglycans by tapping-mode atomic force microscopy. *Journal of structural biology* **1997**, *119* (2), 118 – 122.

[527] Raspanti M, Congiu T, Guizzardi S. Structural aspects of the extracellular matrix of the tendon: an atomic force and scanning electron microscopy study. *Archives of histology*

and cytology **2002**, *65*（1），37 – 43.

[528] Round A, Berry M, McMaster T, et al. Heterogeneity and persistence length in human ocular mucins. *Biophysical Journal* **2002**, *83*（3），1661 – 1670.

[529] Round A N, Berry M, McMaster T J, et al. Glycopolymer charge density determines conformation in human ocular mucin gene products: an atomic force microscope study. *Journal of structural biology* **2004**, *145*（3），246 – 253.

[530] Berry M, McMaster T, Corfield A, et al. Exploring the molecular adhesion of ocular mucins. *Biomacromolecules* **2001**, *2*（2），498 – 503.

[531] Iijima M, Yoshimura M, Tsuchiya T, et al. Direct measurement of interactions between stimulation-responsive drug delivery vehicles and artificial mucin layers by colloid probe atomic force microscopy. *Langmuir* **2008**, *24*（8），3987 – 3992.

[532] Hong Z, Chasan B, Bansil R, et al. Atomic force microscopy reveals aggregation of gastric mucin at low pH. *Biomacromolecules* **2005**, *6*（6），3458 – 3466.

[533] Cárdenas M, Elofsson U, Lindh L. Salivary mucin MUC5B could be an important component of in vitro pellicles of human saliva: an in situ ellipsometry and atomic force microscopy study. *Biomacromolecules* **2007**, *8*（4），1149 – 1156.

[534] Hahn Berg I C, Lindh L, Arnebrant T. Intraoral lubrication of PRP – 1, statherin and mucin as studied by AFM. *Biofouling* **2004**, *20*（1），65 – 70.

[535] Liao X, Wiedmann T S. Formation of cholesterol crystals at a mucin coated substrate. *Pharmaceutical research* **2006**, *23*（10），2413 – 2416.

[536] Misovic G N. Atomic force microscopy measurements — measurements of binding strength between a single pair of molecules in physiological solutions. *Mol. Biotechnol* **2001**, *18*, 5.

[537] Ng S P, Randles L G, Clarke J. Single molecule studies of protein folding using atomic force microscopy. *Methods Mol Biol* **2007**, *77*（1），139 – 167.

[538] Cieplak M, Sułkowska J I, Thermal unfolding of proteins. *The Journal of chemical physics* **2005**, *123*（19），194908.

[539] Oberhauser A F, Marszalek P E, Carrion-Vazquez M, et al. Single protein misfolding events captured by atomic force microscopy. *Nature Structural & Molecular Biology* **1999**, *6*（11），1025 – 1028.

[540] Rief M, Gautel M, Schemmel A, et al. The mechanical stability of immunoglobulin and fibronectin III domains in the muscle protein titin measured by atomic force microscopy. *Biophysical journal* **1998**, *75*（6），3008 – 3014.

[541] Wang K, Forbes J G, Jin A J. Single molecule measurements of titin elasticity. *Progress in biophysics and molecular biology* **2001**, *77*（1），1 – 44.

[542] Forman J R, Clarke J. Mechanical unfolding of proteins: insights into biology, structure and folding. *Current opinion in structural biology* **2007**, *17*（1），58 – 66.

[543] Sotomayor M, Schulten K. Single-molecule experiments in vitro and in silico. *Science* **2007**, *316* (5828), 1144 – 1148.

[544] Linke W A, Grützner A. Pulling single molecules of titin by AFM — recent advances and physiological implications. *Pflügers Archiv-European Journal of Physiology* **2008**, *456* (1), 101 – 115.

[545] Oberhauser A F, Carrión-Vázquez M. Mechanical biochemistry of proteins one molecule at a time. *Journal of Biological Chemistry* **2008**, *283* (11), 6617 – 6621.

[546] Oberhauser A F, Marszalek P E, Erickson H P, et al. The molecular elasticity of the extracellular matrix protein tenascin. *Nature* **1998**, *393* (6681), 181 – 185.

[547] Schwaiger I, Kardinal A, Schleicher M, et al. A mechanical unfolding intermediate in an actin-crosslinking protein. *Nature structural & molecular biology* **2004**, *11* (1), 81 – 85.

[548] Brockwell D, Paci E, Zinober R C, et al. *Nature Struct. Biol* **2003**, *10*, 7.

[549] Dietz H, Rief M. Exploring the energy landscape of GFP by single-molecule mechanical experiments. *Proceedings of the National Academy of Sciences of the United States of America* **2004**, *101* (46), 16192 – 16197.

[550] Perez-Jimenez R, Garcia-Manyes S, Ainavarapu S R K, et al. Mechanical unfolding pathways of the enhanced yellow fluorescent protein revealed by single molecule force spectroscopy. *Journal of Biological Chemistry* **2006**, *281* (52), 40010 – 40014.

[551] Paananen A, Tappura K, Tatham A, et al. Nanomechanical force measurements of gliadin protein interactions. *Biopolymers* **2006**, *83* (6), 658 – 667.

[552] Yang G, Cecconi C, Baase W A, et al. Solid-state synthesis and mechanical unfolding of polymers of T4 lysozyme. *Proceedings of the National Academy of Sciences* **2000**, *97* (1), 139 – 144.

[553] Best R B, Li B, Steward A, et al. Can non-mechanical proteins withstand force? Stretching barnase by atomic force microscopy and molecular dynamics simulation. *Biophysical journal* **2001**, *81* (4), 2344 – 2356.

[554] Carrion-Vazquez M, Li H, Lu H, et al. The mechanical stability of ubiquitin is linkage dependent. *Nature Structural & Molecular Biology* **2003**, *10* (9), 738 – 743.

[555] Schlierf M, Li H, Fernandez J M. The unfolding kinetics of ubiquitin captured with single-molecule force-clamp techniques. *Proceedings of the National Academy of Sciences of the United States of America* **2004**, *101* (19), 7299 – 7304.

[556] Ainavarapu S R K, Li L, Badilla C L, et al. Ligand binding modulates the mechanical stability of dihydrofolate reductase. *Biophysical journal* **2005**, *89* (5), 3337 – 3344.

[557] Cecconi C, Shank E A, Bustamante C, et al. Direct observation of the three-state folding of a single protein molecule. *Science* **2005**, *309* (5743), 2057 – 2060.

[558] Lee G, Abdi K, Jiang Y, et al. Nanospring behaviour of ankyrin repeats. *Nature* **2006**,

440 (7081)，246 – 249.

[559] Cao Y，Li H. Polyprotein of GB1 is an ideal artificial elastomeric protein. *Nature materials* **2007**，*6* (2)，109 – 114.

[560] Sharma D，Perisic O，Peng Q，et al. Single-molecule force spectroscopy reveals a mechanically stable protein fold and the rational tuning of its mechanical stability. *Proceedings of the National Academy of Sciences* **2007**，*104* (22)，9278 – 9283.

[561] Rief M，Pascual J，Saraste M，et al. Single molecule force spectroscopy of spectrin repeats：low unfolding forces in helix bundles. *Journal of molecular biology* **1999**，*286* (2)，553 – 561.

[562] Takeda S，Ptak A，Nakamura C，et al. Measurement of the length of the α helical section of a peptide directly using atomic force microscopy. *Chemical and pharmaceutical bulletin* **2001**，*49* (12)，1512 – 1516.

[563] Hertadi R，Ikai A. Unfolding mechanics of holo-and apocalmodulin studied by the atomic force microscope. *Protein Science* **2002**，*11* (6)，1532 – 1538.

[564] Gutsmann T，Fantner G E，Venturoni M，et al. Evidence that collagen fibrils in tendons are inhomogeneously structured in a tubelike manner. *Biophysical journal* **2003**，*84* (4)，2593 – 2598.

[565] Gutsmann T，Fantner G E，Kindt J H，et al. Force spectroscopy of collagen fibers to investigate their mechanical properties and structural organization. *Biophysical journal* **2004**，*86* (5)，3186 – 3193.

[566] Janovjak H，Kessler M，Oesterhelt D，et al. Unfolding pathways of native bacteriorhodopsin depend on temperature. *The EMBO journal* **2003**，*22* (19)，5220 – 5229.

[567] Law R，Liao G，Harper S，et al. Pathway shifts and thermal softening in temperature-coupled forced unfolding of spectrin domains. *Biophysical journal* **2003**，*85* (5)，3286 – 3293.

[568] Batey S，Randles L G，Steward A，et al. Cooperative folding in a multi-domain protein. *Journal of molecular biology* **2005**，*349* (5)，1045 – 1059.

[569] Bozec L，Horton M. Topography and mechanical properties of single molecules of type I collagen using atomic force microscopy. *Biophysical journal* **2005**，*88* (6)，4223 – 4231.

[570] Kreplak L，Bär H，Leterrier J，et al. Exploring the mechanical behavior of single intermediate filaments. *Journal of molecular biology* **2005**，*354* (3)，569 – 577.

[571] Guzman C，Jeney S，Kreplak L，et al. Exploring the mechanical properties of single vimentin intermediate filaments by atomic force microscopy. *Journal of molecular biology* **2006**，*360* (3)，623 – 630.

[572] Brown A，Litvinov R，Discher D，et al. Forced unfolding of the coiled-coils of fibrinogen

by single-molecule AFM. *Biophysical Journal* **2007**, *92* (5), L39 – L41.

[573] Urry D, Parker T. Mechanics of elastin: molecular mechanism of biological elasticity and its relationship to contraction. In *Mechanics of Elastic Biomolecules*, Springer: 2003; pp 543 – 559.

[574] Sarkar A, Caamano S, Fernandez J M. The elasticity of individual titin PEVK exons measured by single molecule atomic force microscopy. *Journal of Biological Chemistry* **2005**, *280* (8), 6261 – 6264.

[575] Leake M C, Grützner A, Krüger M, et al. Mechanical properties of cardiac titin's N2B-region by single-molecule atomic force spectroscopy. *Journal of structural biology* **2006**, *155* (2), 263 – 272.

[576] Cui Y, Bustamante C. Pulling a single chromatin fiber reveals the forces that maintain its higher-order structure. *Proceedings of the National Academy of Sciences* **2000**, *97* (1), 127 – 132.

[577] Schwaiger I, Sattler C, Hostetter D R, et al. The myosin coiled-coil is a truly elastic protein structure. *Nature materials* **2002**, *1* (4), 232 – 235.

[578] Miller E, Garcia T, Hultgren S, et al. The mechanical properties of E. coli type 1 pili measured by atomic force microscopy techniques. *Biophysical journal* **2006**, *91* (10), 3848 – 3856.

[579] McAllister C, Karymov M A, Kawano Y, et al. Protein interactions and misfolding analyzed by AFM force spectroscopy. *Journal of molecular biology* **2005**, *354* (5), 1028 – 1042.

[580] Yu J, Malkova S, Lyubchenko Y L. α-Synuclein misfolding: single molecule AFM force spectroscopy study. *Journal of molecular biology* **2008**, *384* (4), 992 – 1001.

[581] Lee C-K, Wang Y-M, Huang L-S, et al. Atomic force microscopy: determination of unbinding force, off rate and energy barrier for protein-ligand interaction. *Micron* **2007**, *38* (5), 446 – 461.

[582] Borgia A, Williams P M, Clarke J. Single-molecule studies of protein folding. *Annu. Rev. Biochem.* **2008**, *77*, 101 – 125.

[583] Ishii T, Murayama Y, Katano A, et al. Probing force-induced unfolding intermediates of a single staphylococcal nuclease molecule and the effect of ligand binding. *Biochemical and biophysical research communications* **2008**, *375* (4), 586 – 591.

[584] Miyagi A, Tsunaka Y, Uchihashi T, et al. Visualization of Intrinsically Disordered Regions of Proteins by High-Speed Atomic Force Microscopy. *ChemPhysChem* **2008**, *9* (13), 1859 – 1866.

[585] Afrin R, Alam M T, Ikai A. Pretransition and progressive softening of bovine carbonic anhydrase II as probed by single molecule atomic force microscopy. *Protein Science* **2005**, *14* (6), 1447 – 1457.

[586] Ikai A, Afrin R, Sekiguchi H. Pulling and pushing protein molecules by AFM. *Current Nanoscience* **2007**, *3* (1), 17 - 29.

[587] Parra A, Casero E, Lorenzo E, et al. Nanomechanical properties of globular proteins: lactate oxidase. *Langmuir* **2007**, *23* (5), 2747 - 2754.

[588] Staii C, Wood D W, Scoles G. Ligand-induced structural changes in maltose binding proteins measured by atomic force microscopy. *Nano letters* **2008**, *8* (8), 2503 - 2509.

[589] Silva L P. Imaging proteins with atomic force microscopy: an overview. *Current Protein and Peptide Science* **2005**, *6* (4), 387 - 395.

[590] Lubarsky G, Davidson M, Bradley R. Hydration-dehydration of adsorbed protein films studied by AFM and QCM-D. *Biosensors and Bioelectronics* **2007**, *22* (7), 1275 - 1281.

[591] Schneider S, Lärmer J, Henderson R, et al. Molecular weights of individual proteins correlate with molecular volumes measured by atomic force microscopy. *Pflügers Archiv European Journal of Physiology* **1998**, *435* (3), 362 - 367.

[592] Kim D, Blanch H, Radke C. In direct imaging of aoueous lysozyme adsorption onto mica by atomic force microscopy, *Abstracts of Papers of the American Chemical Society*, Amer Chemical Soc 1155 16TH ST, NW, Washington, DC 20036 USA: 2002; pp U410 - U410.

[593] Tatham A S, Thomson N H, McMaster T J, et al. Scanning probe microscopy studies of cereal seed storage protein structures. *Scanning* **1999**, *21* (5), 293 - 298.

[594] Humphris A D L, McMaster T J, Miles M J, et al. Atomic force microscopy (AFM) study of interactions of HMW subunits of wheat glutenin. *Cereal Chemistry* **2000**, *77* (2), 107 - 110.

[595] McMaster T, Miles M, Kasarda D, et al. Atomic force microscopy of A-gliadin fibrils and in situ degradation. *Journal of Cereal Science* **2000**, *31* (3), 281 - 286.

[596] Mills E C, Huang L, Noel T R, et al. Formation of thermally induced aggregates of the soya globulin β-conglycinin. *Biochimica et Biophysica Acta (BBA)-Protein Structure and Molecular Enzymology* **2001**, *1547* (2), 339 - 350.

[597] Ikeda S, Morris V J. Fine-stranded and particulate aggregates of heat-denatured whey proteins visualized by atomic force microscopy. *Biomacromolecules* **2002**, *3* (2), 382 - 389.

[598] Ikeda S. Heat-induced gelation of whey proteins observed by rheology, atomic force microscopy, and Raman scattering spectroscopy. *Food hydrocolloids* **2003**, *17* (4), 399 - 406.

[599] Gosal W S, Clark A H, Ross-Murphy S B. Fibrillar β-lactoglobulin gels: Part 1. Fibril formation and structure. *Biomacromolecules* **2004**, *5* (6), 2408 - 2419.

[600] Tay S L, Xu G Q, Perera C O. Aggregation profile of 11S, 7S and 2S coagulated with GDL. *Food Chemistry* **2005**, *91* (3), 457 - 462.

[601] Drake B, Prater C, Weisenhorn A, et al. Imaging crystals, polymers, and processes in water with the atomic force microscope. *Science* **1989**, 1586–1589.

[602] Blinc A, Magdic J, Fric J, et al. Atomic force microscopy of fibrin networks and plasma clots during fibrinolysis. *Fibrinolysis and Proteolysis* **2000**, *14* (5), 288–299.

[603] Chtcheglova L A, Haeberli A, Dietler G. Force spectroscopy of the fibrin (ogen)-fibrinogen interaction. *Biopolymers* **2008**, *89* (4), 292–301.

[604] Lim B B, Lee E H, Sotomayor M, et al. Molecular basis of fibrin clot elasticity. *Structure* **2008**, *16* (3), 449–459.

[605] Dietz H, Bornschlögl T, Heym R, et al. Programming protein self assembly with coiled coils. *New Journal of Physics* **2007**, *9* (11), 424.

[606] Wang C, Huang L, Wang L, et al. One-dimensional self-assembly of a rational designed β-structure peptide. *Biopolymers* **2007**, *86* (1), 23–31.

[607] Ye Z, Zhang H, Luo H, et al. Temperature and pH effects on biophysical and morphological properties of self-assembling peptide RADA16 – I. *Journal of Peptide Science* **2008**, *14* (2), 152–162.

[608] Caruso F, Furlong D N, Kingshott P. Characterization of ferritin adsorption onto gold. *Journal of colloid and interface science* **1997**, *186* (1), 129–140.

[609] Davies J, Roberts C, Dawkes A C, et al. Use of scanning probe microscopy and surface plasmon resonance as analytical tools in the study of antibody-coated microtiter wells. *Langmuir* **1994**, *10*, 8.

[610] Quist A, Björck L, Reimann C, et al. A scanning force microscopy study of human serum albumin and porcine pancreas trypsin adsorption on mica surfaces. *Surface science* **1995**, *325* (1–2), L406–L412.

[611] Mori O, Imae T. AFM investigation of the adsorption process of bovine serum albumin on mica. *Colloids and Surfaces B: Biointerfaces* **1997**, *9* (1–2), 31–36.

[612] Nakata S, Kido N, Hayashi M, et al. Chemisorption of proteins and their thiol derivatives onto gold surfaces: characterization based on electrochemical nonlinearity. *Biophysical chemistry* **1996**, *62* (1–3), 63–72.

[613] Kowalczyk D, Marsault J-P, Slomkowski S. Atomic force microscopy of human serum albumin (HSA) on poly (styrene/acrolein) microspheres. *Colloid & Polymer Science* **1996**, *274* (6), 513–519.

[614] Quinto M, Ciancio A, Zambonin P G. A molecular resolution AFM study of gold-adsorbed glucose oxidase as influenced by enzyme concentration. *Journal of Electroanalytical Chemistry* **1998**, *448* (1), 51–59.

[615] Radmacher M, Fritz M, Cleveland J P, et al. Imaging adhesion forces and elasticity of lysozyme adsorbed on mica with the atomic force microscope. *Langmuir* **1994**, *10*, 16.

[616] Wu X-h, Liu W Y, Xu L, et al. Topography of ribosomes and initiation complexes from

rat liver as revealed by atomic force microscopy. *Biological chemistry* **1997**, *378* (5), 363 - 372.

[617] Yang J, Mou J, Shao Z. Structure and stability of pertussis toxin studied by in situ atomic force microscopy. *FEBS letters* **1994**, *338* (1), 89 - 92.

[618] Stein P E, Boodhoo A, Armstrong G D, et al. The crystal structure of pertussis toxin. *Structure* **1994**, *2* (1), 45 - 57.

[619] Mou J, Sheng S, Ho R, et al. Chaperonins GroEL and GroES: views from atomic force microscopy. *Biophysical journal* **1996**, *71* (4), 2213 - 2221.

[620] Mou J, Czajkowsky D, Sheng S J, et al. High resolution surface structure of E. coli GroES oligomer by atomic force microscopy. *FEBS letters* **1996**, *381* (1 - 2), 161 - 164.

[621] Yokokawa M, Wada C, Ando T, et al. Fast-scanning atomic force microscopy reveals the ATP/ADP-dependent conformational changes of GroEL. *The EMBO journal* **2006**, *25* (19), 4567 - 4576.

[622] Karrasch S, Hegerl R, Hoh J H, et al. Atomic force microscopy produces faithful high-resolution images of protein surfaces in an aqueous environment. *Proceedings of the National Academy of Sciences* **1994**, *91* (3), 836 - 838.

[623] Brizzolara R A, Boyd J L, Tate A E. Evidence for covalent attachment of purple membrane to a gold surface via genetic modification of bacteriorhodopsin. *Journal of Vacuum Science & Technology A: Vacuum, Surfaces, and Films* **1997**, *15* (3), 773 - 778.

[624] Ill C, Keivens V, Hale J, et al. A COOH-terminal peptide confers regiospecific orientation and facilitates atomic force microscopy of an IgG1. *Biophysical journal* **1993**, *64* (3), 919 - 924.

[625] Yang J, Tamm L, Somlyo A, et al. Promises and problems of biological atomic force microscopy. *Journal of microscopy* **1993**, *171* (3), 183 - 198.

[626] Yang J, Tamm L K, Tillack T W, et al. New approach for atomic force microscopy of membrane proteins: the imaging of cholera toxin. *Journal of molecular biology* **1993**, *229* (2), 286 - 290.

[627] Mou J, Yang J, Shao Z. Atomic force microscopy of cholera toxin B-oligomers bound to bilayers of biologically relevant lipids. *Journal of molecular biology* **1995**, *248* (3), 507 - 512.

[628] Pearce K H, Hiskey R G, Thompson N L. Surface binding kinetics of prothrombin fragment 1 on planar membranes measured by total internal reflection fluorescence microscopy. *Biochemistry* **1992**, *31* (26), 5983 - 5995.

[629] Schindler H. Formation of planar bilayers from artificial or native membrane vesicles. *FEBS letters* **1980**, *122* (1), 77 - 79.

[630] Schürholz T, Schindler H. Lipid-protein surface films generated from membrane vesicles: selfassembly, composition, and film structure. *European biophysics journal* **1991**, *20* (2), 71 - 78.

[631] Parkhouse R, Askonas B A, Dourmashkin R. Electron microscopic studies of mouse immunoglobulin M: structure and reconstitution following reduction. *Immunology* **1970**, *18* (4), 575.

[632] Lea A, Pungor A, Hlady V, et al. Manipulation of proteins on mica by atomic force microscopy. *Langmuir: the ACS journal of surfaces and colloids* **1992**, *8* (1), 68.

[633] Yang J, Mou J, Shao Z. Molecular resolution atomic force microscopy of soluble proteins in solution. *Biochem. Biophys.* **1994**, *Acta1199*, 10.

[634] Harada A, Yamaguchi H, Kamachi M. Imaging antibody molecules at room temperature by contact mode atomic force microscope. *Chemistry letters* **1997**, *26* (11), 1141 - 1142.

[635] Thimonier J, Chauvin J, Barbet J, et al. Preliminary studies of an immunoglobulin-m by near-field microscopies. *Journal of Trace and Microprobe Techniques* **1995**, *13* (3), 353 - 359.

[636] San Paulo A, Garcia R. High-resolution imaging of antibodies by tapping-mode atomic force microscopy: attractive and repulsive tip-sample interaction regimes. *Biophysical Journal* **2000**, *78* (3), 1599 - 1605.

[637] Thomson N. Imaging the substructure of antibodies with tapping-mode AFM in air: the importance of a water layer on mica. *Journal of microscopy* **2005**, *217* (3), 193 - 199.

[638] Perkins S J, Nealis A S, Sutton B J, et al. Solution structure of human and mouse immunoglobulin M by synchrotron X-ray scattering and molecular graphics modelling: a possible mechanism for complement activation. *Journal of molecular biology* **1991**, *221* (4), 1345 - 1366.

[639] You H X, Lowe C R. AFM studies of protein adsorption: 2. characterization of immunoglobulin G adsorption by detergent washing. *Journal of colloid and interface science* **1996**, *182* (2), 586 - 601.

[640] Caruso F, Rodda E, Furlong D N. Orientational aspects of antibody immobilization and immunological activity on quartz crystal microbalance electrodes. *Journal of Colloid and Interface Science* **1996**, *178* (1), 104 - 115.

[641] Perrin A, Theretz A. Quantification of specific immunological reactions by atomic force microscopy. *Langmuir* **1997**, *13* (9), 455 - 458.

[642] Roberts C, Williams P M, Davies J, et al. Real space differentiation of IgG and IgM antibodies deposited on microtiter wells by scanning force microscopy. *Langmuir* **1995**, *11*, 5.

[643] Kamruzzahan A, Ebner A, Wildling L, et al. Antibody linking to atomic force

microscope tips via disulfide bond formation. *Bioconjugate chemistry* **2006**, *17* (6), 1473 - 1481.

[644] Ebner A, Wildling L, Kamruzzahan A, et al. A new, simple method for linking of antibodies to atomic force microscopy tips. *Bioconjugate chemistry* **2007**, *18* (4), 1176 - 1184.

[645] Cao T, Wang A, Liang X, et al. Investigation of spacer length effect on immobilized Escherichia coli pili-antibody molecular recognition by AFM. *Biotechnology and bioengineering* **2007**, *98* (6), 1109 - 1122.

[646] Li L, Chen S, Oh S, et al. In situ single-molecule detection of antibody-antigen binding by tapping-mode atomic force microscopy. *Analytical chemistry* **2002**, *74* (23), 6017 - 6022.

[647] Putman C A, de Grooth B G, Hansma P K, et al. Immunogold labels: cell-surface markers in atomic force microscopy. *Ultramicroscopy* **1993**, *48* (1 - 2), 177 - 182.

[648] Saoudi B, Lacapère J J, Chatenay D, et al. Imaging surface of gold-immunolabeled thin sections by atomic force microscopy. *Biology of the Cell* **1994**, *80* (1), 63 - 66.

[649] Ohnesorge F, Heckl W, Häberle W, et al. Scanning force microscopy studies of the S-layers from Bacillus coagulans E38 - 66, Bacillus sphaericus CCM2177 and of an antibody binding process. *Ultramicroscopy* **1992**, *42*, 1236 - 1242.

[650] Mulhern P, Blackford B, Jericho M, et al. AFM and STM studies of the interaction of antibodies with the S-layer sheath of the archaeobacterium Methanospirillum hungatei. *Ultramicroscopy* **1992**, *42*, 1214 - 1221.

[651] Neagu C, Van der Werf K, Putman C, et al. Analysis of immunolabeled cells by atomic force microscopy, optical microscopy, and flow cytometry. *Journal of structural biology* **1994**, *112* (1), 32 - 40.

[652] Allen S, Chen X, Davies J, et al. Detection of antigen-antibody binding events with the atomic force microscope. *Biochemistry* **1997**, *36* (24), 7457 - 7463.

[653] Kienberger F, Mueller H, Pastushenko V, et al. Following single antibody binding to purple membranes in real time. *EMBO reports* **2004**, *5* (6), 579 - 583.

[654] Avci R, Schweitzer M, Boyd R D, et al. Comparison of antibody-antigen interactions on collagen measured by conventional immunological techniques and atomic force microscopy. *Langmuir* **2004**, *20* (25), 11053 - 11063.

[655] Cheung J W, Walker G C. Immuno-atomic force microscopy characterization of adsorbed fibronectin. *Langmuir* **2008**, *24* (24), 13842 - 13849.

[656] Soman P, Rice Z, Siedlecki C A. Immunological identification of fibrinogen in dual-component protein films by AFM imaging. *Micron* **2008**, *39* (7), 832 - 842.

[657] Hallett P, Offer G, Miles M. Atomic force microscopy of the myosin molecule. *Biophysical journal* **1995**, *68* (4), 1604 - 1606.

[658] Hallett P, Tskhovrebova L, Trinick J, et al. Improvements in atomic force microscopy protocols for imaging fibrous proteins. *Journal of Vacuum Science & Technology B: Microelectronics and Nanometer Structures Processing, Measurement, and Phenomena* **1996**, *14* (2), 1444-1448.

[659] Zhang Y, Shao Z, Somlyo A P, et al. Cryo-atomic force microscopy of smooth muscle myosin. *Biophysical journal* **1997**, *72* (3), 1308-1318.

[660] Sheng S, Gao Y, Khromov A S, et al. Cryo-atomic force microscopy of unphosphorylated and thiophosphorylated single smooth muscle myosin molecules. *Journal of Biological Chemistry* **2003**, *278* (41), 39892-39896.

[661] Kellermayer M S, Smith S B, Granzier H L, et al. Folding-unfolding transitions in single titin molecules characterized with laser tweezers. *Science* **1997**, *276* (5315), 1112-1116.

[662] Tskhovrebova L, Trinick J, Sleep J, et al. Elasticity and unfolding of single molecules of the giant muscle protein titin. *Nature* **1997**, *387* (6630), 308-312.

[663] Marszalek P E, Lu H, Li H, et al. Mechanical unfolding intermediates in titin modules. *Nature* **1999**, *402* (6757), 100-103.

[664] Higgins M J, Sader J E, Jarvis S P. Frequency modulation atomic force microscopy reveals individual intermediates associated with each unfolded I27 titin domain. *Biophysical journal* **2006**, *90* (2), 640-647.

[665] Szymczak P, Cieplak M. Stretching of proteins in a force-clamp. **2006**, *18* (1), L21.

[666] Fritz M, Radmacher M, Cleveland J P, et al. Imaging globular and filamentous proteins in physiological buffer solutions with tapping mode atomic force microscopy. *Langmuir* **1995**, *11* (9), 3529-3535.

[667] Shi D, Somlyo A, Somlyo A, et al. Visualizing filamentous actin on lipid bilayers by atomic force microscopy in solution. *Journal of microscopy* **2001**, *201* (3), 377-382.

[668] Zhang J, Wang Y L, Chen X Y, et al. Preliminarily investigating the polymorphism of self-organized actin filament in vitro by atomic force microscope. *Acta biochimica et biophysica Sinica* **2004**, *36* (9), 637-643.

[669] Almqvist N, Backman L, Fredriksson S. Imaging human erythrocyte spectrin with atomic force microscopy. *Micron* **1994**, *25* (3), 227-232.

[670] Zhang P, Bai C, Cheng Y, et al. Direct observation of uncoated spectrin with atomic force microscope. *Science in China Series B-Chemistry* **1996**, *39* (4), 378-385.

[671] Vinckier A, Heyvaert I, D'Hoore A, et al. Immobilizing and imaging microtubules by atomic force microscopy. *Ultramicroscopy* **1995**, *57*, 7.

[672] Shao Z, Shi D, Somlyo A V. Cryoatomic force microscopy of filamentous actin. *Biophysical journal* **2000**, *78* (2), 950-958.

[673] Shattuck M, Gustafsson M, Fisher K, et al. Monomeric collagen imaged by cryogenic

force microscopy. *Journal of microscopy* **1994**, *174* (1).

[674] Fujita Y, Kobayashi K, Hoshino T. Atomic force microscopy of collagen molecules. Surface morphology of segment-long-spacing (SLS) crystallites of collagen. *Microscopy* **1997**, *46* (4), 321 – 326.

[675] Chernoff E A, Chernoff D A. Atomic force microscope images of collagen fibers. *Journal of Vacuum Science & Technology A: Vacuum, Surfaces, and Films* **1992**, *10* (4), 596 – 599.

[676] Baselt D R, Revel J P, Baldeschwieler J D. Subfibrillar structure of type I collagen observed by atomic force microscopy. *Biophysical journal* **1993**, *65* (6), 2644 – 2655.

[677] Revenko I, Sommer F, Minh D T, et al. Atomic force microscopy study of the collagen fibre structure. *Biology of the Cell* **1994**, *80* (1), 67 – 69.

[678] Aragno I, Odetti P, Altamura F, et al. Structure of rat tail tendon collagen examined by atomic force microscope. *Experientia* **1995**, *51* (11), 1063 – 1067.

[679] Yamamoto S, Hitomi J, Shigeno M, et al. Atomic force microscopic studies of isolated collagen fibrils of the bovine cornea and sclera. *Archives of histology and cytology* **1997**, *60* (4), 371 – 378.

[680] Paige M F, Rainey J K, Goh M C. A study of fibrous long spacing collagen ultrastructure and assembly by atomic force microscopy. *Micron* **2001**, *32* (3), 341 – 353.

[681] Lin A C, Goh M C. Investigating the ultrastructure of fibrous long spacing collagen by parallel atomic force and transmission electron microscopy. *Proteins: Structure, Function, and Bioinformatics* **2002**, *49* (3), 378 – 384.

[682] Heinemann S, Ehrlich H, Douglas T, et al. Ultrastructural studies on the collagen of the marine sponge Chondrosia reniformis Nardo. *Biomacromolecules* **2007**, *8* (11), 3452 – 3457.

[683] Gale M, Pollanen M S, Markiewicz P, et al. Sequential assembly of collagen revealed by atomic force microscopy. *Biophysical journal* **1995**, *68* (5), 2124 – 2128.

[684] Paige M, Goh M. Ultrastructure and assembly of segmental long spacing collagen studied by atomic force microscopy. *Micron* **2001**, *32* (3), 355 – 361.

[685] Paige M F, Rainey J K, Goh M C. Fibrous long spacing collagen ultrastructure elucidated by atomic force microscopy. *Biophysical journal* **1998**, *74* (6), 3211 – 3216.

[686] Lin H, Clegg D O, Lal R. Imaging real-time proteolysis of single collagen I molecules with an atomic force microscope. *Biochemistry* **1999**, *38* (31), 9956 – 9963.

[687] Paige M F, Lin A C, Goh M C. Real-time enzymatic biodegradation of collagen fibrils monitored by atomic force microscopy. *International biodeterioration & biodegradation* **2002**, *50* (1), 1 – 10.

[688] Habelitz S, Balooch M, Marshall S J, et al. In situ atomic force microscopy of partially

demineralized human dentin collagen fibrils. *Journal of structural biology* **2002**, *138* (3), 227 – 236.

[689] Bigi A, Gandolfi M, Roveri N, et al. In vitro calcified tendon collagen: an atomic force and scanning electron microscopy investigation. *Biomaterials* **1997**, *18* (9), 657 – 665.

[690] Mackie A, Gunning A, Ridout M, et al. Gelation of gelatin observation in the bulk and at the air-water interface. *Biopolymers* **1998**, *46* (4), 245 – 252.

[691] Haugstad G, Gladfelter W L, Keyes M, et al. Atomic force microscopy of AgBr crystals and adsorbed gelatin films. *Langmuir* **1993**, *9*, 1594 – 1594.

[692] Brown H G, Hoh J H. Entropic exclusion by neurofilament sidearms: a mechanism for maintaining interfilament spacing. *Biochemistry* **1997**, *36* (49), 15035 – 15040.

[693] Aranda-Espinoza H, Carl P, Leterrier J-F, et al. Domain unfolding in neurofilament sidearms: effects of phosphorylation and ATP. *FEBS letters* **2002**, *531* (3), 397 – 401.

[694] Wagner O I, Ascaño J, Tokito M, et al. The interaction of neurofilaments with the microtubule motor cytoplasmic dynein. *Molecular biology of the cell* **2004**, *15* (11), 5092 – 5100.

[695] Gosal W S, Myers S L, Radford S E, et al. Amyloid under the atomic force microscope. *Protein and peptide letters* **2006**, *13* (3), 261 – 270.

[696] Goldsbury C, Frey P, Olivieri V, et al. Multiple assembly pathways underlie amyloid-β fibril polymorphisms. *Journal of molecular biology* **2005**, *352* (2), 282 – 298.

[697] Jansen R, Dzwolak W, Winter R. Amyloidogenic self-assembly of insulin aggregates probed by high resolution atomic force microscopy. *Biophysical journal* **2005**, *88* (2), 1344 – 1353.

[698] Shivji A, Davies M, Roberts C, et al. Molecular surface morphology studies of b-amyloid self-assembly: effect of pH on fibril formation. *Protein and Peptide Letters* **1996**, *3*, 407 – 414.

[699] Stine W, Snyder S, Ladror U, et al. The nanometer-scale structure of amyloid-β visualized by atomic force microscopy. *Journal of protein chemistry* **1996**, *15* (2), 193 – 203.

[700] Vieira E P, Hermel H, Möhwald H. Change and stabilization of the amyloid-β (1 – 40) secondary structure by fluorocompounds. *Biochimica et Biophysica Acta (BBA)-Proteins and Proteomics* **2003**, *1645* (1), 6 – 14.

[701] Benseny-Cases N, Cocera M, Cladera J. Conversion of non-fibrillar β-sheet oligomers into amyloid fibrils in Alzheimer's disease amyloid peptide aggregation. *Biochemical and biophysical research communications* **2007**, *361* (4), 916 – 921.

[702] Hoyer W, Cherny D, Subramaniam V, et al. Rapid self-assembly of α-synuclein observed by in situ atomic force microscopy. *Journal of molecular biology* **2004**, *340* (1), 127 – 139.

[703] Kayed R, Bernhagen J, Greenfield N, et al. Conformational transitions of islet amyloid polypeptide (IAPP) in amyloid formation in vitro. *Journal of molecular biology* **1999**, *287* (4), 781 – 796.

[704] Goldsbury C, Kistler J, Aebi U, et al. Watching amyloid fibrils grow by time-lapse atomic force microscopy. *Journal of molecular biology* **1999**, *285* (1), 33 – 39.

[705] Green J, Goldsbury C, Mini T, et al. Full-length rat amylin forms fibrils following substitution of single residues from human amylin. *Journal of molecular biology* **2003**, *326* (4), 1147 – 1156.

[706] Marek P, Abedini A B, Kanungo M, J et al. Aromatic interactions are not required for amyloid fibril formation by islet amyloid polypeptide but do influence the rate of fibril formation and fibril morphology. *Biochemistry* **2007**, *46* (11), 3255 – 3261.

[707] Khurana R, Souillac P O, Coats A C, et al. A model for amyloid fibril formation in immunoglobulin light chains based on comparison of amyloidogenic and benign proteins and specific antibody binding. *Amyloid* **2003**, *10* (2), 97 – 109.

[708] Jenko S, Škarabot M, Kenig M, et al. Different propensity to form amyloid fibrils by two homologous proteins — human stefins A and B: searching for an explanation. *Proteins: Structure, Function, and Bioinformatics* **2004**, *55* (2), 417 – 425.

[709] Liu R, McAllister C, Lyubchenko Y, et al. Residues 17 – 20 and 30 – 35 of beta-amyloid play critical roles in aggregation. *Journal of neuroscience research* **2004**, *75* (2), 162 – 171.

[710] Ortiz C, Zhang D, Ribbe A E, et al. Analysis of insulin amyloid fibrils by Raman spectroscopy. *Biophysical chemistry* **2007**, *128* (2), 150 – 155.

[711] Žerovnik E, Škarabot M, Škerget K, et al. Amyloid fibril formation by human stefin B: influence of pH and TFE on fibril growth and morphology. *Amyloid* **2007**, *14* (3), 237 – 247.

[712] Bochicchio B, Pepe A, Flamia R, et al. Investigating the amyloidogenic nanostructured sequences of elastin: sequence encoded by exon 28 of human tropoelastin gene. *Biomacromolecules* **2007**, *8* (11), 3478 – 3486.

[713] del Mercato L L, Maruccio G, Pompa P P, et al. Amyloid-like fibrils in elastin-related polypeptides: structural characterization and elastic properties. *Biomacromolecules* **2008**, *9* (3), 796 – 803.

[714] Hamada D, Tsumoto K, Sawara M, et al. Effect of an amyloidogenic sequence attached to yellow fluorescent protein. *Proteins: Structure, Function, and Bioinformatics* **2008**, *72* (3), 811 – 821.

[715] Kumar S, Ravi V K, Swaminathan R. How do surfactants and DTT affect the size, dynamics, activity and growth of soluble lysozyme aggregates? *Biochemical Journal* **2008**, *415* (2), 275 – 288.

[716] Sibley S P, Sosinsky K, Gulian L E, et al. Probing the mechanism of insulin aggregation with added metalloporphyrins. *Biochemistry* **2008**, *47* (9), 2858 - 2865.

[717] Kunze S, Lemke K, Metze J, et al. Atomic force microscopy to characterize the molecular size of prion protein. *Journal of microscopy* **2008**, *230* (2), 224 - 232.

精选图书和综述

[1] Abu-lail N, Camesano T. 2003. Polysaccharide properties probed with atomic force microscopy. *Journal of Microscopy*, 212, 217 - 238.

[2] Alexandrov B, Voulgarakis N K, Rasmussen K Ø, et al. 2008. Pre-melting dynamics of DNA and its relation to specific functions. *Journal of Physics: Condensed Matter*, 21, 034107.

[3] Borgia A, Williams P M, Clarke J. 2008. Single-molecule studies of protein folding. *Annu. Rev. Biochem.*, 77, 101 - 125.

[4] Bornschl G L T, Rief M. 2008. Single-molecule dynamics of mechanical coiled-coil unzipping. *Langmuir*, 24, 1338 - 1342.

[5] Brant D A. 1999. Novel approaches to the analysis of polysaccharide structures. *Current opinion in structural biology*, 9, 556 - 562.

[6] Bustamante C, Erie D A, Keller D. 1994. Biochemical and structural applications of scanning force microscopy. *Current Opinion in Structural Biology*, 4, 750 - 760.

[7] Bustamante C, Keller D, Yang G. 1993. Scanning force microscopy of nucleic acids and nucleoprotein assemblies. *Current Opinion in Structural Biology*, 3, 363 - 372.

[8] Bustamante C, Rivetti C. 1996. Visualizing protein-nucleic acid interactions on a large scale with the scanning force microscope. *Annual review of biophysics and biomolecular structure*, 25, 395 - 429.

[9] Charvin G, Allemand J, Strick T, et al. 2004. Twisting DNA: single molecule studies. *Contemporary Physics*, 45, 383 - 403.

[10] Clemmer C, Beebe T. 1992. A review of graphite and gold surface studies for use as substrates in biological scanning tunneling microscopy studies. *Scanning microscopy*, 6, 319 - 333.

[11] Conroy R S, Danilowicz C. 2004. Unravelling DNA. *Contemporary Physics*, 45, 26.

[12] Engel A. 1991. Biological applications of scanning probe microscopes. *Annual review of biophysics and biophysical chemistry*, 20, 79 - 108.

[13] Firtel M, Beveridge T. 1995. Scanning probe microscopy in microbiology. *Micron*, 26, 347 - 362.

[14] Fisher T E, Marszalek P E, Fernandez J M. 2000. Stretching single molecules into novel conformations using the atomic force microscope. *Nature Structural & Molecular Biology*, 7, 719 - 724.

[15] Fritz J, Anselmetti D, Jarchow J, et al. 1997. Probing single biomolecules with atomic force microscopy. *Journal of structural biology*, 119, 165 - 171.

[16] Fritzsche W, Takac L, Henderson E. 1997. Application of atomic force microscopy to visualization of DNA, chromatin, and chromosomes. *Critical Reviews™ in Eukaryotic Gene Expression*, 7.

[17] Giannotti M I, Vancso G J. 2007. Interrogation of single synthetic polymer chains and polysaccharides by AFM-based force spectroscopy. *ChemPhysChem*, 8, 2290 - 2307.

[18] Gosal W S, Myers S L, Radford S E, et al. 2006. Amyloid under the atomic force microscope. *Protein and peptide letters*, 13, 261 - 270.

[19] Greenleaf W J, Woodside M T, Block S M. 2007. High-resolution, single-molecule measurements of biomolecular motion. *Annu. Rev. Biophys. Biomol. Struct.*, 36, 171 - 190.

[20] Hagerman P J. 1988. Flexibility of DNA. *Annual review of biophysics and biophysical chemistry*, 17, 265 - 286.

[21] Hansma H, Kim K, Laney D, et al. 1997. Properties of biomolecules measured from atomic force microscope images: a review. *Journal of structural biology*, 119, 99 - 108.

[22] Hansma H G. 1996. Atomic force microscopy ofbiomolecules. *J. Vac. Sci. & Technol*, B14, 5.

[23] Hansma H G, Hansma P K. Potential applications of atomic force microscopy of DNA to the human genome project. *OE/LASE'93: Optics, Electro-Optics, & Laser Applications in Science & Engineering*, 1993. *International Society for Optics and Photonics*, 66 - 70.

[24] Hansma H G, Hoh J H. 1994. Biomolecular imaging with the atomic force microscope. *Annual review of biophysics and biomolecular structure*, 23, 115 - 140.

[25] Hansma H G, Kasuya K, Oroudjev E. 2004. Atomic force microscopy imaging and pulling of nucleic acids. *Current opinion in structural biology*, 14, 380 - 385.

[26] Hansma H G, Laney D, Bezanilla M, et al. 1995. Applications for atomic force microscopy of DNA. *Biophysical journal*, 68, 1672 - 1677.

[27] Harris S A. 2004. The physics of DNA stretching. *Contemporary physics*, 45, 11 - 30.

[28] Hirano Y, Takahashi H, Kumeta M, et al. 2008. Nuclear architecture and chromatin dynamics revealed by atomic force microscopy in combination with biochemistry and cell biology. *Pflügers Archiv-European Journal of Physiology*, 456, 139 - 153.

[29] Ikai A. 1996. STM and AFM of bio/organic molecules and structures. *Surface Science Reports*, 26, 261 - 332.

[30] Kasas S, Thomson N, Smith B, et al. 1997. Biological applications of the AFM: from single molecules to organs. *International journal of imaging systems and technology*, 8, 151 - 161.

[31] Lal R, John S A. 1994. Biological applications of atomic force microscopy. *American Journal of Physiology-Cell Physiology*, 266, C1 – C21.

[32] Morris V. 1994. Biological applications of scanning probe microscopies. *Progress in biophysics and molecular biology*, 61, 131 – 185.

[33] Ng S P, Randles L G, Clarke J. 2007. Single molecule studies of protein folding using atomic force microscopy. *Protein Folding Protocols*, 139 – 167.

[34] Ou-yang Z-C, Zhou H, Zhang Y. 2003. The elastic theory of a single DNA molecule. *Modern Physics Letters B*, 17, 1 – 10.

[35] Rief M, Oesterhelt F, Heymann B, et al. 1997. Single molecule force spectroscopy on polysaccharides by atomic force microscopy. *Science*, 275, 1295 – 1297.

[36] Ros R, Eckel R, Bartels F, et al. 2004. Single molecule force spectroscopy on ligand-DNA complexes: from molecular binding mechanisms to biosensor applications. *Journal of biotechnology*, 112, 5 – 12.

[37] Shao Z, Yang J, Somlyo A P. 1995. Biological atomic force microscopy: from microns to nanometers and beyond. *Annual review of cell and developmental biology*, 11, 241 – 265.

[38] Shao Z, Zhang Y. 1996. Biological cryo atomic force microscopy: a brief review. *Ultramicroscopy*, 66, 141 – 152.

[39] Shao Z, Mou J, Czajkowsky D M, et al. 1996. Biological atomic force microscopy: what is achieved and what is needed. *Advances in Physics*, 45, 1 – 86.

[40] Silva L P. 2005. Imaging proteins with atomic force microscopy: an overview. *Current Protein and Peptide Science*, 6, 387 – 395.

[41] Sletmoen M, Maurstad G, Sikorski P, et al. 2003. Characterisation of bacterial polysaccharides: steps towards single-molecular studies. *Carbohydrate research*, 338, 2459 – 2475.

[42] Strick T, Dessinges M, Charvin G, et al. 2003. Stretching of macromolecules and proteins. *Reports on Progress in Physics*, 66, 1.

[43] Turner Y T A, Roberts C J, Davies M C. 2007. Scanning probe microscopy in the field of drug delivery. *Advanced drug delivery reviews*, 59, 1453 – 1473.

[44] Vilfan I D, Kamping W, Van Den Hout M, et al. 2007. An RNA toolbox for single-molecule force spectroscopy studies. *Nucleic acids research*, 35, 6625 – 6639.

[45] Wang K, Forbes J G, Jin A J. 2001. Single molecule measurements of titin elasticity. *Progress in biophysics and molecular biology*, 77, 1 – 44.

[46] Woodcock E L. 2006. Chromatin architecture. *Current Opinion Srruct. Bioi*, 16, 6.

[47] Woodside M T, Garc A-Garc A C, Block S M. 2008. Folding and unfolding single RNA molecules under tension. *Current opinion in chemical biology*, 12, 640 – 646.

[48] Wei H, Van De Ven T G M. 2008. AFM-based single molecule force spectroscopy of

polymer chains: Theoretical models and applications. *Appl. Spectrosc. Rev*, 43, 23.

[49] Yang J, Shao Z. 1995. Recent advances in biological atomic force microscopy. *Micron*, 26, 35 - 49.

[50] Yuasa H. 2006. Ring flip of carbohydrates. *Trends in Glycoscience and Glycotechnology*, 18, 353 - 370.

[51] Zhang Q, Marszalek P E. 2006. Solvent effects on the elasticity of polysaccharide molecules in disordered and ordered states by single-molecule force spectroscopy. *Polymer*, 47, 2526 - 2532.

[52] Zhang W, Zhang X. 2003. Single molecule mechanochemistry of macromolecules. *Progress in Polymer Science*, 28, 1271 - 1295.

[53] Zhuang X. 2005. Single-molecule RNA science. *Annu. Rev. Biophys. Biomol. Struct.*, 34, 399 - 414.

[54] Zlantanova J, Leuba S H. 2003. Chromatin fibers, one-at-a-time. *J. Mol. Bioi*, 331, 10.

5 界面系统

5.1 界面介绍

术语"界面系统"包括了大量的生物样品,范围从动物细胞表面磷脂双层膜,在细菌表面上的蛋白质自组装成 2D 晶体阵列,到胶体分散体(如食品中的乳液或泡沫)中的界面层。原子力显微镜在这方面的主要用途是研究界面的结构。然而,在讨论原子力显微镜已经做了什么之前,介绍一些用于定义和表征表面和界面的度量是很有用的。

5.1.1 表面活性

两相之间任何界面的基本属性是存在与每个界面面积单位相关联的定量自由能。界面能与界面或表面张力有关,有时这些术语可互换使用。界面张力能够理解为分子间相互作用(在最简单的液体情况下)。以空气或油界面处的分子溶液为例(见图 5.1)。在本体相中,范德瓦尔斯力使得液体中分子在各个方向上均匀分布,每个分子上的净力平均为零。然而,这不适用于位于界面处的分子,因为它们仅与液体内它们下方的分子和界面上它们侧面的分子相互作用。图 5.1 给出了示意图。表面上的这些不平衡力可以等于每单位面积的自由能。由于来自表面下方分子的内向吸引力,表面自由能导致静内力。表面张力(γ)定义为将表面积增加单位量所需的功量(见图 5.2),因此表面张力和表面自由能相关。界面或表面张力定义为等温膨胀表面所需的每单位长度的力(F)(见图 5.2)。这意味着表面张力也可以描述将表面积(A)扩大单位量所需的功来。

由于可逆功和自由能(G)是相等的,则有

$$\gamma = \left(\frac{\partial G}{\partial A} \right)_{V_1 T_1} \tag{5.1}$$

式中,V 为体积,T 为温度。

某些溶质即使以非常低的浓度存在,也会极大地改变溶剂的表面能。通常效果是降低表面张力,这些物质称为表面活性剂。虽然表面活性剂术语可用于描述

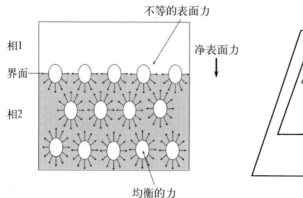

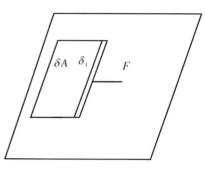

图5.1　表面张力：在本体相2(液相)中的分子具有相等的范德瓦尔斯力作用于所有的分子(界面上的分子仅仅与界面上或本体相内相邻的分子相互作用,导致形成静内力,这使得液体行为好像表面被包裹在弹性的皮肤里一样)

图5.2　表面张力 γ 是等温膨胀表面所需的每单位长度 δ_1 的力 F[表面积增加量 δA 导致自由能的增加 δG, γ 是每单位面积所做的功,见等式(5.1)]

任何表面活性分子,但通常仅用于描述相对较小的表面活性分子,例如脂质和不大的分子如蛋白质。在本书中,术语"表面活性剂"将按照这个惯例来应用。最熟悉的表面活性剂是脂肪酸盐。表面活性物质在界面处自组装形成"膜"。大多数表面活性分子含有亲水和疏水区域,即它们是两亲性的。通常,界面处的组装是通过从水性环境中排出两亲性分子的疏水区域来驱动的。在界面区域设置浓度梯度,界面附近的分子自身以疏水区域向界面的疏水侧取向,如图5.3所示。

　　存在于界面处的表面活性分子的量可以通过测量表面张力的变化来量化。研究界面膜不是纯粹出于学术好奇心,实际上它们赋予界面有用的物理特性。界面

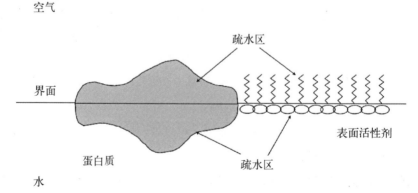

图5.3　表面活性分子在界面处的组装,通过从亲水(水相)相排除分子疏水区

的一个重要特性是它们的流变特性。为了说明这一点,考虑如何通过表面活性剂形成和稳定泡沫是有益的。泡沫的形成大大增加界面面积,这是因为表面活性剂降低了表面自由能,这意味着表面积的增加是极大可能的。然而,降低界面能量并非全部,因为如果生产稳定的泡沫所需要的都是低界面能量,那么具有低表面张力的纯液体(如醇)应该能够形成稳定的泡沫,实际上它们不能。事实上,是表面活性剂分子本身性质能够使泡沫稳定化。它们这样的行为就是所谓的吉布斯-马兰戈尼(Gibbs-Marangoni)机制。表面活性剂在界面区域是高度可移动的;也就是说它们可以相对容易地侧向扩散(马兰戈尼机制),并且如果具有可溶性,则在本体液体和表面之间也存在相当高的分子交换速率(吉布斯机制)。泡沫中气泡之间的界面层的变薄,如果没有受阻,将很容易导致其崩溃。在表面活性剂稳定的泡沫中,这种变薄导致表面活性剂分子浓度的局部消耗。由于它们在界面内的横向迁移率及其从本体液体中快速吸附的能力,其他表面活性剂分子迅速进入消耗区域以恢复平衡(见图 5.4)。

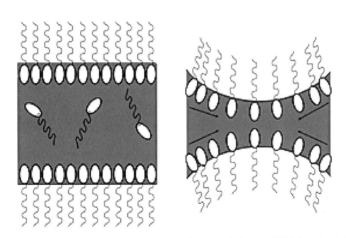

图 5.4　当膜被拉伸时,界面膜厚度的恢复是通过表面活性剂分子与黏附水
　　　　迁移进入膜的消耗(薄)区域而发生

当表面活性剂分子进入消耗区时,它们带上附着的水层,使薄膜厚度恢复,薄点被"治愈",因而气泡稳定。归因于界面膜,很容易看到这种效果怎么赋予真实物理属性。事实上,它定义为界面弹性,弹性模量(E)定义为面积改变速率下的表面张力变化速率,即

$$E = \frac{\mathrm{d}\gamma}{\mathrm{d}\ln A} \tag{5.2}$$

界面流变学在细胞膜的生物学功能中起重要作用,例如膜流动性以太多的方

式影响细胞功能。

5.1.2 界面系统 AFM 研究

界面区域通常不能接近,使 AFM 直接成像界面系统成为问题。例如,在水包油乳液中,油滴是柔软的、球形的,并且尺寸在几微米的范围内变化。类似地,围绕动物细胞的磷脂双层不仅弯曲,而且非常柔软,这意味着细胞膜的分子分辨率 AFM 图像非常难以原位获得。最后一个例子,蛋白质稳定的泡沫中的界面膜难以通过 AFM 进行成像,因为气泡本身刚性不足以直接扫描。所有这些示例都提出了 AFM 高分辨分析界面需要克服的问题。研究界面系统的最方便的方法是在受控的 Langmuir 槽环境中重新创建它们。

5.1.3 Langmuir 槽

Langmuir 槽通常由一个浅矩形聚四氟乙烯小槽(带有调控表面积的可移动聚四氟乙烯隔断块)和一些监测液体表面张力的手段(通常为定量作用在蘸如液体表面内的玻璃片或金属环上的力的精细天平)组成。也许最重要的是它们提供一个相对大的平面界面,其对于 AFM 成像具有明显的优势。首先,界面可以直接在"潜艇"AFM(见第 2.9.2 节)中成像,或者界面膜可以转移到合适的基底上(界面膜形状未发生变形),然后通过 AFM 成像。界面膜可以以两种方式形成,这些部分取决于感兴趣材料的溶解度。首先,将样品溶液滴加到槽中的液体表面上,可以形成界面膜,这种技术称为扩散。其次,对于一些可溶性表面活性分子如蛋白质,界面膜可以通过将样品溶液简单地填充到槽中而形成,允许分子通过自组装吸附到界面上,这种技术称为吸附。

到目前为止,已经讨论了界面张力和弹性的基本原理。与表面或界面张力直接相关的另一个参数并与 Langmuir 槽特别相关的参数是表面压力(Π)。表面压力定义了表面以类似于气体中分子的表面扩散趋势,但限于二维区域而不是三维体积。给定界面的表面压力定义为裸界面的表面张力(γ_0)与界面膜的表面张力(γ_1)之差:

$$\Pi = \gamma_0 - \gamma_1 \tag{5.3}$$

由于表面张力与表面压力之间存在直接的关系,可以看出界面膜中存在的分子越多表面压力越大。这加强了前面提到的气体类比,意味着表面压力是一个有用的概念,它可以描述分子在界面膜中的堆积状态。因此,经常引用表面压力,而不是表面张力。图 5.5 说明了表面压力对界面面积的测量(图中称为 Π-A 等温线),可定义界面膜的各种物理状态(相)。

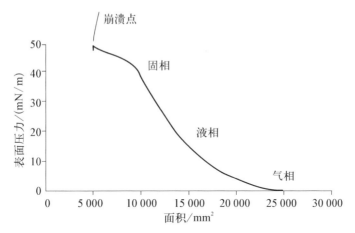

图 5.5 磷脂膜的典型 Π - A 等温线,显示气、液、固相和崩溃点(注意,有时 Π - A 等温线中的面积单位是以分子大小而不是这里显示的绝对单位来定义的)

在非常低的表面压力(高表面张力)下,界面膜由非常低密度的两亲性分子组成,并且在例如脂质界面层中,它们可描述为处于扩展的"气相"中:如气体分子般可以自由扩散,但保留在表面。可以通过向表面添加更多的脂质来增加堆积密度,或者更通常地,通过在 Langmuir 槽上移动隔断块来减少界面面积,从而增加堆积密度。无论在上述哪一种情况下,分子都会被迫更紧密,并且膜达到所谓的"流体相",分子仍然可以在这个阶段扩散,但是更加受限。如果该区域进一步缩小,分子就会紧密地填充在所谓的"固体"或"凝胶"相中。此时分子扩散的空间很小。最后,如果界面的面积减小到超过这一点,则膜将迅速被迫塌陷,脂质分子离开表面并进入本体或"亚相"中。

定义了界面膜的性质,下面讨论它如何转移到原子力显微镜成像的基底上。

5.1.4 Langmuir-Blodgett 膜转移

一般来说,界面膜很软。因此,必须将其从 Langmuir 槽转移到硬质基底上以便机械地支撑界面膜,从而可以进行 AFM 成像。其原理是以受控的方式拉着理想基底通过界面膜。对于平面界面,这是非常直截了当的,可以使用 Langmuir-Blodgett(LB)技术完成。对 LB 膜结构的优良和详细的综述可以在别处找到[1]。表面压力(或表面张力)的测量可用于监测薄膜到基底上的转移(见图 5.6)。

因为给定系统的表面张力与界面处的被吸附物的量成反比,所以膜转移更方便的测量是表面压力。原理是当浸渍过程中一些被吸附物转移到基底上时,表面压力将会降低。基底与槽比率越大,观察到的表面压力降低量越大。表面压力的这种变化意味着系统平衡状态的破坏,因而在转移过程中常常应用反馈回路来保

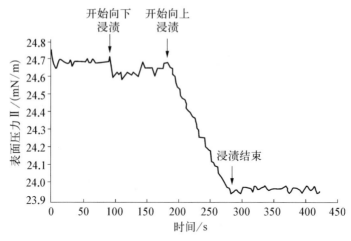

图 5.6 浸渍期间的膜转移通过表面压力的变化来确证(这里显示的数据是将蛋白质膜转移到云母上,注意,在这种情况下,如由表面压力的变化所指示,膜转移仅在浸渍的外部部分发生;有关详情见图 5.7)

持恒定的表面压力(通过将槽隔断块移动而减小槽的表面积),因此维持界面层的堆积。在这种情况下,在浸渍过程中,一个反馈校正信号或隔断块位置的图示将确认薄膜转移。将通过移动隔断块(在转移过程中)扫出的面积与基底的扫描面积进行比较来量化转移率。如果浸渍速度缓慢,则转移比率将为 1。这确保了界面膜的堆积密度不会被转移过程所改变。然而,由于 AFM 所需的基底面积通常与槽面积相比非常小,所以这种反馈控制并不总是必需的。

转移膜的性质在某种程度上取决于浸入界面的基底。由于许多原因,液体上方的基底下沉再退出这种方式更容易。以这种顺序做的主要优点是,基底在本体溶液中只暴露在最短的时间内。这在处理吸附膜时尤其重要,其中亚相可能含有显著浓度的样品分子,这些样品分子可能会在基底上物理吸附从而误导结果(更多细节见第 5.7.1 节)。对于诸如云母的亲水性基底,如图 5.7(b)和图 5.6 所示,在浸渍的向上穿过部分仅转移单层。对于疏水性基底(如石墨或 HF 处理过的硅),将在浸渍过程中每一次穿过中转移一层,从而转移双层[见图 5.7(c)]。

5.2 样品制备

5.2.1 清洁方案: 玻璃器皿和槽

在形成界面膜之前,可以使用以下方案来清洁玻璃器皿和槽。下面描述的三个清洁方法均可使用。

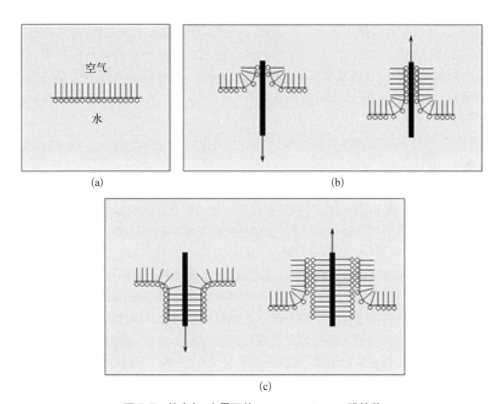

图 5.7　从空气-水界面的 Langmuir-Blodgett 膜转移

(a) 表面活性分子以其极性头基团在水相中取向；(b) 在浸渍亲水基底时，转移仅发生在向上穿过，产生单层覆盖；(c) 使用疏水性基底在两次穿过时发生双层覆盖

（1）洗涤剂法：① 用自由冲洗洗涤剂和热水彻底清洁。② 用热水冲洗。③ 用乙醇冲洗。④ 用水冲洗。

（2）酸法：① 浸在浓酸（如铬酸、氢氟酸或过硫酸铵）中。② 用水彻底冲洗。

（3）溶剂法：在溶剂中逐步漂洗，然后降低疏水性，例如水-丙酮-氯仿/甲醇（2：1）-丙酮水。

注意：氢氟酸（HF）是一种非常危险的试剂，其使用不应轻易进行。这种建议在用于清洗设备时尤为重要，因为需要使用相当大量的 HF，这使其特别危险。此外，应该指出的是，与预期相反，稀释实际上变得更加危险，因为分离释放出更多的 F 离子。

为了验证 Langmuir 槽是否洁净和使用的水是否"表面纯净"，在将样品扩散到空气界面处之前，应测量表面张力。20℃时，水的表面张力值为 72.6 mN·m^{-1}。表面活性物质起到降低表面张力的作用，因此实际上低于 72.5 mN·m^{-1}（20℃时）的表面张力值表示污染。记住，表面张力随着温度和离子强度而变化

（校正值可以在大多数数据手册中找到）。最后，确保没有表面污染（即使在非常低的水平）的好方法是通过在测量表面张力的同时将隔断块移动从而将槽面积减小到最低程度。这将紧密堆积任何表面污染物，使其易于通过表面张力的下降来检测。如果表面张力保持恒定在 $72.5 \sim 72.6 \, mN \cdot m^{-1}$，那么表面是干净的。

5.2.2 基底

界面膜对于任何可能与其接触的表面活性物质来说是高度敏感的，所以除了清洁 Langmuir 槽本身以及在样品制备过程中使用的所有玻璃器皿之外，用于膜转移的整个基底都必须是清洁的，而不仅仅是要被成像的基底那面。

1）云母

在云母的情况下，在浸渍通过界面之前，需要撕开正在使用的云母片两侧，且修整已经操作过的边缘。使用干净的剪刀（用丙酮冲洗并干燥）从较大的片材上剪下矩形云母片。然后夹住剪下的云母片顶部和底部边缘，同时两侧使用两对细尖镊子撕开。这个相当复杂的任务在锻炼后并没有那么困难。另外，云母可以采用胶带夹住云母形成三明治结构，随后小心地撕开它们。第二种方法虽然更容易，但却更难以验证云母被完全撕开，并且必须要质量好的胶带（即具有均匀涂层黏合剂的胶带）。一旦撕开，云母只能用干净的镊子操作。

2）抛光硅片

用于 LB 膜转移的另一种有用的 AFM 基底是抛光硅。如使用云母时一样，基底的矩形截面使浸渍过程更容易。可以通过使用金刚石玻璃切割机在硅片背面划线、将其与玻璃盖玻片的边缘对齐，然后轻轻地向下按压以折断硅线。或者将划线的硅（面朝上）放置在顺应材料垫（如 Gel‑Pak™，Hayward，CA，USA）上，然后小心地放置一个直的金属边缘（如钢标尺）与划痕相对，并在另一端猛烈敲击。破硅时的诀窍是，更薄的晶片（厚度约为 0.4 mm）比更厚的晶片（厚度可达 1 mm，通常会分解成二十个小碎片）更容易断裂。现在可以在接近末端仔细刻划合适大小的晶片，以便尺寸适合于 AFM 液体池。清洗硅片，再将其浸泡在热的食人鱼刻蚀液（30% 过氧化氢和硫酸的体积比为 3∶7）中，随后用水冲洗。这将去除任何有机污染物，只留下天然亲水氧化物表面。

像氢氟酸一样，食人鱼刻蚀液是另一种非常危险的试剂。它容易自发爆炸，需要非常小心地进行准备和处理（在准备之前必须寻求适当的安全建议，如果是学生，请让有经验的技术人员或研究人员帮忙）。在 10% 氢氟酸中进一步的"处理"步骤将从硅中除去氧化物层，留下氢钝化的疏水硅表面。

5.2.3　浸渍

清洁后,在浸渍过程中夹住基底的简单方便的方法是使用装有回形针的显微镜盖玻片(见图 5.8)。基底可以简单地在回形针下方滑动。如果使用云母,底部边缘应用剪刀剪裁,因为这可能会被手指上的油脂污染。现在应该有一个完全干净的准备浸泡的基底了。

使用玻璃盖玻片的优点很明显:它可以容易地使用鳄鱼嘴夹连接到与 LB 槽相关联的浸渍机构上,因而消除了将干净的基底直接连接到浸渍机构上所遇到的烦琐的问题。然后,基底可以通过槽内液体的界面浸入并再次浸出,注意不要让玻璃盖玻片底部接触到液体表面。浸渍速率应足够慢以确保在转移期间界面膜仅仅发生最小变形。实际上,我们发现 8 mm 每分钟的速率对于蛋白质膜来说是较好的,但是对于脂质,应该使用约 2 mm 每分钟的较慢速率。此后,基底可以从回形针下方滑出,并将浸渍部分剪切成合适的尺寸以装入 AFM 的液体池中。对于抛光硅,操作程序更加困难,剪切必须如上所述进行(见第 5.2.2 节)。

图 5.8　将云母基底浸入空气-水界面

5.3　磷脂

磷脂是一类在生物学中非常重要的两亲分子,磷脂双层膜形成所有动物细胞的外包膜或质膜的基本结构。磷脂是由含有磷酸基甘油的极性(亲水性)头部和两个非极性(疏水)烃尾部组成的复杂脂质。尾部通常由不同长度的脂肪酸组成,其中一个尾部具有一个或多个不饱和顺式双键,从而在尾部引入扭结。尾部长度和饱和度的变化影响磷脂的堆积能力,从而赋予其流变性,例如对膜的流动性。细胞膜的流动性在生物学上是重要的;例如当双层黏度增加超过阈值水平时,某些转运过程和酶活性被抑制。由于它们的圆柱形形状,磷脂分子在水溶液中自发形成双层,非极性尾位于该“三明治”结构的中间。双层消除自由边缘,其中疏水尾部将形成小室而存在于水中,并且这种倾向也意味着如果破坏,可以重新形成。磷脂双层作为二维流体,膜蛋白被“溶解”在其中,并且各个脂质分子可以侧向扩散并与其相邻脂质分子交换位置。磷脂分子在双层两侧的单层之间的运动(称为“后滚翻”运动)并不常见,并且这种限制对于双层膜的合成产生了一个问题,因为磷脂分子仅在膜的单层（通常是内质网的胞质单层）合成。如果不能将分子转移到膜的另一层，则不能形成双层。转移实际上是由称为磷脂转运体的特殊膜蛋白介导的，即其催化磷脂分子的"后滚翻"[2]。

根据磷原子上的取代定义了大量不同的磷脂。例如哺乳动物细胞质膜中最丰富的两种，磷脂酰胆碱（也称为卵磷脂）和磷脂酰乙醇胺，分别具有通过磷酸酯连接的胆碱基和乙醇氨基。磷脂头部的性质赋予分子的各种性质，例如电荷和溶解度，其对位于膜内的蛋白质和酶反应或与其相互作用具有重要影响。头部的这种特异性意味着由于功能性原因，双层的两半（也称为小叶）的脂质组成通常是不同的，并且该变化是在内质网合成期间由磷脂转运体控制。例如，响应于细胞外信号的酶激酶 C 与富含磷脂酰丝氨酸的质膜细胞质表面结合，磷脂酰丝氨酸的负电荷是酶催化所必需的。如上所述，与质膜的化学组成一样，其物理特性也起着重要的作用。当温度降低时，双层可以从液态状态变为刚性结晶或凝胶状"冷冻"状态。发生这种情况的温度由磷脂分子中烃链的长度和饱和度决定。较长的烃链允许相邻的分子更强烈地相互作用，从而提高"冷冻"温度。顺式双键（其代表不饱和结构）会导致链（尾部）中的扭结，这使得分子堆积更加困难，因此降低了"冷冻"温度。这种属性被原始生物体（如酵母）的细胞所使用，其温度由环境决定，并且其在质膜中增加不饱和磷脂的产生，以在温度下降时保持膜流动性[2]。

可以看出，细胞质膜组成的详细性质（在物理和化学特征方面）决定了功能性，由于 AFM 具有在高度局部化水平上检测物理和化学性质的能力，因此这是理想的 AFM 研究领域。如前面样品制备中所述，成像这些材料的最佳方式是制备合成双层，然后将其转移到 AFM 的合适基底上。这是因为细胞膜原位成像产生不可分辨的细节和损害膜结构（甚至在优化的成像条件下）[3]。实验中有两种形成合成磷脂双层的方法。第一种方法是本体水溶液中制备球形囊泡（称为脂质体），其尺寸可以在 25 nm～1 μm 之间变化。然后将脂质体吸附到云母上用于 AFM 成像[4]，如果需要高分辨率，它们可以倒伏形成平坦层[5]。第二种方法是在 Langmuir 槽的空气-水界面上形成平面磷脂单层，然后通过 Langmuir-Blodgett 浸渍将其转移到基底上[6]。第一次浸渍将在浸渍的向外过程中产生在亲水基底上的磷脂单层，使其具有疏水性。为了产生双层，第二次将底物浸入 Langmuir 槽中，这次转移发生在基底向内过程中，从而使基底上产生双层（见第 5.1.4 节）。为了保持新形成的双层膜的完整性，在将其转移到 AFM 液体池过程中样品必须保持湿润。以任一种方式吸附到平面固体基底上的人工制备模型细胞膜称为支撑脂质双层（SLB）。

5.3.1　早期磷脂膜 AFM 研究

在早期 AFM 研究中，将二棕榈酰磷脂酰胆碱（DPPC）和二棕榈酰磷脂酰乙醇胺(DPPE)的膜双层吸附到云母基底上并在空气干燥后成像[5]。有两种方法用于DPPC双层沉积。在第一种方法中,将云母在洗涤剂和脂质混合溶液中孵育,同时通过透析缓慢除去洗涤剂,导致小脂质岛的成核,其径向向外生长以产生圆形双层片。第二种沉积方法包括将云母在脂质囊泡悬浮液中孵育 15~30 min,然后用过滤纸吸收多余的液体,产生几乎均匀的具有少量裂纹和盐晶体的脂质双层覆盖。注意有时通过滚动在云母表面上的脂质悬浮液滴来增加双层形成。尽管使用了大约 15 nN 的相对较高的力量,双层可以重复地成像。根据部分区域可能由于高力扫描而被破坏,研究人员得出以下结论:这种力量接近于极限,超过该力,双层膜会被破坏。DPPC 双层测量厚度为 6.3 nm,与预期的 4~5.5 nm 接近[7]。当使用第二种方法沉积由 DPPE 形成的脂质囊泡时,形成直径达到 2 μm、厚度为 100~200 nm 的大圆盘,表明在这种情况下,囊泡保持完整并且没有崩溃。然而,样品在吸附到云母之前已经在 4℃下储存数月,有利于在悬浮液中形成非常大的囊泡。该研究发现的重要一点是,用水冲洗吸附的囊泡,仅仅留下吸附在云母上的高度不一致的“脚印”[5]。

5.3.2 AFM 修饰磷脂双层

后来的研究利用 AFM 来修饰由 1,2 -双(10,12 -三苯乙烯基)- sn -甘油- 3 -磷酸胆碱(DC$_{8,9}$PC)组成的磷脂双层[8]。在这种情况下,通过冷却脂质-溶剂分散体系缓慢地通过其转变温度而形成脂质小管,该脂质小管沉积到新鲜撕开的高取向热解石墨(HOPG)上,并干燥后在空气中成像[9],于是它们倒塌形成平底双层。通过在同一个扫描线上扫描(有时约 2 500 次)直到所有的材料被去除来实现脂质小管的切割。发现不管相对于管轴的切割角度如何,(12.9±1.0)nN 的力是切割小管所需的阈值。在这个力值之上,切割过程更快。当对小管进行窄切割(小于80 nm)时,在 24 小时内观察到自退火的过程,表明双层中的脂质分子甚至在空气中也是移动的,并且在切割后残留的脂质可能留在石墨表面。然而,对于更宽的剪切,这个过程可能会中止。不过,AFM 针尖用于通过将脂质分子铲入切口中(使用比阈值切割力小约 14% 的力垂直扫描)来治愈这种更宽的切口。脂质小管的修饰如图 5.9 所示。用 UV 照射使 DC$_{8,9}$PC 脂质小管的酰基链聚合之后,用 AFM 针尖切割小管被证明是不可能的。该研究可能是第一个证明 AFM 具有能够成像、操纵并可能因此测量和改变脂质双层体系的一些基本性质的能力,例如决定双层黏度的分子间相互作用[8]。在这项工作之后,几项工作已经研究了 AFM 的扫描针尖对磷脂双层[10,11]和完整的脂质体[4]的影响。

Knapp 和同事们通过在六氟丙烯(HFP)中辉光放电处理 AFM 针尖,使其具有疏水性,或者在空气中使其具有亲水性。然后通过扫描在云母基底上由 DPPE

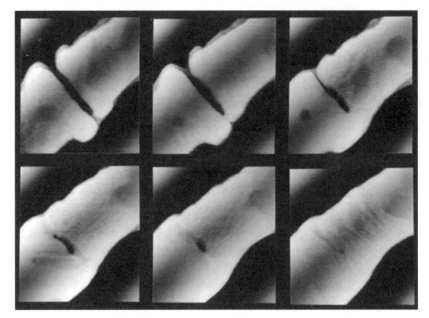

图 5.9 通过塌陷脂质小管上 80 nm 切口退火过程的时间序列[8]
（通过与切割口垂直重复扫描而实现退火）

底层和 DPPC 顶层组成的支撑磷脂双层而比较处理针尖与样品的相互作用[11]。除了形貌之外，他们还测量了脂质双层的摩擦性质和弹性，证明使用修饰针尖和组合的成像模式可以确定脂质双层表面的性质（无论是疏水的还是亲水的）。这提出了 AFM 可用于绘谱混合脂质双层的可能性。该研究表明，通过仔细选择适当的力，AFM 针尖对特定脂质层进行解剖是可能的。

AFM 对磷脂双层膜的机械性能进行了检测。Franz 和同事们证明，AFM 针尖推动双层的突破力（即针尖破裂双层并推动到底层云母的力）可以通过一个简单的模型来描述[12]。其他研究人员已经证明了针尖化学[13]、温度[14]和离子强度[15]可能对突破力产生影响。Pera 和同事们也检查了针尖和表面上双层的相互作用[13]。也有研究分析了磷脂双层的机械稳定性对其摩擦性能（当用于建立仿生表面时）的影响[16]。在这种系统中，由于多个双层彼此滑动而发生润滑。他们研究系统（DOPC 和 DPPC）的摩擦性能与穿透双层所需的力，发现了两者间直接的相关性。双层膜的机械稳定性越好，保持润滑水合层时双层膜越好。然而，AFM 数据对磷脂膜的机械性能的解释可能是一个并不简单的过程。Deleu 和同事们对这种测量的理解做出了重要贡献，对表面活性脂肽表面活性素与 DDPC 相分离单层的 AFM 力调制数据进行了分析，膜中液体扩展表面活性素区比紧密堆积液体浓缩 DPPC 区具有更大的硬度值，完全与预期相反[17]。进一步地，当采用中等或硬轻敲模式观察样品时,通过相位成像可以看到相同的效果。这些研究结果建议,不是材料的杨氏模量,而是 AFM 针尖接触面积在薄膜的表观硬度方面起主导作用[17]。这项研究作为一个警诫提醒,当进行这种测量时,客观性应该是一个口号。与分子堆积(即界面能)相比其他不太明显的因素将影响变形测量(见第 9.5.3 节有关变形理论的细节)。

5.3.3 AFM 研究双层内在性质

虽然上述研究主要集中在使用 AFM 成像磷脂双层的方法上,但还有其他一些研究集中在双层本身的性质上。在一个相当详细的研究中,通过 AFM 检查了云母上的二硬脂酰磷脂酰胆碱(DSPC)和 DPPE 的双层膜(LB 膜转到云母上,固相)和二油酰基磷脂酰乙醇胺(DLPE)双层膜(转移到云母上,液相)的结构和稳定性[10]。因为不对称的磷脂分子倾向于形成弯曲的单层,导致双层稳定性是一个问题,如图 5.10 所示。当这些不对称脂质并入双层时,每个单层被限制到共同的曲率,产生弯曲或受挫能量,这降低了双层的稳定性。事实上,提供足够的外部能量,这种存储的能量可能导致双层的破坏[18]。磷脂双层的弯曲能在许多膜蛋白的功能中起着极大的作用[19]。通过比较由 DPPE/DPPE 和 DPPE/DSPC 组成的双层的高倍放大 AFM 图像来确定磷脂头部对双层结构的影响。完全由 DPPE 组成的双层显示出间隔为 0.49 nm 的脊的周期性结构,其接近于间距为 0.52 nm 的云母六边形图案,但是云母结构的主要影响被打折扣,这是因为观察到的间距与相似磷脂(二月桂酰磷脂酰乙醇胺)的晶体学结构一致。

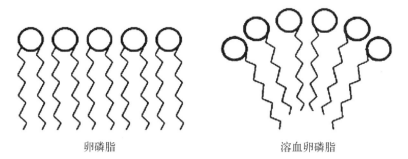

卵磷脂   溶血卵磷脂

图 5.10 对称的脂质如卵磷脂形成平面单层,而不对称脂质如溶血卵磷脂以楔形的方式堆积并且倾向于形成弯曲的单层

因此,在 DPPE/DPPE 双层上看到的周期性归因于对齐的头部[10]。进一步地,由 DPPE/DSPC 组成的双层的高倍放大 AFM 图像未能揭示任何晶格细节,可能证实纯 DPPE 双层看到的周期性不仅仅是由于下层云母晶格的不经意的成像。如果结果是在表面价值上成像,那么它们表示 AFM 成像能够确定磷脂头部对双

层内分子堆积的影响,因为当在"固体"阶段纯 DPPE 双层将被预期堆积成有序晶体排列,而磷脂酰胆碱存在于较无序的液体相中。众所周知,一些因素如堆积密度、分子有序性和层数都能提高支撑磷脂层的稳定性,但尚未研究弯曲能量对稳定性的作用。Hui 和同事在实验可控条件下通过创建自然形成高度弯曲表面的双层而直接研究了这种影响[10]。通过改变成像样品溶液的 pH 值,操纵磷脂体系头部电荷以产生高或低弯曲能量系统。例如,不饱和磷脂 DLPE 的单层在低于中性 pH 值时具有高曲率,因此创建由 DPPE/DLPE 组成的双层以研究该不稳定体系。在高 pH 值(大于 11)时,在 AFM 液体池中的水被更换为缓冲液后,观察到一些缺陷,但没有观察到总体变化。当成像缓冲液更换为低 pH 值(pH=5.0)时,这种情况发生了巨大变化。初始扫描显示出比在 pH=11 时存在更多的缺陷,并且这些缺陷在扫描期间生长,最终导致几乎整个 DLPE 顶层的去除,这与在低 pH 值下发生的弯曲能量的增加相关。这些结果如图 5.11 所示。

　　另一个有趣的观察(这应该作为一个 AFM 可以影响软样品的警示提醒)是在去除大部分的 DLPE 顶层后,残留材料响应于探针扫描形成大致平行线图案[10]。

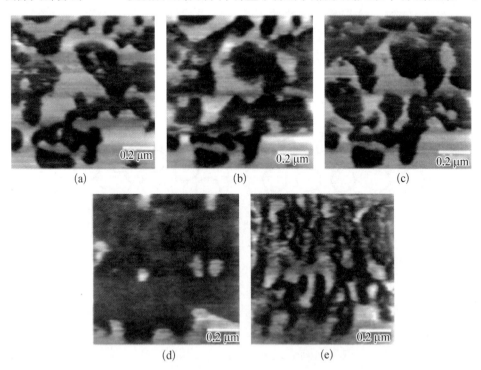

(a)　　　　　　(b)　　　　　　(c)

(d)　　　　　　(e)

图 5.11　pH=5 时 DPPE/DLPE 双层的 AFM 图像序列[10]

(a~d) 不饱和流动性 DLPE 上也被系统性去除,指明在此 pH 值下两小叶之间的低黏附;(e) 反复扫描后,垂直于扫描方向出现规则图案(这是一种伪像,当软材料被硬质物摩擦时发生,这些特征称为 Shallamach 波)

这些线不是真正的结构特征,而是一种称为 Schallamach 波的伪像,出现在当硬物体滑过软表面时[20]。表面压力对转移到石英基底上的 DPPC 单层分子结构的影响已经被 AFM 检查[21]。在高或中等表面压力下,在浓缩液体状态开始之后,石英上的 DPPC 分子 LB 膜的 AFM 图像揭示了分子有序性,但是与预期一样,从单层转移的无序液体扩展状态膜显示为无序[21]。

5.3.4　磷脂双层中的波纹相

波纹相是可能发生在磷脂双层中的一个有趣的现象,发生在一阶相(主)转变温度以下[22]。在双层堆叠中已经表明,在这个波纹状态下,膜的表面以周期的方式变皱[23]。直到最近,波纹相仅仅归结于堆叠双层的温度和水合。在 Mou 和同事们的 AFM 研究中,在简单的磷脂酰胆碱双层膜系统中发现了一种新的波纹相,其由通常使用的缓冲液复合物 Tris(三羟甲基氨基甲烷,$C_4H_{11}NO_3$)诱导形成[24]。支撑磷脂双层膜可以通过以下方法制备。将 20 mM NaCl 溶液中的超声处理的囊泡悬浮液沉积到新鲜撕开的云母上,然后在高于主转变温度(33℃)时短暂加热。随后用水冲洗云母,在合适的缓冲液进行成像,整个过程中双层膜不暴露在空气中。最初,双层成像在 20 mM NaCl 溶液中成像,即使在高于主转变温度的温度循环之后,也显示为表面平坦且无特征。通过用 AFM 针尖将磷脂层从云母上刮掉一片,测量层的深度(约为 6 nm),以确认仅存在单个双层。在加入 20 mM Tris(50 mM NaCl)溶液后,双层表面开始起皱,16 小时后观察到明显的波纹结构,周期为(18±2)nm,振幅为 0.3 nm。然后将样品加热超过其转变温度(42~50℃)半小时,形成第二个更宽的波纹相,周期为(32±2)nm,振幅为 1.2 nm,与较窄的原来的波纹相共存。这些结果如图 5.12 所示。有趣的是,双层的厚度在纹波形成之后发生变化;窄波纹相双层厚度达到约 7 nm,对于宽波纹相的区域,厚度达到约 9~10 nm。

在高放大倍率下,较大的波纹相看作是由两个距离约为 11 nm 的脊组成。不同相看上去是相对稳定的;在室温下没有观察到两相的相互转化。

当仅用 NaCl 溶液替换 Tris 缓冲液时,波纹相开始消失,较宽的相开始转化为窄的相,之后窄相消失,这个过程在室温下约 6 h 完成。整个过程是完全可逆的,可以通过向相同的样品中加入 Tris 缓冲液再次诱导波纹相,此外,该过程看上去没有损害双层。具有固有高分辨率的 AFM 能够揭示波纹结构中的局部微妙之处,例如在双层中存在波纹区域的边界,此时双层中存在缺陷。一些例子如图 5.13 所示。Tris 分子在双层中引起波纹的机制尚不清楚。然而,结果表明,波纹相可以发生在单个双层中,因此不需要双层间相互作用。

在后来的研究中,这项工作扩展到检查不对称性磷脂双层中的波纹相。其中

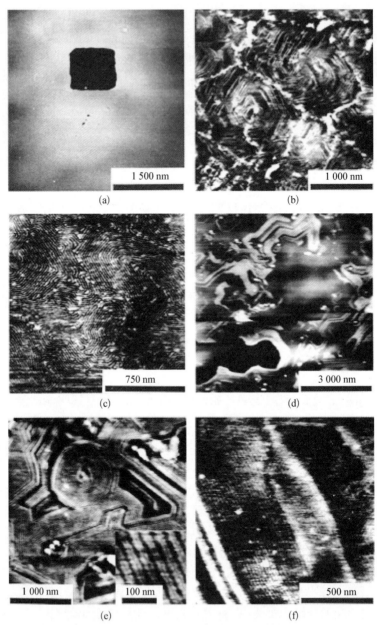

图 5.12　diC15 - PC 双层的波纹相的 AFM 成像[24]

(a) 在纯 NaCl 溶液(20 mM)中成像的 diC15 - PC 双层不显示波纹,通过高速和高力扫描使双层膜中形成方孔,使双层膜的厚度可以测量(6 nm);(b) 在20℃下在 20 mM Tris(50 mM NaCl)中孵育 2 小时后,开始形成一些波纹状特征,双层厚度增加(7 nm);(c) 在混合缓冲液中孵育 16 小时后,纹波结构更明显,但双层厚度没有变化(7 nm);(d) 将该样品加热至主转变温度(42～50℃)以上,观察到两个明显的波纹相:厚区域和薄区域,较厚的区域比薄区域高 2～3 nm;(e) 厚区域的较高放大倍率的图像,非常清楚地显示了纹波结构[在更高的放大倍数(插图)中,每个波纹可以看出由两个脊组成];(f) 较薄区域的高倍率图像

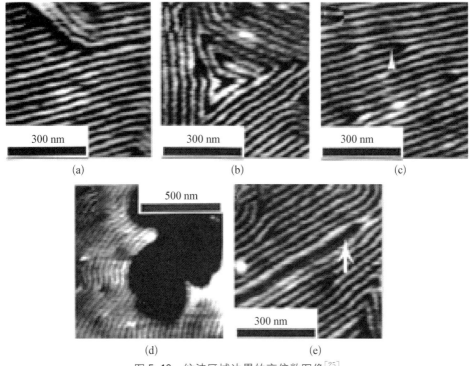

图 5.13 纹波区域边界的高倍数图像[25]

(a) 在一个交界处,一个区域停止,既不连接,也不跨越另一个区域;(b) 在三个线性区域交叉中心处的三角形空隙填充有螺旋波纹;(c) 在完全有序区域中有时观察到新的波纹形成,其不影响结构;(d) 在双层的自然缺陷下,纹波结构保持几乎完美无缺,垂直和平行于边缘,纹波结构看起来非常稳定,对缺陷不敏感;(e) 如果两个平行区域已经发展成为一个,那么经常会看到一个很小的间隙,由于太小而不能插入完整的波纹,然而,在这种间隙中,偶尔会观察到弱线(箭头)

不对称性磷脂双层由 DPPC 或 DSPC 组成一小叶,由棕榈酰-2-油酰基磷脂酰甘油(POPG)、1-硬脂酰-2-油酰基磷脂酰甘油(SOPG)或 1-棕榈酰-2-油酰基磷脂酰乙醇胺(POPE)组成另外一小叶[26]。对于这些系统,波纹相通过在磷酸盐缓冲盐水(PBS)中成像诱导,钠和磷酸根离子是必需组分。该不对称磷脂双层是通过依次 LB 膜转移每一种磷脂的单层到云母上而形成。然后再用 AFM 成像之前用成像溶液冲洗支撑双层样品。

通过执行组分离子不同浓度的 PBS(K^+,Na^+,Cr^-,PO_4^{2-})进行实验,确定如果发生纹波相,钠离子和磷酸根离子是必需的。注意到,0.5 mM 钾离子的存在降低了开始波纹相所需的钠阈值水平一个数量级,如前观察到波纹相多于一个周期。大多数研究是在 DPPC/POPG 双层上进行的,但也研究了不同系统每小叶组成,以便确定脂质是否存在形成波纹相的特异性。当底层是由饱和磷脂酰胆碱组成,最上层是由具有少量负电头部的饱和与不饱和脂质(如 pH=7.5 时的磷脂酰甘油、pH＝11时的磷脂酰乙醇胺)组成时波纹相容易形成。对于底层 DSPC 的双层膜，波纹相形成速度较慢，DPPC 对称双层没有观察到波纹相。因此，以 PBS 作为引发剂，只有不对称双层才显示波纹相，指明小叶间偶联性质对离子诱导波纹相发生有一定的影响。这个结果是 AFM 研究的一个例子，它真正揭示了生物系统的新信息，新的观察结果不能用磷脂双层的波纹形成理论解释[26]。

已经研究了温度对 DPPC 双层和双组分 DMPC/DSPC 双层中波纹相形成和破坏的影响[27]。在 DPPC 中，数据揭示了纹波相的高度各向异性，不同的相在不同的温度下出现和消失。对于混合系统，波纹熔化的开始青睐于在不同波纹类型和取向之间的晶界[27]。已经报道了通过添加表面活性素诱导 DPPC 双层中的波纹相，并且该过程根据稳定和弯曲的脂-表面活性素单层的形成而成功建模[28]。发现纹波相的诱导高度依赖于膜中存在的表面活性素的浓度。在另一项具有生物学意义的研究中，水解酶磷脂酶 A_2 和由 DMPC 和 DSPC 组成的混合双层之间的相互作用已显示改变膜的相行为[29]。发现该酶优先攻击混合膜中的 DMPC，但 AFM 成像允许的高分辨率检测揭示：DMPC 的波纹相比凝胶相更容易受到攻击。在混合膜内，这种优先攻击导致相变，导致由于 DSPC 富集而形成平坦凝胶相脂膜，同时保持膜本身的完整性。因此，AFM 揭示了在水解期间发生的微妙但重要的过程细节，这将无法通过更传统的低分辨率监测酶活性或膜完整性来获得。

5.3.5 混合磷脂膜

在真实的细胞膜中，磷脂双层不仅是不对称的，而且通常每层或每小叶中由许多不同的磷脂分子组成。如果发生相分离，AFM 具有将单层中这种分布进行绘谱的能力。在一篇有趣的文章中，在云母和 HOPG 上形成了不混溶磷脂 DPPE 和 1,2-二[(顺式)-9-十八烷酰基]-sn-甘油-3-磷酸乙醇胺(DOPE)的 LB 膜，并在空气中通过 AFM 进行了检测[30]。使用不同基底的原因是为了检查基底性质对转移膜的影响和表面压力对膜结构的影响。相分离形成明显的区域，由于高度差异约为 0.5 nm，所以 AFM 清楚地观察到了相分离。这些区域的形状取决于分子的摩尔比。随着摩尔比的变化，每个区域的形状从在另一个区域中的多叶状、双裂纹，然后到离散圆形区域变化。每个区域的相对面积与预期的分子面积和摩尔比率相当，允许鉴定 AFM 图像中的相。测量的另一个性质是利用 AFM 摩擦力成像模式测量的在混合膜上的摩擦系数。摩擦图产生了明显的对比度差异，DOPE 区域具有比 DPPE 区域更高的摩擦系数，呈现液体状。这是一个重要的观察结果，指明即使没有大小差异使得脂质相之间存在形貌区别，也可以通过其摩擦特性来区分不同的磷脂。在 DPPE 和 DOPE(摩尔比为 0.75/0.25)混合物膜转移过程中的表面压力值影响了 DPPE 区域的性质。随着 DPPE(45 mN·m^{-1})崩溃压力的接近,DPPE 区域中出现了裂纹,伴随着一些双层形成。当表面压力升高到 55 mN·m^{-1} 以上的值时,双层膜非常清楚。所有上述测量都是在转移到云母上的薄膜上进行的。DPPE/DOPE 混合物在 HOPG 上的图像证明了基底对转移膜中结构的影响。这些结构区域不再是圆形而是不规则形状[30]。

在类似的研究中,二硬脂酰磷脂酰乙醇胺(DSPE)和 DOPE 混合 LB 膜在云母上的形成已经作为空气中单层和水中双层进行了研究[31]。这些薄膜是通过 LB 浸渍形成的,双层的第二小叶是在向下浸入中产生的,然后样品通过浸没在 Langmuir 槽中的烧杯而保持在水下。这样就可以将 LB 膜转移到显微镜液体池中,而不会暴露于空气中(这会导致双层不稳定)。再次观察到了相分离,但在这种情况下,在磷脂单层(见图 5.14)和磷脂双层(见图 5.15)中都观察到了相分离,还观察到脂质区域的摩擦和黏附图谱的良好对比度,尽管事实上两者具有相同的头部。黏附图是通过在成像期间的每 8 个点执行力-距离曲线而获得的(以产生 64× 64 像素的阵列),显示了在每个点处针尖从样品表面脱离的力。所有三种数据的形貌对比差异归因于三个因素:① 磷脂分子的长度;② 每个相中假设的分子倾斜度;③ 不同层的机械响应(最重要的)。最后一个因素造成摩擦和黏附图像中的对比。AFM 针尖可使流体状的 DOPE 相非弹性变形。

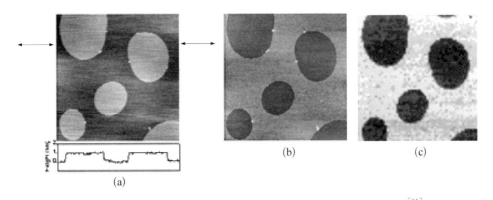

图 5.14 DSPE/DOPE 混合单层在云母上的相分离,在空气中成像[31]
(扫描尺寸为 15 μm×15 μm)

(a) 形貌图像,在图像下面为线条轮廓;(b) 摩擦图像;(c) 黏附图像(重新采样到 512×512 像素)。在图像中,较亮的区域分别对应于较大的高度、摩擦和黏附

进一步地,在水下成像的双层膜中,观察到另外的对比因子,即在 DSPE 区域上看到的短距离排斥力。因为两个磷脂的头部都相同,据推测是由水合或空间效应引起的。这种力量表现为形貌图像中区域之间的高度差(4.8 nm±0.7 nm),这不能解释为分子长度、倾斜或分子变形引起。在 DSPE 区域记录的力-距离曲线中,在针尖-样品距离为 3 nm 时观察到大的排斥成分,建议针尖在这些区域成像时

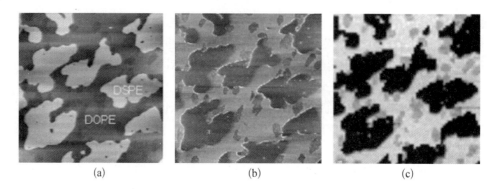

图 5.15　在混合磷脂双层中观察到相分离，在水中成像，双层(附在云母基底上)的
底小叶由纯 DSPE 组成，上小叶由 DSPE／DOPE 组成[31]

(a) 形貌图；(b) 摩擦图；(c) 黏附图(重新采样到 512×512 像素)。如图 5.15 所示，较亮的区域分别对
应于较大的高度、摩擦或黏附(扫描尺寸为 15 μm×15 μm)

是表面上方悬停。相比之下，在 DOPE 区域获得的力-距离曲线建议，针尖在成像
时实际上穿透到约 1 nm 的深度。在对这些混合膜研究的改进中，化学修饰的
AFM 针尖用于区分混合双层中的磷脂和糖脂[32]。这种微妙的化学灵敏度使
AFM 非常有希望应用于真实生物质膜的研究。

5.3.6　支撑层的影响

如果要研究更真实的质膜模型，如加入蛋白质和酶等，那么简单的 LB 膜直接
转移到基底上往往并不直截了当，这是由于膜蛋白不溶性和双层本身不稳定性等
因素。在这种情况下更有效的方法是单层融合技术[33]。该技术的第一步涉及将
脂质单层 LB 转移到亲水基底上。随后包含重构膜蛋白的囊泡沉积在涂覆的基底
上[34]，于是它们形成具有插入蛋白质的支撑脂质双层。其具有以下优点，如仅需
要少量蛋白质、蛋白质的天然膜环境被保留，并且它们在膜内的取向也被保留。除
了作为模型膜的应用之外，这种脂质蛋白囊泡是用于药物递送系统的有希望的候
选物，它们可以提供靶向特定细胞或组织类型的高度特异性方法。

采用单层融合技术产生的支撑磷脂单层和双层，已被原子力显微镜[35]和原子
力显微镜结合 SPM 相关技术，扫描近场光学显微镜(SNOM，见第 8.3 节)[36]检查
过。在本研究中，通过 LB 方法将磷脂(DPPC 或 DPPE)转移到玻璃基底上以形成
第一支撑层[36]。将荧光脂质类似物探针分子与这些单层混合，使得该层的结构可
以通过 SNOM 表征(作为对表面简单 AFM 检查的替代)。SNOM 图像揭示，在使
用的转移条件下($\Pi=30$ mN・m^{-1})，DPPC 形成具有许多亚微米尺寸微晶的单
层，这可以很容易观察到，这是因为荧光探针分子被迫进入晶界，单独的 AFM 测

试可能并不能明显观察到。相比之下,在固相凝聚相中 DPPE 转移后产生的单层具有更大的区域,排除的荧光探针分子片更加扩散,没有观察到规律性。随后从 POPC、POPE、胆固醇和二唾液酸神经节苷脂 G_{D1a} 的囊泡中融合得到的双层 AFM 成像显示,底层支撑脂质单层的结构对所得的"生物膜"双层具有深远的影响,其结果如图 5.16 所示。与 DPPC 包裹的基底融合的双层是非常不规则的并且高度波纹化[见图 5.16(a)和(c)],而融合到 DPPE 包裹基底上的双层[见图 5.16(b)和(d)]相对均匀。这看上去说明支撑脂质层通过某种形式的外延决定了吸附双层的结构。研究表明,结合不同的扫描探针显微镜使用可用于表征这些生物相关环境中的复杂系统。

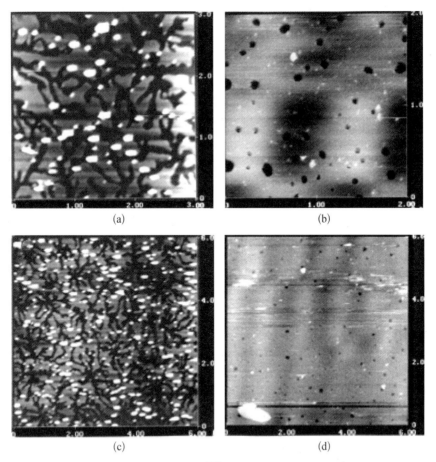

图 5.16　在水中获得的 AFM 图像[36][显示出支撑磷脂单层对吸附双层 (POPC：POPE：胆固醇：G_{D1a})的结构具有显著的影响,扫描尺寸显示在每张图像的底部(单位为 μm)]

(a)(c) DPPC；(b)(d) DPPE

　　在理解影响支撑磷脂双层膜行为的因素方面已经取得了重大进展,已特别开发了方法来使固体支撑物对双层结构和功能的影响最小化。一段时间以来,人们都知道,即使是支撑磷脂双层也能表现出分子的侧向流动[37],这归因于形成将双层与固体支撑物分离的薄水层。这个层厚为 $1\sim3$ nm,允许侧面脂质-脂质和垂直小叶-小叶相互作用更强于脂质-表面相互作用[38-40]。然而,这种薄水层可能具有比本体水显著高的黏度,且会影响膜的性质(见第 6.3.8 节)。从 AFM 的观点来看,该水层的厚度和性质可以通过实验进行调整。观察到钙的添加导致 DOPC 和DPPC 混合双层以下的水层中产生大的减少[41]。这种减少据推测是由于磷脂分子的极性头部与带负电荷的云母表面之间的相互作用增加而引起的。进一步地,在囊泡融合之前的玻璃表面的预处理显示对混合磷脂双层的流动性具有显著影响[42]。已经提出保护双层膜流动性的另一种方法是使用聚合物"衬垫"来弥合双层和其固体支撑之间的间隔[43]。虽然生物传感器研究的重点区域(如聚合物支撑双层)还没有得到 AFM 的良好表征,但这是未来一个有前景的研究方向(关于这个问题的更多信息,请参见第 6.3.8 节)。

　　为了探测加热对混合磷脂双层行为的影响,将在支撑双层流动性方面取得的进展与用于最新一代 AFM 的商业可用温度控制的改进进行了结合。通过研究支撑磷脂双层的相变,对磷脂 DPPC、SOPC 和 DMPC 的各种混合系统评估了脂质-脂质、小叶-小叶和脂质-表面相互作用的相对强度[44-46]。在这些研究中,数据指明,由于两小叶之间的相变峰加宽和解耦被观察到,脂质-表面相互作用强于小叶-小叶相互作用,不过反之亦然。关于混合 DOPC/DPPC 双层的研究表明了内部和外部小叶相变的耦合[47]。类似地,使用 DMPC 云母支撑双层膜,尽管具有广泛的凝胶-液晶结晶转变,通过 AFM 测定的熔融温度仅与差示扫描量热法(DSC)测量中获得的值略微升高(4℃)[48]。进一步地,与纯 DPPC 双层的 DSC 研究相比,AFM 发现了非常相似的凝胶-液晶转变值[49]。这些明显相互矛盾的结果的可能解释是 pH 值和离子强度在决定双层底部小叶和支撑表面之间相互作用的大小方面有关键作用。此外,采样经历对支撑脂质双层形成的影响可能发挥作用[50]。这里的重点在于实验条件实际上小的变化可能对支撑磷脂双层的物理行为有很大的影响。

　　正如我们在前面的章节中所看到的,支撑脂质双层的机械性质也适合使用AFM 研究,近来的工作已经证明了温度和离子强度能够对这些性质有影响[14,15]。

5.3.7　磷脂层的动态过程

　　使用 AFM 成像最令人振奋的可能性之一是能够在原位跟踪动态过程的能力,此处列出一些对磷脂双层进行实时成像的实例。

　　磷脂双层体系中实时成像的第一个实例之一是链霉亲和素与脂双层的结合。

脂双层的第一层为 DPPE,第二层为混合二豆蔻酸磷脂酰乙醇胺(DMPE)和生物素化 DPPE 组成的双层混合物,随后进行 AFM 观察[51]。研究发现链霉亲和素几乎完全与在流动相脂区域内的亲和素特异性结合,但由于脂质流动性而无法分辨出单个蛋白质。发现链霉亲和素与少量结晶相脂质区域中的生物素结合,这些区域结构对成像力敏感,但是在最佳范围"小于 200 pN"中,可以分辨出单个蛋白质。结论是,在过度的力下,AFM 针尖简单地"犁"过脂质层,使得结合蛋白质分子的观察成为不可能[51]。

两项研究已经使用 AFM 来检查磷脂层的酶促修饰[52,53]。首先,AFM 与其他几种技术(X 射线光电子能谱、二次离子质谱、X 射线反射率和椭圆偏振光谱)相结合来表征游离磷脂酶 C 对二豆蔻酸磷脂酰乙醇胺(DMPC)膜的影响。通过化学附着将 DMPC 层固定在硅片上,在酶处理前后检查膜。因此,该研究不是一个真正的动态研究,但值得一提的是它是 AFM 研究磷脂膜酶分解的两个早期例子之一。结果表明,酶对固定的脂质层有活性,从脂质中去除了所有的磷酸头部[52]。

第二项研究追踪了磷脂酶 A2 对 DPPC 磷脂双层的酶降解过程,它实际上发生在 AFM 的液体池中[53]。通过双 LB 浸渍法在云母上形成双层。在第二次浸渍之前,第一层膜在空气中干燥 15 分钟。对于两次浸渍,表面压力保持在 35 mN·m^{-1},使得 DPPC 层处于高度堆积的凝胶相中,转移速度为 3 mm·min^{-1}。

尖锐的针尖可以通过在 EM 聚焦标准氮化硅针尖顶点中使用电子束沉积碳而生长,这些针尖通常称为"电子束针尖"或"超针尖"。使用这种针尖来最小化水解产物黏附和针尖污染的影响,在这种方式下成像力保持在 0.5 nN 以下。AFM 成像在缓冲溶液下进行,然后加入蜂毒磷脂酶 A$_2$,浓度为 0.26 μM。获得的 AFM 图像序列如图 5.17 所示,表明 DPPC 双层的酶降解是由缺陷成核的。这是由于脂质的紧密堆积,DPPC 在凝胶相中的降解速度非常慢。而在缺陷处,脂质未很好地堆积,实际上在无缺陷区域中没有观察到双层降解。通过以下这个实验证实了这一点:通过在酶的存在下以稍高的力和扫描速率(5 nN 和 20 Hz)扫描来故意干扰双层的无缺陷区域,注意到这产生了凹槽。当不存在酶的情况下重复该过程时不发生损伤。降解的总体模式非常明显,酶侵蚀孔周围的双层,进入膜的无缺陷区域[见图 5.17(d)~(j)],直到几乎没有膜残留[见图 5.17(l)]。通过仔细检查图 5.17(b)中的图像,可以看到从孔导出许多小通道,表明酶的双层腐蚀在每个方向上并不是均匀地发生。在较高放大倍数下,这些通道主要被限制在 120°的离散角度,表明该酶可能对 DPPC 分子的排列敏感,因为在凝胶相中它们是六边形堆积的。根据通道面积仔细分析降解图案的 AFM 图像,估计随时间水解的脂质分子数量从而估计反应速率,进而确定序列图像中的水解水平。对于狭窄的通道[宽度仅为 15 nm,如图 5.17(b)中箭头所示],显著的结论是这些通道代表单个酶分子导

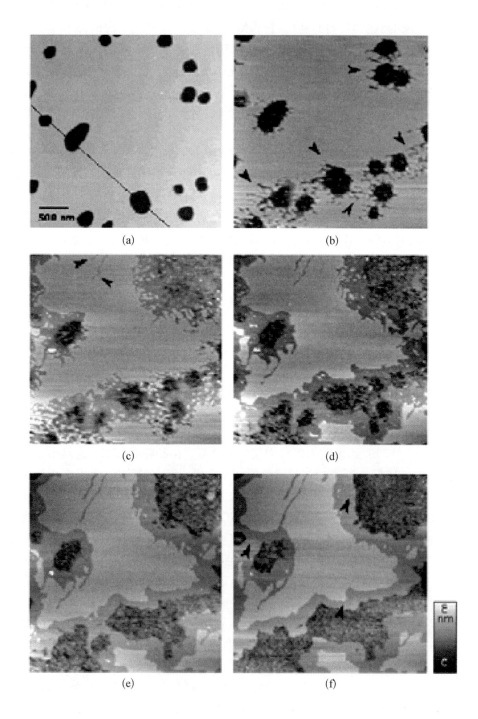

(a)

(b)

(c)

(d)

(e)

(f)

图 5.17　磷脂酶 A_2 水解 DPPC 双层的 AFM 图像序列[53]（标尺为 500 nm）

(a) 加酶前；(b) 加酶后 2 分钟；(c) 加酶后 4 分钟；(d) 加酶后 6 分钟；(e) 加酶后 9 分钟；
(f) 加酶后 12 分钟；(g) 加酶后 14 分钟；(h) 加酶后 17 分钟；(i) 加酶后 30 分钟；(j) 加酶后 50
分钟；(k) 加酶后 80 分钟；(l) 加酶后 140 分钟

致的水解,从图像分析得到的数据与其他人获得的量热数据保持很好的一致[54]。因此,如果酶分子对双层中磷脂组成敏感,则 AFM 可以追踪单个酶分子的活性,并且可以用于检查被认为调节双层组织的因子的影响[53]。

其他关于 DPPC 磷脂双层的动态研究包括高温下非原位观察云母表面的脂质损失[55],在高相对湿度原位观察区域运动[56]以及非原位观察 fillipin 诱导的混合 DPPE/胆固醇双层损伤[57]。

5.4　脂质体和完整的囊泡

本章前面各节中描述的所有 AFM 研究都是在平面双层上进行的,也有一些 AFM 研究完整脂质体和囊泡的例子。Shibata-Seki 和同事们将 DPPC/胆固醇完整脂质体结合到抗原修饰的金包裹云母基底之后,采用 AFM 进行成像[4]。脂质体的 AFM 图像为球形特征,其测量直径与从光散射测量获得的尺寸合理一致。测量脂质体的高度指明 AFM 针尖将这些软结构压缩了大约 40%,因此,发现图像质量相当强烈地依赖于所使用的力设定点(可接受的图像质量仅仅在力小于 1 nN 时候获得)和由针尖锐度确定的负载压力。一般来说,更钝的标准氮化硅针尖产生更好的图像。从初步计算可以确定,脂质体可以承受的临界负载力(对于标准针尖)和压力分别为 4.5 nN 和 0.9×10^6 N·m^{-2}[4]。

在最近的一项研究中,成像了脂质体吸附在云母上坍陷的过程[58]。最初 AFM 扫描是在纯缓冲液(10 mM MgCl$_2$)下成像显微镜液体池中新鲜撕开的云母上进行。然后用不同盐浓度的脂质体悬浮液代替缓冲液,以评估电解质浓度对云母和脂质体之间相互作用的影响。通过测量系统的 zeta 电位来量化脂质体和云母之间的静电相互作用。研究了磷脂酰胆碱(PC)和磷脂酰乙醇胺(PE),并对它们的双层形成机制进行了比较。从 PC 获得的结果如图 5.18 所示。

注射 5 分钟后 PC 悬浮球形特征出现在云母表面(见图 5.18,5 min),并且数量增多(见图 5.18,30 min),直到它们重叠并开始变平(见图 5.18,120~150 min),最后形成连续的双层(见图 5.18,240 min)。除了由 AFM 图像提供的脂质体崩溃的观察证据(即球形特征变平),还使用荧光计测量包封在脂质体中的荧光探针分子的释放来检测吸附到云母上脂质体的塌陷。通过在三种不同离子强度(10^{-4} M,10^{-3} M,10^{-2} M MgCl$_2$)下的 AFM 图像中的面积测量来定量基底的 PC 双层覆盖率,并与相同离子强度下 PC 脂质体/云母的荧光测量值进行比较。这些实验的结果非常接近,当以图形方式显示时,曲线的形式几乎相同。由于囊泡/云母系统的 zeta 电位降低,PC 囊泡对云母的吸附和变形率随着电解质浓度的增加而增加,这意味着它们之间存在较少的静电斥力。值得注意的是,PC 囊泡仅

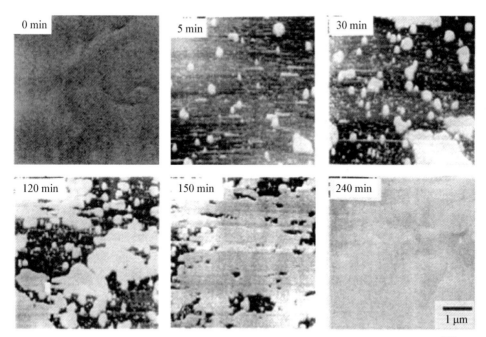

图 5.18 10 mM MgCl$_2$ 溶液中 PC 脂质体吸附到云母表面上的 AFM 图像时间序列[58]

在云母上形成了一个双层,在所研究的任何电解质条件下,也没有观察到另外的双层。PE 囊泡的结果在形成第二个双层时与 PC 囊泡不同但初始双层形成与 PC 囊泡相似。然而,第二个双层相对容易被 AFM 针尖推移,表明双层(这是由于乙醇胺头部之间)之间的相互作用弱于双层和云母表面之间的相互作用。在两种情况下,在脂质和云母之间没有静电排斥下观察到的这些差异归因于两种磷脂头部的不同水合程度,表明了头部化学在测定双层形成性质方面的重要性[58]。

5.5 脂质蛋白混合膜

在细胞的质膜中,磷脂双层含有许多膜蛋白,因此对插入脂双层的蛋白质研究与生物 AFM 有很大的相关性。该领域与第 6.2 节中描述的 2D 蛋白晶体的讨论在一定程度上重叠,这是因为大多数这样的系统是天然存在于磷脂双层中的膜蛋白。然而,有几个研究的例子中,蛋白质被故意地插入到 Langmuir 槽创建的磷脂双层中,或者插入到脂质囊泡中以改善蛋白质稳定性,因此提高了 AFM 成像分辨率[25,59,60],以检查组分之间的固有相互作用[61],或最终作为用于在摩擦 AFM 图像中产生材料对比度的模型系统[62]。

在第一个例子中,使用 LB 浸渍从空气-水界面转移到云母上形成含有 20 mol% 神经节苷脂 GM1 的 1,2-二戊-10,12-二炔基磷脂酰胆碱(DAPC)双层。通过将霍乱毒素溶液与云母支撑双层孵育,霍乱毒素及其 B 亚单位都与双层中的神经节苷脂结合。只要成像力保持在 0.3～0.5 nN 范围内,可以在纯水和缓冲液下获得高分辨率(优于 2 nm)的 AFM 图像。完整的霍乱毒素分子没有像 B 亚基一样紧密堆积,结果是前者的分辨率较低,为证明分子堆积对高分辨 AFM 成像很重要提供了直接证据。整个霍乱毒素分子成像是球形管,但相比之下,B 亚基的五聚体结构能明确分辨出来[59]。在为了增加双层及其所含蛋白质的稳定性的尝试中,通过将样品暴露于紫外光下进行小叶之间的交联。在同一课题组的后续研究中,重新检查了霍乱毒素 B 亚单位,这一次与 DPPE/PC 双层结合,但没有任何交联步骤[25]。通过两次 LB 浸渍和囊泡融合技术制备双层。获得了更轻微清晰的 AFM 图像,尽管分辨率与第一项研究(1～2 nm)相当,有趣的是没有发现图像质量对脂质状态的依赖性;AFM 图像显示寡聚体在凝胶相[见图 5.19(b)]或液晶相[见图 5.19(c)]脂质层中的图像是一样好。与以前的研究一样,蛋白质与插入到脂质层中的神经节苷脂结合,如果省略了该步骤,则没有结合[见图 5.19(d)]。由于蛋白质是随机且非特异性地结合到裸云母上,所以这种与磷脂双层的特异性结合为蛋白沉积到底物提供了有用的替代方法,使得能够获得更有序的蛋白质层。蛋白质特异性结合的另一个优点是遇到更少的针尖污染,这可能是由于分子更难以推移。在这方面,注意到使用小规模脂质包裹液滴技术[63](见第 6.2.3 节)制备这些蛋白质-脂质"膜"是不合适的,产生非常小的"膜"片段,可能快速污染 AFM 探针。最后,在本研究中,当蛋白质结合到由几种具有不同头部和酰基链的其他磷脂组成的双层时,获得了类似的结果[25],葡萄球菌 α-溶血素(α-HL)[一种相对分子质量(33 kD)小的水溶性蛋白质]在结合到质膜时转化成致孔寡聚体。

几年来,α-HL 在膜中采用的结构存在一定程度的不确定性。电子显微镜研究表明它形成了六聚体[64],但后来的 X 射线晶体学研究证明了七聚体形状[65]。晶体学研究认为 EM 研究中所需的图像处理可能会产生伪像[65]。因为已经证明 AFM 能够不需要图像加工且在现实环境中直接分辨几种膜蛋白的形状(见第 6章)和掺入磷脂双层的可溶性蛋白质,因此应用 AFM 以试图解决这个问题[60]。通过 LB 浸渍在云母上形成脂质双层,但在这种情况下不需要神经节苷脂,这是因为 α-HL 的低聚反应在与合适的两亲性基底接触时自发发生。在选择的含水缓冲液下,采用氧化物锐化氮化硅针尖在接触模式下获得的 AFM 图像证明了 α-HL 确实可以形成六聚体,证实了早期的 EM 研究。

该 AFM 研究证明 α-HL 可以以两种不同的寡聚形式存在,其原因需要进一步的研究。因此,该研究对于 AFM 用于解决真实生物问题提供了进一步令人鼓

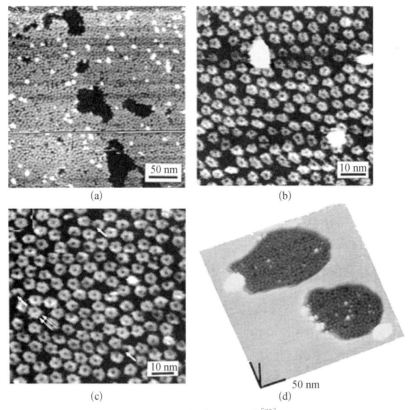

图 5.19 各种 AFM 图像[25]

(a) 霍乱毒素结合到凝胶相磷脂（DPPC）双层中，其包含神经节苷脂（GM1）以结合蛋白质分子；(b) 在更高分辨率下，可以清楚地看到各种毒素分子，并且可以看到许多中心腔和五聚体结构；(c) 霍乱毒素分子与含有 GM I 的液晶相磷脂（DPPC/POPG）双层结合的高分辨率图像，图像质量与凝胶相层中一样好，说明膜流动性不降低 AFM 图像分辨率［该图像的清晰度允许观察到单个霍乱毒素分子的结构变化，在某些情况下（单箭头）亚基缺失，而其他显示为六重对称（双箭头），而不是预期的五重对称］；(d) 当没有神经节苷脂掺入双层中时霍乱毒素分子不与膜结合，然而，在裸露的底物（云母）暴露的缺陷区域中可以看到许多霍乱毒素分子

舞的例子[60]。在这样的研究中，AFM 通过与其他技术（如 TEM）结合来观察在现实生物学条件下的结构。

采用 AFM 研究了重组肺表面活性物质相关蛋白（SP‑C）和由 DPPC 和二棕榈酰磷脂酰甘油（DPPG）组成的磷脂双层之间的相互作用[61]。该系统用作肺中磷脂和蛋白质的表面活性组合的模型，作用为将气泡上液体层表面张力保持在低水平上。这种液体层的低表面张力是呼吸"力学"的一个基本特征，使呼气后的肺能够再膨胀。为了模拟在肺部发现的这种效应，在各种表面压力下制备的混合脂质‑蛋白质膜模拟吸入（低表面压力状态模拟扩大肺的界面面积的增加）和呼气（高表面压力状态模拟肺排空时减少的界面面积）进行了研究。在云母向上浸出时，在云母上形成 LB 膜,其速度为 2 mm·min^{-1}。然后通过 AFM 在空气中检查转移的膜。在更低的表面压力(30 mN·m^{-1})下,混合膜 AFM 图像显示蛋白质和脂质均存在于界面膜中;一些区域完全由脂质组成,有些区域有脂质和蛋白质的混合物,其他区域几乎完全由蛋白质组成。相比之下,在更高的表面压力(50 mN·m^{-1})下转移膜 AFM 图像显示位于连续磷脂双层顶部的蛋白质-流体型脂质复合物的片状岛。通过减少 Langmuir 槽的面积,膜压缩增加,脂质和蛋白质-脂质复合物之间的相分离变得更加明显,因为复合物片状岛面积减小但高度增加。该影响是可重复的并且完全可逆的,这样,一旦表面压力再次降低,AFM 观察到的薄膜结构恢复到平的、部分混合的膜。结论是,AFM 图像显示蛋白质-脂质复合物根据表面压力进出磷脂双层,但从未完全脱离。因此,它作为一种表面活性材料的储存器,当表面压力降低(肺的膨胀)时,可以快速地再次扩散到界面层上,确保不会破裂该润滑层[61]。这是一个重要的属性,因为肺中的主要磷脂成分是 DPPC,其容易进入凝胶相,并且在超过其崩溃压力之后不会再扩散。在研究中进行的最后的重要检查是 LB 膜转移操作的验证。通过掺入荧光染料,可以获得界面膜在空气-水界面和转移到云母后的荧光微图。这些证明转移操作没有引起成像图像结构的重大变化[61]。最近,AFM 已用于研究源自小麦种子的脂质结合蛋白(puroindolene)与磷脂单层的相互作用[66]。具有不同头部(两性离子 DPPC 和阴离子 DPPG)的二棕榈酰磷脂单层膜的比较显示,将 puroindolene 掺入到两个膜中导致蛋白质聚集。puroindolene 对更带电性的 DPPG 表现出更大的亲和力,表明了蛋白质和脂质之间静电相互作用所起的作用。在 DPPC 膜中,仅在液体膨胀区域中发现蛋白质,而在 DPPG 膜中,发现在单层的液体膨胀和液体浓缩区域中都发现蛋白质。这项研究值得注意的是,AFM 观察结合了共聚焦激光扫描激光显微镜(CLSM)成像和表面压力与面积($\Pi - A$)等温表征,该研究成为当通常需要多种技术组合尝试了解多组分界面系统的很好例子。脂-蛋白混合膜最具生物学意义的方面之一是在细胞表面表达的信号蛋白与磷脂细胞膜之间相互作用的细节。AFM 非常适合研究这种系统,Nicolini 和同事们的工作最近举出了一个例子[67]。他们使用 AFM 与双光子显微镜组合来追踪重要细胞生长和分化调节信号蛋白 N - Ras 插入到由不同比例的 POPC、鞘磷脂和胆固醇组成的筏形成混合物中,十六烷基化和法尼基化的 N - Ras 优先插入无序的液体膨胀脂质区域。AFM 较高分辨率图像显示大多数蛋白质分子位于液体浓缩-液体膨胀区域的边界。作者推测,定位到边界处可能导致线能量的有利下降,这与分开的相的边缘有关[67]。

Müller 和同事在完成了在神经鞘蛋白髓鞘质存在下磷脂双层、云母和双层上的力-距离测量[68]。在牵拉髓鞘质离开云母、脂质包裹云母记录的力-距离曲线指明当与脂质层接触时与其简单吸附到云母时采取的蛋白质构象不同。鉴于蛋白质的正常界面行为,这样的结果可能并不奇怪。在这些力谱研究中,研究人员表示,由于不能成像而无法完全表征系统。

5.5.1　磷脂双层的高分辨率研究

在可能作为生物 AFM 的具有里程碑意义的论文中,Fukuma 和 Jarvis 报道了一种非常敏感的新型交流模式液体 AFM 成像[69]。新模式采用振荡悬臂的调频(FM)作为反馈回路的控制信号。在液体中操作通常会引起 AFM 悬臂上的过度阻尼振荡,不适用于 FM 检测。事实上,传统的 FM 检测通常需要非常低阻尼(因此是高质量因素)环境的真空条件。然而,通过结合超低噪声激光检测电路和非常小的悬臂振荡振幅[在埃(Å)量级内],作者表明即使是在液体中系统变得具有足够的响应能力来准许这种控制手段。

在新模式下获得的灵敏度,可以直接分辨非常微妙的样本特征。该技术已用于以 Å 量级分辨率直接观察在 PBS 下凝胶相 DPPC 双层的固有水合层[70],这些结果如图 5.20 所示。数据揭示了水合层的存在,其已经在分子尺度上成像,并且

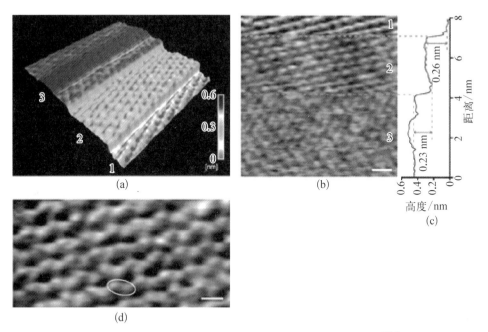

图 5.20　观察到的在 PBS 下凝胶相 DPPC 双层表面的结果[70]

(a) 在 PBS 中 DPPC 双层表面上获得的 FM‑AFM 图像,其显示由于水合层而在成像期间的自发高度跳跃,图像尺寸为 8 nm×8 nm,高度范围如(b)色调范围所示;(b) 对应于(a)的线平展图像,标尺为 1 nm,高度范围为 0.1 nm(黑色至白色);(c) 沿着(b)中慢扫描方向(从上到下)绘制的线平均轮廓图像;(d) 台阶区域 1 的图像显示了头部分子的分子分辨率,标尺为 0.5 nm,高度范围为 0.12 nm(黑色至白色)

在 AFM 针尖朝向双层表面接近的力轮廓中检测为振荡跳跃。在针尖接近的纳米级别可以看到力振荡的间隔为 0.28 nm，这与单个水分子的直径相当。由于在双层图像中实现的原子尺度侧向分辨率以及它们作用的相对较短范围，排除了由 AFM 针尖限制水的几何效应。这些数据建议，水合层延伸到最多两个水分子的距离，与分子动力学模拟非常一致[71]。综合这些数据表明，观察到的水合层是磷脂双层所固有的。因此，该发现的生物学意义是其提供了磷脂膜周围固有水合层的足够稳定成像的第一个实验构象。这一发现的生物学意义在于，它提供了关于这一层将存在去接近纳米物体（如蛋白质和溶剂化离子）的多个能垒的强有力的证据。实际上，这些作者继续观察了在生理条件下围绕 DPPC 双层磷酸胆碱头部周围离子占据的空间分布和动态重排[72]。

5.6　混杂脂质/表面活性剂膜

除了对磷脂的 AFM 研究之外，还对其他脂质膜进行了大量研究。这些研究完全可以出版一本书，但由于它们的生物学意义较差，因此本书尚未列入。然而，有几项研究在这里值得一提，这些研究结果可能会影响未来磷脂的研究，特别是影响更复杂（混合）或动态的系统。首先，通过使用具有导电针尖的混合模式 AFM 测量扫描时的表面电位，实现了对混合两亲 LB 膜的化学鉴定[73-75]。其次，AFM 成像追踪了在云母上阳离子表面活性剂[十六烷基三甲基溴化铵（CT AB）]吸附膜的原位生长[76]。

5.7　界面蛋白膜

对于蛋白质，在界面处的组装过程不仅涉及分子的简单重新取向，而且涉及露出疏水区域的展开程度。这意味着与简单的两亲分子（如磷脂）不同，蛋白质在界面处的组装（或更严格地说是吸附）是一个相对较慢的过程，这受到许多因素的影响。这种界面蛋白膜是 AFM 研究的有趣候选者，尽管迄今为止，较少有相关工作。原则上，应该有可能调查迄今为止没有解释的许多基本问题，例如界面上蛋白质分子展开如何影响其功能行为，以及它们将如何相互作用和形成网络，以及界面上的网络的特征。例如，为什么一些蛋白质比其他蛋白质形成更好、更稳定的泡沫或乳液，以及其他两亲性分子（哪些在界面上竞争空间）对在真实环境中复杂混合界面系统中的蛋白质结构有什么影响？

5.7.1　具体注意事项

有一些实验问题是界面蛋白膜的研究所特有的，是在 AFM 成像之前需要考虑的。显然,这种研究的目的是检查界面蛋白质膜的性质,但是由于界面不直接成像,所以有必要确保当膜转移到基底上时,它仅仅是沉积的界面膜。对于蛋白质膜,这并不像看起来那么直截了当。问题是双重的。首先,两亲性蛋白质在大多数条件下对许多基底具有高亲和力。第二个更具体的问题是,在现实的系统中,界面蛋白质膜形成的过程是通过将蛋白质从本体溶液吸附到界面区域:想象一下由蛋白打出来的泡沫,或者一杯啤酒顶部形成的泡沫。这意味着在 Langmuir 槽上制造界面膜的常规技术(涉及将两亲物扩散到空气-水界面)并不是最现实的形成界面蛋白质膜的方法。对蛋白质膜表面流变学的研究已经证明扩散膜具有与吸附膜不同的特性[77,78]。如果通过从本体内吸附蛋白质分子产生界面膜,则与蛋白质界面层一样,在本体液体或亚相中也存在游离蛋白质。在浸渍期间,基底暴露于亚相,除了界面膜的转移之外,还存在非特异性蛋白质吸附的可能性。

在以下部分讨论的一个研究是在关于通过表面活性剂从空气-水界面置换蛋白质膜的研究[78],这有可能证明这种"寄生"吸附真的发生了。界面蛋白膜与表面活性剂的置换允许产生具有确定结构特征的界面蛋白质膜,其可以区别于简单的被动吸附蛋白质到云母上。来自亚相的蛋白质被动吸附简单地在基底上产生相当均匀的单层覆盖。被动吸附可以通过以下步骤消除。界面蛋白膜是通过用 0.5 mL 牛奶蛋白质 β-乳球蛋白溶液填充到 Langmuir 槽,并使其吸附到空气-水界面直到获得假平衡表面压力(30 min 后 10 mN·m^{-1})而产生的。通过使用表面活性剂(Tween-20)部分置换界面 β-乳球蛋白膜而产生含有孔的界面蛋白质网络。不是所有的本体溶液中蛋白质都会吸附到界面上,这意味着如果在该系统上进行 LB 浸渍,它会发生从亚相中蛋白质的寄生吸附以及界面膜转移。如图 5.21 中 AFM 图像所示,这些图像是在 LB 膜转移到云母上并在空气干燥后获得。因此,明亮的地区是蛋白质,黑色区域应该是云母。图 5.21 所示的两个 AFM 图像是以除去游离蛋白的不同程度表面活性剂溶液亚相灌注后的 LB 浸渍样品。幸运的是,界面蛋白膜是不可移动的,因为它们交织在一起形成弹性网络,这意味着一旦形成膜,界面上的蛋白质与本体的蛋白质几乎没有交换,就像不太复杂的两亲性物质(如脂质和表面活性剂)的膜一样。只要流速保持足够低以防止表面破裂(对于体积为 450 mL 的槽,1~2 mL·min^{-1}),可以在不影响界面蛋白膜的情况下允许本体溶液或纯水或纯缓冲溶液的灌注。

对于图 5.21 所示的情况,必须用表面活性剂溶液来灌注亚相,以保持表面活性剂分子在界面处的平衡分离。通过转移不同程度灌注后的界面膜,可以定量蛋白质分子对基底的"寄生"吸附量,这是在黑暗区域被视为明亮的部分。即使对 AFM 图像的快速检测证实了随着灌注量的增加而从亚相中对云母表面的蛋白质"寄生"吸附会减少[比较图 5.21(a)和(b)分别有 2 L 和 1 L 的灌注]。图片证明附

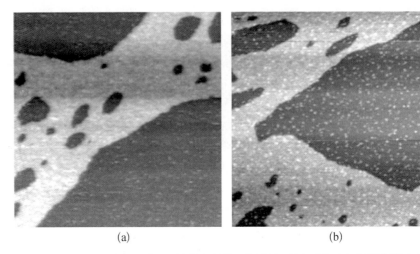

(a)   (b)

图 5.21　AFM 图像显示在 LB 转移之前的亚相灌注、蛋白质和表面活性剂混合的吸附界面膜的影响(在丁醇中进行直流模式成像)

(a) 用 2 L 表面活性剂溶液 Langmuir 槽亚相灌注后,大部分非界面蛋白质已被去除(这根据 AFM 图像中界面上表面活性剂丰富的区域几乎没有吸附蛋白质而可以看出,扫描尺寸为 3 μm×3 μm);(b) 如果亚相灌注进行得不太严格(在该图像中仅使用 1 L 表面活性剂溶液),则会发生更多的蛋白质对基底的"寄生"吸附-"黑色"区域如同撒了胡椒粉一样分布着很多蛋白质,扫描尺寸为 2 μm×2 μm

着在云母(在黑暗区域)上的蛋白质分子不是来自界面而是来自亚相,所以很容易看出,如果当通过 LB 浸渍转移吸附蛋白质膜时不进行灌注,那么在任何界面转移发生之前,云母表面可能会被被动吸附的蛋白质完全饱和,导致高度误导的 AFM 图像。

5.7.2　界面蛋白膜的 AFM 研究

界面蛋白膜的早期 AFM 研究倾向于简单地证明 AFM 对这样的系统进行成像的能力[79,80]。然而,最近已经有研究聚焦界面蛋白质膜的行为,特别是它们如何在竞争的表面活性物质(表面活性剂或脂质)存在下反应[62,78,81]。研究了生物传感器生产中感兴趣的混合脂肪酸(山嵛酸)/蛋白(葡萄糖氧化酶)系统的不同 LB 膜转移机制[82]。该研究阐明了最常用的垂直浸渍(Langmuir-Blodgett)方法在宏观尺度上产生了大的平行缺陷,并且在微观尺度上产生了微小的差异,尽管相当高的转移速度(10 mm · min[−1])可能是导致这些结果的原因(见第 5.2.3 节)。在最近两个的 AFM 研究中,对同一系统使用侧向力成像(也称为摩擦力成像,见第 3.3.2 节)与 UV - Vis 和 IR 光谱一起来表征混合膜[62,81]。通过在 Langmuir 槽中使用葡萄糖氧化酶稀释溶液(3.2 μg · mL[−1])作为亚相来形成膜,用隔断块扫过表面以除去吸附的酶,再从溶剂中扩散脂肪酸到空气-溶液界面。混合膜平衡 45 min,压缩至表面压力为 30 mN·m^{-1},然后通过垂直(LB)浸渍在不同时间间隔转移到石墨上。使用摩擦力成像可以区分混合膜中的蛋白质和脂肪酸区域,其显示出高度异质结构。葡萄糖氧化酶分子看上去是吸附于山萮酸界面膜上,可能需要长达 15 h 才能达到良好的界面蛋白质膜。实质上,样品制备借鉴了由 Kornberg 和 Ribi 开发的可溶性蛋白质的 2D 晶体生产方法[83],因此该研究代表了采用 AFM 对于导致结晶事件的逐步监测。混合脂肪酸蛋白质膜最初是含有蛋白质聚集体的高度非均质混合物,其缓慢被脂肪酸分子覆盖,使得它们可以重排成有序的准晶体阵列[62,81]。

一项对不寻常纤维蛋白质明胶的研究通过从本体溶液和从空气-水界面形成的界面膜中取样检查了分子偶联的初始阶段,发现其导致凝胶网络的形成[84]。为了达到高的局部浓度但避免由于其柔软性而形成难以被 AFM 进行细节性成像的大的三维聚集体或凝胶,该过程是在 Langmuir 槽上进行,从而在两个维度上限制形成的结构。在各种间隔下,使用 LB 浸渍将界面膜转移到云母上,随后在丁醇中以直流模式成像。该研究强调了明胶溶液的热经历的重要性,其决定了明胶分子的偶联及界面膜的流变特性。获得的结果支持以下凝胶化模型,即涉及通过三螺旋形成,随后螺旋结构进一步偶联成束或纤维导致的分子偶联。偶尔这些纤维显示胶原样周期性(见图 5.22),符合在明胶凝胶化过程中提出的"胶原"结构重组。与缓慢冷却的溶液相比,快速淬火

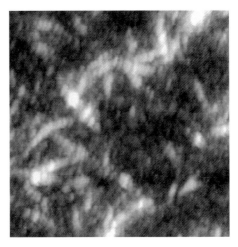

图 5.22 来自界面膜的明胶纤维偶尔会显示胶原纤维中常见的周期性(扫描尺寸为 1.6 μm×1.6 μm,在丁醇中直流模式下成像)

的明胶溶液没有形成任何大的纤维,并且显示出非常不同的界面流变学。

从在室温下明胶仅仅胶凝化的本体溶液(4 mg·mL^{-1})中取出等分试样。这些样品随后稀释,液滴沉积到云母上后进行检查。使得在界面膜中看到的偶联可以与本体中的凝胶化过程进行比较。这些本体样品显示出与缓慢冷却的界面膜样品相同的偶联行为,即随时间推移的纤维缓慢形成。一个重要的问题是在界面蛋白质系统中它们在其他表面活性物质存在下的稳定性。孤立的蛋白质和表面活性剂都可以稳定泡沫或乳液,但是当两者结合时出现问题,失去了稳定性。这种效应有时用于有益的方式,例如,非常小的婴儿由于牛奶中的蛋白质的起泡引起的肠绞痛(肠中捕获的风)而受折磨,泡沫是高度稳定的捕获空气,可防止婴儿通风(两端)并释放被困的空气。抗绞痛制剂含有食品级表面活性剂,其破坏蛋白质泡沫并释放出风。另一个不

太受欢迎的例子是一杯啤酒上的泡沫破裂。啤酒泡沫通过界面吸附蛋白质而稳定，但来自玻璃洗涤后未被适当地漂洗的表面活性剂分子或者从饮用者的嘴唇释放出的脂质分子可以迅速引起泡沫破坏。直到最近，这种效果的机制也没有得到任何细节的理解。通过 AFM 研究了蛋白质和表面活性剂对空气-水界面的竞争性吸附[78]。

在 Langmuir 槽上产生扩散和吸附的界面蛋白膜，实验方案是通过添加表面活性剂到亚相中来逐渐置换膜。定期通过 LB 膜转移到云母上取样来监测蛋白质膜的置换。AFM 成像在丁醇下检查了混合蛋白/表面活性剂膜。丁醇溶解了云母上的表面活性剂（Tween-20），仅仅留下蛋白质网络。由中性表面活性剂 Tween-20 部分置换的两种不同乳蛋白（β-乳球蛋白和 β-酪蛋白）膜的实例如图 5.23 所

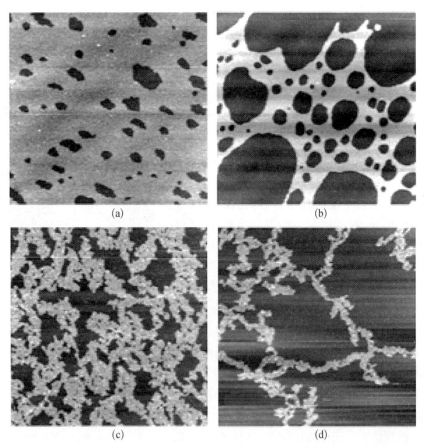

(a)　　　　　　　　　(b)

(c)　　　　　　　　　(d)

图 5.23　在云母上部分置换的 β-酪蛋白(a,b)和 β-球状蛋白(c,d)LB 膜，由于表面压力(Π)增加，表面活性剂的吸附增加，蛋白质网络中的孔(以前被表面活性剂占据的区域)变大(在丁醇下以直流模式成像，扫描尺寸和表面压力各异)

(a) 6.4 μm×6.4 μm，16.7 mN·m^{-1}；(b) 6.4 μm×6.4 μm，19.2 mN·m^{-1}；(c) 3.2 μm×3.2 μm，21.8 mN·m^{-1}；(d) 3.2 μm×3.2 μm，24.6 mN·m^{-1}

示。这些图像清楚地显示了界面处蛋白质网络的形成,并提供了置换过程传播的定性信息(关于表面活性剂区域的形状)和定量信息(关于蛋白质区域的面积和厚度)。AFM 的独特优势之一是它提供真正的三维数据。通过测量图像中灰度级的相对双峰直方图中的峰之间的距离来确定膜厚度(见图 5.24)。蛋白质膜面积的测量也利用图像中灰度级的基本双峰分布来对数据进行阈值以产生二元图像。然后通过量化图像中的黑色与白色像素的比例容易地确定各相(蛋白质或表面活性剂)的面积。

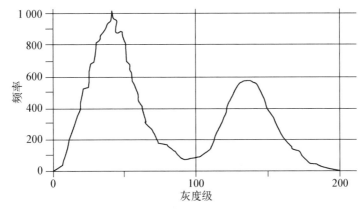

图 5.24　图 5.23(c)中 AFM 图像中包含的灰度级直方图(左峰表示图像中富含表面活性剂区域,右峰表示图像中富含蛋白质区域,蛋白质膜的厚度由峰之间的距离给出)

　　蛋白质膜通过增厚或屈曲来响应增加的表面压力,因此该过程称为"造山"移除。这个术语是参考在通过撞击地壳中的板块产生山脉的地质术语。在移除的最后阶段,蛋白质网络断裂,AFM 图像显示在连续表面活性剂相中形成蛋白质岛(见图 5.25)。只有在这个最后阶段,蛋白质才能从界面中移除。因为蛋白质相互作用并形成一个网络,所以在网络结构断裂之前,单个蛋白质不能移除进入本体溶液中。在这种情况下,AFM 研究已经产生了一种全新的和意想不到的蛋白质移除模型,目前该模型尚不能从其他表面技术推导出来,因为这些表面技术缺乏所需的分辨率或界面结构空间平均。在石墨表

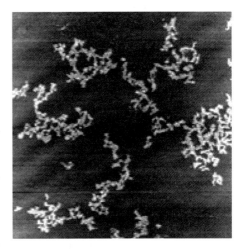

图 5.25　在界面蛋白膜崩溃的最后阶段,可以看到蛋白质岛被连续的表面活性剂相包围(扫描尺寸为 10 μm×10 μm,表面压力 $\Pi = 27.1\,mN \cdot m^{-1}$)

面置换(清洗)蛋白质膜的"实时"AFM 研究也原位证实了"造山"移除[85]。已经证明造山移除机制是一种通用过程,对于迄今为止在空气-水和油-水界面的所有蛋白质和油溶的及水溶的带电和不带电表面活性剂的研究都是有效的。早期对单一蛋白质系统的研究已经扩展到表征复杂混合蛋白质系统的移除作为真正蛋白质分离物的模型。该过程的一般性质建议通过加强蛋白质网络可以增强所有蛋白质稳定泡沫或乳液的稳定性[86]。

参考文献

[1] Shwartz D K. Langmuir-Blodgett film structure. *Surface Science Reports* **1997**, *27* (7), 245 – 334.

[2] Alberts B A, Bray D, Lewis J, et al. Membrane structure. **1994**, *In Molecular biology of the cell*, *3rd ed.*, 477 – 484.

[3] Schaus S S, Henderson E R. Cell viability and probe-cell membrane interactions of XR1 glial cells imaged by atomic force microscopy. *Biophysical Journal* **1997**, *73* (3), 1205.

[4] Shibata-Seki T, Masai J, Tagawa T, et al. In-situ atomic force microscopy study of lipid vesicles adsorbed on a substrate. *Thin Solid Films* **1996**, *273* (1), 297 – 303.

[5] Singh S, Keller D J. Atomic force microscopy of supported planar membrane bilayers. *Biophysical Journal* **1991**, *60* (6), 1401 – 1410.

[6] Zasadzinski J A, Helm C A, Longo M L, et al. Atomic force microscopy of hydrated phosphatidylethanolamine bilayers. *Biophysical Journal* **1991**, *59* (3), 755 – 760.

[7] Sackmann E. Physical foundations of the molecular organisation and dynamics of membranes. *In Biophysics* **1983**, (Springer Verlag, New York), 425 – 457.

[8] Brandow S L, Turner D C, Ratna B R, et al. Modification of supported lipid membranes by atomic force microscopy. *Biophysical Journal* **1993**, *64* (3), 898.

[9] Yager P, Schoen P E. Formation of tubules by a polymerizable surfactant. *Molecular Crystals and Liquid Crystals* **1984**, *106* (3 - 4), 371 – 381.

[10] Hui S W, Viswanathan R, Zasadzinski J A, et al. The structure and stability of phospholipid bilayers by atomic force microscopy. *Biophysical Journal* **1995**, *68* (1), 171.

[11] Knapp H F, Wiegrabe W, Heim M, et al. Atomic force microscope measurements and manipulation of Langmuir-Blodgett films with modified tips. *Biophysical Journal* **1995**, *69* (2), 708 – 715.

[12] Franz V, Loi S, Muller H, et al. Tip penetration through lipid bilayers in atomic force microscopy. *Colloids and Surfaces B: Biointerfaces* **2002**, *23* (2), 191 – 200.

[13] Pera I, Stark R, Kappl M, et al. Using the atomic force microscope to study the interaction between two solid supported lipid bilayers and the influence of synapsin I.

Biophysical Journal **2004**, *87* (4), 2446 – 2455.

[14] Garcia-Manyes S, Oncins G, Sanz F. Effect of Temperature on the nanomechanics of lipid bilayers studied by force spectroscopy. *Biophysical Journal* **2005**, *89* (6), 4261 – 4274.

[15] Garcia-Manyes S, Oncins G, Sanz F. Effect of ion-binding and chemical phospholipid structure on the nanomechanics of lipid bilayers studied by force spectroscopy. *Biophysical Journal* **2005**, *89* (3), 1812 – 1826.

[16] Trunfio-Sfarghiu A M, Berthier Y, Meurisse M H, et al. Role of nanomechanical properties in the tribological performance of phospholipid biomimetic surfaces. *Langmuir the Acs Journal of Surfaces & Colloids* **2008**, *24* (16), 8765 – 8771.

[17] Deleu M, Nott K, Brasseur R, et al. Imaging mixed lipid monolayers by dynamic atomic force microscopy. *Biochimica et Biophysica Acta （BBA） — Biomembranes* **2001**, *1513* (1), 55 – 62.

[18] Seddon J M. Structure of the inverted hexagonal （HII） phase, and non-lamellar phase transitions of lipids. *Biochimica et Biophysica Acta （ BBA ） — Reviews on Biomembranes* **1990**, *1031* (1), 1 – 69.

[19] Hui S W, Sen A. Effects of lipid packing on polymorphic phase behavior and membrane properties. *Proceedings of the National Academy of Sciences of the United States of America* **1989**, *86* (15), 5825 – 5829.

[20] Schallamach A. How does rubber slide? *Wear* **1971**, *17* (4), 301 – 312.

[21] Zhai X, Kleijn J M. Molecular structure of dipalmitoylphosphatidylcholine Langmuir-Blodgett monolayers studied by atomic force microscopy. *Thin Solid Films* **1997**, *304* (1), 327 – 332.

[22] Tardieu A, Luzzati V, Reman F C. Structure and polymorphism of the hydrocarbon chains of lipids: A study of lecithin-water phases. *Journal of Molecular Biology* **1973**, *75* (4), 711 – 733.

[23] Rand R P, Chapman D, Larsson K. Tilted hydrocarbon chains of dipalmitoyl lecithin become perpendicular to the bilayer before melting. *Biophysical Journal* **1975**, *15* (11), 1117 – 1124.

[24] Mou J, Yang J, Shao Z. Tris （hydroxymethyl） aminomethane （C4H11NO3） induced a ripple phase in supported unilamellar phospholipid bilayers. *Biochemistry* **1994**, *33* (15), 4439 – 4443.

[25] Mou J, Yang J, Shao Z. Atomic force microscopy of cholera toxin B-oligomers bound to bilayers of biologically relevant lipids. *Journal of Molecular Biology* **1995**, *248* (3), 507 – 512.

[26] Czajkowsky D M, Huang C, Shao Z. Ripple phase in asymmetric unilamellar bilayers with saturated and unsaturated phospholipids. *Biochemistry* **1995**, *34* （39）, 12501 – 12505.

[27] Kaasgaard T, Leidy C, Crowe J H, et al. Temperature-controlled structure and kinetics of ripple phases in one- and two-component supported lipid bilayers. *Biophysical Journal* **2003**, *85* (1), 350 – 360.

[28] Brasseur R, Braun N, El K K, et al. The biologically important surfactin lipopeptide induces nanoripples in supported lipid bilayers. *Langmuir the Acs Journal of Surfaces & Colloids* **2007**, *23* (19), 9769 – 9772.

[29] Leidy C, Mouritsen O G, Jorgensen K, et al. Evolution of a rippled membrane during phospholipase A2 hydrolysis studied by time-resolved AFM. *Biophysical Journal* **2004**, *87* (1), 408 – 418.

[30] Solletti J M, Botreau M, Sommer F, et al. Characterization of mixed miscible and nonmiscible phospholipid Langmuir-Blodgett films by atomic force microscopy. *Journal of vacuum science & technology. B, Microelectronics and nanometer structures: processing, measurement, and phenomena: an official journal of the American Vacuum Society* **1996**, *14* (2), 1492 – 1497.

[31] Dufrene Y F, Barger W R, Green J B D, et al. Nanometer-scale surface properties of mixed phospholipid monolayers and bilayers. *Langmuir* **1997**, *13* (18), 4779 – 4784.

[32] Dufrene Y F, Boland T, Schneider J W, et al. Characterization of the physical properties of model biomembranes at the nanometer scale with the atomic force microscope. *Faraday Discussions* **1998**, *111* (111), 79.

[33] Kalb E, Frey S, Tamm L K. Formation of supported planar bilayers by fusion of vesicles to supported phospholipid monolayers. *Biochimica et Biophysica Acta (BBA) — Biomembranes* **1992**, *1103* (2), 307 – 316.

[34] Racker E. Reconstitutions of transporters, receptors, and pathological states. 1985.

[35] Vikholm I, Peltonen J, Telleman O. Atomic force microscope images of lipid layers spread from vesicle suspensions. *Biochim. Biophys* **1995**, *Acta 1233*, 111 – 117.

[36] Tamm L K, Böhm C, Yang J, et al. Nanostructure of supported phospholipid monolayers and bilayers by scanning probe microscopy. *Thin Solid Films* **1996**, *284* (Supplement C), 813 – 816.

[37] Brian A A, Mcconnell H M. Allogeneic stimulation of cytotoxic T cells by supported planar membranes. *Proceedings of the National Academy of Sciences of the United States of America* **1984**, *81* (19), 6159 – 6163.

[38] Merkel R, Sackmann E, Evans E. Molecular friction and epitactic coupling between monolayers in supported bilayers. *Journal De Physique* **1989**, *50* (12), 1535 – 1555.

[39] Johnson S J, Bayerl T M, McDermott D C, et al. Structure of an adsorbed dimyristoylphosphatidylcholine bilayer measured with specular reflection of neutrons. *Biophysical Journal* **1991**, *59* (2), 289 – 294.

[40] Sackmann E. Supported membranes: scientific and practical applications. *Science* **1996**,

271 (5245)，43.

[41] Berquand A，Levy D，Gubellini F，et al. Influence of calcium on direct incorporation of membrane proteins into in-plane lipid bilayer. *Ultramicroscopy* **2007**，*107*（10），928 – 933.

[42] Seu K J，Pandey A P，Haque F，et al. Effect of surface treatment on diffusion and domain formation in supported lipid bilayers. *Biophysical Journal* **2007**，*92*（7），2445 – 2450.

[43] Tanaka M，Sackmann E. Polymer-supported membranes as models of the cell surface. *Nature* **2005**，*437*（7059），656.

[44] Charrier A，Thibaudau F. Main phase transitions in supported lipid single-bilayer. *Biophysical Journal* **2005**，*89*（2），1094 – 1101.

[45] Keller D，Larsen N B，Moller I M，et al. Decoupled phase transitions and grain-boundary melting in supported phospholipid bilayers. *Physical Review Letters* **2005**，*94*（2），025701.

[46] Leonenko Z V，Finot E，Ma H，et al. Investigation of temperature-induced phase transitions in DOPC and DPPC phospholipid bilayers using temperature-controlled scanning force microscopy. *Biophysical Journal* **2004**，*86*（6），3783 – 3793.

[47] Giocondi M C，Besson F，Dosset P，et al. Remodeling of ordered membrane domains by GPI-anchored intestinal alkaline phosphatase. *Langmuir the Acs Journal of Surfaces & Colloids* **2001**，*23*（18），9358 – 9364.

[48] Tokumasu F，Jin A J，Dvorak J A. Lipid membrane phase behaviour elucidated in real time by controlled environment atomic force microscopy. *Journal of Electron Microscopy* **2002**，*51*（1），1 – 9.

[49] Yarrow F，Vlugt T J H，Van der Eerden J P J M，et al. Melting of a DPPC lipid bilayer observed with atomic force microscopy and computer simulation. *Journal of Crystal Growth* **2005**，*275*（1），e1417 – e1421.

[50] Seantier B，Giocondi M C，Grimellec C L，et al. Probing supported model and native membranes using AFM. *Current Opinion in Colloid & Interface Science* **2008**，*13*（5），326 – 337.

[51] Weisenhorn A L，Schmitt F J，Knoll W，et al. Streptavidin binding observed with an atomic force microscope. *Ultramicroscopy* **1992**，*42*（Part 2），1125 – 1132.

[52] Turner D C，Peek B M，Wertz T E，et al. Enzymatic modification of a chemisorbed Lipid Monolayer. *Langmuir* **1996**，*12*（18），4411 – 4416.

[53] Grandbois M，Clausen-Schaumann H，Gaub H. Atomic force microscope imaging of phospholipid bilayer degradation by phospholipase A2. *Biophysical Journal* **1998**，*74*（5），2398 – 2404.

[54] Lichtenberg D，Romero G，Menashe M，et al. Hydrolysis of dipalmitoylphosphatidylcholine

large unilamellar vesicles by porcine pancreatic phospholipase A2. *Journal of Biological Chemistry* **1986**, *261* (12), 5334 – 5340.

[55] Fang Y, Yang J. The growth of bilayer defects and the induction of interdigitated domains in the lipid-loss process of supported phospholipid bilayers. *Biochimica et Biophysica Acta (BBA) — Biomembranes* **1997**, *1324* (2), 309 – 319.

[56] Shiku H, Dunn R. Direct observation of DPPC phase domain motion on mica surfaces under conditions of high relative humidity. *The Journal of Physical Chemistry B* **1998**, *102* (19), 3791 – 3797.

[57] Santos N C, Ter-Ovanesyan E, Zasadzinski J A, et al. Filipin-induced lesions in planar phospholipid bilayers imaged by atomic force microscopy. *Biophysical Journal* **1998**, *75* (4), 1869 – 1873.

[58] Egawa H, Furusawa K. Liposome adhesion on mica surface studied by atomic force microscopy. *Langmuir* **1999**, *15* (5), 1660 – 1666.

[59] Yang J, Tamm L K, Tillack T W, et al. New approach for atomic force microscopy of membrane proteins. The imaging of cholera toxin. *Journal of Molecular Biology* **1993**, *229* (2), 286 – 290.

[60] Czajkowsky D M, Sheng S, Shao Z. Staphylococcal α-hemolysin can form hexamers in phospholipid bilayers11Edited by W. Baumeister. *Journal of Molecular Biology* **1998**, *276* (2), 325 – 330.

[61] Von Nahmen A, Schenk M, Sieber M, et al. The structure of a model pulmonary surfactant as revealed by scanning force microscopy. *Biophysical Journal* **1997**, *72* (1), 463 – 469.

[62] Sommer F, Alexandre S, Dubreuil N, et al. Contribution of lateral force and "tapping mode" microscopies to the study of mixed protein Langmuir-Blodgett films. *Langmuir* **1997**, *13* (4), 791 – 795.

[63] Kornberg R D, Darst S A. Two-dimensional crystals of proteins on lipid layers. *Current Opinion in Structural Biology* **1991**, *1* (4), 642 – 646.

[64] Gouaux J E, Braha O, Hobaugh M R, et al. Subunit stoichiometry of staphylococcal α-hemolysin in crystals and on membranes: a heptameric transmembrane pore. *Proceedings of the National Academy of Sciences of the United States of America* **1994**, *91* (26), 12828.

[65] Song L, Hobaugh M R, Shustak C, et al. Structure of staphylococcal alpha-hemolysin, a heptameric transmembrane pore. *Science* **1996**, *274* (5294), 1859.

[66] Dubreil L, Vié V, Beaufils S, et al. Aggregation of puroindoline in phospholipid monolayers spread at the air-liquid interface. *Biophysical Journal* **2003**, *85* (4), 2650 – 2660.

[67] Nicolini C, Baranski J, Schlummer S, et al. Visualizing association of N-Ras in lipid

microdomains: — influence of domain structure and interfacial adsorption. *Journal of the American Chemical Society* **2006**, *128* (1), 192 - 201.

[68] Mueller H, Butt H J, Bamberg E. Force measurements on myelin basic protein adsorbed to mica and lipid bilayer surfaces done with the atomic force microscope. *Biophysical Journal* **1999**, *76* (2), 1072 - 1079.

[69] Fukuma T, Jarvis S P. Development of liquid-environment frequency modulation atomic force microscope with low noise deflection sensor for cantilevers of various dimensions. *Review of Scientific Instruments* **2006**, *77* (4), 668.

[70] Fukuma T, Higgins M J, Jarvis S P. Direct imaging of individual intrinsic hydration layers on lipid bilayers at ångstrom resolution. *Biophysical Journal* **2007**, *92* (10), 3603 - 3609.

[71] Berkowitz M L, Bostick D L, Pandit S. Aqueous solutions next to phospholipid membrane surfaces: — insights from simulations. *Chemical Reviews* **2006**, *106* (4), 1527 - 1539.

[72] Fukuma T, Higgins M J, Jarvis S P. Direct imaging of lipid-ion network formation under physiological conditions by frequency modulation atomic force microscopy. *Physical Review Letters* **2007**, *98* (10), 106101.

[73] Inoue T, Yokoyama H. Surface potential imaging of phase-separated LB monolayers by scanning Maxwell stress microscopy. *Thin Solid Films* **1994**, *243* (1), 399 - 402.

[74] Fujihira M, Kawate H. Scanning surface potential microscope for characterization of Langmuir-Blodgett films. *Thin Solid Films* **1994**, *242* (1), 163 - 169.

[75] Chi L F, Jacobi S, Fuchs H. Chemical identification of differing amphiphiles in mixed Langmuir-Blodgett films by scanning surface potential microscopy. *Thin Solid Films* **1996**, *284* (Supplement C), 403 - 407.

[76] Li B, Fujii M, Fukada K, et al. In situ AFM observation of heterogeneous growth of adsorbed film on cleaved mica surface. *Thin Solid Films* **1998**, *312* (1), 20 - 23.

[77] Kragel J, Grigoriev D O, Makievski A V, et al. Consistency of surface mechanical properties of spread protein layers at the liquid-air interface at different spreading conditions. *Colloids and Surfaces B: Biointerfaces* **1999**, *12* (3), 391 - 397.

[78] Mackie A R, Gunning A P, Wilde P J, et al. Orogenic displacement of protein from the air/water interface by competitive adsorption. *Journal of Colloid & Interface Science* **1999**, *210* (1), 157.

[79] Birdi K S, Vu D T, Moesby L, et al. Structures of lipid and biopolymer monolayers investigated as Langmuir-Blodgett films by atomic force microscopy. *Surface and Coatings Technology* **1994**, *67* (3), 183 - 191.

[80] Gunning A P, Wilde P J, Clark D C, et al. Atomic force microscopy of interfacial protein films. *Journal of Colloid and Interface Science* **1996**, *183* (2), 600 - 602.

[81] Alexandre S, Dubreuil N, Fiol C, et al. Analysis of the dynamic organization of mixed protein/fatty acid Langmuir films. *Thin Solid Films* **1997**, *293* (1), 295 - 298.

[82] Alexandre S, Dubreuil N, Fiol C, et al. Comparison at the microscopic scale of mixed fatty acid-protein Langmuir-Blodgett films resulting from horizontal or vertical transfer. *Microscopy Microanalysis Microstructures* **1994**, *5* (4 - 6), 359 - 371.

[83] Kornberg R D, Ribi H O. Formation of two dimensional crystals of proteins on lipid layers. *In Protein Structure* **1987**, 175 - 186.

[84] Mackie A R, Ridout M J, Morris V J. Gelation of gelatin observation in the bulk and at the air-water interface. *Biopolymers* **1998**, *46* (4), 245 - 252.

[85] Gunning A P, Mackie A R, And P J W, et al. In Situ observation of the surfactant-induced displacement of protein from a graphite surface by atomic force microscopy. *Langmuir* **1999**, *15* (13), 4636 - 4640.

[86] Morris V J, Gunning A P. Microscopy, microstructure and displacement of proteins from interfaces: implications for food quality and digestion. *Soft Matter* **2008**, *4* (5), 943 - 951.

6 有序大分子

6.1 三维晶体

利用原子力显微镜研究三维(3D)晶体的表面为实现生物样品的最高分辨率展示了发展前景。表面的周期性将使针尖加宽效应最小化,允许图像重建以消除噪声。表面上的结构可能不同于本体中的结构,可以通过 X 射线衍射来鉴别特征以辅助后续分析。如果晶体小,则 AFM 提供了电子显微镜的替代方案,且具有可能在水性或缓冲条件下获取图像的优势。如果晶体结构是自然发生的,那么原子力显微镜就可以在自然条件下检查这些表面,并且具有观察生物过程如表面酶反应的前景。最后,AFM 允许检查晶体生长,并研究生长动力学和机制。作为一种显微镜技术,它能够显现外来颗粒的影响和晶格中的缺陷引入。这些信息为 X 射线衍射工作中晶体生长的更系统的优化提供了基础。

6.1.1 结晶纤维素

对提取的结晶纤维素纤维进行了大量 AFM 研究,报告了高分辨率图像和表面结构分析[1-4],提取纤维素的研究在第 4 章中更详细地描述了。最详细的研究来自 Valonia 中提取的纤维素,它被认为是纤维素 I 最结晶形式的来源。Valonia 纤维素含有两种明确的同质异晶 I_a(三斜晶)和 I_β(单斜晶)。最近,高分辨 AFM 研究已经用来探测 Valonia 纤维素的详细表面结构。通过傅里叶处理增强了来自大泡法囊藻的纯化纤维素的 AFM 图像,并与 I_a 和 I_β 型形式的电子衍射数据中分析得到的模型 Connolly 表面进行比较。观察到的表面结构归因于单斜晶相[4]。针对V. Ventricosa 纤维素的更近的 AFM 研究产生了表面图像,通过对大体积羟甲基官能团的确认,可以成像沿着纤维素分子的重复纤维二糖单元(见图 6.1),因此直接从图像中确认三斜晶相[2,3]。这两个晶相之间的区别需要检测纤维素链沿轴0.26 nm 位移处的差异。这是在没有过滤或平均的情况下实现的,并且被认为是迄今为止在生物样品上获得的最高分辨率。目前,AFM 尚未用于研究晶体表面上I_a 和 I_β 的可能共存。纤维素结构可以在空气中成像[4],或在丙醇[2,3]或水[2,3]下成像。在水下成像能力意味着可能成像生物发生过程的表面,并且也可能在将来追

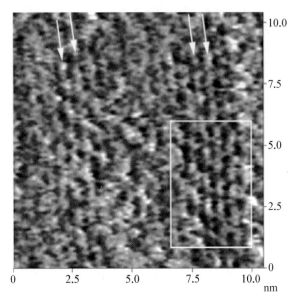

图 6.1　在水中 Valonia 表面的接触误差信号模式 AFM 图像[2]（白色箭头指示纤维素分子几乎垂直向下运动；白框强调了一个沿着分子长度可以看见亮点的区域；亮度之间距离与纤维二糖重复单位匹配；盒子中两点对分子轴的角度为 64°±2°）

踪诸如酶分解的过程。

6.1.2　蛋白质晶体

　　3D 蛋白晶体的第一个 AFM 研究是膜蛋白钙 ATP 酶（肌浆网的钙泵）的 3D 蛋白晶体[5]。对于小的干燥晶体，可测量高度的台阶变化，从而确定与基底垂直的单元晶胞尺寸。发现这个值在水化时增加，大概是由于外膜结构域的水化和膨胀。对于干燥和水合晶体的面内分辨率是差的，不可能分辨单个蛋白质或晶格的特征性周期。成像中的困难归因于扫描期间探针导致的晶体内层推移。这些早期研究中确定的一个主要问题是将小晶体固定在基底上（特别是对水合晶体的研究或母液中晶体生长的研究）。解决这个问题的方法包括优化对基底的物理吸附[5]，晶体直接在基底上生长成核[6-8]，并用黏合剂将晶体黏附到基底上[9,10]。如果晶体牢固地附着，则第二个限制因素是探针损伤或蚀刻表面。如果晶体具有足够的弹性，并且使成像力最小化，则通过直流接触模式成像可以获得分子级的分辨率[8]。对于诸如胰岛素的软晶体，如果晶体表面在接触模式下被剪切力破坏，则使用轻敲模式可以改善图像[10]。

　　已经对许多蛋白质晶体进行了 AFM 研究，其中包括胰岛素[10]、刀豆球蛋白[6,11,12]、奇异果甜蛋白[7,13]、过氧化氢酶[13]、溶菌酶[8,9,13-15]、去铁蛋白[13]、细菌视紫红质[16]和脂肪酶[8]。在这些研究中,可以获得分子分辨率或观察晶格的周期性特征[8-10,12]。从 3D 蛋白晶体 AFM 图像获得的信息不太可能与 X 射线衍射获得的数据相竞争,但它可以补充通过电子显微镜获得的图像或图像重建。然而,AFM 数据可用于获得 X 射线衍射对晶体结构分析有用的信息:该数据可用于解决空间群对映异构体的问题,关于单元胞内分子的堆积、每个不对称单元的分子数,或多个分子在不对称单元内的安排[8]。细菌视紫红质表面的 AFM 研究揭示了其 3D 晶体中细菌视紫红质的创新组装:晶体由球形蛋白簇的六边紧密堆积阵列组成。AFM 和 EM 都具有研究小晶体的优点。AFM 提供了一种观察与本体相比表面结构差异(但到目前为止还没有报道这种差异)的方法。AFM 的主要优点是能够研究结晶机理并追踪晶体生长。关于蛋白晶体生长的第一项研究由 Durbin 和同事们完成[14,15]。虽然很大程度上是非侵入性的,但据报道,扫描过程可能会改变蛋白质晶体的生长速度[10,12],并且针尖可能推移而影响生长的松散结合的蛋白质或蛋白质聚集体。因此,胰岛素晶体的轻敲模式图像揭示附着在晶体表面的聚集体,其在直流接触模式图像中是没有看到的[10]。对一系列蛋白质晶体的研究建议,晶体生长的主要方法是通过晶体表面上的二维岛的成核和生长。这已被观察到是溶菌酶[9,13-15]、过氧化氢酶[13]和奇异果甜蛋白[7,13]的主导机制。在

低过饱和度下,已经观察到溶菌酶[9,13]和奇异果甜蛋白[6,7,13]的螺旋位错。在高过饱和度的情况下,3D 簇被沉积到的螺旋位错表面上,并且它们的二维(2D)切向生长导致多层堆叠[6,7]。刀豆球蛋白的晶体生长、表面形态和生长动力学的机制已经详细研究过[11-13]。根据过饱和度的水平,生长发生在通过简单或复杂的螺旋位错源(见图 6.2)、2D 成核岛或沉积的 3D 簇(见图 6.3)产生的步骤上。观察到去铁蛋白和偶发性三角形过氧化氢酶和四角形溶菌酶通过强烈的随机成核机制发展出非常粗糙的生长表面;这对于从溶液中常规晶体生长(称为正常晶体生长)来说是罕见的过程[13]。

图 6.2　一个刀豆球蛋白晶体表面的 AFM 图像,呈现多个小丘样生长[11](扫描尺寸为 100 μm×100 μm)

对于所研究的蛋白质,已经观察到晶体生长的所有机制,并且已经显示溶菌酶在适当条件下的所有机制。外来颗粒的吸附导致在附加层生长时留在晶体内的

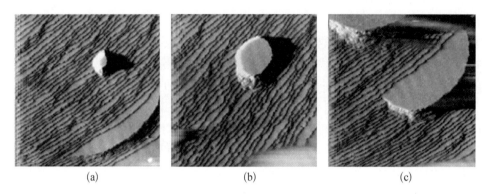

(a)　　　　　　　　(b)　　　　　　　　(c)

图6.3　以30 s的间隔获得的一系列AFM图像[11]（扫描大小为40 µm×40 µm,显示已经落在生长的晶体表面上的大簇生长,核沿径向生长,在边缘形成大的台阶,顶部有一个大的平台;注意,核完美无瑕地融合到现有的晶体中）

孔,已在刀豆球蛋白[12]和溶菌酶[9]晶体中观察到。

6.1.3　核酸晶体

　　与蛋白质相比,已经结晶的核酸非常少。因为关于生长机制、生长动力学、表面形态发展或缺陷对结晶的影响几乎一无所知,核酸结晶过程仍然很大程度上依靠经验。最近有一项旨在提供优化RNA结晶基础的tRNA晶体生长AFM研究[17],观察到晶体生长发生在螺型位错产生的陡峭邻近小丘上的台阶中。在用于改变过饱和度的不同温度范围内观察到不同的生长机制(见图6.4)。在低过饱和时,发生2D成核过程,其中小丘的台阶边缘切向生长,小岛在小丘的平台上成核并切向生长。如对于蛋白质观察到的一样,在较高的过饱和度下,发生3D机制,其中多层堆叠在晶体表面上正向和切向出现并生长。外来颗粒的吸附导致在附加层生长时保留的孔,在蛋白质[9,12]和病毒[6,13]生长中也观察到这些类型的孔。获得了

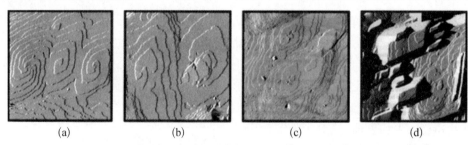

(a)　　　　(b)　　　　(c)　　　　(d)

图6.4　显示在不同温度范围内看到的酵母tRNA结晶的不同表面形态的AFM图像
［扫描尺寸:(a,b)为23 µm×23 µm,(c)为20 µm×20 µm,(d)为34 µm×34 µm］[17]

(a)通过右手、单手左手和双右手螺旋位错(15℃)形成的位错小丘;(b)双螺杆和单螺杆位错的开发(14℃);(c)在13℃时的2D成核生长,还观察到在生长期间由于外来颗粒插入引起的孔形成;(d)12℃时生长的主导机制是3D成核与多层堆叠台阶生产

晶体表面的晶格分辨率图像,但没有观察到 tRNA 的分子特征。该研究已经被建议用来改进 RNA 结晶的方法,提出在成核后,减少过饱和而采用常规和独特的机制[17]。

6.1.4 病毒和病毒晶体

　　病毒由蛋白质外壳及包装在蛋白质外壳内的核酸组成。科学家对病毒感染的细节性分子结构、组装和机制感兴趣。通常,病毒颗粒足够被动地吸附到基底(如云母或硅晶片)上。如果需要,可以用聚赖氨酸包覆诸如云母等基底上以防止病毒颗粒被探针在表面上推移。图像可以在空气、在丙醇或在水性介质中获得。已经通过 AFM 成像了一系列病毒种类,包括噬菌体[18-21]、植物病毒[19,20,22-25]和动物病毒[26]。已经考虑它们作为高度测量或针尖去卷积的标准。噬菌体 T4 多头用作评估 STM 图像处理的标准材料[27]。如果病毒颗粒被组装成阵列,则针尖加宽效应将被最小化,所测量的宽度接近病毒颗粒的真实直径[19,24]。大多数研究是低分辨率图像,仅仅显示尺寸和形状,或者显示噬菌体特征如头、尾和尾纤维[21]。目前蛋白质外壳组装的研究很少(见第 6.3.7节)。通过 AFM 成像噬菌体 T4 多头的结晶阵列获得了亚分子分辨率[28]。在水

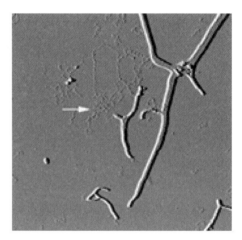

图 6.5　云母上空气干燥并在丁醇下成像的番木瓜花叶病毒 AFM 图像(箭头指示从损伤病毒颗粒中释放出来的 RNA,扫描尺寸为 3 μm×3 μm)

和缓冲液下的痘病毒的图像揭示了与以前通过电子显微镜观察一致的管状"蛋白质"结构[26]。除了完整的病毒之外,还可以观察核酸已经溢出到基底上的损伤病毒颗粒(见图 6.5)[18,29]。

　　已经建议[21]噬菌体头部的高度可以用于区分正常头部和没有核酸的头部,无核酸头部大多被探针挤压变形或者塌陷到基底上。病毒颗粒可能被探针针尖损伤或切开[21,23,25],例如蛋白质外壳部分被去除的 TMV 揭示了中心通道[23]。使用改进 AFM 对石墨上沉积的 TMV 颗粒进行了受控操作(见图 6.6),并且根据病毒颗粒的机械模型解释了获得的数据[25]。

　　一组独特的实验研究了病毒颗粒感染活细胞。使用"pipette‐AFM"对活的培养猴肾细胞进行成像[30,31]。对于感染痘病毒的细胞,可能成像在细胞表面上的吸附病毒[26]并产生从细胞表面释放新的病毒颗粒的图像时间序列[26,31,32]。

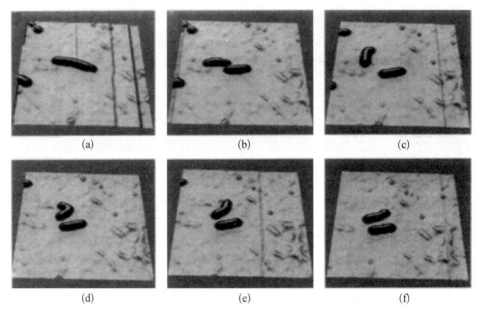

图6.6　AFM 图像显示在沉积到石墨上之后的 TMV 病毒颗粒的可控切开和操纵,图像序列显示了 TMV 颗粒的状态[25](扫描尺寸为 560 nm×560 nm)

（a）原始位置和方向;（b）切开后;（c）旋转后;（d）移位后;（e）(f) 平直之后使其与病毒颗粒的剩余部分平行

有几个关于卫星烟草花叶病毒晶体生长的研究报告[6,8,13,33]。其生长机制不同于蛋白质晶体(见第 6.1.2 节)(因为二维成核和生长仅在非常低的过饱和度下对晶体生长产生主要影响),并没有观察到螺旋位错。主要生长机制看上去是通过添加 3D 簇或微晶及其随后的扩展。如果 3D 添加物与较大的晶格失配,则它们插入在晶体中产生缺陷结构。其他缺陷来源也是插入到生长晶体中的外来颗粒。晶体表面的高分辨率图像允许获得单个病毒颗粒的分辨率[8,13]。

最近在 AFM 病毒成像领域取得了重大进展(有用的综述参见文献[34]),开发了允许为几种重要人类病毒分辨表面和内部细节的方法,这些人类重要病毒包括单纯疱疹病毒 1 型、细胞内成熟痘苗病毒与 HIV[35-37]。在一项相当精妙的研究中,被 AFM 追踪到采用洗涤剂处理后的单纯疱疹病毒 1 型逐渐降解[35]。这允许观察其外层包膜、底下的衣壳、由衣壳组成的衣壳粒及其表面排列、损伤或者部分降解而丢失衣壳粒的衣壳以及最终泄漏出损伤颗粒的 DNA。来自前两个阶段的数据如图 6.7 所示,其示出了外层包膜的剥离,揭示了下方衣壳的精美细节,在这样高度弯曲的表面上取得了相当好的成绩。

由 AFM 获得的分辨率允许直接观察单个衣壳结构的变化,这不能通过电子断层扫描数据(平均数据)获得。另外,数据是在更为生物相关的条件(在环境温度和压力下,无须染色或者包覆以增加图像对比度)下获得。以类似的方式,使用一

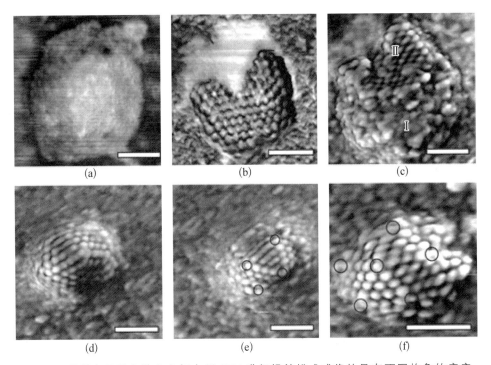

图 6.7　吸附在云母上并在空气中用 AFM 进行轻敲模式成像的具有不同构象的疱疹 HSV‐1病毒颗粒

(a) 衣壳完全覆盖在脂质包膜中[(b~f) 加入 0.2% Triton X‐100 去除脂质包膜]；(b) 衣壳仍然部分被脂质包膜覆盖；(c) 大多数这种衣壳被大小大约为 10 nm 的颗粒(区域Ⅰ)的不规则收集覆盖，其对应于外被蛋白质，在下方较小的区域，高度规则的衣壳被暴露出来(区域Ⅱ)；(d~f) 具有脂质双层和外被的三个衣壳被完全去除，其完全暴露了主要由六邻体和五邻体组成的常规衣壳体结构，在(e)和(f)中，以黑色圆圈指示五邻体，标尺为 100 nm。[图片由 M. Plomp 和 A J. Malkin 提供]

系列洗涤剂、二硫化物还原化合物和酶攻击方式观察了细胞内成熟痘苗病毒(IMV)颗粒的结构元件[36]。来自痘病毒科的牛痘由于其在消除天花中的作用而令人感兴趣，其研究已经由于后 9/11 时代中故意释放的潜在威胁而受到新的推动。这项研究可能是第一个比较在缓冲液中成像的完全水合状态病毒与空气干燥后的高分辨率图像，证明其水化后的可逆收缩(高度上高达 2.5 倍)和其他结构变化。液体成像成功的一个关键是在云母上实现一系列紧密堆积的病毒颗粒，使其能够抵抗针尖力，否则其可能会在液体下清除离散的颗粒[34](见第 7.2.1 节)。这可以通过在沉积阶段中缓慢干燥来实现，以促使随着液体薄膜消失而发生粒子干扰，留下紧密堆积的病毒粒子岛。

　　AFM 应用的另一个领域是细胞的病毒侵袭，其中两个例子是 HIV 对淋巴细胞表达的表面结构的影响和西尼罗河病毒对非洲绿猴肾细胞的"维洛"细胞的影响[37,38]。在这两种情况下，表面结构发生变化，在后一种情况下观察到感染细胞的表面下构造。在艾滋病毒研究[37]中,获得了细胞表面上的病毒颗粒的高分辨率图像,这些图像显示出比在玻璃上沉积后看到的尺寸变化更大,这一事实暂时归因于出芽过程。此外,洗涤剂处理允许获得形成病毒粒子外壳的包膜蛋白质—膜—基质的厚度。

由于它们小而固定的尺寸,近几年出现的病毒新应用是用作纳米结构工程的支架[39,40],AFM 成像非常适合于其表征。在一项比较细菌和哺乳动物细胞应用开发中(见第 7.2 节),AFM 已经用于探测病毒的机械性质[41-43]和同时探测病毒黏附性质[44]。其中值得注意的是在艾滋病毒中表现出"刚性转换",新出现的芽粒比成熟颗粒刚性高出 14 倍,主要由 HIV 包膜细胞质尾部区域介导[43]。观察到成熟诱导的病毒颗粒软化和它们进入细胞的能力之间存在惊人的相关性。因此,有学者已经显示了 HIV 在其生命周期的不同阶段(刚发芽期间坚硬和细胞进入期间柔软)如何调节其机械性质,这对于有效的感染性来说可能很重要[43]。

6.2　二维蛋白晶体:介绍

二维(2D)蛋白质晶体是在细菌和藻类细胞表面天然存在的无所不在的蛋白质类型。从显微镜的角度来看,对这些蛋白的研究兴趣是被 Henderson 和 Unwin[45]激发出来的,他们证明了规则二维晶体阵列可以使用透射电子显微镜在线进行漂亮的图像处理(包括电子衍射)。在进一步的精细研究中,他们能够产生细菌视紫红质的 3D 图谱[46-49],从中提出了该蛋白质的原子模型[48]。此后,已经使用 TEM 检查了许多其他系统,显著的实例包括细菌孔蛋白 OmpF[50]和 PhoE[51]以及植物光捕集复合物(LHC - II)[52,53]的 2D 晶体。研究 2D 蛋白晶体的证明来自原子或近原子分辨率下蛋白质的结构测定。通常,这是通过 X 射线晶体学来完成的,但是众所周知膜蛋白质特别难以结晶成三维结构,所以 2D 晶体提供了一种有吸引力的涉及显微镜而不是 X 射线晶体学(它们通常只有 5～20 nm 厚,这对于电子衍射是理想的,但是对于 X 射线晶体学来说太薄了)的替代途径。迄今为止,大多数工作已经在天然丰富的膜蛋白中进行,这些蛋白质易于提取和纯化。然而,有大量其他有趣的天然稀有的研究候选者,如受体、通道和转运蛋白。随着遗传学的最新进展,现在可以通过细胞培养中过度表达来合成这些蛋白质[54,55]。

6.2.1　AFM 必须提供什么

毫不奇怪地,AFM 对 2D 蛋白质晶体成像有天生的优势,如能够在生理缓冲液中工作,不会将样品暴露在任何辐射下,根据原始数据或图像对比度实现的分辨率优于 TEM[56]。使用 AFM 也有局限性,与 TEM 相比,图像处理更加困难,因为

AFM 图像的像素密度不可能与有效的、没有像素限制的"在线"电子束竞争。这个问题部分地被 AFM 图像的对比度高于 TEM 图像的事实所消除,因此对图像处理的需要要少得多。通常,针尖卷积对样本 AFM 图像的影响是一个严重的问题。由于 AFM 针尖导致的分子压缩和扭曲等因素[57,58],以及固有的不可预知的事件,例如扫描期间针尖由于磨损或生物样品更可能受到污染而导致形状的变化[59],图像去卷积并不是一个简单的过程。然而,对于紧密堆积且具有非常低的表面粗糙度的样品,由于只有针尖的顶点参与成像过程(见图 6.8),所以针尖卷积变得可忽略。顺便提一下,这表明了由探针显微镜产生图像的独特特征之一,即当样品粗糙度降低时,图像分辨率得到增强[60]。这与所有其他形式显微镜的平坦导致低对比度特点相反。具有进行电子衍射能力的 TEM 提供了能够产生电子密度图的优点,并且从这些图中可以产生蛋白质分子的原子尺度模型。

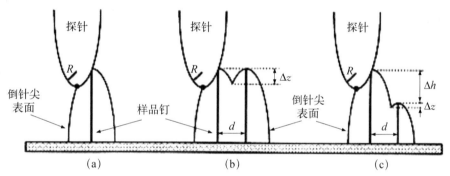

图 6.8　AFM 中的图像形成[60] (AFM 获得两个长钉距离 d 的能力取决于图形中的凹坑的尺寸 Δz,随着峰值之间的高度差 Δh 的增加而减小,因此,更平坦的样本可以获得更高分辨率的图像,R 是针尖的曲率半径)

(a) 用抛物线针尖获得的长钉图像;(b) 相似高度的两个长钉靠近在一起的图像;(c) 不同高度的两个长钉的图像

目前,AFM 不具备这种能力,很难想象如何通过 AFM 实现这一点。然而,即使没有产生蛋白质原子模型的能力,将从这些模型得到的预测表面形貌数据与可在现实环境中 AFM 直接获取的表面形貌图像比较,可以评估这些 TEM 数据的可靠性和生物相关性。出现这种情况的原因如下:TEM 需要使用平均技术来处理图像以产生可接受的对比度,这意味着只有规则的重复结构才可以被分辨,晶体中缺陷丢失伴随着噪声降低了 TEM 数据分辨率,以及结构的其他局部变化(如孪生)可能会产生不正确的数据。原子力显微镜以其产生高对比度的图像能力并不会受到这些局限性的影响,事实上 AFM 擅长观察晶体中的点缺陷[61]。从结构测定观点的结论是 AFM 提供了一种强大的补充技术,而不是替换 TEM。还有通过 AFM 可以提供独特信息的其他领域,例如通过在生理缓冲液中工作,AFM 可以原位成像动态事件[62]。

6.2.2　样品制备：膜蛋白

一些膜蛋白如细菌视紫红质自然形成 2D 晶体阵列，在这种情况下，样品制备可以简单地从细胞壁中提取它们，然后的应用取决于所检查系统的各种处理步骤。这些步骤是多种多样的，超出了本书的范围，但在各种综述文章[54,63,64]和《膜蛋白结晶》一书[65]中有详细描述。

然而，尽管精确的细节对于不同的蛋白质是不同的，存在一种更通用的方法可以用于所有膜蛋白。体外产生的最好 2D 晶体已经从洗涤剂溶解和纯化材料中获得，条件可以更容易地控制，因此结果的可重现性更好[54]。该方法的主要特点如下。膜蛋白不溶于水，因此形成 2D 晶体的第一步是使用洗涤剂溶解蛋白质；然后将洗涤剂溶液中加入脂质-洗涤剂胶束悬浮液；最后通过透析或吸附到胶乳珠上去除洗涤剂[54]。该方式将蛋白质留在连续脂质双层中，就像在类似于体内的生物膜中一样。因为它们比 3D 晶体小得多，因此只需要相对少量的蛋白质，此外，2D 蛋白晶体生长得更快，这意味着蛋白质仅在短时间内暴露于高水平的洗涤剂中，有利于增强蛋白质的稳定性。

最近已经调整 Kühlbran 的方法将膜蛋白直接插入支撑磷脂双层中[66]。在这个修订版中，通过囊泡融合在云母上形成了支撑磷脂双层（见 5.3.1 节），它非常理想地适合 AFM 成像。然后通过加入基于糖的洗涤剂溶液（十二烷基-β-D-麦芽糖苷或十二烷基-β-D-硫代麦芽糖苷），部分地破坏支撑双层，然后加入洗涤剂溶解的膜蛋白。在几分钟之内，蛋白质被单向引入到支撑双层中。该方法仅需要皮摩尔量的膜蛋白。因此，可以使用非常少量的新鲜纯化的膜蛋白，而不需要先前方法所需的通常样品浓缩步骤，以在支撑磷脂双层中产生局部自组装的紧密堆积的 2D 结晶阵列的小块区域[66]。所需的量少应该允许研究更稀少或难以纯化的膜蛋白，因此具有很大的前景。

蛋白质膜的重建可导致 2D 膜蛋白晶体的几种不同排列。在天然膜和囊泡晶体中，所有的蛋白质分子都是以相同的方式面对脂质双层[见图 6.9（a）和（b）]。管状晶体也可以形成，这些基本上都是蛋白质晶体螺旋排列在圆柱形表面上的囊泡[见图 6.9（c）]。最后，当晶体在各向同性洗涤剂溶液生长时能够形成蛋白分子面临上下交替的晶体[见图 6.9（d）]。

6.2.3　样品制备：可溶性蛋白质

虽然当与洗涤剂和脂质混合时，膜蛋白或多或少自发形成 2D 晶体，但是大多数可溶性蛋白质需要被控制才能形成晶体。这些蛋白质二维结晶的一般有四个基

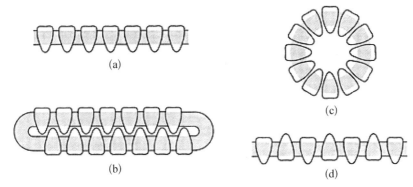

图 6.9　不同类型的 2D 蛋白晶体[54]

本要求。第一个是分子应该固定在一个平面上，第二个是它们应该在平面内具有足够的流动性以允许重新排序，从而允许满足第三个要求，即所有分子的相同取向。第四个也是最终的要求是在平面上分子高浓度，使得趋向于结晶而不是二维溶液。分子可以通过将它们吸附到空气-水界面上而被二维固定，但是纯的蛋白质单层缺乏必要的流动性以允许分子重排，这可以通过将蛋白质静电吸附到带电脂质单层或通过将蛋白质与脂质的极性头基团相连的配体相结合（见图 6.10）而将蛋白质吸附到脂质单层[67]来克服。可以通过调节脂质分子的堆积密度和/或烃链长度来控制脂质单层的流动性，这证明是实现不同蛋白质 2D 结晶的重要参数[68]。大多数蛋白质在流体相中需要高脂质密度。脂质与蛋白质在空气-水界面上竞争位置，并且推测高水平的脂质可以防止蛋白质的变性，否则这些蛋白质将自由进入空气-水界面部分展开，而展开或变性的蛋白质将不容易结晶[68]。

　　制备 2D 晶体有两种选择。第一种方法是使用传统的在 Langmuir 槽上构建脂质单层的手段，然后将蛋白质加入亚相[69]，通过使用疏水性基底进行 LB 浸渍

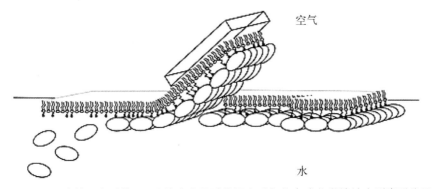

图 6.10　可溶性蛋白质的 2D 晶体生产通过将蛋白质与静电或化学地结合到脂质分子界面单层上以允许结晶所需的重排和排序而实现[70]

（见第 5.1.4 节）来实现膜转移。在进入液体的途中，脂质层与基底结合，并且在将基底再次拉出之前采用隔断块打扫表面以避免双层转移（在这种情况下第二层将与脂质分子一起转移到最上面基底表面上）。

这种方法的缺点是大多数 Langmuir 槽需要大量的液体来填充它们，并且由于亚相中的蛋白质浓度需要相对较高（通常为 $1\sim3$ mg·mL^{-1}），所以需要大量的蛋白质，这否定了二维晶体的优势之一。对于小规模工作，第二种方法是简单地将基底直接放置在包裹有脂质的蛋白质微滴（$10\sim20$ μL）的表面上，然后取出基底，在这种情况下，基底是为碳涂覆的疏水 TEM 网格[70]。作为脂质的烃链和碳膜之间的疏水相互作用的结果，一些脂质层和附着的蛋白质黏附到基底上。对于 AFM 成像，高取向热解石墨（HOPG）可用作替代的较平坦的疏水性基底。虽然这种方法的优点是只需要非常少量的样品，这更多来说是"命中注定"，因为缺乏对 Langmuir 槽法的控制。

只需要少量蛋白质溶液（约为 40 μL）的替代方法是使用特氟龙液体池作为迷你 Langmuir 槽[71]。近来，已经提出了基于 Langmuir 槽上界面层的椭偏仪和剪切流变学测量法[72]的二维结晶过程监测和改进方法。用椭偏仪监测蛋白质对脂质单层的黏附，用测量界面膜流动阻力的剪切流变学监测蛋白质分子的结晶。

另一个较简单的、通过较少控制来形成二维可溶性蛋白质晶体的方法[73]是最初开发用于形成 TEM 的病毒颗粒 2D 有序阵列的云母扩散、负染色碳膜方法的改编[74]。改编程序中关键的额外步骤是聚乙二醇（PEG）的包合。将低浓度缓冲液中的 1 mg·mL^{-1} 左右的高纯度蛋白质溶液与含有 $0.1\%\sim0.2\%$ PEG（相对分子质量为 $1\,000\sim10\,000$ D）的 2% 钼酸铵溶液混合。将该混合物分散在新鲜撕开的云母上，并除去多余的液体，以在云母上留下薄而均匀的液体层。然后将其在室温下干燥，其需要约 $5\sim10$ min。蛋白质结晶在干燥过程中发生，但取决于条件的优化，如蛋白质浓度、缓冲液的离子强度及其 pH 值、PEG 等级和浓度、干燥温度和时间。这些都必须通过试错来确定，这个过程可能有点耗时。这种技术的另一个局限性当然是干燥步骤，尽管对于 EM 很好，但是丢掉了 AFM 的其中一个优点。

6.3　二维膜蛋白晶体的 AFM 研究

6.3.1　紫膜

AFM 检测的第一个 2D 膜蛋白晶体可能是 *Halobacterium halobium* 的紫膜（细菌视紫红质）。它们由 75% 的蛋白质细菌视紫红质和 25% 脂质组成的 2D 晶体组成，功能是作为光动力质子泵。细菌视紫红质分子密集堆积到三角晶格中。通过冷冻电子显微镜的结构分析显示为嵌入七个密集堆积 α 螺旋的视网膜单位[48]。早期紫膜 AFM 研究仅取得有限的成功，这几乎肯定是由于设备不足[75,76]。这些调查是在原子力显微镜的光学传感方法开发之前进行的，更重要的是使用自制的 AFM 针尖和在空气中成像（此时低质量探针和高成像力结合起来使任何细微细节都无法分辨）。随着商业制造的 AFM 探针和液体成像能力 AFM 的出现而使得力降低而成像技术得到了很大的改善，获得了包含一些结构信息的图像。然而，图像的对比度差，结构信息来自傅里叶分析[77]。最近，Müller 及其同事们获得了急剧提高的图像质量，他们通过记录蛋白质分子在细胞质表面上的力诱导的构象变化来证明在紫膜 AFM 研究中控制成像力的绝对重要性[78]。构象变化是清楚的，可以在图 6.11 中看到。这代表了在非常高的分辨率下以探针针尖扫描软生物系统来评估样品变形潜力的重要步骤。除了表明成像力对这种纤弱系

图 6.11 紫膜的细胞质表面的力依赖形貌，扫描期间图像底部 300 pN 手动调节力到顶部的 100 pN[78]［可以看出明确的构象变化：甜甜圈形细菌视紫红质三聚体在其边缘转化成具有三个明显突起的单元，标尺（左）10 nm（右）4 nm，该图像已被傅里叶滤波处理以提高其清晰度］

统的影响之外，构象变化本身还揭示了成像环境选择重要性的暗示。注意到构象变化在高 pH 值缓冲液中是完全可重复的，但在酸性缓冲液中却不是。

这一观察加强了关于 AFM 图像中实际看到的是根据蛋白质序列预测的环形凸起，其连接细菌视紫红质中的两个螺旋区域，因为其将在碱性 pH 值下由于静电力从细胞质表面伸出。从这项研究得出的结论是双重的。首先也许并不奇怪，成像环境的选择（如在水性缓冲液中进行成像）尤其重要，其次，由于缓冲液条件引起的构象变化可以直接用 AFM 观察到。事实上，这在后来由同一课题组的 HPI 层研究中证实[79]。在相关研究[56]中，通过将它们吸附到具有不同 pH 值的聚-L-赖氨酸包覆的云母中来测定紫膜的定向，这有利于通过细胞质表面（pH=7.4）或细胞外表面（pH=3）的黏附。与吸收到裸云母的样品相比，其衍射图形具有超过 0.7 nm 侧向分辨率的反射，附着于聚-L-赖氨酸包覆云母上的样品由于膜片的弯曲而变得更粗糙，并且产生衍射级数仅 1.18 nm，部分是因为从晶格对称性看图像中单个单元的偏差。

　　鉴定紫膜片层的不同侧面是暂时实现的,但是最近已经使用免疫标记来证实这一点并且在细胞外面上产生 0.7 nm 的侧向分辨率[80]。该改进可能是由于附着于裸云母,其避免了聚-L-赖氨酸包覆云母的问题。所获得的 AFM 图像如图 6.12 所示。在免疫标记研究中发现了几个有趣的观察。第一,尽管抗体分子可以在 0.2～0.3 nN 的力量下从云母表面上扫除,但是附着紫膜的那些抗体需要更大的力(约为 1 nN)来去除它们,这建议抗体和抗原之间的相互作用比抗体和云母之间作用更强。第二,从膜中除去抗体分子后,可以记录下面的结晶形貌。第三,通过 AFM 探针清除膜上的抗体后可以被快速重新标记,指明即使与 AFM 针尖接触,其表面保持其天然抗原性。第四,尽管用非常低的力(100 pN)进行成像,但是没有获得抗体分子本身的高分辨率图像——仅具有适当尺寸的"团",示出了如果希望成像结构细节的蛋白质 2D 晶体阵列形成的优势。最后值得一提的一点是,该研究是少量同时使用合适对照样品检查抗体使用的研究之一[80]。

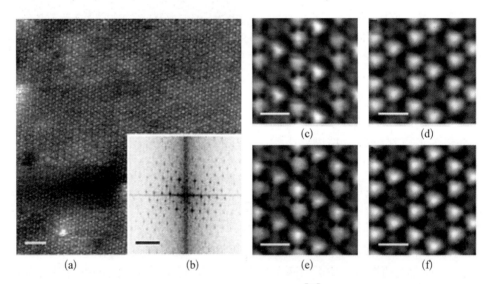

图 6.12　紫膜细胞外表面的极高分辨率 AFM 图像[80] [图像的高度为 0.2 nm,
标尺:(a) 20 nm,(b) 2 nm,(c)～(f) 4 nm]

(a) 沿轨迹方向(从左到右)记录的图像;(b) 功率谱中的峰值扩展到 0.7 nm 的分辨率;(c)(e) 在扫线和回扫线(从右到左)方向扫描图像从 770 个单元计算的衍生相关平均;(d)(f) 对(c)(e)平均形貌的对称平均

6.3.2　缝隙连接

　　在紫膜之后,第一个关于蛋白质膜系统的并标明了膜表面上有序阵列的良好对照的 AFM 研究是关于缝隙连接[81]。缝隙连接是脊椎动物细胞膜中允许小分子(小于 1 kD)自由通过的区域,低电阻,提供信号通路[82]。它们由夹在一起的两个质膜组成,以细胞与细胞通道捆绑成阵列作为"填充"[83]。由于它们已经由 X 射线衍射(XRD)和 EM 广泛研究过,并且提出了关于它们的结构模型[84-86],因此是早期 AFM 研究的很好样品。在模型中,通道在膜片之间跨 2～3 nm 的缝隙头对头排列。在最规则的样品中,通道以六边形排列,晶格常数为 8～10 nm,但是根据制备条件而变化。通道本身由两个连接子组成,每个膜都有一个。连接子为圆柱形,高 7.5 nm,宽 7 nm。每个具有穿过其中心的孔,直径约为 1.5～2.0 nm。最后,因为它具有六重对称性,所以认为连接子由六个相同的蛋白质亚单位组成。将 PBS 中的缝隙连接分散液吸附到玻璃盖玻片上 10～20 min,然后用过量的缓冲液冲洗基底,再进行成像。用胰蛋白酶消化并用戊二醛固定的样品显示为六边形阵列。在 PBS 缓冲液下以约 1 nN 的力 AFM 低放大倍数成像显示连接缝隙有 14 nm 厚度,通常为 0.5 µm 大小的不规则形状平片。在更高的放大倍数下,上表面可简单地视为起伏和无特征。缝隙连接的固定看上去没有改变其整体形态,它们都显示出大致相同的高度,尽管固定的膜更容易从玻璃表面刮下,因为它们在固定后具有较少的正电荷,从而降低了它们与带负电荷玻璃的相互作用。当固定样品以较高的力(高达 15 nN)成像时,上层膜片可去除。

该过程如图 6.13 所示,高度变化可以在每个图像旁边的线轮廓中看到。一旦上层被"切割",高倍放大成像清楚地显示出六边形堆积的连接子。通过傅里叶分析确定连接子的中心间距,得到 9.1 nm 的值,与先前的 XRD 和 EM 研究非常一

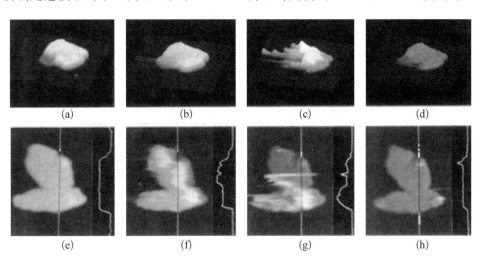

图 6.13 AFM 针尖诱导缝隙连接膜的切割[81];增加力设定点(a) 0.8 nN;(b) 3.6 nN;(c) 6.1 nN 和(d) 9.6 nN 显示在单个缝隙连接团上从左到右从上部"剥离"上层膜;下一排图像显示另一个缝隙连接团的俯视图,其经受增加的成像力:(e) 0.8 nN;(f) 3.1 nN;(g) 10.1 nN 和(h) 10.1 nN 的重复扫描[在每个图像旁边显示线轮廓,说明连续图像中结构的高度减小到最终的一半(约为 7～15 nm);扫描尺寸为 1.5 µm×1.5 µm]

致[84-86]。连接子的直径看起来比 4～6 nm 处的模型小，它们从膜表面突出 0.4～
0.5 nm。Hoh 和他的同事跟进了这项研究，更好地控制了成像力和其他仪器因
素，从而更详细地重新检查了缝隙连接[87]。该研究还包含了与 AFM(当时是一个
非常新的且不发达的技术)相关的潜在问题的有用讨论[87]。考虑了在常规成像和
膜切割期间由 AFM 针尖引起的损伤，以及由于诸如针尖形状和反馈回路特性等
仪器因素引起的图像失真。其获得的图像更清晰，如图 6.14(a)所示，允许在连接
子中识别中心孔[见图 6.14(b)]。AFM 图像是首先揭示膜蛋白上亚结构，即穿越
连接子的孔细节。但是人们认为在讨论图像的完全意义之前需要解决由于 AFM
使用导致的伪像[87]。

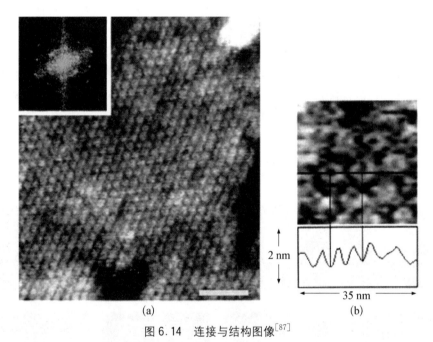

图 6.14　连接与结构图像[87]

(a) 夫除顶层之后，显示出缝隙连接的连接子结构(见图 6.12)，功率谱(插图)表明为六边形堆积，标
尺 50 nm；(b) 通过所选择连接子的横截面显示出孔隙，其深度约为 0.7 nm，表明 AFM 针尖太宽或
者存在阻塞而不能完全穿过

　　事后看来，研究人员似乎过于谨慎而采用了许多保障措施，例如扫描不同方
向、使力最小化、反馈优化和使用已被其他工作人员采用和验证的傅里叶和相关方
法对图像进行彻底分析。

6.3.3　光合蛋白膜

　　一个早期的实现了单分子膜蛋白清晰分辨的 AFM 研究是在来源于细菌

Rhodopseudomonas viridis 的光合蛋白膜上进行[88]。已经从细菌细胞中提取的膜悬浮液分散在 Langmuir 槽中的空气-水界面上，然后通过 LB 浸渍转移到玻璃盖玻片上。与大多数其他膜蛋白研究相反，发现云母不是合适的基底，会引起膜的起皱和聚集。因为没有给出所使用的成像力的细节，以及没有提到在液体下工作，所以必须假设样品在空气中成像。尽管如此，蛋白质分子非常清楚地成像为球形特征，并发现在膜的大多数区域是六边形堆积。在一些区域，蛋白质分子显示出不规则填充，而这些差异暂时归因于膜片具有不同的面，其具有不同的所谓 C 和 H 亚单元向外突出。虽然简单地确认蛋白质膜比玻璃基底更柔软，但是在样品上进行的悬臂振动引起的力调制产生了样品的局部机械性质的信息[88]。更近期的工作研究了生长期间照明条件对源于 *Rhodospirillum photometricum* 的光捕集膜蛋白的详细结构分布的影响[89]。对于低光照水平和高光照水平的样品，观察到光捕集组分蛋白比例的大变化。核心复合体的局部环境看上去对于两个样品都显示相同，但是在低光适应样品中光捕集触角区域的数量更高，确保在低光条件下保持足够的反应中心偶联。因此，证明了该系统中环境胁迫诱导的植物光合机器的亚分子适应性，这是 AFM 成像在生物学应用中的重要里程碑。

6.3.4 肾膜中的 ATP 酶

在另一个早期的例子中，膜蛋白的组合 TEM/AFM 研究检查了在纯化犬肾膜中由钠和钾 ATP 酶形成的结构。在空气中进行 AFM 成像，通过使用轻敲模式将力保持在相当低的水平，从而获得分子量级的分辨率[90]。通过比较 TEM 和 AFM 图像，得出结论：AFM 成像了膜的细胞质面，图像证明 ATP 酶形成通道样结构，明确地具有内径为 0.6~2.0 nm 的孔。该研究中的一个有趣观察：当应用乙酸双氧铀（负染）时，蛋白质分子的尺寸变化，染色程序产生约 50% 的收缩，表明即使在该早期研究中 AFM 可能用于评估常规 EM 制备方法对这些样品的影响[90]。

6.3.5 OmpF 孔蛋白

革兰氏阴性细菌的外膜保护细胞免受诸如蛋白酶、胆汁盐、抗生素、毒素和噬菌体等有害物质的影响，并能防止渗透压的剧烈变化[91]。屏障含有称为孔蛋白的蛋白质家族，其作为通道介导营养物质、代谢物和废物转移[92]。细菌 *Escherichia coli* 中的主要孔蛋白种类是其原子结构已经通过 X 射线晶体学解析的三聚体基质孔蛋白 OmpF[91]。在 OmpF 孔蛋白情况下，通道或孔是由 β-桶形成，在周质面上通过短的转角连接，在细胞外表面上通过可变长度的环连接。因此，面部分别是平滑和粗糙的。OmpF 可以在磷脂存在下重构成各种形式的 2D 晶体。Lal 和同事在 1993 年首先报道了大肠杆菌 OmpF 孔蛋白重组晶体的 AFM 研究,在进行高倍放大扫描时观察到矩形和六边形模块的混合图案[93]。研究人员将其归因于孔蛋白的细胞外表面由于囊泡的厚度和特征的突出高度而导致。测量阵列中心到中心的间隔分别为 8.4 nm×9.8 nm 和 7.2 nm,与先前发表的 EM 数据[50]很好地吻合。没能获得实际通道的精细细节可能是两个原因,即在空气中成像可能导致结构崩溃,以及在相对较高的力(约 1 nN)时成像。在下一年的研究中分辨率得到改善,在含水缓冲液中成像(并且消除了早期的干燥步骤)获得 2 nm 的侧向分辨率[94]以及稍后获得 1 nm 的侧向分辨率[59]的 AFM 显微照片。改进的分辨率允许在图像中识别细胞外和周质面。较粗糙的细胞外表面显示与成像力相关的两种明确的构象,而平滑周质面在 200~600 pN 的力范围内出现相同的构象。此外,在 OmpF 孔蛋白的周质面上观察到一种新颖的六方晶体堆积排列,并且观察到其转变为更常见的矩形排列,再次证明了 AFM 可以研究晶体缺陷[61]和不同的结晶堆积排列[59]。Schabert 和 Engel 发表的文章还详细介绍了应用在这种高度有序的系统上的可能图像分析技术的范围,其中许多是从电子显微镜技术"借用"的。使用相关平均技术[95]和傅里叶分析来准确测量单元晶胞参数,并分别评估测量的准确性[59]。在将这种处理应用于图像之前,在正向和反向进行扫描,图像叠加以补偿摩擦效应。膜的重建通常产生双层,其中细胞外侧被夹在周质侧之间,因此 AFM 针尖不可接近。这通过成像重叠不完美的区域来克服,还通过用 AFM 针尖"上拉"掉上层的边缘以暴露底下的细胞外层的部分(尽管这仅仅可能在每个 OmpF 孔蛋白三聚体缺少 2 个松散结合脂多糖分子的双层上发生)来克服[59]。在后续的研究中重复了这个"纳米切割",给出了一个关于该技术如何揭示 OmpF 孔蛋白 2D 晶体两个面的例子,如图 6.15 所示[96]。虽然 AFM 不能产生 2D 蛋白晶体的原子模型,但可用于验证这种模型:模拟了 OmpF 孔蛋白中的蛋白质-蛋白质和蛋白质-脂质相互作用,并用 AFM 形貌图验证了哪种模型是最准确的。AFM 图像还揭示了关于结构中的蛋白质环的灵活性细节,而这些不可能从 X 射线晶体学研究中获得[96]。

6.3.6　细菌 S 层

几乎所有的古细菌都具有插入蛋白质或糖蛋白的规则表面层(S 层)的细胞包膜[97]。S 层占细胞总蛋白质含量的 7%~12%,并为细胞与其周围环境之间提供重要界面[98]。AFM 检测的第一个 S 层是来自细菌 *Sulfolobus acidocaldarius*[61]。事实上,这可能是第一个没有使用图像傅里叶处理来获得蛋白质 2D 晶体晶格分辨率的 AFM 研究。成功的原因几乎肯定是由于用钛电子束蒸发涂覆样品,使得它能够承受在空气中成像时的力。然而,分辨率(根据目前的标准低至约为 10 nm)仍

图 6.15　去除上层后,OmpF 孔蛋白的两面观察成为可能[96][AFM 左侧显示了波纹状细胞外表面,右侧显示了光滑的周质面,包含两个三聚体的矩形单元晶胞(a = 13.5 nm,b = 8.2 nm)被框起来,点标记两个面上三聚体的位置,标尺为 10 nm]

然足以区分晶体的细胞外和细胞质面。或许这项研究中最重要的发现是在 TEM 图像中不容易看到的 2D 晶体双边界是具有两个 S 层晶体域的高度结构化区域,以保持孔隙的整体图案。因此,即使在这个早期的研究中,AFM 也可以充当一个相当强大的补充 TEM 的技术[61]。

另一种已经广泛研究的细菌 S 层是 *Deinococcus radiodurans* 的六边形堆积中间体(HPI)层[99],它是用洗涤剂从全细胞的外膜提取[99]。从 107 kD 蛋白质组装形成 655 kD 的六聚体,产生 18 nm 的晶胞尺寸。每个六聚体由一块巨大的核心组成,连接相邻六聚体的辐条从该核心发出。电子显微镜数据的建模指明核心包围一个由六个相对较大的开口围绕的孔,以 3 倍对称线为中心[100]。在高倍观察下将 AFM 应用于生物分子的重要步骤中,HPI 层的早期研究将 AFM 图像(缓冲液下获得)与 TEM 数据(真空获得)定量比较,以试图验证 AFM 在蛋白质结构研究中的可靠性[101]。实现了侧向 1 nm 和垂直 0.1 nm 的分辨率,此外,从 AFM 图像获得的测量与先前的电子显微镜数据非常一致。也很清楚,通过评估许多分子的图像之间的差异,AFM 可以区分结构中具有不同刚度的区域。故作者[101]暂时得出结论,可能允许使用 AFM 观察这种系统中功能相关的结构变化。在接下来的两年内,在 HPI 层上实际观察到这种结构变化,即孔的开放和闭合[62]。这种精细工作的重要设备先决条件是使用大约 100 pN 的非常低的成像力,以消除探针力作为结构改变的主要机制。在进一步努力消除针尖诱发效应方面,使用亲水氧化物锐化的 Si_3N_4 针尖和电子束沉积碳疏水针尖产生了相同的结果。图 6.16(a)和(b)示出了所获得的未处理的 AFM 图像[62]。从 AFM 图像可以看出,HPI 层的疏水

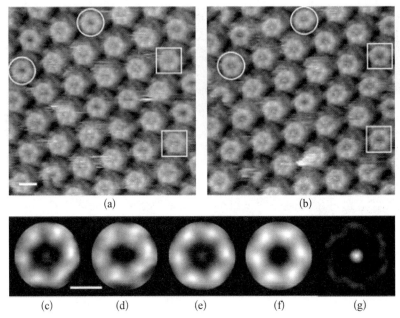

图 6.16 在相同区域的连续 AFM 图像中,HPI 层的内表面的构象变化:相距约 5 min[62]
[标尺/灰度级范围为(a)～(b) 10 nm／6 nm、(c)～(g) 6 nm／13 nm]

(a) 在图像中开孔标记为圆圈,封闭或堵塞的孔标记为方形;(b) 打开的孔已经封闭(圆圈),而一些已关闭的孔已打开(方形);(c)～(f) 由原始图像经各种数学运算(细节见正文)产生的图像表明孔的两个状态的图像之间存在真实和可测量的差异

性内表面表现出两个构象。这些归因于六聚核心的中心孔的打开和关闭,因为在一些图像中,该区域没有阻塞(圆圈),而在其他图像中被阻塞(方形框)。最重要的是,在约 5 分钟后重新扫描同一地区,不同的六聚体不受阻塞[见图 6.16(b)方框],这消除了原始图像简单地表示六聚体结构中的天然异质性的可能性。为了量化观察到的结构变化,对 10 个不同图像中的 330 个单位通过调整其平移和旋转位置(或者以另一种方式使其摇摆,直到发现最佳拟合)来排列整齐,然后进行多变量统计分析。其结果如图 6.16(c)～(g)所示。阻塞孔和空孔之间的高度差为 0.8 nm±0.5 nm,仅在不确定度水平以上,但因为该图来自许多图像的平均值而可能是显著的。当考虑到孔的小尺寸时,电子显微镜数据建议其直径约为 2.2 nm,很容易看出,这将限制 AFM 针尖的穿透。因为针尖不是无限尖锐的,意味着由 AFM 测量深度势必被低估。

唯一美中不足的是,不知道是什么导致所观察到的构象变化,因为在扫描过程中没有成像或缓冲条件发生变化,只能给出随机打开和关闭状态是 HPI 层的特定属性这样的初步结论[62,79]。然而,在这项研究中取得的非常高的分辨率(侧向约为 0.8 nm,垂直为 0.1 nm)证明 AFM 可以追踪动态事件(甚至在亚分子水平),这在

AFM 生物学应用中无疑是一个非常重要的里程碑。

6.3.7 噬菌体 φ29 头尾连接子

噬菌体颗粒的组装是一个复杂的过程,涉及未组装组分之间的相互作用成为病毒的各种不同中间体。典型的噬菌体由头和尾组成,通过蛋白质连接(称为连接子或门户蛋白质)。这些与病毒头部内 DNA 转位相关。由连接子蛋白 p10 和 p11 组成的噬菌体 φ29 脖子具有 12 倍的旋转对称性[102]。φ29 连接子 2D 晶体的电子显微镜数据揭示为系统中的开放通道[103]。然而,发现从天然病毒颗粒提取的颈部中的这种通道是封闭的[104]。这建议不同的构象状态可能在病毒颗粒 DNA 堆积中起作用[105]。虽然这个系统已经相当广泛地被研究过,但是对于连接子的内表面和外表面的实际形貌仍然了解得相当少,因此 AFM 用来解决这个问题[55]。为了 2D 结晶形成和 AFM 成像的目标,通过在大肠杆菌中过表达其基因编码获得了相对大量的 φ29 连接子蛋白。与一般的方法相比,通过非常缓慢地将连接子蛋白的离子强度 3～4 mg · mL^{-1} 提高到 2M NaCl 来形成 2D 晶体。除了 2D 晶体之外,还制备和成像了 3D 晶体,有趣的是,不能产生亚分子分辨率,这归因于它们对 AFM 针尖剪切力的相对缺乏稳定性。看上去云母基底在支持样品中起着重要作用,这个结论也可能适用于其他如果需要高分辨率 AFM 图像的界面系统,证明了 LB 膜转移是有道理的。

对于细菌视紫红质,在 φ29 连接子的 AFM 图像中观察到力诱导的构象变化,如图 6.17 所示。在图 6.17 的图像顶部,以低力为 50～100 pN 扫描,连接子的窄结构域控制了图像对比度(区域 a～b),但是随着 AFM 针尖和样品之间的力增加(区域 b～c,力为 150～200 pN),窄的结构域被下压到晶体表面上,使得下面更宽的中心通道可更清晰地分辨。当力再次减小时,连接子的窄而明显柔性的结构域的伸展构象再次变得可见(区域 c～d)。为了证明构象变化的可重复性,力再次提高,并且宽的连接子结构

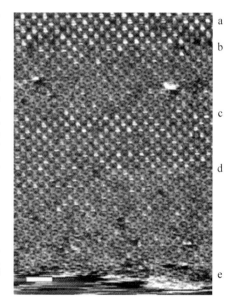

a

b

c

d

e

图 6.17 φ29 连接子的力诱导构象变化[55] [在小力(50～100 pN,区域 a～b)处可见的窄连接子端的延伸突起在增加力(150 pN,区域 b～c)时被 AFM 针尖向下推动,从当力再次降低(区域 c～d)并升高(区域 d～e)时可以看出该过程是完全可逆的,最后,如果力增加到太高(300 pN),样品被针尖损坏(区域 e),标尺 5 nm,灰度范围 5 nm]

域变得清晰(区域 d～e)。最后,在图像的底部,探针力增加到 250～300 pN,导致 AFM 针尖通过推动样品直到下面的云母(区域 e),表明样品的易碎性质以及准确控制成像力的需要。破坏的过程可能实际上是由于在接触模式下针尖的剪切力,而不是通过针尖的加载(正常)力来简单地刺穿晶体片层。当力量增加以成像更宽的连接子结构域,原始数据以合理的清晰度显示十二个亚单位的存在,与以前的 EM 研究非常一致[103]。此外,AFM 数据显示连接子的宽端具有右手定向旋度。这可能与连接子的 DNA 堆积机理有一定的关联。

　　AFM 图像清楚地显示连接子两侧的通道之间存在差异,一个宽直径为 3.7 nm,一个窄直径为 1.7 nm。此外,AFM 数据指明通道的形状不是圆柱形而是圆锥形,这是一个重要的观察结果,因为知道通道的精确性质可以验证 DNA 堆积的模型[104,105]。通过 AFM 获得的数据与通道开启和关闭的模型一致,涉及亚单位的小型协调运动,并且通道的关闭与通过 φ29 连接子进行 DNA 装配的最终步骤[105]相关联。

6.3.8　膜动力学的 AFM 成像

　　最近 AFM 研究的膜蛋白体系数量大幅增加。特别受到注意的一个领域是观察工作中的膜蛋白。与其他形式的高分辨率显微镜相比,AFM 的主要优势在于其具有在亚分子分辨率下在生理或近生理环境(后者更多)中对未标记的样品进行成像和操纵的能力,从而样品具有保留其生物活性的可能性。即使随着电子和荧光显微镜的显著进步,也不能在这些方面与 AFM 竞争。尽管在第 6.3.6 节讨论的 HPI 层中已经观察到随机的构象变化,但该领域现在已经向前推进,报告了归因于特定刺激引起的变化。第一个发表的例子可能是通过在膜上施加电位而引起的 OmpF 孔蛋白通道入口的闭合[106]。通过将孔蛋白通道入口处的大细胞外环破裂而发生孔的闭合,以及通过改变成像溶液的 pH 值也可以看出这种效果。因此,环境刺激显示可以控制跨膜通道的门控功能。后来同一家族的其他孔蛋白证明了使用相同机制的控制开关[107,108]。在一个罕见的脊椎动物膜蛋白功能行为观察的例子中,观察到来自大鼠肝细胞的缝隙连接中的连接子通过两种不同的机制来闭合其跨膜通道。加入钙离子使连接子向内径方向移动以关闭通道入口[109]。还发现在酸性 pH 值下缝隙连接在氨基磺酸盐化合物(这些天然存在于细胞质环境中)的存在下闭合,但分子机理尚不清楚。然而,AFM 图像揭示 pH 值诱导的闭合导致连接子亚单位像相机中的机械阐孔一样旋转和关闭通道。

　　虽然上述研究已经成功地直接观察到膜蛋白功能,但此类 AFM 实验的主要限制因素是支撑基底对各种膜组分流动性的影响。已经认为许多膜蛋白经历相对较大的构象转变以便发挥其功能,并且在其天然水性环境的质膜中仅受周围脂质分子流动性的限制。对于一个支撑系统,情况并非如此,底下的固体基底可以呈现为一个难以对付的屏障,其在极限情况中对特定功能是不可逾越的。例如,已经研究了在支撑脂质双层内单个膜蛋白扩散的测量,发现扩散速率比游离膜上小一个数量级[110]。这个相当棘手的问题与第 5 章(见第 5.3.6 节)对支撑磷脂双层 AFM 表征所讨论的问题基本相同,在这两种情况下解决这些问题的方法是相似的。目前用于膜蛋白的研究方法总结在图 6.18 中(对于该领域的杰出综述可见文献[111])。其中更有希望的方法之一是使用再生纤维素作为聚合物垫[112]。探测纤维素层支撑的含有人血小板整合素的膜与含有整联蛋白特异性配体的囊泡之间的相互作用,比使用固体支撑膜的等效实验得到更大的黏附值。这些较大的黏附值更接近于从整联蛋白-配体解离常数推断的那些值。

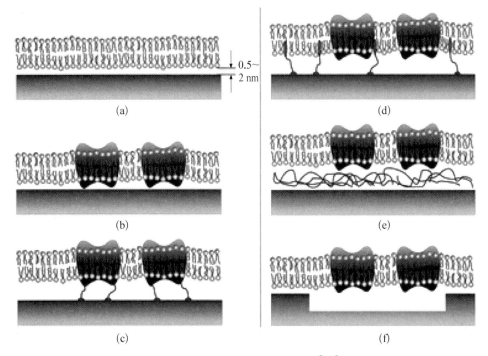

图 6.18 保留支撑膜功能的策略[111]

(a) 如果膜直接由云母支撑,底下的水层太薄而不能允许生物功能,这是由于这样的限制层是高度黏性的;(b) 在这种情况下,突出的膜蛋白甚至可以直接吸附到下面的云母上;(c) 为了克服(a)中的限制,聚合物间隔物可以掺入到蛋白质中;(d) 为了克服(a)中的限制,聚合物间隔物可以掺入到磷脂层中;(e) 在支撑基底上使用聚合物垫;(f) 孔微图案化而膜片覆盖在其上

解决与固体支撑物相关问题的另一种方法是将膜覆盖在基底上的孔上。这已经通过将 *Corynebacterium glutamicum* 的 S 层沉积到用纳米孔图案化的硅表面

上实现[113]。探测非支撑区域膜的机械性质可以获得蛋白质之间的侧向相互作用能。尽管更典型的、更软的膜蛋白是否允许这种分辨率仍然不清楚，但这些区域的刚性足以分辨 AFM 图像中 1.5 nm 宽的蛋白质孔。通过采用对所得诱导 pH 值梯度的平行荧光显微镜成像观察来自 *Halobacterium salinarium* 的紫膜中的质子泵，表明了以这种方式支撑的膜蛋白的功能性[113]。

6.3.9　膜蛋白的力谱

　　如前所述，将 AFM 与其他高分辨率显微镜区分的真正独特之处在于它不仅能以极高的分辨率进行成像，而且可以直接操纵样品。在膜蛋白的研究中，膜本身刚性的力学测量[114]，通过膜中提取单个蛋白质分析的非常详细的力谱描述与定量[115]，再到在脂质环境中膜蛋白伸展自由能测定的重大新进展[116]。这些研究现在已经达到了一个新阶段，可以直接量化膜蛋白的结构稳定性的，或许最令人兴奋的是提供了一种对外部刺激进行标志其功能状态的"指纹"手段[117-119]。例如，Kedrov 及其同事已经表明单分子力光谱测量可以检测在来自大肠杆菌的钠/质子驱动反向转运体 NhaA 中的单个钠离子结合而导致的跨膜蛋白激活时发生的相互作用[117]。这种新能力对细胞生物学的影响很难夸大，但这一领域提供了真正可能推动科学前沿的 AFM 应用实例。

6.3.10　气体囊泡蛋白

　　气体囊泡是完全由蛋白质组成的中空管状结构，为水生微生物提供浮力。最近，AFM 检测了通过喷雾沉积到云母上后在丙醇下来自 *Cynaobacterium Anabaena flos-aquae* 的气体囊泡[120]。研究发现囊泡的主要蛋白 GvpA 堆积成周期为 4.6 nm 的肋骨状结构有序阵列。与本节之前报道的所有研究相反，AFM 成像是在误差信号模式下以高扫描速度进行的。据推测，高扫描速度降低扫描过程中的设备漂移，从而减少图像失真。此外，因为在误差信号模式下是恒力模式，数据收集带宽不受控制回路的限制，使得仪器对 AFM 针尖在该平坦样本上的小偏差更敏感。在误差信号模式中，带宽上的唯一限制因素是针尖-悬臂组件的惯性，因此使用非常低的弹簧常数悬臂（$k = 0.06$ N·m^{-1}）。可清楚地观察到由蛋白质形成的肋骨状结构，并且在一些区域中可以观察到更精细的细节，如具有 0.57 nm 周期性的蛋白质分子 β-片层二级结构。使用 AFM 的优点是通过直接成像囊泡的表面而测定了分子的堆积行为，这是 X 射线衍射不可能做到的，因为衍射图是囊泡两侧叠加的投影图。这项研究取得了相信是迄今为止在生物系统中成像获得的最高分辨率之一（侧向为 0.57 nm）。误差信号模式图像的缺点是只有侧向尺寸可以从图像中确定，在该成像模式下没有高度信息可用。然而，该研究提供了一种有趣的替代技术用于实现有序蛋白质阵列上的高分辨率。

6.4　可溶性蛋白质二维晶体的 AFM 研究

可溶性蛋白质铁蛋白和过氧化氢酶作为 2D 晶体阵列已经采用 AFM 成像[121-123]。铁蛋白将不溶性 Fe(Ⅲ)离子浓缩成可溶性蛋白质-矿物质复合物。离子通过蛋白质转移到分子中的内部空腔中,实现大于游离离子约一千倍的铁离子浓度。铁蛋白存在于所有动物、植物和许多细菌中,为参与呼吸、固氮、细胞分裂和生物合成的蛋白提供铁离子。过氧化氢酶是自然界中发现的最丰富的酶之一,通过催化过氧化氢分解成水和游离氧来保护细胞免受过氧化氢的破坏作用。牛肝过氧化氢酶通常用作电子显微镜中的校准标准,形成由四个相同亚基组成的四聚体结构。

通过使用上述可溶性蛋白质的方法[68,70],将两种蛋白质结合到已经扩散在空气-水界面的聚 1-苄基- L -组氨酸(PBLH)的带电脂质单层,从而结晶形成 2D 晶体。带电脂质 PBLH 在该研究中发挥了双重作用。首先,它结合相反电荷的蛋白质分子使结晶发生;其次,一旦将晶体转移到基底上用于在纯水中进行 AFM 成像,其作用是筛选蛋白质自身上的电荷,如在针尖接近和离开样品表面过程中的力-距离曲线中不存在滞后。这允许执行低力成像[121]。与前述章节中描述的 2D 膜蛋白晶体研究相同,低力(小于 100 pN)是成功成像的先决条件。在对铁蛋白进行的最早研究中,清楚地看到了蛋白质的正六边形堆积阵列,并且还有一些亚分子细节,这在结晶堆积不完全的区域中是矛盾的[121]。

这些研究扩展到过氧化氢酶,表明了图像质量对在结晶步骤期间缓冲液 pH 值的强烈依赖性[122]。过氧化氢酶在等电点 pH 值为 5.7 以上的缓冲液中带负电荷。这意味着为了消除过氧化氢酶的电荷,PBLH 层需要带正电。在 pH 值为 6～7 的范围内,PBLH 仅有轻微的正电荷,这不足以抵消过氧化氢酶的负电荷。AFM 针尖在纯水中也是带负电荷的,在纯水中 2D 过氧化氢酶片层可成像,并且最终的结果是 AFM 针尖和样品之间排斥防止探针的跟踪,因此获得差的图像。这种效果可以比作为当试图记录在表面上过量的静电量时"唱片脚的跳跃"。当在 pH 值为 6.0 下制备 2D 晶体时,所获得的力-距离曲线显示在该 pH 值下针尖和样品之间存在少量黏附力,表明 PBLH 上的正电荷略高于过氧化氢酶减少的负电荷(因为其接近于等电点 pH 值为 5.7)。因为现在探针可以准确地跟踪样品表面,从而促成 AFM 的最佳成像。该最佳 pH 值位于蛋白质的等电点和 PBLH 中组氨酰残基的 pKa 的范围内。在晶体形成时 pH 值更低(小于 5.0)时,PBLH 和过氧化氢酶均带正电,所以二维晶体上的净电荷当然也是正的。这导致带负电荷的 AFM

探针和 2D 晶体之间的过度黏附,使得由于样品破坏而 AFM 成像成为不可能。通过 AFM 获得的结果(根据单元晶胞尺寸)与电子显微镜数据普遍一致,但是蛋白质的四聚体亚单位没有分辨出来[122]。然而,研究清楚地表明需要控制在水性溶液中进行成像时出现的 AFM 针尖和样品之间的静电相互作用[122],这一点在下一节进一步讨论。

毫不奇怪,过氧化氢酶- PBLH 系统的静电也影响了 2D 蛋白晶体的实际形成,这是因为通过 TEM 研究证实它们决定了两种分子之间相互作用的程度[124]。现在可以理解,因为诱导结晶所需的蛋白质和脂质层之间的相互作用可以影响 AFM 图像质量,所以可溶性蛋白质的 2D 晶体形成和随后 AFM 成的像比膜蛋白晶体复杂。在最近的研究中,使用特别制备的电子束沉积"超针尖",重新检查了铁蛋白和过氧化氢酶的 2D 晶体,获得了更高的分辨率[123]。在水中和空气中获得了分子分辨率图像。由于在空气中工作时存在毛细管力($2 \sim 8$ nN),样品需要用负染(甲胺钨酸盐)固定以防止探针损伤。在水中可以实现更低的力,获得更好的图像,而且不需要负染,AFM 图像如图 6.19 所示。

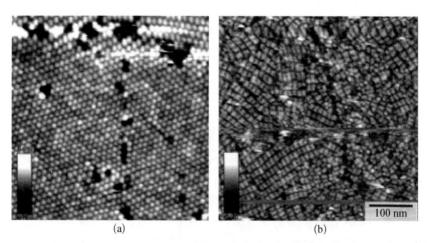

(a)   (b)

图 6.19   可溶性蛋白质二维晶体在水中的 AFM 图像[123]
(a) 铁蛋白;(b) 过氧化氢酶

已经注意到,与在空气中成像时相比,晶体片层在水中保持得更为平坦,这可能是由于在干燥步骤期间片层弯曲引起的。在这两种环境中,过氧化氢酶分子似乎在图像的一些区域中堆积成矩形单元,而在其他区域中似乎以不同的单元形式堆积。用于成像蛋白质的"超针尖"是通过将来自场发射扫描电子显微镜(FESEM)的电子束聚焦到标准 Si_3N_4 针尖的顶点上而生长的。与常规 SEM 相比,FESEM 具有更小的光斑尺寸,使得能够生长更尖锐的针尖,典型的具有约

2.5～3.0 nm 的曲率半径。

6.4.1 成像条件

值得一提的是实现高分辨率研究的成像条件的一些细节。对于这些(实际上几乎所有对 2D 蛋白晶体的最高分辨率研究),AFM 是以恒力(dc)模式和在水性缓冲液下操作,但是有两个显著的例外。在一种情况下,在空气中获得高分辨率图像,只是样品需由金属涂覆[61];而在另一种情况下,高分辨率图像是在丙醇中以误差信号模式在高速扫描速度下获得的[120]。由于直流模式易于发生热漂移,所以液体池中的样品通常在成像之前保持数小时以达到稳定[125]。原则上热漂移问题可以通过使用 ac 操作模式(如液体中的轻敲模式)来克服,这是因为根据振荡振幅来控制设定点较少受热波动的影响。然而,在一个使用轻敲模式 AFM 测定试样高度的研究中,通过液体中接触模式和轻敲模式成像 HPI 层,并且进行以下相关观察[126]。在使用接触模式的连续扫描中,膜片层的边缘似乎被损坏,而轻敲模式则消除了这种影响,表明液体中的轻敲模式相比接触模式损坏较小。然而,当以高分辨率检查膜片层表面的小面积时,接触模式不产生明显的损伤,并且显示比使用相同的 AFM 针尖的轻敲模式图像具有更清晰的细节,证明了对于极限分辨率来说使用接触模式成像更合适。另一点需要注意的是,使用较短的悬臂(约为 $100\ \mu m$ 长)与较长的悬臂相比,其具有更大的角度灵敏度和抗弯曲稳定性。关于实际的 AFM 针尖本身,氧化物锐化的氮化硅探针对于报道的 2D 晶体成像是最好的,尽管它们更频繁地受到多针尖伪像和针尖散光的影响[94]。对 2D 晶体成像之前以两种方式检查了 AFM 针尖的质量。首先,通过观察在从云母表面回缩针尖时在力-距离曲线中存在滞后现象来检查针尖的污染,仅仅使用无滞后现象的针尖。其次,随着针尖改变其快速扫描方向时在每个扫描线的末端发生的黏滑效应似乎与针尖质量相关,因此仅选择显示最小量这种行为的针尖[94]。

扫描速度(或针尖速度)也可认为是一个重要因素。对于高分辨率成像,$2\ \mu m \cdot s^{-1}$ 的临界极限是不能超过的[127],并且 $1\ \mu m \cdot s^{-1}$ 的速度对于大多数这里所引用的 2D 晶体是典型的速度。为了避免样品损坏和针尖污染,AFM 进针的一个有用技巧是进针时将扫描尺寸设置为零[125],这取决于显微镜进针机制的性质,这最后一步可能不是必需的。通过比较不同扫描方向(在正向和反向)和不同扫描角度下获得的高度轮廓来监测样品的变形。在这里引用的工作中指出的非常重要的一点[56]是手动调整施加的力以补偿悬臂的热漂移。这个建议对任何样品来说都很好,不应该假设力不会随着扫描的进行而不变化。尽管术语为"恒定力"成像,仪器仅控制悬臂相对于预定零点(此时针尖不与表面接触)的偏转。该零点随时间和温度而变化,并且仪器无法在图像采集期间检测到这种变化,只能检测到当然会破坏图像的针尖从样品表面的脱离。基底的选择是能否以非常高分辨率成功成像的另一个重要因素。一般云母是最好的基底。在水性缓冲液中其表面的带电性质允许通过选择离子和离子强度来控制 2D 晶体的结合[59]。这些研究的一般特征是蛋白质溶液在云母上孵育之后,蛋白质片层与基底没有紧密结合,使成像条件不稳定,因此通过用纯缓冲液温和地漂洗基底以除去不能紧密结合的膜片层。虽然尽管玻璃盖玻片已经成功用于沉积光合膜[88]和缝隙连接[81],功能化的盖玻片已经尝试用作基底但是导致片层的屈伸,增加了表观粗糙度,损坏了图像分辨率[59]。关于可溶性蛋白质的研究成功地使用了硅晶片作为基底[121-123]。

另一个值得注意的有趣一点是,在许多研究中,整个片材的低倍数图像是以约 500 pN 的力获得的,对样品没有明显的损伤。这说明了软样品 AFM 研究中的重要一点是随着放大倍数的增加,扫描线的密度增加,AFM 针尖引起的损伤增加(当然反过来也是正确的,因为在低倍数下允许较高的力)。因此,最优图像分辨率不是通过简单地无限增加放大倍数来获得的,而是通过在轻微更低的放大倍数下扫描来获得的,此时可以实现样品损伤的最小化。

6.4.2 静电考虑

当在水性缓冲液中进行 AFM 成像时,静电力在决定针尖与样品的相互作用方面起着关键作用。由于探针针尖必须准确地跟踪样品的表面以产生其形貌的真实图像,这意味着需要特别注意这种相互作用。第 3 章(见第 3.1.2 节和第 3.1.4 节)讨论了静电力起源的一些背景知识。在实践中,在水性液体中工作时需要考虑的两个最重要的力是探针针尖和样品之间的双层力(其受缓冲溶液的离子强度和 pH 值的影响)以及针尖和样品表面之间的范德瓦尔斯力。范德瓦尔斯力是一种长程力,且总是吸引力,在非常短的距离(小于 1 nm)内变得显著,当在水性缓冲液体中工作时,范德瓦尔斯力通常与双层排斥力相反。生物分子和 AFM 针尖都在水性环境中表现出表面电荷,这是因为它们表面的酸性和官能团根据其 pK 值而脱偶联。电荷的大小和正负取决于周围缓冲溶液的 pH 值和温度。如第 3 章中所解释,这种表面电荷的结果是在表面周围产生一个带相反电荷离子的离子"气"形式,这称为双层。当针尖和样品的静电双层重叠时静电相互作用发生,从而产生双层力。双层力作用的距离称为德拜长度(Debye length),受到溶液离子强度的影响,较高的离子强度降低了德拜长度。以高分辨率成功成像的诀窍是尝试以非常短德拜长度的双层排斥力来平衡范德瓦尔斯吸引力,使得 AFM 探针可以密切跟踪样品表面。由于范德瓦尔斯力或多或少地固定,所以最好通过缓冲溶液离子强度和 pH 值(如果需要的话)的变化来操纵双层力,以使双层力排斥。

Müller 和同事为实现这种情况制订了实验方案[106]。他们表明直观上看起来最好的情况(实现范德瓦尔斯吸引力和双层排斥力之间的完美平衡)实际上并非理想的。这是因为在适当的意义上 AFM 控制样品和针尖之间的力相互作用,只是发生在排斥情况下,其中系统的力与距离特征中具有足够的梯度以允许其检测到悬臂的正偏转。记住 AFM 无法直接测定力,它只能通过测量悬臂偏转来估计它,并且由于 AFM 控制回路不能与负的力设定点一起工作,因此这将限制悬臂正偏转的稳定控制。当双层排斥力与范德瓦尔斯吸引力之间实现完美平衡时,排斥力与距离梯度相差很小,使 AFM 控制回路无法正常工作。当这种条件占优势时,可以观察到结果是范德瓦尔斯吸引力会将 AFM 针尖拉到样品上而可能使其变形,甚至即使由于悬臂弯曲而施加的外力较低(实际上是需要悬臂上的负弯曲以抵消这种黏附,使得仪器不稳定,因为黏附力的任何少量的减小将导致针尖从表面脱离)时也是如此。实际上,显示这种吸引力足够大,可在非常高的分辨率下在 AFM 图像中产生摩擦效应,以致使紫膜相同表面的正向和反向扫描产生不同的形貌[106]。最好的情况,当考虑到一个现实的针尖形状(末端具有小而锐利尖端的钝半球形针尖)时,是具有小的但可测量的双层排斥力,抵消范德瓦尔斯吸引力后力的大小约为 0.1 nN。在这样的方式下,针尖能以稳定的方式在恒定力模式下成像,其中施加力的大部分是作用在针尖钝头部分上的长程双层力分布处,但是顶点上的尖锐尖端将仍然以非常低的净力跟踪表面[106]。对于所研究的样品(HPI 层、紫色膜和 OmpF 孔蛋白),最佳缓冲条件为在中性 pH 值(pH 值为 7.6)、一价阳离子 100~200 mM 和二价阳离子约为 50 mM。图片根据样品的电荷密度和 AFM 针尖本身而变化,即使是相同的薄片成像也不总是相同的[106]。

反馈信息是,无须经历长时间的计算来实现静电平衡,而是通过参考每个样品和针尖的力-距离曲线,简单地调整 AFM 工作时的电解质浓度,以实现最佳成像条件。在图 6.20 中示出了在不同离子强度缓冲液中采集的一系列力-距离曲线以说明这一原理。

利用成像缓冲液的离子强度影响 AFM 针尖在膜蛋白表面的追踪这一事实已很好地用于对 OmpF 孔蛋白中的蛋白质三聚体产生的静电势观察[128]。通过比较在各种电解质浓度下获得的 AFM 图像,产生了电位图。该图定性地符合基于在相同电解质浓度下嵌入脂质双层中的原子 OmpF 孔蛋白质的连续静电计算。当 AFM 探针的性质被包含在计算中时,数值模拟能够定量地再现实验测量。因此,该方法提供了在亚分子分辨率水平上测定天然膜蛋白表面静电势的方法。

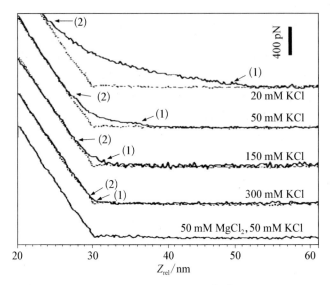

图6.20 在紫膜细胞外表面记录的力-距离曲线[106][成像液体的离子强度是在恒定 pH 值下变化,以改变静电双层的厚度,为了显示静电双层的距离依赖性及其对样品和针尖之间排斥力的影响,虚线表示不存在排斥(即静电平衡后)时的样品接近曲线,虚线上的尖锐转折点标示了针尖-样品接触的位置,考虑到这一点,20 mM KCl(顶部曲线)中的静电排斥被看见是从样品表面(箭头1)延伸约 20 nm,并且防止针尖与样品表面接触直到第(2)点,此时由于悬臂弯曲度足够高以克服排斥(大于 400 pN),这样大的力会破坏样品并阻止高分辨率成像;最佳成像条件需要去除大部分静电排斥力,这是通过提高离子强度而减小双层厚度实现的,在 300 mM KCl(以及 50 mM MgCl₂ 和 50 mM KCl)中实现了有范德瓦尔斯吸引力和静电双层排斥力之间的完美平衡,然而,在 150 mM KCl(箭头 1)的曲线中看到样品和针尖之间存在小的排斥力(100 pN)时获得了最佳图像]

参考文献

[1] Hanley S J, Giasson J, Revol J F, et al. Atomic force microscopy of cellulose microfibrils: comparison with transmission electron microscopy. *Polymer* **1992**, *33* (21), 4639-4642.

[2] Baker A A, Helbert W, Sugiyama J, et al. High-resolution atomic force microscopy of native valonia cellulose I microcrystals. *Journal of Structural Biology* **1997**, *119* (2), 129.

[3] Baker A A, Helbert W, Sugiyama J, et al. Surface structure of native cellulose microcrystals by AFM. *Applied Physics A* **1998**, *66* (1), S559-S563.

[4] Kutti L, Peltonen J, Pere J, et al. Identification and surface structure of crystalline cellulose studied by atomic force microscopy. *Journal of Microscopy* **1995**, *178* (1),

1 - 6.

[5] Lacapere J J, Stokes D L. Atomic force microscopy of three-dimensional membrane protein crystals. Ca-ATPase of sarcoplasmic reticulum. *Biophysical Journal* **1992**, *63* (2), 303 - 308.

[6] Malkin A J, Kuznetsov Y G, Mcpherson A. Incorporation of microcrystals by growing protein and virus crystals. *Proteins Structure Function & Bioinformatics* **1996**, *24* (2), 247.

[7] Malkin A J, Kuznetsov Y G, Glantz W, et al. Atomic force microscopy studies of surface morphology and growth kinetics in thaumatin crystallization. *Journal of Physical Chemistry* **1996**, *100* (28), 11736 - 11743.

[8] Kuznetsov Y G, Malkin A J, Land T A, et al. Molecular resolution imaging of macromolecular crystals by atomic force microscopy. *Biophysical Journal* **1997**, *72* (5), 2357.

[9] Konnert J H, D'Antonio P, Ward K B. Observation of growth steps, spiral dislocations and molecular packing on the surface of lysozyme crystals with the atomic force microscope. *Acta Crystallographica* **1994**, *50* (4), 603 - 613.

[10] Yip C M, Ward M D. Atomic force microscopy of insulin single crystals: direct visualization of molecules and crystal growth. *Biophysical Journal* **1996**, *71* (2), 1071.

[11] Land T A, Malkin A J, Kutznesov Y G, et al. Mechanisms of protein and virus crystal growth: an atomic force microscopy study of canavalin and STMV crystallization. *Physical Review Letters* **1997**, *166* (14), 2774.

[12] Land T A, Yoreo J J D, Lee J D. An in-situ AFM investigation of canavalin crystallization kinetics. *Surface Science* **1995**, *384* (1 - 3), 136 - 155.

[13] Malkin A J, Yug K, Land T A, et al. Mechanisms of growth for protein and virus crystals. *Nature Structural & Molecular Biology* **1995**, *2* (11), 956 - 959.

[14] Durbin S D, Carlson W E. Lysozyme crystal growth studied by atomic force microscopy. *Journal of Crystal Growth* **1992**, *122* (122), 71 - 79.

[15] Durbin S D, Carlson W E, Saros M T. In situ studies of protein crystal growth by atomic force microscopy. *Journal of Physics D Applied Physics* **1993**, *26* (8B), B128.

[16] Kouyama T, Yamamoto M, Kamiya N, et al. Polyhedral assembly of a membrane protein in its three-dimensional crystal. *Journal of Molecular Biology* **1994**, *236* (4), 990.

[17] Ng J D, Kuznetsov Y G, Malkin A J, et al. Visualization of RNA crystal growth by atomic force microscopy. *Nucleic Acids Research* **1997**, *25* (13), 2582.

[18] Kolbe W F, Ogletree D F, Salmeron M B. Atomic force microscopy imaging of T4 bacteriophages on silicon substrates. *Ultramicroscopy* **1992**, *42 - 44* (*Pt B*) (3), 1113 - 1117.

[19] Thundat T, Zheng X Y, Sharp S L, et al. Calibration of atomic force microscope tips using biomolecules. **1992**.

[20] Imai K, Yoshimura K, Tomitori M, et al. Scanning tunneling and atomic force microscopy of T4 bacteriophage and tobacco mosaic virus. *Japanese Journal of Applied Physics* **1993**, *32* (6B), 2962 – 2964.

[21] Ikai A, Imai K, Yoshimura K, et al. Scanning tunneling microscopy/atomic force microscopy studies of bacteriophage T4 and its tail fibers. *Journal of Vacuum Science & Technology B* **1994**, *12* (3), 1478 – 1481.

[22] Zenhausern F, Adrian M, Emch R, et al. Scanning force microscopy and cryo-electron microscopy of tobacco mosaic virus as a test specimen. *Ultramicroscopy* **1992**, *42 – 44* (*Pt B*) (3), 1168 – 1172.

[23] Bushell G R, Watson G S, Holt S A, et al. Imaging and nano-dissection of tobacco mosaic virus by atomic force microscopy. *Journal of Microscopy* **1995**, *180* (2), 174 – 181.

[24] Kirby A R, Gunning A P, Morris V J. Imaging polysaccharides by atomic force microscopy. *Biopolymers* **1996**, *38* (3), 355.

[25] Falvo M R, Washburn S, Superfine R, et al. Manipulation of individual viruses: friction and mechanical properties. *Biophysical Journal* **1997**, *72* (3), 1396 – 1403.

[26] Ohnesorge F M, Hörber J K, Häberle W, et al. AFM review study on pox viruses and living cells. *Biophysical Journal* **1997**, *73* (4), 2183 – 2194.

[27] Engel A. Biological applications of scanning probe microscopes. *Annu Rev Biophys Biophys Chem* **1991**, *20* (20), 79 – 108.

[28] Karrasch S, Dolder M, Schabert F, et al. Covalent binding of biological samples to solid supports for scanning probe microscopy in buffer solution. *Biophysical Journal* **1993**, *65* (6), 2437.

[29] Shao Z, Zhang Y. Biological cryo atomic force microscopy: a brief review. *Ultramicroscopy* **1996**, *66* (3 – 4), 141.

[30] Haberle W, Horber J K H, Binnig G. Force microscopy on living cells. *Journal of vacuum science & technology. B, Microelectronics and nanometer structures: processing, measurement, and phenomena: an official journal of the American Vacuum Society* **1991**, *9* (2), 1210 – 1213.

[31] Horber J K, Haberle W, Ohnesorge F, et al. Investigation of living cells in the nanometer regime with the scanning force microscope. *Scanning Microscopy* **1992**, *6* (4), 929 – 930.

[32] Haberle W, Horber J K, Ohnesorge F, et al. In situ investigation of single living cells infected by viruses. *Ultramicroscopy* **1992**, *42 – 44* (*Pt B*) (3), 1161 – 1167.

[33] Malkin A J, Land T A, Kuznetsov Y G, et al. Investigation of virus crystal growth

mechanisms by in situ atomic force microscopy. *Physical Review Letters* **1995**, 75 (14), 2778.

[34] Kuznetsov Y G, Malkin A J, Lucas R W, et al. Imaging of viruses by atomic force microscopy. *Journal of General Virology* **2001**, 82 (Pt 9), 2025.

[35] Plomp M, Rice M K, Wagner E K, et al. Rapid visualization at high resolution of pathogens by atomic force microscopy: structural studies of herpes simplex virus - 1. *American Journal of Pathology* **2002**, 160 (6), 1959 - 1966.

[36] Malkin A J, Mcpherson A, Gershon P D. Structure of intracellular mature vaccinia virus visualized by in situ atomic force microscopy. *Journal of Virology* **2003**, 77 (11), 6332.

[37] Kuznetsov Y G, Victoria J G, Robinson Jr W E, et al. Atomic force microscopy investigation of human immunodeficiency virus (HIV) and HIV-infected lymphocytes. *Journal of Virology* **2003**, 77 (22), 11896 - 1909.

[38] Lee J W M, Ng M L. A nano-view of West Nile virus-induced cellular changes during infection. *Journal of Nanobiotechnology* **2004**, 2 (1), 1 - 7.

[39] Smith J C, Lee K B, Wang Q, et al. Nanopatterning the chemospecific immobilization of Cowpea Mosaic Virus Capsid. *Nano Letters* **2003**, 3 (7), 883 - 886.

[40] Nam K T, Peelle B R, Lee S W, et al. Genetically driven assembly of nanorings based on the M13 virus. *Nano Letters* **2004**, 4 (1), 23 - 27.

[41] Carrasco C, Carreira A, Schaap I A, et al. DNA-mediated anisotropic mechanical reinforcement of a virus. *Proceedings of the National Academy of Sciences of the United States of America* **2006**, 103 (37), 13706.

[42] Kol N, Gladnikoff M, Barlam D, et al. Mechanical properties of murine leukemia virus particles: effect of maturation. *Biophysical Journal* **2006**, 91 (2), 767 - 774.

[43] Kol N, Yu S, Tsvitov M, et al. A Stiffness Switch in Human Immunodeficiency Virus. *Biophysical Journal* **2007**, 92 (5), 1777 - 1783.

[44] Negishi A, Chen J, Mccarty D M, et al. Analysis of the interaction between adeno-associated virus and heparan sulfate using atomic force microscopy. *Glycobiology* **2004**, 14 (11), 969 - 977.

[45] Henderson R, Unwin P N T. Molecular structure determination by electron microscopy of unstained crystalline specimens. *Journal of Molecular Biology* **1975**, 94 (3), 425 - 440.

[46] Baldwin J, Henderson R. Measurement and evaluation of electron diffraction patterns from two-dimensional crystals. *Ultramicroscopy* **1984**, 14 (4), 319 - 335.

[47] Henderson R, Baldwin J M, Downing K H, et al. Structure of purple membrane from halobacterium halobium: recording, measurement and evaluation of electron micrographs at 3.5 Å resolution. *Ultramicroscopy* **1986**, 19 (2), 147 - 178.

[48] Henderson R, Baldwin J M, Ceska T A, et al. Model for the structure of

bacteriorhodopsin based on high-resolution electron cryo-microscopy. *Journal of Molecular Biology* **1990**, *213* (4), 899 – 929.

[49] Baldwin J M, Henderson R, Beckman E, et al. Images of purple membrane at 2.8 A resolution obtained by cryo-electron microscopy. *Journal of Molecular Biology* **1988**, *202* (3), 585 – 591.

[50] Sass H J, Beckmann R, Zemlin F, et al. Densely packed β-structure at the protein-lipid interface of porin is revealed by high-resolution cryo-electron microscopy. *Journal of Molecular Biology* **1989**, *209* (1), 171.

[51] Jap B K. High-resolution electron diffraction of reconstituted PhoE porin. *Journal of Molecular Biology* **1988**, *199* (1), 229 – 231.

[52] Kuhlbrandt W, Downing K H. Two-dimensional structure of plant light-harvesting complex at 3.7 A [corrected] resolution by electron crystallography. *Journal of Molecular Biology* **1989**, *207* (4), 823.

[53] Kujlbrandt W, Wang D N. Three-dimensional structure of plant light-harvesting complex determined by electron crystallography. *Nature* **1991**, *350* (6314), 130 – 134.

[54] Kuhlbrandt W. Two-dimensional crystallisation of membrane proteins. *Biophys J*. **1992**, *25*, 1 – 49.

[55] Muller D J, Engel A, Carrascosa J L, et al. The bacteriophage phi29 head-tail connector imaged at high resolution with the atomic force microscope in buffer solution. *Embo Journal* **1997**, *16* (10), 2547 – 2553.

[56] Muller D J, Schabert F A, Buldt G, et al. Imaging purple membranes in aqueous solutions at sub-nanometer resolution by atomic force microscopy. *Biophysical Journal* **1995**, *68* (5), 1681 – 1686.

[57] Shao Z, Mou J, Czajkowsky D M, et al. Biological atomic force microscopy: what is achieved and what is needed. *Advances in Physics* **1996**, *45* (1), 1 – 86.

[58] Yang J, Mou J, Yuan J Y, et al. The effect of deformation on the lateral resolution of atomic force microscopy. *Journal of Microscopy* **1996**, *182* (Pt 2), 106.

[59] Schabert F A, Engel A. Reproducible acquisition of Escherichia coli porin surface topographs by atomic force microscopy. *Biophysical Journal* **1994**, *67* (6), 2394 – 2403.

[60] Bustamante C, Rivetti C, Keller D J. Scanning force microscopy under aqueous solutions. *Current Opinion in Structural Biology* **1997**, *7* (5), 709 – 716.

[61] Devaud G, Furcinitti P S, Fleming J C, et al. Direct observation of defect structure in protein crystals by atomic force and transmission electron microscopy. *Biophysical Journal* **1992**, *63* (3), 630 – 638.

[62] Muller D J, Baumeister W, Engel A. Conformational change of the hexagonally packed intermediate layer of Deinococcus radiodurans monitored by atomic force microscopy.

Journal of Bacteriology **1996**，*178* (11)，3025.

[63] Boekema E J. The present state of two-dimensional crystallization of membrane proteins. *Electron Microscopy Reviews* **1990**，*3* (1)，87 – 96.

[64] Jap B K，Zulauf M，Scheybani T，et al. 2D crystallization：from art to science. *Ultramicroscopy* **1992**，*46* (1 – 4)，45.

[65] Hartmut M. General and practical aspects of membrane protein crystallization. *In Crystallization o/membrane proteins* **1991**，73 – 87.

[66] Milhiet P E，Gubellini F，Berquand A，et al. High-resolution AFM of membrane proteins directly incorporated at high density in planar lipid bilayer. *Biophysical Journal* **2006**，*91* (9)，3268.

[67] Uzgiris E E，Kornberg R D. Two-dimensional crystallization technique for imaging macromolecules，with application to antigen-antibody-complement complexes. *Nature* **1983**，*301* (5896)，125 – 129.

[68] Kornberg R D，Ribi H O. Formation of two dimensional crystals of proteins on lipid layers. *In Protein Structure，folding and design 2.* **1987**，175 – 186.

[69] Darst S A，Ahlers M，Meller P H，et al. Two-dimensional crystals of streptavidin on biotinylated lipid layers and their interactions with biotinylated macromolecules. *Biophysical Journal* **1990**，*59* (2)，387 – 396.

[70] Kornberg R D，Darst S A. Two-dimensional crystals of proteins on lipid layers. *Current Opinion in Structural Biology* **1991**，*1* (4)，642 – 646.

[71] Czajkowsky D M，Sheng S，Shao Z. Staphylococcal alpha-hemolysin can form hexamers in phospholipid bilayers. *Journal of Molecular Biology* **1998**，*276* (2)，325 – 330.

[72] Venien-Bryan C，Lenne P F，Zakri C，et al. Characterization of the growth of 2D protein crystals on a lipid monolayer by ellipsometry and rigidity measurements coupled to electron microscopy. *Biophysical Journal* **1998**，*74* (5)，2649.

[73] Harris L R. 2D crystallisation of soluble protein molecules for TEM：the negative staining carbon film procedure. *Microscopy & Analysis* **1992**，*30*，13 – 16.

[74] Horne R W，Ronchetti I P. A negative staining-carbon film technique for studying viruses in the electron microscope. I. Preparative procedures for examining icosahedral and filamentous viruses. *Journal of Ultrastructure Research* **1974**，*47* (3)，361.

[75] Worcester D L，Miller R G，Bryant P J. Atomic force microscopy of purple membranes. *Journal of Microscopy* **1988**，*152* (3)，817.

[76] Worcester D L，Kim H S，Miller R G，et al. Imaging bacteriorhodopsin lattices in purple membranes with atomic force microscopy. *Journal of Vacuum Science & Technology A Vacuum Surfaces & Films* **1990**，*8* (1)，403 – 405.

[77] Butt H J，Downing K H，Hansma P K. Imaging the membrane protein bacteriorhodopsin with the atomic force microscope. *Biophysical Journal* **1990**，*58* (6)，1473 – 1480.

[78] Muller D J, Büldt G, Engel A. Force-induced conformational change of bacteriorhodopsin. *Journal of Molecular Biology* **1995**, *249* (2), 239.

[79] Muller D J, Schoenenberger C A, Schabert F, et al. Structural changes in native membrane proteins monitored at subnanometer resolution with the atomic force microscope: a review. *Journal of Structural Biology* **1997**, *119* (2), 149 - 157.

[80] Muller D J, Schoenenberger C A, Büldt G, et al. Immuno-atomic force microscopy of purple membrane. *Biophysical Journal* **1996**, *70* (4), 1796.

[81] Hoh J H, Lal R, John S A, et al. Atomic force microscopy and dissection of gap junctions. *Science* **1991**, *253* (5026), 1405 - 1408.

[82] Flagg-Newton J, Simpson I, Loewenstein W R. Permeability of the cell-to-cell membrane channels in mammalian cell junction. *Science* **1979**, *205* (4404), 404 - 407.

[83] Revel J P, Karnovsky M J. Hexagonal array of subunits in intercellular junctions of the mouse heart and liver. *Journal of Cell Biology* **1967**, *33* (3), C7.

[84] Makowski L, Caspar D, Phillips W C, et al. Gap junction structures: analysis of the x-ray diffraction data. *Journal of Cell Biology* **1977**, *74* (2), 629.

[85] Unwin P N, Zampighi G. Structure of the junction between communicating cells. *Nature* **1980**, *283* (5747), 545 - 549.

[86] Makowski L. In Gap Junctions. **1985**, 5 - 12.

[87] Hoh J H, Sosinsky G E, Revel J P, et al. Structure of the extracellular surface of the gap junction by atomic force microscopy. *Biophysical Journal* **1993**, *65* (1), 149.

[88] Yamada H, Hirata Y, Hara M, et al. Atomic force microscopy studies of photosynthetic protein membrane Langmuir-Blodgett films. *Thin Solid Films* **1994**, *243* (1 - 2), 455 - 458.

[89] Scheuring S, Sturgis J N. Chromatic adaptation of photosynthetic membranes. *Science* **2005**, *309* (5733), 484.

[90] Paul J K, Nettikadan S R, Ganjeizadeh M, et al. Molecular imaging of Na+, K+- ATPase in purified kidney membranes. *Febs Letters* **1994**, *346* (2 - 3), 289.

[91] Cowan S W, Schirmer T, Rummel G, et al. Crystal structures explain functional properties of two E. coli porins. *Nature* **1992**, *358* (6389), 727 - 733.

[92] Nikaido H, Vaara M. Molecular basis of bacterial outer membrane permeability. *Microbiol Rev* **1985**, *49* (1), 1 - 32.

[93] Lal R, Kim H, Garavito R M, et al. Imaging of reconstituted biological channels at molecular resolution by atomic force microscopy. *American Journal of Physiology* **1993**, *265* (1), 851 - 856.

[94] Schabert F A, Hoh J H, Karrasch S, et al. Scanning force microscopy of E. coli OmpF porin in buffer solution. *Journal of vacuum science & technology. B, Microelectronics and nanometer structures: processing, measurement, and phenomena: an official*

journal of the American Vacuum Society **1994**, *12* (3), 1504 - 1507.

[95] Saxton W O, Baumeister W. Image averaging for biological specimens — the limits imposed by imperfect crystallinity. *Institute of Physics Conference Series* **1982**, *61*, 333 - 336.

[96] Schabert F A, Henn C, Engel A. Native escherichia coli OmpF porin surfaces probed by atomic force microscopy. *Science* **1995**, *268* (5207), 92 - 94.

[97] Konig H. Archaebacterial cell envelopes. *Canadian Journal of Microbiology* **1988**, *34* (4), 395 - 406.

[98] Beveridge T J. Ultrastructure, chemistry, and function of the bacterial wall. *International Review of Cytology* **1981**, *72* (72), 229 - 317.

[99] Baumeister W, Karrenberg F, Rachel R, et al. The major cell envelope protein of Micrococcus radiodurans (R1). Structural and chemical characterization. *European Journal of Biochemistry* **1982**, *125* (3), 535 - 544.

[100] Baumeister W, Barth M, Hegerl R, et al. Three-dimensional structure of the regular surface layer (HPI layer) of Deinococcus radiodurans. *Journal of Molecular Biology* **1986**, *187* (2), 241 - 250.

[101] Karrasch S, Hegerl R, Hoh J H, et al. Atomic force microscopy produces faithful high-resolution images of protein surfaces in an aqueous environment. *Proceedings of the National Academy of Sciences of the United States of America* **1994**, *91* (3), 836.

[102] Carrascosa J L, Viñuela E, García N, et al. Structure of the head-tail connector of bacteriophage phi 29. *Journal of Molecular Biology* **1982**, *154* (2), 311.

[103] Carazo J M, Donate L E, Herranz L, et al. Three-dimensional reconstruction of the connector of bacteriophage phi 29 at 1. 8 nm resolution. *Journal of Molecular Biology* **1986**, *192* (4), 853 - 867.

[104] Carazo J, Santisteban A, Carrascosa J. Three-dimensional reconstruction of bacteriophage φ29 neck particles at 2. 2 nm resolution. *Journal of Molecular Biology* **1985**, *183* (1), 79 - 88.

[105] Carrascosa J L, Carazo J M, Herranz L, et al. Study of two related configurations of the neck of bacteriophage Ø29. *Computers & Mathematics with Applications* **1990**, *20* (4), 57 - 65.

[106] Muller D J, Fotiadis D, Scheuring S, et al. Electrostatically balanced subnanometer imaging of biological specimens by atomic force microscope. *Biophysical Journal* **1999**, *76* (2), 1101.

[107] Andersen C, Schiffler B, Charbit A, et al. PH-induced collapse of the extracellular loops closes Escherichia coli maltoporin and allows the study of asymmetric sugar binding. *Journal of Biological Chemistry* **2002**, *277* (44), 41318 - 41325.

[108] Yildiz O, Vinothkumar K R, Goswami P, et al. Structure of the monomeric outer-

membrane porin OmpG in the open and closed conformation. *Embo Journal* **2006**, *25* (15), 3702 – 3713.

[109] Muller D J, Hand G M, Engel A, et al. Conformational changes in surface structures of isolated connexin 26 gap junctions. *Embo Journal* **2002**, *21* (14), 3598 – 3607.

[110] Muller D J, Engel A, Matthey U, et al. Observing Membrane Protein Diffusion at Subnanometer Resolution. *Journal of Molecular Biology* **2003**, *327* (5), 925 – 930.

[111] Muller D J, Engel A. Strategies to prepare and characterize native membrane proteins and protein membranes by AFM. *Current Opinion in Colloid & Interface Science* **2008**, *13* (5), 338 – 350.

[112] Goennenwein S, Tanaka M, Hu B, et al. Functional incorporation of integrins into solid supported membranes on ultrathin films of cellulose: impact on adhesion. *Biophysical Journal* **2003**, *85* (1), 646.

[113] Goncalves R P, Agnus G, Sens P, et al. Two-chamber AFM: probing membrane proteins separating two aqueous compartments. *Nature Methods* **2006**, *3* (12), 1007 – 1012.

[114] Xu W, Mulhern P J, Blackford B L, et al. Modeling and measuring the elastic properties of an archeal surface, the sheath of Methanospirillum hungatei, and the implication for methane production. *Bacteriol* **1996**, *178*, 3106 – 3112.

[115] Janovjak H, Muller D J, Humphris A D L. Molecular force modulation spectroscopy revealing the dynamic response of single bacteriorhodopsins. *Biophysical Journal* **2005**, *88* (2), 1423.

[116] Preiner J, Janovjak H, Rankl C, et al. Free energy of membrane protein unfolding derived from single-molecule force measurements. *Biophysical Journal* **2007**, *93* (3), 930.

[117] Kedrov A, Krieg M, Ziegler C, et al. Locating ligand binding and activation of a single antiporter. *Embo Reports* **2005**, *6* (7), 668 – 674.

[118] Kedrov A, Janovjak H, Sapra K T, et al. Deciphering molecular interactions of native membrane proteins by single-molecule force spectroscopy. *Annual Review of Biophysics & Biomolecular Structure* **2007**, *36* (1), 233.

[119] Park S H, Sapra K T, Kolinski M, et al. Stabilizing effect of Zn2+ in native bovine rhodopsin. *Journal of Biological Chemistry* **2007**, *282* (15), 11377.

[120] Mcmaster T J, Miles M J, Walsby A E. Direct observation of protein secondary structure in gas vesicles by atomic force microscopy. *Biophysical Journal* **1996**, *70* (5), 2432 – 2436.

[121] Ohnishi S, Hara M, Furuno T, et al. AFM imagings of ferritin molecules bound to LB films of poly-1-benzyl-L-histidine: imaging the ordered arrays of water-soluble protein ferritin with the atomic force microscope. *Mrs Proceedings* **1993**, *295*.

[122] Ohnishi S, Hara M, Furuno T, et al. Imaging two-dimensional crystals of catalase by atomic force microscopy. *Japanese Journal of Applied Physics* **1996**, *35* (12A), 6233–6238.

[123] Furuno T, Sasabe H, Ikegami A. Imaging two-dimensional arrays of soluble proteins by atomic force microscopy in contact mode using a sharp supertip. *Ultramicroscopy* **1998**, *70* (3), 125–131.

[124] Sato A, Furuno T, Toyoshima C, et al. Two-dimensional crystallization of catalase on a monolayer film of poly (1-benzyl-L-histidine) spread at the air/water interface. *Biochimica et Biophysica Acta (BBA) — Protein Structure and Molecular Enzymology* **1993**, *1162* (1–2), 54–60.

[125] Muller D J, Schabert F A, Büldt G, et al. Imaging purple membranes in aqueous solutions at sub-nanometer resolution by atomic force microscopy. *Biophysical Journal* **1995**, *68* (5), 1681–1686.

[126] Schabert F A, Rabe J P. Vertical dimension of hydrated biological samples in tapping mode scanning force microscopy. *Biophysical Journal* **1996**, *70* (3), 1514.

[127] Butt H J, Siedle P, Seifert K, et al. Scan speed limit in atomic force microscopy. *Journal of Microscopy* **1993**, *169* (1), 75–84.

[128] Philippsen A, Im W, Engel A, et al. Imaging the electrostatic potential of transmembrane channels: atomic probe microscopy of OmpF porin. *Biophysical Journal* **2002**, *82* (3), 1667.

7 细胞、组织和生物矿物

7.1 成像方法

原子力显微镜被设计用于在硬的、平坦表面进行高分辨率成像。很少有生物系统可以接近于理想状态，诸如牙齿、骨骼或贝壳等生物矿物是硬的，并且通常是部分结晶的。然而，主要问题在于获得足够平坦的表面。如后述的第 7.12 节所示，这通常可以通过切割和抛光表面来实现。细胞相对于针尖尺寸来说通常尺寸很大，并且是高度变形的。这已经导致获得样品成像的新方法（见图 7.1）和细胞的变形及压痕的分析。

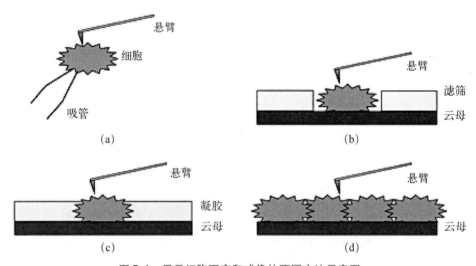

图 7.1　显示细胞固定和成像的不同方法示意图

(a) 移液管法；(b) 使用多孔介质；(c) 凝胶捕获；(d) 汇合单层

组织也具有独特的问题。通常，可以开发改进光学和电子显微镜的方法来检查组织，主要问题是需要产生足够平坦的表面以允许 AFM 成像。

7.1.1　样品准备

已经开发了一系列用于固定细胞的方法。理想情况下，这种方法应允许在生理条件下对活细胞进行成像。解决这个问题的一个很好的方法就是在微量移液管末端固定单个细胞[见图 7.1(a)]。细胞保持其天然形状，它们可以浸入生理介质中，移液管可用于扫描 AFM 探针针尖下方的细胞表面[1-4]。如果单个细胞沉积在平坦的基底上，则会产生几个困难。如果细胞刚性很强并保持其形状，那么它们呈现粗糙的表面，难以在不破坏（或推移）细胞的情况下成像，产生由探针形状严重卷积而导致的失真图像，或由于细胞的高度超过压电扫描器的可用 z 位移而不能对整个细胞进行成像。解决这个问题的方法是通过有效地嵌入细胞来平滑表面。已经尝试了两种方法：将细胞捕获在多孔介质中[见图 7.1(b)][5,6]或者将细胞完全包围在诸如琼脂的培养基中[见图 7.1(c)][7]。在前一种情况下，孔隙限制细胞生长。在诸如琼脂的培养基中，细胞可以生长，但一旦它们长在凝胶的表面上，成像困难的问题又回归。

汇合单层的生长提供了更平滑的样品表面，允许细胞表面成像[见图 7.1(d)]。对于单个细胞，尽管成像活细胞时干燥是不理想的，但可以通过空气干燥将其固定在基底上。在这种情况下，可以使用非特异性表面涂层如聚-L-赖氨酸[8]、胶原、明胶[9]、Cell-Tak[10]或特异性表面涂层如结合抗体[11]或凝集素[12]。在平坦基底上生长的单个细胞倾向于变平，并在表面上展开。这些结构更易于成像，但是在诸如细胞核的大细胞器附近，结构可能太高而不能成像。到目前为止，最大的限制因素是因为细胞是软的并且会在扫描期间变形的事实。如稍后在第 7.1.2 节中所述，这种变形增加了针尖和样品之间的接触面积，从而降低了可实现的分辨率。可以通过固定来加强结构以增强分辨率，但这将排除大多数情况下细胞表面的功能谱。细胞外表面的变形导致意想不到的效果：细胞在较硬的内部细胞器或细胞骨架上模塑，允许即使在活细胞中也可以观察到细胞亚结构（见图 7.2）。

内部结构

变形的细胞膜

图 7.2 柔韧的外细胞表面往下模塑到更刚性的细胞内组分上的示意图

对于组织样本，通常是必须采用开发光学或电子显微镜的方法。样品通常需要被固定、嵌入和切片或断裂。最终的表面需要足够平滑以允许成像。尽管干燥的、金属涂覆的样品或金属复制品可以用 AFM 成像，但是通常可以避免诸如脱水或金属涂层的步骤。生物矿物表面通常可以被切割和抛光。粉末材料可以干燥到基底上,或者在嵌入介质如 KBr 圆片后成像。

7.1.2　力绘谱和机械测量

1) 力-距离曲线

在通常的操作模式下,原子力显微镜的反馈回路保持恒定的悬臂偏转,并且图像名义上以恒定的力获得。假设局部的力-距离曲线是相同的,因此,在恒定的悬臂偏转(假定恒定力)下,图像仅由样品表面的形貌决定。如果样品和基底之间或样品上局部的力-距离曲线不同,则图像对比度不仅仅是样品形貌的反映,而且还取决于材料性质。第 9 章提供了 AFM 力测量的详细描述,但图 7.3 阐明了在与本章相关的生物系统中可能观察到的各种类型的力-距离曲线。

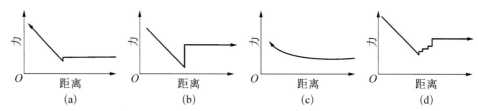

图 7.3　生物样品上观察到的力-距离曲线类型[如箭头所示,曲线(a)和(b)是接近曲线,曲线(c)和(d)是回缩曲线]

(a) 硬的、均匀的样品和范德瓦尔斯力;(b) 软的和/或带电的样品表面,或含有连接聚合物的表面,其导致熵排斥力;(c) 黏附相互作用或毛细管力;(d) 针尖与表面上分子的结合

不同类型的相互作用都能够导致对比度的差异。细胞系统的重要因素是表面电荷、弹性、移动表面层、黏附和局部分子结合。这些因素中的几个或所有因素能够有助于图像对比,或者可以被强调以选择表面特征或属性。目前影响细胞研究对比度的最重要因素是样品变形。随着更复杂的分子识别成像策略的出现,这种情况开始变化[13]。

2) 力绘谱

由于图像对比度对力-距离曲线的细节敏感,因此研究者对软生物系统的测量和解释越来越感兴趣。在称为力绘谱的方法中,在图像的每个采样点处都有力-距离曲线。一种越来越多地接受显示这些数据的方式是力-阵列图,Hoh 和同事们[14]已经写出了力-阵列数据获取的杰出说明,也评述了这些数据绘谱生物表面的一般解释[15]。力-阵列图由样本区域的形貌图像以及在相同区域上记录的力-曲线阵列组成。数据可以显示为阵列图的切片,显示恒定高度时的力,切片对应于恒定力的图像,或作为单独的力-距离曲线。记录了从表面接近和回缩的数据。在软生物系统的研究中,力-距离数据能够包含关于表面电荷、样品黏弹性、黏附性或其他修改力-距离曲线(如特异性结合)的因素的信息。因此,力-阵列数据能够用于生成不同类型的力绘谱,其能够用于生成不同类型的对比度,以便与正常的形貌图像进行比较[15]。这种方法的主要应用是分析细胞表面的机械性能。

3)弹性和弹性绘谱

如前所述,已经深入考虑的主要因素是成像期间样品变形的影响。当使用AFM对硬样品进行成像时,力-距离曲线的形式如图7.3(a)所示。当针尖接近样品时,存在一个平坦区域,此时针尖不与表面接触。一旦实现接触,则力(或悬臂偏转)随着样品和针尖的一起驱动而线性增加,并且悬臂偏转-距离的曲线将具有1的斜率。对于软样品,接触之后的悬臂偏转的增加更是渐进地反映了样品的变形[见图7.3(b)]。在这种情况下,悬臂偏转取决于样品的黏弹性,这将有助于图像中的对比度。从乐观的角度看这种效应允许绘谱样品的机械性能[见图7.4(f)]。然而,样品变形的结果是针尖和样品之间的接触面积增加,这降低了可以实现的实际分辨率。实际上,扫描时的样品变形通过有效地增加针尖的尺寸而模糊图像。如果样品的针尖尺寸和几何形状以及样品的弹性性质是已知的,则可以估计预期的分辨率。这种分析已经应用于软明胶膜,成像时模量随不同的丙醇/水混合物而变化[16]。样品表面变形的另一个或许原本意想不到的结果是可以使AFM具有对细胞亚结构进行成像的能力。如上一节所述,细胞的柔韧外层可以向下折叠到更刚性的内部细胞器或细胞骨架上,从而显示出这些结构(见图7.2)。

可以使用不同的几何形状来对针尖样品相互作用进行建模。因此,血小板的杨氏模量是通过将针尖视为具有约30°孔径角的圆锥体和将血小板视为平面来测定[16,20]。这种情况下,则有

$$F_{cp} = 0.5\pi\delta^2 E(1-\nu)^{-1}\tan\alpha \tag{7.1}$$

式中,α 为锥体的孔径角;E 和 ν 为软样品的杨氏模量和泊松比。对于样品半径类似于探针针尖的囊泡的研究,更合适的模型是球形针尖和球形颗粒[21],其给出了关系:

$$F_{ss} = 1.335\delta^{1.5}E(1-\nu)^{-1}[R_T R_V/(R_T + R_V)]^{0.5} \tag{7.2}$$

其中,R_T 和 R_V 分别为针尖和样品的半径。对于不同的针尖和样品几何形状,可获得不同的表达式(见第9.5.3节)。针尖形状和尺寸的估计可以通过直接测量(如扫描电子显微镜)或通过生物或非生物学标准样品的去卷积来进行。该模型假定样品是均匀的。在这些限制条件下,分析得到杨氏模量的合理值。在实践中,使用赫兹模型施加的任何限制都不太严格,这是因为一般来说,主要的兴趣在于力学性能的变化,而不是绝对模量值的测量。使用力-距离曲线来测量生物材料弹性性质的例子有对软骨[22]、胶质细胞[23]和上皮细胞[24,25]的研究。生物系统机械绘谱

形貌　　　　　　　　　　表面绘谱

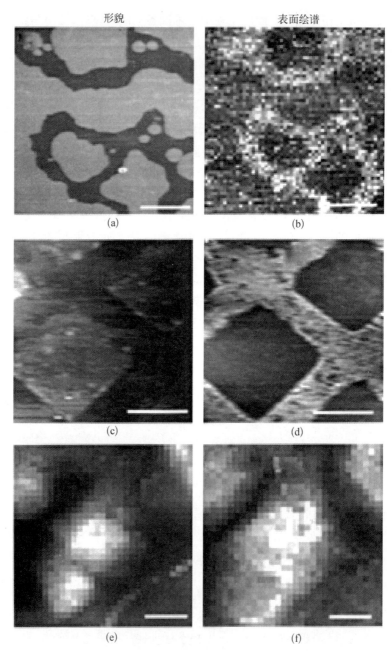

(a)　　　　　　　　　　　(b)

(c)　　　　　　　　　　　(d)

(e)　　　　　　　　　　　(f)

图 7.4　表面绘谱[15,17-19]

(a)(b) 在云母上的磷脂双层形貌图(a)和电荷绘谱(b)(标尺 1 μm);(c)(d) 电荷图中带电更高的云母表面显得很亮,而形貌图中更高的双层区域显得很亮,图案化链霉亲和素蛋白表面的形貌图(c)和黏附绘谱(d)(标尺 500 nm);(e)(f) 链霉亲和素蛋白结合在正方形之间的行上,并且在用生物素化针尖完成的黏附图中显现为明亮,通过力限积分(FIEL)绘谱产生的有丝分裂上皮细胞的形貌图(e)和弹性绘谱(f)(标尺为 10 μm)

应用的良好实例有染色体[26]、胆碱能突触囊泡[21]，MDCK 细胞[25]、血小板[20]、骨[27]和心肌细胞[28,29]。

A - Hassan 和同事们[19]描述了一种精确的绘谱方法，称为力限积分（force integration to equal limits，FIEL）绘谱。该方法消除了针尖-样本接触点和悬臂弹性常数的测量等困难。在这种方法中，机械性能是由悬臂完成的功的测量而计算的，就是根据力-距离曲线下的面积计算的。在这种方法中，有必要将纯弹性与弹性分离，这是通过从变形时间无关（弹性）分量中分离出时间相关（黏性）分量来完成的。FIEL 绘谱方法旨在监测和显示机械特性的空间或时间相关变化[19]。实际上，力-距离曲线可能包含弹性（可逆）和非弹性或塑性（不可逆）分量。弹性分量也可以是时间相关的。因此，力阵列数据将对成像条件（如扫描速率，或者是否应用接触或非接触模式）敏感。例如，交流模式（如轻敲模式）最小化或消除摩擦效应，但是也会在高频下压缩样品。

测量弹性行为的另一种方法是使用 AFM 作为显微流变仪。这种方法已用于研究细菌鞘的弹性性质[30]。将细菌鞘悬挂在 GaAs 光栅上的栅条之间并用 AFM 针尖下压（见图 7.5）。开发的用于描述力-压痕曲线的方程首先在模型塑料膜上测验，然后用于评估细菌鞘的弹性。

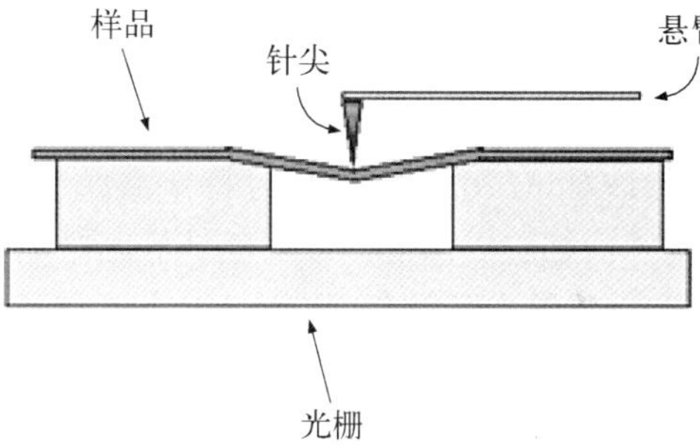

图 7.5 使用 AFM 作为显微流变仪来研究细菌鞘弹性的示意图[30]

4）电荷、黏附及其他绘谱

大多数细胞系统带电，表面电荷将影响图像对比度。如果表面上非常短的距离之间电荷不同，则表面变形可以平滑分布电荷，从而消除这种影响。然而，如果电荷差异发生在大片区域中，或者局限于特定的表面结构上，则这可能会提供额外的对比度[见图 7.4(b)]。生物样品的电荷绘谱实例包括在硬基底上的细菌视紫红质膜片[17,31,32]和磷脂双层片[17]。从已知的基底表面电荷密度可以计算膜表面电荷密度的合理值[31]。通过产生表面电荷密度（或表面电势）的相对绘谱，可以避免测量针尖电荷和半径、悬臂弹性常数和针尖-样品接触位置的需要，但需要评估绝对针尖-样品距离。这是通过减去在不同离子强度下收集的等力面来实现的，这称为 D - D 绘谱方法[17]。电荷绘谱已用于阐明混合表面活性剂膜中的相分离[33]。

黏附数据可用于绘谱针尖-样品之间的结合，因此，如果使用功能化针尖，可以识别在样品表面上的特定结构。可以通过在回缩曲线上选择最负的力并绘制等力图作为表面上位置的函数来生成黏附图[见图 7.4(d)]。这种方法克服了 AFM 成像的一个困难，即表征特征的识别。通过使用生物素化针尖来绘谱表面图案化上的链霉亲和素蛋白分布显示了该方法的可行性[18]。该方法定义为亲和力成像技术，用于比较样品的形貌、弹性和黏附力谱。抗体包裹针尖能用于选择性成像，并且已经用于成像细胞内黏附分子单层[34]。活细胞表面结构的绘谱被 Gad 等人首先证实[12]。这些作者使用伴刀豆凝集素 A 包裹针尖来检测活酵母细胞表面的甘露聚多糖。绘谱显示多糖在细胞表面上的非均匀分布。如第 4.5.3 节所述，神经丝是分支的，且分支引起与针尖的长程斥力（熵）相互作用。Brown 和 Hoh 已经使用等力差异绘谱来揭示这种相互作用[35]。

5）活细胞 AFM 黏附绘谱中的实际问题

虽然细胞黏附绘谱揭示细胞表面上生物相关分子的存在仍然是非常苛刻的应用，但两个因素正在为一般 AFM 用户启动这一曾经是高度复杂的过程。第一个因素是在过去十多年已经开发和精细化的针尖功能化方案[36]。第二个因素是由大多数主要制造商提供的新一代环境控制液体池，可以精确控制液体的温度和流动。这些符合在 AFM 仪器内复制细胞培养柜的许多条件。然而，仍然存在几个问题，使 AFM 实验者面临挑战。对活细胞成像/绘谱中的潜在困难和局限性的了解允许对 AFM 是否可以对特定系统提供有用的信息进行更合理的评估。应用 AFM 活细胞成像说得最多也是最困难的问题是样品变形。这对图像分辨带来了相当严重的实际限制，从而相应地限制了黏附绘谱数据的空间分辨率。另外一个问题是大多数细胞表面的相对较大的形貌问题，大大增强了针尖加宽效应（见第 2.8.2 节），这再次起到损害空间分辨率的作用。与细胞附着到基底的强度有关的问题是实验困难的另一个来源。虽然可以使用黏附促进培养，但弱附着到基底上的细胞单层通常更能代表体内环境的情况。问题是弱附着的细胞可能引起细胞从单层中出芽并进入培养液，产生容易污染功能化针尖的细胞碎片。尽管弱附着的细胞只能耐受温和的冲洗，在 AFM 成像之前去除这些碎屑并不总是无价值的。如果在 AFM 测量期间出现发芽，则无法清除碎屑。扫描期间的针尖污染可能通过阻断附着的探针分子来消除任何生物学特异性。如果污染是短暂的，则可能高度误导数据，并且重复性将会很差。

可重复性差可能来自针尖污染，但还有另一个潜在的来源：活细胞意味着它们可能对外部刺激做出反应。受体在细胞表面上的表达和位置是一个动态过程，除了受任何生物因素影响外，也会在典型的力-阵列扫描过程中细胞受相当锋利的针尖反复刺激的影响。细胞表面受体分子的动态位置和存在是 AFM 黏附绘谱的一个问题。因为我们已经知道活细胞表面是粗糙的，针尖难以追踪表面和易损的结构，所以典型的扫描必须在活细胞上进行得非常缓慢，以避免针尖引起的损伤。如果细胞膜动力学发生的时间尺度上比 AFM 测量更快，那么重复性将变成相当"微不足道"。活细胞 AFM 黏附绘谱的时间分辨率可能是重复性的限制因素，其只有出现快速扫描模式才能完全解决。虽然对于相对平坦的样本已经实现了高得多的扫描速率[37,38]，但是对于非常粗糙然而非常柔软的样品（如细胞）和将其与力测量相结合，获得这样的扫描速度还有一段路要走。然而，在一项重要和引人入胜的研究中，Almqvist 和同事们表明即使是目前的力-阵列方法学也具有足够的时间分辨率来观察用 VEGF 刺激后 VEGF 受体朝向牛主动脉内皮细胞边界聚集[39]。数据还显示了聚集簇区域的弹性显著降低，伴随着膜流动性增加。这些组合效应被认为是提供细胞生长和血管发生的机制[39]。

目前，缓慢的数据采集率意味着 AFM 黏附测量也常常受到 AFM 悬臂热漂移的困扰（特别是在比标准成像要慢得多的力-阵列模式下）。如果漂移足够差，可能导致反馈控制的损失和（或）偏转数据部分的丢失，后者是因为光电检测器最终丢失了一些（或在极端情况下全部）来自 AFM 悬臂上的反射激光。然而，最新一代仪器的环境控制平台的进步已经极大地避免了这个问题。一种非常有用的可以克服 AFM 黏附绘谱研究中的时间分辨率缺失的方法是动态分子识别方案[40,41]（见第9.3.2节）。通过消除在每个成像点执行力曲线的需要，与常规的力-阵列法相比，该方法显著地加快了扫描过程。然而，该过程仅产生定性信息[42,43]，但是已经开始研究在该模式中进行定量黏附的方法[44,45]，其为 AFM 活细胞亲和绘谱指明了前进的方向。

样品偶尔会受到基本限制，这需要修改方法。例如，某些细胞类型具有与其顶端表面相关的水解和蛋白水解酶（如肠上皮细胞中的刷状内切酶），如果 AFM 针尖上的探针分子易受攻击，则可排除使用单分子识别的策略。在这种情况下，多重的（而不是单一）的针尖分子功能化修饰可能成为必要。

最后，假设可以获得黏附数据，其随后的分析仍存在特定问题。与在更为受控的实验环境中功能化云母表面（平且刚性的）上获得的力谱相比，解释和分析活细胞绘谱获得的力曲线更为复杂[39]。细胞的可变形特征意味着接近和回缩时的数据经常不重合（或符合在刚性表面上获得的理想线性基线），使得黏附性的估计变得棘手。探针上分子扫描高度异质性细胞表面时，增加了样品和针尖之间非特异性相互作用的可能性，这种对于什么可能与探针上分子结合的控制相对缺乏进一步使分析复杂化。结果是在活细胞光谱中通常会看到多个解离事件，产生潜在的混乱和明显的"噪声"数据，从而使自动程序的区别和分析变得困难。然而，手动分析通常是不现实的，这是因为为了实际细胞表面绘谱，必须覆盖合理数量的点以使黏附和形貌数据相关。典型的力-阵列运行可能由一个 50×50 的采样点阵列组成，产生 2 500 个力曲线！这些约束中最明智的妥协是使用一个固定程序，允许用户手动检查黏附图上的特定曲线，以确保曲线拟合和事件辨别算法能够合理地工作。

尽管存在上述问题,但是已经成功地进行了许多使用功能相关分子对细胞表面进行空间绘谱的研究,通过加入游离配体以提供对照数据进行比较表明了特异性。已经研究了从细菌和真菌细胞[46]直至哺乳动物的细胞[39,47-50]。

6) 使用 AFM 来测量或诱导细胞过程

在早期的研究中,AFM 是可以在生理条件下获得细胞表面超高分辨率图像唯一形式的显微镜,因此许多早期的重点和研究兴趣都集中于这个目标,实际上是集中于克服追踪相对粗糙但柔软的活细胞表面相关问题的方法学。然而,在过去 10 年中,有两个因素改变了这种情况。首先是越来越多的人接受很粗糙和很软是一个可能总会限制 AFM 高分辨率成像的组合[虽然扫描离子电导显微镜(SICM)似乎提供了一种有吸引力的替代探针显微镜来进行高分辨率细胞表面成像,具体见第 8.4 节]。第二个更根本的因素是近年来在荧光显微镜中发生的变革,其方法学已经开发了克服远场光学中的衍射极限[51-53]。简单地说,分辨率的巨大提高意味着作为高分辨率细胞成像的首选方法原子力显微镜可能会被超越。因此,在 AFM 研究的重点已经从对细胞系统更高分辨率的成败追求(在任何情况下,在支撑、重构或提取的膜上完成得更好,参见第 6 章)转移到集中在 AFM 仍然持有王牌优势的领域,即以很高的精度对样品进行机械监测或操纵。因为许多细胞过程要么产生机械反应要么是由机械刺激引起的,特别适合 AFM 进行研究,因此,这使得原子力显微镜在细胞生物学中具有独特的强大能力。最近已经发表了一篇杰出的关于描述 AFM 许多时至今日应用的综述[54],下面简要介绍一些例子。

7) 细胞的机械操纵

细胞的机械行为是各种动态过程中的重要生物学兴趣领域,动态过程中细胞经历了例如组织重组和机械刺激传导等过程。已经使用 AFM 研究了诸如涉及听觉、血管系统中的压力感测、骨重构和细胞运动中的细胞类型[55-58]。例如,采样 AFM 针尖对成骨细胞进行机械刺激显示通过细胞内钙迁移的测量而传播到相邻细胞[59]。即使在生物学方面不是“机械”活化的细胞也需要在响应环境变化时保持完整性的能力。这些过程由细胞骨架结构调节以及其质膜组成控制,其中每一种都已经由 AFM 研究[60,61]。在一个机械敏感细胞系统的例子中,由醛固酮受体刺激引起的内皮细胞硬化特性已经由 AFM 实时监测,证明这一过程与血压调节直接关联[62]。此类活细胞膜和胞质波动的实时监测也已经应用于许多其他系统[58,63,64]。该方法的原理是将 AFM 针尖轻轻放置在细胞表面上,然后监测悬臂偏转着随时间的变化。

因为这种方法既不需要扫描或针尖的主动反馈控制(反馈回路通常是冻结在针尖和细胞接触的某个 z 压电位置),所以可以实现对细胞膜高度波动的纳米空间分辨率和数十微秒级别的时间分辨率[66]。这已被证明足够灵敏来检测由于细胞过程(微妙如酵母细胞的代谢活性)引起的波动[67]。可以观察到人包皮成纤维细胞的局部膜波动,可以通过人细胞相关时间常数的不同集合而能够与生理状态和细胞骨架动力学相关联[68]。

8)测量细胞之间的黏附

除了对于由于细胞表面上的特定生物受体位点而进行的黏附绘谱之外,AFM仪器的新发展已经允许直接量化细胞之间的黏附相互作用[65]。AFM针尖(实际上通常是无针尖的悬臂)被功能化以允许附着活细胞,通常使用能胶黏细胞并保护其活力的细胞表面特异性凝集素。将悬臂轻轻地放置在弱附着细胞的表面上并保持几秒钟(见图7.6)。当悬臂杆回缩时,细胞也跟着(即其被拉离基底),针尖结合的细胞可以重新定位在另一个细胞上,使得可以执行细胞-细胞之间的黏附测量。

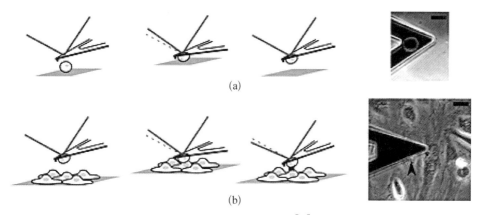

图 7.6　细胞捕获示意图[65]

(a)凝集素装饰的悬臂位于悬液中细胞上,紧密靠近表面,然后将悬臂轻轻推入细胞几秒钟,之后,悬臂结合的细胞和支撑物垂直分离约 $100\ \mu m$,这使得细胞牢固地黏附到悬臂上(最后一个面呈现了细胞被捕获在无针悬臂上的光学图像);(b)单一捕获黑素瘤细胞在内皮细胞层上的黏附试验示意图[探针单元位于通过相差显微镜选择的感兴趣区域之上,在细胞层上应用给定的力(通常为几百皮牛)和时间(通常在秒的范围内),随后将探针单元从表面分离,并记录去黏附事件,最后一个图显示了悬臂结合黑素瘤细胞(箭头)与 HUVEC 层接触的相差图像(标尺为 $20\ \mu m$)]

扩展的 z 范围压电器件通常并入扫描管中,允许可以获得距离高达 $100\ \mu m$ 的力曲线。由于细胞的大尺寸和变形能力,需要这样长的(通过 AFM 标准)距离;细胞-细胞相互作用可能发生在比传统单分子力谱中探测分子间相互作用更大的范围。尽管扫描管范围很大,但 Puech 和同事们[65]表明了其具有足够的灵敏度来检测力-距离曲线中伸展超过 $60\ \mu m$ 的单分子断裂事件(见图7.7)。

9)细胞的生物操纵

最近一些令人非常兴奋的研究已经表明 AFM 向生物学家提供了一种工具,不仅可以机械操纵活细胞,还可以在细胞水平进行生物干预[69-72]。例如,使用

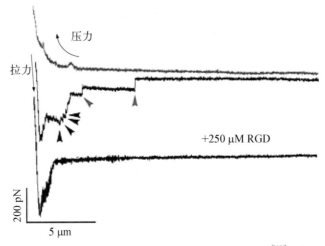

图 7.7 WMI15 黑素瘤细胞从纤连蛋白(FN)包被表面的解离[65][接近和回缩速度设定为 10 μm·s⁻¹,细胞-表面接触维持为 10 s,拉伸距离设定为 20 μm,小黏附事件的一个子集(大约为 44 pN±8 pN)最新出现为一个力平台(灰色箭头),黑色箭头指明不是领先力平台出现的小黏附事件,在向培养基中加入 250 μM RGD 肽(其与 FN 竞争结合整联蛋白的活性位点)时,所有小的黏附事件都消失。]

AFM 针尖与活细胞的直接相互作用允许使用 AFM 插入[70]和去除[69]遗传物质。Osada 和同事们使用标准 AFM 氮化硅针尖在穿透细胞膜后拾取信使 RNA。将针尖插入到细胞核周围的细胞质区域中,使 mRNA 允许物理吸附到针尖上。然后通过对 β-肌动蛋白转录物的反向 PCR 来定量捕获的 mRNA。因此,证明了可以从活细胞的胞质溶液中去除内源性分子。通过使用定量 PCR,证明单个细胞中的时间依赖性基因表达模式并不总是反映在大群体中的模式[69]。因此,这种技术有可能为在单细胞水平基因表达生物学提供有价值的见解和定量细胞-细胞不稳定性。重要的是发现这些细胞能很好地耐受这个操作,没有显示出后续损伤的迹象。实际上,几项其他研究已经发现这种活细胞侵入对于哺乳动物似乎是非致死性的[70-72],最近发现其对于细菌细胞也是如此[73]。虽然在 Osada 的研究中 mRNA 的回收是通过简单的被动物理吸附到 AFM 针尖上,但推测使用生物功能化的针尖可能去除特定的胞质成分,这确实是一个非常令人兴奋的前景。

在一个相反过程的例子中,Cuerrier 和同事们已经表明遗传物质可以通过质膜成功插入活细胞中[70]。编码绿色荧光蛋白(EGFP)的质粒 DNA 被物理吸附到 AFM 针尖,然后将其(可控地)推动穿过人类胚胎肾 293(HEK 293)细胞(其在组织培养中作为单层生长)的质膜。穿透细胞膜的过程是通过实时参照接近针尖的力-距离数据而监测的。当针尖压近细胞膜时,力相对线性地增加(由于悬臂偏转)直至达到临界穿透力,其特征在于曲线中的变化。一旦达到目的,将针尖保持在适当位置(即在胞质溶胶中)几分钟,然后再次将其取出。24小时后,对处理的细胞进行荧光显微镜照片,以量化它们有多少表达 EGFP,从而也可评估转染的成功率。成功率约为30%,此外,转染细胞继续分裂,正常生长。后代细胞的荧光强度(处理后48小时和72小时的图像)与亲本相似,表明 EGFP 表达水平相似,发生稳定转染[70]。

7.2 微生物细胞:细菌,孢子和酵母菌

7.2.1 细菌

1)细菌表面层

许多细菌表面层(有时也称为细菌 S 层,译者注)已经采用 AFM 进行了广泛的研究。这些结构通常是刚性的、有序的并且可以提取成大的片层。实例包括耐辐射球菌的 HPI 层[74]、盐杆菌属紫膜[75]、来自凝结芽孢杆菌和球形芽孢杆菌的 S 层[76]和大肠杆菌孔蛋白表面[77,78]。其他更复杂的结构包括 *Methanospirillum hungatei* 表面结构的鞘、环和塞子[2]以及藻青菌 *Anabaena flos-aquae* 的气体囊泡[79]。最高分辨率图像是 *Anabaena flos-aquae* 的气体囊泡中 β-折叠蛋白质二级结构的观察[79]。这些有序天然存在结构的 AFM 研究已经在第6.3节中讨论过。除了获得细胞表面结构的高分辨率图像之外,还可以使用 AFM 测量和模型化其弹性性质。对产生甲烷的 *Methanospirillum hungatei* 的鞘的研究对此进行了很好的说明[30]。将鞘空气干燥到带槽的 GaAs 板上,AFM 针尖将鞘压向凹槽(见图7.5)。测量的杨氏模量提示这些表面特征对于保持细胞的结构完整性是绰绰有余的,并且因此可以起另外的作用,作为控制这些细菌所产生甲烷释放的压力调节剂[30]。

2)细菌细胞

分离的细菌沉积在基底上可以在空气中成像[见图7.8(a)]。如果它们与基底黏附足够强,也可以在水性条件下成像[见图7.8(b)]。

3)固定细菌细胞

用于固定细菌细胞的两种最常用的聚合物是聚赖氨酸或聚乙烯亚胺(PEI),其有效地产生了促进黏附的带正电荷表面[80]。Doktycz 和同事们比较了几种常用的非特异性聚电解质聚合物在水性液体下固定细菌细胞的效果,发现明胶比常用的聚-L-赖氨酸效果更好[9]。无论哪种聚电解质用于结合,我们在自己实验室发现液体中 AFM 成像和/或细菌细胞力绘谱的成功关键是在基底上实现汇合单层。用磷酸盐缓冲盐液(PBS)代替发酵肉汤是第一步,以去除其他竞争聚电解质层结合位点的带电物质(参见图7.9和下一节中关于用于细菌的缓冲液选择效应的相

关讨论)。该"洗涤"步骤涉及简单地离心,然后用 PBS 代替上清液,这需要重复几次;第二步是确保大量的细胞可用于附着。这需要将涂覆玻璃或云母放入最高可能浓度的细胞悬浮液中孵育 1 h 左右,然后温和冲洗以除去非贴壁细胞。为了达到这个高浓度,在最后的离心步骤之后,颗粒细胞可以再分散在比原来体积更小的液体中,以产生约 10^{10} 个每毫升细胞。作为经验法则,细胞悬液应该具有与脱脂乳相似的混浊度,若没有明显的混浊,说明细胞数量太少了。如果在与细胞悬浮液孵育时可以实现汇合,则它具有两个显著的优点。首先,它将细胞锁定到附着层中,给予它们对针尖引导推移的非常大的抵抗能力,即使在接触模式成像中也是如此[见图 7.8(b)]。其次,它降低了通过接触黏性聚合电解质薄膜(这是明胶方法的一个特定问题)而污染 AFM 针尖的潜在问题,如果力谱是实验目标,则 AFM 针尖污染可能产生高度误导的数据。最近,已经证明使用一个更特异性的固定化方法(抗体功能化基底)对于肠道沙门氏菌是有效的[81]:以图案化方式将菌毛蛋白 CFA-1 的抗体共价连接到硅和金基底上,然后将这些功能化基底在细菌肉汤中孵育 3 h。选择抗 CFA-I 是因为沙门氏菌丰富地表达了菌毛。此外,头发状的菌毛从细胞主体中伸出许多距离,因此通过将黏附位点很好地放置在细胞外多糖层其将干扰抗体-抗原结合之外而最大化了电势附着的机会。因为观察到固定化细胞的细胞生长和分裂,显示沙门氏菌细胞优先黏附于抗体图案化区域并保持活性。这项工作是很振奋人心的,因为它提供了一种通过消除对洗涤和离心(这两者当然会使它们受到压力)的需要来保持细胞在其天然环境中的方法,可能适用于含有其他细菌细胞系,包括其他分泌系统附属物如菌毛。然而,这种策略对于鞭毛来说是不合适的,这是因为鞭毛太长而且过于机动而无法提供有用的锚点[81]。最后,第三种且更少应用的"化学侵蚀性"方法是将细菌细胞机械固定在 Isopore (Millipore)聚碳酸酯过滤器上,如图 7.1(b)所示[82]。这种方法允许在水性条件下成像细胞且同时使样品的变性最小化[82]。

4) 成像细菌细胞

细菌细胞的细胞壁结构是刚性的,并且如图 7.8(a)所示,对于在脱水时部分塌陷的空气干燥样品,可以揭示表面的粗糙度[83,84]。在液体下获得的图像显示大多数细菌表面光滑且相对无特征[见图 7.8(b)],并且细胞看起来比干燥后样品成像高 2~3 倍。

当细菌在水性液体中成像时,如果缺少表面细节,几乎可以肯定是由于包覆许多细菌细胞的水合细胞外多糖的柔软和可变形性质所导致的。细菌鞭毛可以在直流[85,86]或交流[83]模式中成像[见图 7.11(d)]①,并且已经观察到亚结构和鞭毛马

---

① 原文如此。

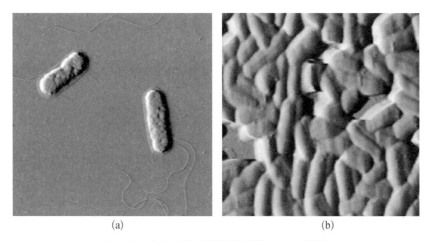

(a)   (b)

图7.8　伤寒沙门氏菌的误差信号 AFM 图像

(a) 在空气中获得的图像显示细胞表面起皱,有鞭毛和菌毛,扫描尺寸为 8.5 $\mu m \times$ 8.5 μm;(b) 在水中成像,细胞表面光滑且相对无特征,扫描尺寸为 10 $\mu m \times$ 10 μm

达[85]。AFM 已用于"阅读"由大肠杆菌 X 射线显微镜产生的光阻。图像显示外部革兰氏阴性包膜并归因于染色体 DNA 的内部结构[87]。AFM 研究了抗生素对细菌的作用。研究包括观察青霉素对枯草芽孢杆菌的作用[88],以及使用 AFM 检查由于暴露于 β-内酰胺抗生素头孢地嗪而引起的大肠杆菌表面结构的变化[84]。AFM 在这些研究中的主要优点是在自然条件下成像的能力以及与电子显微镜方法相比更简单的样品制备。样品制备对细菌细胞的影响是迄今几乎没有注意的一个领域,但是最近一项非常有趣的研究揭示了明显简单的冲洗过程对伤寒沙门氏菌产生的细胞外多糖外壳(EPS)能产生意想不到的作用[89]。发现使用 HEPES 缓冲液冲洗稳定并促进细胞周围的荚膜形成,这归因于 HEPES 的哌嗪部分通过静电吸引交联酸性胞外多糖。产生的 AFM 图像(见图 7.9)显示了包裹细胞的明显证据。形貌图[见图 7.9(a)]显示了云母上相对大的、无定形的和明显无毛的"一团"。如果实验在接触模式下执行,那么这个实验可能也就这样了。然而,在空气中使用轻敲模式允许同时产生相位[见图 7.9(c)]和振幅图像[见图 7.9(d)],以获得类似团状的特征,它们产生了很大的启示! 相位成像基于样品和针尖之间的耗散损耗产生对比度,因此对样品的局部机械性能敏感(见第 3.3.3 节)。显著的结果如图 7.9(c)所示,容易显示细菌细胞的存在和包围在"一团"内的相关鞭毛,其现在可以被确信指定为荚膜细胞外多糖(EPS)。注意到相图中的图像对比度与样品的残余水合水平相关,其中在环境条件下干燥约 12 h 的样品似乎是最佳的。使用其他含有潜在 EPS 交联部分(钙和含哌嗪的第二化合物)的缓冲液冲洗细菌也产生夹馍的细胞。相比之下,发现用不含 EPS 交联趋势的缓冲液清洗细胞可以去除大部分(PBS、Tris、MOPS 或甘氨酸)或几乎全部(Na_2SO_3 或 Na_2SO_4)细胞周围的荚膜 EPS。

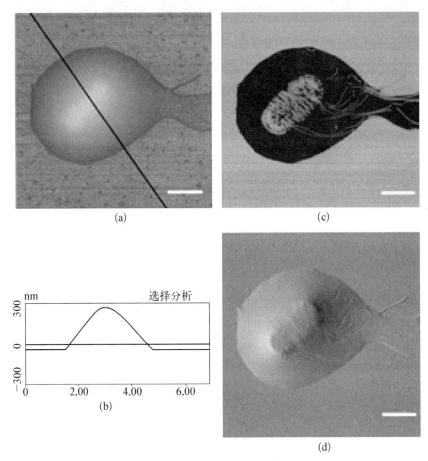

图 7.9 用 HEPES 缓冲液(pH 值为 7.4)冲洗伤寒沙门氏菌(标尺 1 μm)[89]
(a) 形貌图;(b) (a)中的黑线对应的线轮廓显示了胶囊的在纳米水平的高度;(c) 相位图;
(d) 振幅图像

该研究为在研究复杂的活体样品(如细菌细胞)时需要仔细考虑每一个准备步骤提供了直接证据。事实上,一个仍然是细菌细胞 AFM 测量中未知的恼人问题是固定可能影响它们的行为。这是因为细菌适应它们所处的环境,被黏在玻片非生物表面或 AFM 悬臂针尖上可能不是某些细菌最具生物代表性的情况[90]。

5) 细菌细胞的黏附行为和功能绘谱

AFM 应用于细菌系统的进展反映了哺乳动物细胞的许多方面,主要在亲和绘谱[91]和细菌黏附研究[92]的领域。细菌黏附是一个极为重要的现象,具有巨大的工业相关性,是非生物表面殖民化的第一个阶段。细菌细胞附着通常也是组织侵袭的第一步。因此,这是 AFM 研究成熟的领域,允许直接测量细菌和表面之间的黏附作用直到单细胞水平,甚至在某些情况下是在单分子水平。测定细菌黏附的传统方法限制了其在发现生物过程的新分子方面的潜力,因为它们是需要一种整体方法,阻止了获得单分子事件的详细信息。细菌黏附的传统研究也是非常费力的。然而,假设 AFM 测量细菌黏附一帆风顺是非常天真的,送样和数据分析都面临挑战。对表面和细菌相互作用 AFM 数据分析的一般方法是通过非特异性效应(如胶体相互作用和 DLVO 理论)来模拟相互作用(见第 9.5.7 节)。由于细胞外多糖外壳的存在,这种方法对于许多系统是不够的:分析需要考虑这些涂层对黏附的空间效应[92,93]。DLVO 模型与相互作用力边界层理论的比较表明后者产生更加实际的结果[94]。从细菌表面退出 AFM 针尖时获得的回缩数据常常显示由于细胞表面分子和针尖之间的微弱物理附着的形成而导致的黏附事件。数据的直方图和统计分析能用于证明在不同条件下生长或测量的不同细菌菌株或细菌之间的黏附力之间的差异。但是在没有所发生相互作用的数量和类型知识的情况下,难以明确地模拟这些力[95]。此外,当探测完整的细胞时,可能会发生几个同时的相互作用。鉴于这种复杂情况,泊松统计分析已被证明是最适合于尝试从其他非特异性相互作用来源(如静电力和范德瓦尔斯力)分离出涉及氢键的生物特异性相互作用[95]。该研究发现所研究的系统(大肠杆菌 JM109)存在 125 pN 的典型氢键力。认为氢键在细菌与表面和抗生素相互作用中起着重要的生物学作用[96,97]。

在对理解 AFM 定量细菌黏附到表面上的重要贡献中,Li 和 Logan 使用玻璃珠胶体-探针 AFM 针尖(见第 9.4.1 节)来研究以前报告的三种不同大肠杆菌菌株对玻璃的黏性差异的起源[98]。该研究包括在细菌上获得的力-距离曲线中看到的不同特征的揭示性探索。在胶体针尖接近细胞表面时获得的数据的梯度分析显示出四个不同的区域。它们定义为非相互作用区域、非接触时期、接触时期和恒定顺应性区域(见图 7.10)。在初始的非相互作用区域(在大的针尖-样品距离处看到)之后,针尖到达"非接触"区域,且特征为悬臂的微小偏转。该区域从细胞表面延伸约 28~59 nm,认为这是由于细菌表面的细胞外多糖对胶体探针的空间排斥而产生的(因为所使用缓冲溶液的德拜长度约为 1 nm,所以排除了静电排斥为该效应的来源)。当针尖进一步推入时,它达到了跨过接下来 59~113 nm 的"接触相",被认为起因于胶体针尖在细胞外膜上的初始压力。最后进一步推动,达到"恒定顺应"区,这归因于胶体探针悬臂对赋予革兰氏阴性细菌强度和刚性的硬肽聚糖层的反应。

这些区域在原始偏转-距离数据(见图 7.10 中黑色菱形曲线)中是不明显的和难以区分的,但是在数据梯度分析(见图 7.10 灰色三角形)之后它们变得非常明

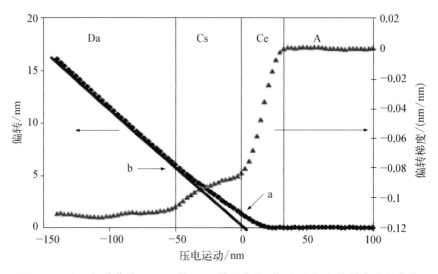

图 7.10　大肠杆菌菌株 JM 109 的 AFM 接近曲线(菱形)和相应的梯度分析曲线
(三角形)[98][这四个阶段是根据在梯度分析数据中观察到的线性区域定义的：A
为非相互作用区;Ce 为非接触时期;Cs 为接触时期;Da 为恒定顺应区域(显示的
力曲线是 10 次测量的平均值)]

显。通过对接近偏转数据中不同区域的定量知识,原作者能够证明三个菌株的黏
附系数仅与数据的一个方面相关,即非接触时期的宽度[98]。值得注意的是,从回
缩曲线确定的看似更明显的候选参数(如脱落距离和分离能)与细菌黏性无关。这
项研究证明了细菌细胞是高度复杂的多组分系统这一事实,以及组分之间的相互
作用可能并不总是直接的。由于传统的总效果方法只能定义黏附程度,不可能产
生关于黏附行为细节的有意义信息。同样地,该工作也指示 AFM 测量细菌黏附
并不只是简单的定量脱落力。

除了测量细菌对表面的黏附之外,分子识别谱技术(见第 9.3.2 节)允许 AFM
实际上绘谱活细菌细胞表面上潜在黏附分子的空间位置[46]。这种技术的一个相
当好的例子中,肝素功能化 AFM 针尖用来绘谱在活分枝杆菌(牛分枝杆菌)表面
上肝素结合血凝素黏附素(HBHA)分子的定位[91]。发现黏附素不是随机分布的,
而是聚集在细胞表面的纳米结构域中。观察到的 HBHA 分子在细胞表面上的聚
集可能具有生物学意义,这是因为肝素硫酸盐蛋白多糖黏附素例如 HBHA 可以在
结合时诱导受体的低聚[99],并且募集这些低聚受体进入膜脂筏区域[100]。因此,
Dupre 和同事们推测,在牛分枝杆菌中观察到的 HBHA 聚集可以促进对靶细胞的
黏附。由于其潜在的生物学意义,HBHA 的纳米结构域称为"adherosomes"[91]。
在牛分枝杆菌 HBHA 缺失突变体上完成的对照测量结果显示肝素包裹针尖和细

菌表面之间没有明显的黏附。此外,事先采用黏附素功能化针尖和肝素包裹玻璃表面检查了功能化及 HBHA -肝素相互作用动力学。这些研究表明 HBHA -肝素复合物是通过多个分子间桥形成的。

6) 细菌生物被膜

除了成像沉积在固体支撑基底上的细菌外,还可以使用 AFM 来研究在界面上或固体表面上生物被膜的形成和结构。有一系列可用于研究生物被膜的显微镜方法[101,102],AFM 可以补充光学和电子显微镜方法的应用。使用 AFM 的主要优点包括能够覆盖光学和电子显微镜的放大范围、在具有最少样品制备的自然条件下成像,以及产生可量化的表面 3D 图像。使用 AFM 的主要局限性是基底或者其上形成生物被膜的曲率或粗糙度。随着样品的曲率或粗糙度增加,AFM 图像变得更加扭曲,并且最终当表面曲率或粗糙度与探针的高度相当时,便不再能够利用AFM 获得图像。

目前,AFM 已用于研究玻璃[101]、金属表面[86,102-104]、水合 Fe(III)氧化物[105]和油-水界面[83]上形成的生物被膜。对于在铜表面上形成的水合细菌生物被膜研究已经显示了与坑相邻细菌将胞外聚合物伸展进入到坑内[103]。因为金属离子结合细胞外多糖被认为是铜表面凹坑腐蚀的基础[106,107],所以这项研究是重要的。更近的一项在铜上形成假单胞菌属物种生物被膜的研究也说明细胞外多糖在生物被膜形成中的重要性[86]。钢表面上细菌生物被膜的相关研究突出表明细胞外多糖的存在,并用于检查由生物被膜形成引起的表面点蚀[86,102,104]。AFM 还证明了细胞外多糖在乳液中油-水界面形成恶臭假单胞菌细菌生物被膜的重要性[83]。这些生物被膜是刚性的,可以从乳液中分离,然后通过光学和电子显微镜成像[108]。这种提取物是粗糙的,AFM 图像的分辨率差,仅显示细菌细胞的堆积[83]。然而,如果通过在平坦的油-水界面处生长这样的生物被膜来模拟生物被膜形成,通过 LB技术从界面拉出这些平面生物被膜到云母基底上,则可以获得高分辨率 AFM 图像[83]。除了观察到细菌堆积之外,还可以鉴定捕获在细胞外多糖基质内的细菌鞭毛残留物[见图 7.11(d)]。用多克隆抗体、金标记二次抗体和银增强来标记的平坦被膜的 AFM 图像表明抗体结合细菌表面、细胞外多糖和鞭毛。可能使用 AFM的进一步研究范围包括研究生物被膜形成的早期阶段和/或形成效率,或研发去除这些生物被膜的新型清洁方法。

最近的研究包括 Bolshakova 和同事们以及 Steinberger 和同事们使用 AFM来表征生物被膜[109,110]。一些研究对在液态条件下生物被膜表面的相互作用和附着进行了分析[111,112],并且已经开发了一种量化生物被膜黏结性的新方法[113]。生物被膜从含有不同细菌群落的污水处理厂的活性污泥中生长。生物被膜生长在已经用氟碳聚氨酯涂层交联处理的微孔聚烯烃平板膜上。为了测定生物被膜内聚

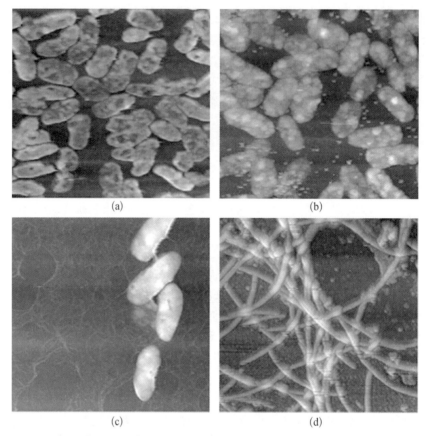

图 7.11　细菌恶臭假单胞菌生物被膜的 AFM 图像,其是在油-水界面处制备、
转移到云母上并在空气中成像,(a～c)是接触模式图像

(a)(b) 形貌图(a)和抗体标记形貌(b)图像,扫描尺寸均为 10 μm×10 μm,通过金标记的二次抗
体和银增强已经增强了抗体标记,可以看到明亮的标记附着在细菌细胞以及细胞之间的区域;
(c) 显示细菌分泌的细胞外多糖层中困住的细菌鞭毛,扫描尺寸为 10 μm×10 μm,抗体标记该
多糖膜;(d) 细菌鞭毛的非接触交流模式图像,扫描尺寸为 2 μm×2 μm

能,将选定区域从膜支撑物上刮除,并记录去除前后样品的图像。通过减去两个
图像,可以量化去除材料的体积。该数据与 AFM 悬臂的摩擦功能相结合,以确
定每单位体积消耗的能量。得到的数据显示,生物被膜的内聚能与其深度成比
例地增加。该结果是可重现的,四种不同的生物被膜表现出相同的行为。因此,
即使在没有生物被膜成分详细知识的情况下,该方法也提供了获得重要参数的
直接手段[113]。

　　7) 真菌孢子

　　对真菌孢子的 AFM 研究只有少数:这些罕见的研究例子包括空气中[114]
和液体中[115]黑曲霉的黏附测量,米曲霉[116]和黄孢原毛平革菌[117]的研究。

发现黄孢原毛平革菌的表面超结构和黏附性质对于发芽休眠孢子而言是显著不同的[117]。使用胶体探针和真菌或营养细胞探针获得的黑曲霉力测量比较结果显示，当从表面回缩时，由于细胞表面变形而多个键被破坏[118]。发现营养真菌细胞表面的变形大于真菌孢子的变形，反映出它们在真菌生命周期中具有不同的生理作用，以及它们在生存过程中所经历物理和化学极限时的努力[118]。

7.2.2 酵母

已经对酵母进行了一些 AFM 研究，所有这些都在酿酒酵母菌[6,7,119,120]上进行。酵母细胞大且韧性，使得自然环境中活细胞的动态研究变得困难：细胞容易变形或推移，并且由于针尖的有限垂直运动而使得大的粗糙样品通常是不可能成像的。将酵母菌固定在玻璃基底上空气干燥，使其表面形态能够在空气中成像，可以识别到诸如芽痕的特征结构，并且可能证明不同菌株的表面形态差异[119,120]。已经开发了用于在自然条件下使活酵母菌成像的方法。第一种方法是将酵母细胞固定在孔径与酵母细胞的尺寸相似的 Millipore 过滤器中（见第 7.1 节）[6]，这与 Holstein 和同事们用于固定和解剖普通水螅息肉的方法相似[5]。这降低了样品的粗糙度，允许在自然环境（即液体培养基）中成像。尽管形态特征（如芽痕）可以鉴定到，但是可能是由于过滤器孔的限制作用，没有观察到生长活动。上述过程的改进是将酵母细胞固定在琼脂中（见第 7.1 节和图 7.12），从而也允许在液体培养基中成像[7]。

高分辨率图像显示出芽和芽痕，此外，可以动态地跟踪酵母细胞的生长和发芽（见图 7.12）。随着细胞在凝胶表面生长，细胞逐渐失去它们的球形，出现锥体特征（这是由探针针尖有限尺寸和形状引起的伪像）。最终细胞尺寸使得表面无法成像。使用 Con A 标记的针尖可以绘谱甘露聚多糖在活酵母细胞表面的分布[12]。使用 AFM 可以实时成像活的酿酒酵母细胞表面蛋白酶引起的酶消化。蛋白酶引起表面粗糙度的逐渐增加，形成了突出边缘（高度为 50 nm）包围的大凹陷，这归因于甘露糖蛋白外层的侵蚀[121]。

7.3 血细胞

AFM 最初是设计用于表面的高分辨率研究。因此，最早的 AFM 只具有亚微米扫描范围，无法对完整细胞进行研究。一旦扫描范围得到增强，就开始研究细胞系统。血细胞是研究最早的细胞样品之一。

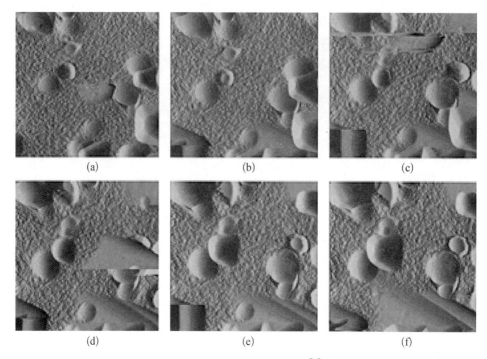

图 7.12　酵母细胞生长和出芽的 AFM 偏转模式实时图像[7]（酵母细胞已经嵌入在琼脂内和琼脂上，扫描尺寸为 20 μm×20 μm，连续帧之间的时间间隔为 6 min）

7.3.1　红细胞

　　红细胞容易获得，易于识别，是早期评估细胞系统 AFM 研究的理想选择。早期研究涉及完整细胞成像和确定表面形貌可以成像的分辨率水平。红细胞的形状是特定疾病的特征，科学家们对于鉴定与疾病相关超微结构特征或寄生虫感染红细胞的兴趣日益增加。红细胞的最早图像是在空气中[122]或缓冲液中[8]对固定的细胞成像获得的。固定防止了探针引起的细胞变形，图像显示了细胞的环形特征。更高分辨率的扫描显示了表面细节，但是这些特征的起源仍然模糊不清。血影蛋白是红细胞膜中最丰富的蛋白质，提取的血影蛋白已经通过 AFM 成像[123,124]，揭示了各种寡聚体形式的结构（其形状和尺寸与 TEM 观察到的结构一致）。Zhang 和同事们[125]在空气中使用轻敲模式，将固定红细胞表面的结构绘谱到纳米分辨率。他们观察到不同形状和尺寸（从纳米到几百纳米）的颗粒紧密堆积阵列。戊二醛固定红细胞的冷冻 AFM 研究揭示了具有封闭边界的结构域的存在[124]，其侧向尺寸在几百纳米范围内，类似于冷冻 AFM 在红细胞外壳所揭示的结果[126]。Takeuchi 和同事们描述了通过常规 AFM 对红细胞外壳的骨架网络进行成像的方法优化。这些学者比较了各种固定、干燥和冷冻方法，并建议在液体冷冻剂中快速冷冻再冻干,这是用于 AFM 成像的玻璃盖玻片上制备红细胞外壳样品的最佳方法[127]。他们的研究清楚地表明,即使在戊二醛中固定后,空气干燥也不适合保存完整的骨架结构。使用包裹抗血影蛋白的金颗粒进行标记,以及其对部分提取的血影蛋白分子影响的成像,用来肯定观察到的网络是影蛋白网络。已经使用细胞质和细胞外表面上的膜结构图像来讨论血影蛋白网络的 3D 折叠结构及其对流通期间细胞变形的可能影响,或者是血影蛋白网络异常如何导致机械强度的损失和(或)红细胞膜的变形性。可以使用特定标签来定位和鉴定红细胞表面的特定位点。Neagu 和同事们[128]使用与抗体偶联的超顺磁珠来定位红细胞表面的转铁蛋白受体。

已经表明,AFM 可用于比较正常和病理性红细胞的结构[129-131],并揭示了正常和恶性疟原虫感染的红细胞外壳的细胞骨架网络的差异[132]。已经使用 AFM 对来自遗传性精细胞增多症患者的红细胞进行成像,显示细胞表面存在异常的表面伪足[129]。这些细胞在患者去除脾脏时变得正常。尿毒症患者的外周血浆含有棘红细胞。AFM 已经用于对第 3 型棘红细胞进行成像,显示出更小的更圆形的卵形,其细胞表面上均匀分布有针状体(针状突起)(见图 7.13)。与正常盘状细胞不同,第 3 型棘红细胞仅显示小的中心火山口。当尿毒症患者血浆被冲洗并用正常血浆代替时,棘红细胞恢复成正常的盘状。对于由于病因学或致病因素的影响而导致致病和正常红细胞相互转化,低分辨率和高分辨率研究显然是有空间的。恶性疟原虫改变红细胞表面的形态。正常和感染红细胞外壳的 AFM 研究表明感染细胞的表面更平滑,含有可识别的寄生虫并且表现出大的(0.2~0.7 μm)颗粒突起。据称更高分辨率的图像显示正常和感染细胞的血影蛋白网络密度具有差异[132]。

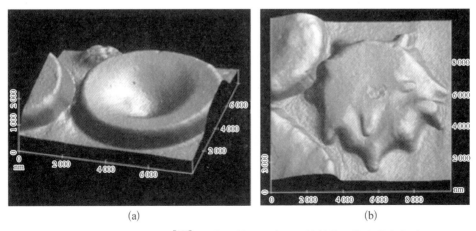

(a)   (b)

图 7.13 AFM 图像比较[129](尿毒症棘红细胞显示针状体和较小的中心腔)

(a) 正常红细胞;(b) 尿毒症棘红细胞

7.3.2 白细胞和淋巴细胞

固定的白细胞也可以在磷酸盐缓冲液中成像。如果将稀释的血液滴加到硅烷化玻璃盖玻片上，然后洗涤，则除去了红细胞，只留下白细胞黏附到衍生玻璃表面[8]。白细胞具有更不规则的扩散形状和更粗糙的表面。使用光学和 AFM 组合[133]和（或）免疫标记方法[134]对于鉴定细胞类型以及随后在自然条件下进行高分辨率 AFM 研究是非常重要的。可以观察到金标记抗体（具有或不具有银增强）结合到空气干燥的淋巴细胞的表面，提供标记细胞特定表面特征的前景[128,134]。标记之前和之后的细胞成像比较提供了高分辨识别特定表面特征并对其成像的方法。特定标记可用于分离和结合特定类型的细胞。因此，抗体包裹的载玻片已用于优先结合 B-淋巴细胞再通过 AFM 进行成像[11]。

7.3.3 血小板

人血小板在血液凝固和伤口愈合中起重要作用。通常它们以"静息状态"存在于血液中，此时细胞呈圆盘状。对血管的损伤促进血小板的活化，这涉及细胞骨架结构的剧烈变化，导致细胞形状的显著变化。活化可以通过与可湿性表面的接触来诱导，并且可以获得在生理条件下附着在玻璃表面上的血小板活化实时 AFM 图像[135,136]。静息血小板不能很好地黏附在玻璃基底上，因而难以成像。然而，活化后的细胞随着时间变化可以观察到：最初细胞薄丝状伪足（尖状突起）从细胞内部突出来，细胞充满了从细胞中心输送的颗粒，最终形成平面板状伪足。AFM 研究提供了这样的观点：在活化期间，颗粒直接与质膜融合。细胞骨架的细节和活化期间的变化可以在未染色的活细胞中识别出来。扫描未固定的血小板时，针尖会使血小板变形，其变形程度取决于细胞高度、细胞内不同区域的结构差异以及施加的力的大小。已经结合到表面但未被激活的血小板可以在低力下扫描而没有任何明显的时间依赖的形状变化。然而，据报道在较高的力下扫描会促进活化[135]。细胞的变形可以获得关于细胞结构的弹性信息[20,135,136]。使用力绘谱技术（见第 7.1.2 节），可以同时生成活的活化细胞的形貌图和弹性绘谱图（见图 7.14）[20]。整个细胞上的弹性变化可能与细胞的标准特征（如假核，内、外丝状区和皮层）相关，根据这些区域的超微结构可以进行解释。衍生的探针也可以用于细胞表面的选择性绘谱，已经报道了一种在血小板上的研究[137]：通过使用特定标记可以确定血小板表面的特征，已经使用交联纤维蛋白原受体的 14 nm 金颗粒来绘谱这些位点在细胞表面上的分布。这项 AFM 研究通过互补的低电压高分辨率扫描电子显微镜（LVHRSEM）[138]进行了验证。

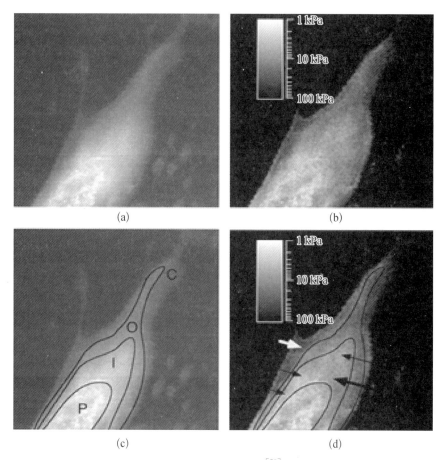

图 7.14　人血小板的形貌(a)和弹性绘谱(b～d)图[20]［扫描尺寸为 4.3 μm×4.3 μm］

(a) 灰度范围为 2 μm；(b) 弹性模量以对数方式编码，使得黑色对应于 100 kPa 和白色对应 1 kPa(如图中的灰度标尺所示)；(c) 鉴定出血小板的不同部分：P—假核，I—内网，O—外网，C—皮层；(d) 可以看出假核最软(1.5～4 kPa)，内网具有约 4 kPa 的刚度，外网的范围约为 10～40 kPa，皮层的部分区域(白色箭头)最硬(50 kPa)(有一些区域偏离一般模式；厚黑色箭头表示的区域为 10 kPa，薄黑色箭头所示的区域为 4 kPa)

7.4　神经元和神经胶质细胞

　　神经胶质细胞提供了可以使用 AFM 探测活细胞中细胞间组分的结构和动力学的系统。生物胶质细胞在神经系统的发育、维持和再生中起重要作用。研究者对这些细胞的生长和发育及它们与表面或神经元的相互作用有兴趣。虽然 AFM 是探测表面结构的技术，但胶质细胞的早期研究证明了细胞内成分成像的可能性。使用的细胞(XR1)来自非洲爪蟾视网膜神经上皮或大鼠海马的标准细胞系，置于玻璃盖玻片上并在生长培养基中成像。由于细胞核的高度，细胞核可以很容易在图像中识别，这表明细胞核相比细胞的其余部分变形小。虽然在固定的细胞中已经鉴定出线粒体[139]，但是在活细胞 AFM 图像中没有观察到线粒体，这可能是因为这些结构在扫描期间容易变形。在扩展细胞的末端可观察到内部丝状结构动力学[139-141]。肌动蛋白聚合和标记的失活研究显示 AFM 观察到细胞内的肌动蛋白丝而不是微管[140]。因为提取的微管已经被 AFM 成像[142]，所以认为微管是模糊的。这些研究提出了 AFM 如何使内部结构成像的问题。已经表明细丝的成像需要最小阈值力[141]。对内部结构观察提出了两个建议：首先，在成像期间将柔韧的膜结构压到更刚性的骨架上；其次，探针穿透流动细胞膜直接成像底层丝状网络。在这种情况下，发现高力成像在表面中产生的孔将在随后较低的力下成像时被重新密封[140]。目前证据表明，至少使用标准针尖，膜会在下面的刚性细丝周围变形，这已经从力-距离研究的证据推断出来，即 AFM 成像不能释放细胞内捕获的荧光染料或损害生理功能如信号转导机制[23]。最近的研究表明活细胞的反复 AFM 成像不会降低细胞活力或增加细胞死亡率。然而，有明显证据表明细胞膜组分在针尖的积累，表明在成像期间存在大量的探针-膜相互作用。发现这些效应在接触模式中比敲击模式成像中更显著[143]。

在神经元和神经胶质细胞的混合培养研究中，在固定和活细胞中都观察到了神经元-胶质细胞的相互作用[141]。在固定细胞中，可以获得神经元生长锥以及从生长锥体延伸的基于肌动蛋白的丝状伪足的高分辨率图像。通过控制成像力可以操纵生物系统，例如切除神经突，去除生长锥或选择性推移较弱结合的神经元[141]。对于单独的胶质细胞，如果成像力逐渐增加，则可以观察细胞不同特征的选择性去除，从而提供细胞与表面黏附水平的相对指征[139]。一篇论文比较了胶质细胞的 AFM 图像和表面等离子体共振显微镜（SPRM）图像[144]。SPRM 图像中的对比度或高度与细胞-基底接触距离有关，为探测细胞黏附提供了一种新方法。

AFM 已用于研究突触前神经末梢释放面上单个钙通道的定位。通过结合生物素化神经毒素 ω-芋螺毒素，先固定，然后通过与抗生物素蛋白-金标记增强来定位通道。获得的分辨率比使用光学显微镜改善 10 倍，并且检测 40 nm 通道间距，其与通道密度无关，被认为是暗示通道锚定在递质的释放面上[145]。突触小泡在神经信号传递中起重要作用，小泡释放神经递质乙酰胆碱进入突触间隙，在其中触发突触后细胞的动作电位。AFM 已经用于在流体环境中观察突触小泡并表征大小和形状的变化[146]。力绘谱方法（见第 7.1.2 节）表明小泡具有由较硬的中心核心区（其弹性在不同的缓冲液中不同，在钙离子存在下更硬）和更弹性、更不刚性的外部区域组成的亚结构[21]。核心区（可能对应于通过 TEM 观察到的电子致密颗粒）

实际上可以是蛋白多糖。

7.5 上皮细胞

细胞单层为研究细胞-细胞相互作用和细胞分化提供有用的模型系统。它们也是用于软细胞 AFM 研究中有吸引力的系统。单层的形成有效地降低了样品粗糙度,扫描探针不再需要经历单个细胞的整个高度,而是沿着单层的表面扫描,不需要深入到基底上。对 Martin Darby 犬肾(MDCK)细胞系进行了许多研究,使用 AFM 来检查极化肾上皮细胞(MDCK 细胞)的膜表面形态[147]。在空气干燥的细胞上观察到最多的细节。在最低放大倍率下,单层内的全部细胞及其连接区域是可见的。随着放大倍率的增加,有可能观察到微绒毛和表面凹坑,并且在最高放大倍数下,观察到可能归因于蛋白质或蛋白质聚集体的球状结构。在磷酸盐缓冲液中成像的固定细胞上也可以观察到这样的精细结构。用"链霉蛋白酶"处理,使细胞表面平滑表明突出的颗粒是蛋白质。在缓冲液下的活细胞表面图像是失真的或者模糊的[25,147],尽管在某些情况下细胞核可以识别出来[25]。酶处理[如部分降解多糖-蛋白质复合物的神经氨(糖)酸苷酶]改进了成像,使得可以观察到球状突起。这些球状突起对"链霉蛋白酶"处理是易受影响的,认为它们是表面糖蛋白[147]。在 SEM 图像中观察到的表面微绒毛在活细胞 AFM 下未见,尽管渐进固定确实显示出表面波纹,这可能是由于微绒毛的机械稳定性使得它们能够被 AFM 观察到[25]。固定还可以观察大鼠癌细胞系 RCMD 细胞[148]和 CC531 细胞[149]汇合单层表面上的微绒毛。研究细胞极化和分化的替代模型是人腺癌细胞系 HT29。与 MDCK 单层一样,HT29 单层的 AFM 图像也是失真的或者模糊的。然而,如果细胞是空气干燥后在丁醇中成像,则微绒毛清晰可见(见图 7.15),微绒毛表面的球状特征可以归因于糖蛋白[150]。微绒毛从细胞伸出的正常水合状态下,在扫描过程中探针可能穿透微绒毛之间使其结构变形。空气干燥使微绒毛平放在表面上,丁醇可以保持这种状态来进行成像[150]。如果在扫描期间探针在低施加力下使微绒毛变形,则可能显露出这些结构。Lesniewska 和同事们[151]对活 MDCK 细胞单层进行了这样的研究。在正常的成像力下,细胞表面是模糊的,而对于小于 300 pN 的力,可以看到扩展微绒毛尖紧密堆积阵列。在活 MDCK 细胞上,可以跟踪诸如凸起和尖峰形成的动态事件[25,152],并且这些事件似乎是细胞的固有特性,而不是由探针的作用触发或刺激所引起的效应。力-距离曲线的测量可以监测细胞的弹性性质,并且可以在固定期间追踪细胞的机械硬化过程[25]。活 MDCK 细胞更完整的力绘谱可以提供弹性轮廓内意想不到的对比度变化,揭示细胞的结构特征。发现细胞间接触边界比细胞中心更硬。细胞间特征强调了在核和细胞质之间的边界[19]。AFM 测量 MDCK 细胞的机械性质变化的一个诱人应用是试图开发基于活细胞微机械询问的生物传感器[153]。生物传感器由一侧包裹有 MDCK 细胞培养层的无针尖悬臂组成。在 AFM 中检测到生物传感器因暴露于裂解密封蜂毒素和呼吸抑制剂叠氮化钠而引起悬臂弯曲，这归因于细胞刚度的变化。

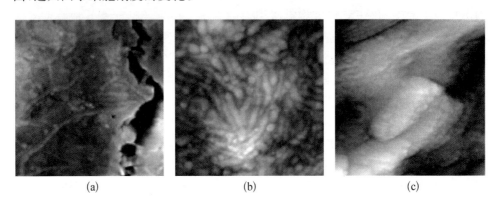

(a) (b) (c)

图 7.15 在丁醇中成像的 HT29 汇合单层的 AFM 接触模式图像[150]

(a) 两个细胞之间的边界显示微绒毛和可能的丝足，扫描尺寸为 $30~\mu m \times 30~\mu m$；(b) 细胞表面的放大图像清楚地显示出微绒毛，扫描尺寸为 $4.8~\mu m \times 4.8~\mu m$；(c) 微绒毛表面的高分辨率图像表现出球状"糖蛋白"，扫描尺寸为 $924~nm \times 924~nm$

建议可以开发这样的传感器研究在药物筛选或毒性测试等领域中细胞对化学物质的响应[153]。最近，Zhang 和同事们使用 AFM 进行细胞-细胞黏附测量来证明白血病细胞优先结合邻近上皮细胞的边界[154]。认为被吸入的纳米颗粒通过肺进入身体的毒性最初是由纳米颗粒与肺壁的静电和黏附相互作用来决定的。为了理解这一现象，已经使用 AFM 黏附测量来探测 AFM 针尖（其用作纳米颗粒模型）和肺上皮细胞之间的相互作用[155]。相互作用随时间监测，发现在接触前 100 s 中，相互作用强烈增加，之后趋于平稳。有趣的是，黏附力及其随时间推移的发展不依赖于针尖在细胞上的载荷力。AFM 针尖进入细胞的穿透行为表明该过程不是简单地通过细胞黏性介质的被动穿透而发生。相反，似乎是针尖被细胞"积极"摄取，或者细胞重新排列其质膜细胞骨架以容纳针尖，学者断定应该可以使用 AFM 对肺上皮细胞摄取纳米颗粒的初始热力学和时间过程进行详细的研究[155]。

7.6 非融合肾细胞

认为在空气或水性介质中对 MDCK 细胞质膜的内部细胞质小叶的 AFM 成

像显示是表面蛋白质的球状结构的分布。在空气中,该层部分地被细胞骨架特征如肌动蛋白纤维修饰,但当在水性介质中成像时,这些修饰特征消失[156]。酶[如神经氨(糖)酸苷酶]处理对于为了在水性条件下获得"蛋白质"结构的高分辨率图像是不必要的,表明糖基化限制在膜的外层。

MDCK 细胞的某些衍生物不形成均匀的极化单层。R5 细胞在玻璃基底上扩散,并且在其高度平坦的前端可以观察到诸如细胞骨架纤维和小泡等结构,而这些结构不能通过 SEM 成像[25,152]。AFM 可以观察到时间分辨的事件,包括应力纤维的动力学、细胞质的波状重排,甚至沿着纤维的小泡运动[152]。AFM 也观察到在迁移 MDCK - F 细胞中的动态过程[157-161]。AFM 已用于从 MDCK 细胞表面切除膜片[160],并测量由加入 ATP 引起的克隆和提取的 ROMK 1 钾通道的高度变化[162-164]。后者的研究使用"分子夹心"技术:蛋白质与针尖结合,然后接触并与云母基底相互作用。夹心蛋白的形状变化可以通过悬臂偏转的变化来检测。

通过接触和轻敲模式对猴肾细胞进行 AFM 成像的研究表明可能同时获取细胞膜的表面结构和其下的细胞骨架网络的图像。在接触和轻敲模式中要么比较形貌图像[24]要么比较偏转(误差信号模式)图像[165]来实现,已经静态[165]和动态[24]研究了细胞的形态。相位成像提供了一种用于探测细胞表面黏弹性的替代方法:Lesniewska 和同事们最近报道了培养的 CV - 1 肾细胞的相图[151]。

最后,针对单个猴肾细胞的时间依赖性,AFM 研究已用于跟踪痘病毒感染细胞中病毒颗粒的释放[3,4,166]。将单个细胞保持在移液管上并在生理介质中位于 AFM 针尖下扫描。通过将成像细胞表面作为时间的函数,可以观察到被视为是通过细胞壁的病毒胞吐过程。可以组合这些图像以产生该生物过程的视频。细胞表面的弹性特性测量已用来尝试鉴定病毒颗粒感染或排出过程中细胞表面的结构变化(关于病毒侵入细胞的更多信息,参见第 6.1.4 节)。

7.7 内皮细胞

内皮在血液和血管壁之间充当机械换能器,并且流动可以诱导一定程度的细胞反应。对活内皮细胞的最早 AFM 工作研究了剪切应力对细胞结构的影响。对在磷酸盐缓冲液中成像的培养牛主动脉内皮细胞的未剪切和剪切的汇合单层进行了比较研究[167]。未剪切的细胞是具有明确细胞边界的多边形,而剪切的细胞是在流动方向上伸展并定向排列,其边界较不明显,并且可以观察到新的定向纤维表面脊。对固定细胞的比较荧光工作表明观察到的变化是由于剪切诱导的细胞骨架结构重排,表面脊对应于肌动蛋白纤维的定向束[167]。AFM 也用来探测汇合后随时间的表面结构变化[168]，以评估可能影响细胞对流动的机械响应的结构因素。HEK－293 细胞对刺激物血管紧张素Ⅱ（AngⅡ）的响应已由 AFM 监测[169]。AngⅡ是参与血管调节的激素，其激活内皮和平滑肌细胞表面上的 AT_1 受体，导致肌动蛋白的重组。将 AFM 针尖放置在 HEK－293 细胞的表面，加入 AngⅡ到缓冲液中，监测细胞高度波动。数据显示细胞膜初始相对较大的向上位移（约为 500 nm），然后是一系列纳米级高度波动，这无法使用传统的光学方法进行记录。这些被认为是反映 AngⅡ刺激后发生在细胞内的细微结构变化[169]。

　　肝窦内皮细胞（LEC）有小孔，其作为筛子控制血液和薄壁细胞微绒毛之间的流体、溶质和颗粒交换。原子力显微镜提供了关于小孔对于不同刺激物的结构和动力学响应的信息[170-172]。在干燥的金包裹细胞上的 SEM 和 AFM 图像比较显示出类似的特征：小孔在高层边界包围的筛子盘中排列。高层边界对应于下面的管状结构。高度测量提示筛子盘大约低于周围细胞质表面约 200 nm[170]。AFM 也可以观察干燥的未包裹的细胞和湿的戊二醛固定细胞，后者产生最佳图像[170,171]。固定和未固定细胞的弹性比较研究证实了固定通过硬化细胞并抑制扫描变形来提高图像质量[172]。非接触成像模式通过进一步消除变形伪影（如小孔在扫描方向上的失真）来改善湿细胞图像的质量[171]。成像湿细胞显示脱水、临界点干燥或通过蒸发六甲基二硅氮烷进行干燥导致小孔相当大的收缩[170,171]。这清楚地证明了 AFM 在不干燥样品的情况下可以成像的优点。还证实用乙醇和 5－羟色胺处理分别引起小孔直径的增大和收缩，细胞松弛素处理增加了小孔数量[170]（见图 7.16）。

7.8　心肌细胞

　　AFM 在分子分辨率下对活细胞进行成像结构的能力，加上以高空间和时间分辨率绘谱细胞机械性质的能力，为研究收缩细胞搏动机制提供了一种手段。活大鼠心房心肌细胞的 AFM 图像显示集中在细胞中心位置的核以及集中在细胞末端的亚膜纤维细胞骨架结构[66]。固定增强了细胞骨架的图像。细胞 F－肌动蛋白染色的光学显微镜检查显示 AFM 观察到的纤维结构是肌动蛋白束。静态细胞上的力-距离测量表明细胞在核区域之上较软，并且朝向周边变硬，周边纤维结构可见。在添加钙或用福尔马林固定时观察到细胞刚度增加。通过跟踪悬臂偏转的变化，由于细胞的膨胀或收缩，可以监测高空间（1～3 μm）和时间（60～100 μs）分辨率下搏动细胞的局部活性，并且探测在单次收缩期间的刚度变化[66]。

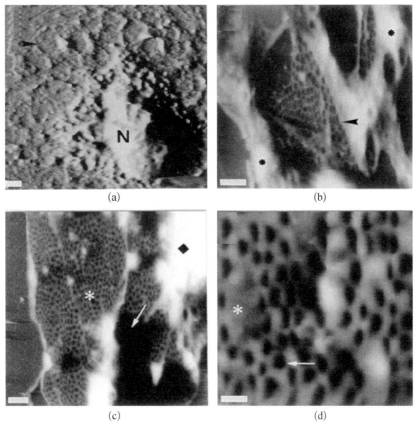

图 7.16　湿固定内皮细胞的 AFM 图像[170]

(a) 低倍率(标尺 2.5 μm)图像显示中央核(N)和筛子盘(箭头);(b) 更高倍率(标尺 1 μm)图像显示在周围细胞质中的筛子盘(箭头),星号显示白色隆起物;(c) 用 10 μg·mL^{-1} 细胞松弛素 B 处理 2 h 的肝内皮细胞,诱导高度有孔的细胞质(星号),也存在白色隆起物(黑色菱形)和结构阴影(箭头)(标尺 1 μm);(d) 细胞松弛素 B 处理后的小孔细胞质的较高放大倍数图像(标尺 500 nm),其显示小孔(箭头)[要注意使用微丝抑制药物处理后发生的典型小的无孔点(星号)]

　　力绘谱方法(见第 7.1.2 节)已用于绘谱鸡心脏活细胞的弹性特征[28]。使用一个针对针尖压痕细胞的简单几何模型来解释力量-距离曲线并绘谱出跨越整个细胞上的杨氏模量[173]。纤维看上去是作为硬的结构掺入到软细胞中。理论模型在较软的区域中很好地与力-距离曲线匹配,但在纤维附近失效,这可能是因为该模型假定细胞表面结构均匀。增加力时,图像中增强了亚膜细胞骨架。形貌和弹性绘谱已经用于跟踪肌动蛋白网络因添加药物细胞松弛素 B 而导致的分解[28]。最近,AFM 已经用于分析单个活性鸡心脏细胞的机械脉冲和汇合单层中细胞的同步搏动[29]。使用 AFM 可以绘谱整个细胞中的局部搏动绘谱(见图 7.17)。

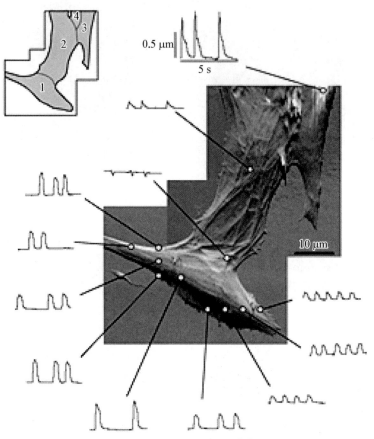

图 7.17 使用 AFM 脉冲绘谱一组活跃的心肌细胞[29]〔虽然细胞正在搏动，但仍然可以对它们进行成像，两次扫描的偏转图像叠加，插图显示了细胞边缘的草图，在细胞不同位置上记录了几个时间序列，所陈述的序列是相同标尺的；细胞顶部位置标有白色斑点，没有发现显示为负振幅的脉冲，只有细胞 1 和 2 之间的序列显示双相脉冲形状〕

7.9 其他哺乳动物细胞

还有许多不属于上述分类细胞的研究。在某些情况下，这些研究代表了值得记录的新方法或新研究类型。本节收集了一些这样的研究。Pietrasanta 和同事们描述了改进和鉴定亚细胞结构的新成像方法[148]。在固定和干的大鼠乳腺癌细胞（RMCD 细胞）中，可以识别亚细胞结构（如细胞核和核仁，加上细胞骨架的微丝），以及观察表面特征如微绒毛和微刺。用 Triton X-100 处理固定细胞以去除脂质和可溶性蛋白质，从而可以观察线粒体，其可以由罗丹明 123 染色和荧光显微镜观察加以证实。然后耐洗涤剂处理的样品表面使用胶带干撕开以去除细胞背部分和可能与膜相关的微丝层，以便揭示应力纤维和更细的丝状结构的底层网络，以及一些与颗粒结构相关联的结构。荧光标记显示出肌动蛋白和微管两者的存在，尽管单个组分只能暂时指认，并且不能从 AFM 数据中明确识别。这种类型的解剖方法，再加上标记方法可以提供一个指认在完整活细胞中所观察到的特征结构的路线。

亚膜细胞骨架结构的观察使其可以成像活细胞时间依赖的结构变化和（或）细胞机械性质的相关变化。已经报道了许多这样的研究，包括皮肤成纤维细胞[149]、心肌细胞[28]和 MDCK 上皮细胞[19]的研究。已获得的延时图像显示药物对细胞骨架网络的破坏，如 latrunculin 对于皮肤成纤维细胞（见图 7.18）[149]、秋水仙碱对于 RBL - 2H3 大鼠白血病肥大细胞[174]和细胞松弛素 B 对于心肌细胞[28]。也许更令人感兴趣的是观察细胞特异性刺激所引起的事件。AFM 图像显示未刺激的活 RBL - 2H3 肥大细胞是无特征的。然而，如果 IgE 抗体与细胞结合，然后通过加入多价抗原进行刺激，则细胞显示出很清晰的细胞骨架结构[174]。静态和活化细胞的时间依赖性变化可以通过 AFM 进行成像[175]。在静止细胞中，沿着细胞骨架细丝和细胞质表面波纹的粒状运动可通过成像观察到。

在 R5 细胞中也观察到颗粒运动[152]，并且已经在 R5[152]和肺细胞[176]中观察到细胞质表面波纹。活化后，有可能观察到细胞相关颗粒数量的增加、颗粒运动和细胞边界细胞骨架的变化[176]。洗涤剂提取方法[148]用于固定的干细胞以揭示未活化细胞和活化细胞之间的亚膜结构的变化细节[176]。这样的图像显示了活化后丝状网络的扩散，颗粒和（或）小泡是位于细胞骨架网络顶部的事实，并且还提供了活化细胞核表面上的细胞核孔复合物的详细图像[176]。细胞外表面的柔软性在细胞内结构成像中所起的作用在巨噬细胞吞噬摄取乳胶珠[149,177]和酵母聚糖颗粒[177]的图像中有引人注目的阐述。

使用洗涤剂提取方法再次增强细胞内组分的成像，从而允许研究颗粒-丝相互作用和消除细丝在吞噬作用中的作用[177]。AFM 已经用来成像精子和研究精子染色质的结构和水合。AFM 和 X 射线显微镜组合观察老鼠精子表明空气干燥的核体积很大一部分必须水合[178]。AFM 已经用来比较公牛和小鼠精子头和异形细胞核在完全水合和脱水状态下的体积，并追踪增加浓度丙醇的添加对单细胞的影响[179]。以前的体积估计以及它们对精子 DNA 堆积的影响是基于 EM 数据分析的。AFM 研究表明 EM 制备导致显著的脱水，建议染色质与水广泛水合，水至少占细胞核中染色质的一半体积。AFM 已用于研究染色质的结构组织，其中一些工作已在第 4.2.3 节中讨论过。AFM 对有袋动物精子的研究显示由组蛋白或精蛋白堆积的染色质组织差异很大[180]，核精蛋白颗粒比核组蛋白颗粒显得更紧密。图 7.19 显示了公羊精子的 AFM 图像，表明了不同的成像方法和分析是如何用于揭示活精子的结构细节。

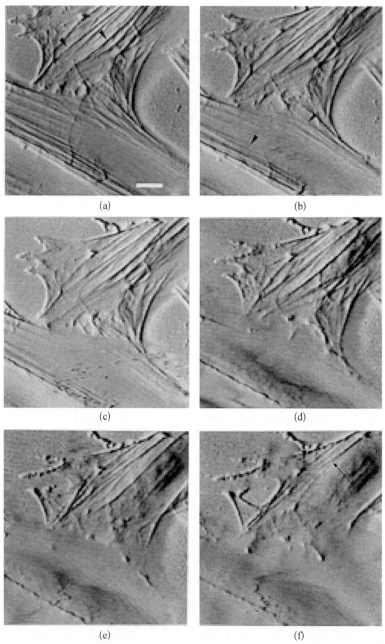

(a)　　　　　　　　　　　　(b)

(c)　　　　　　　　　　　　(d)

(e)　　　　　　　　　　　　(f)

图 7.18　Latrunculin A 诱导皮肤成纤维细胞中微丝破坏的 AFM 图像延时序列[149]

(a) 未经处理的成纤维细胞显示平行纤维取向(由黑色箭头指示),加入 latrunculin A 后,随后逐步记录图像(b)～(f),图像采集时间约为 10 min;(b) 微细丝紊乱的第一迹象(由黑色箭头指示);(c)～(e) latrunculin 敏感纤维的通常损失,首先外周丝消失,随后中央细丝消失;(f) 处理 45～50 min 后,只剩下几根 latrunculin A 不敏感纤维(由黑色箭头和箭头指示,标尺 10 μm)

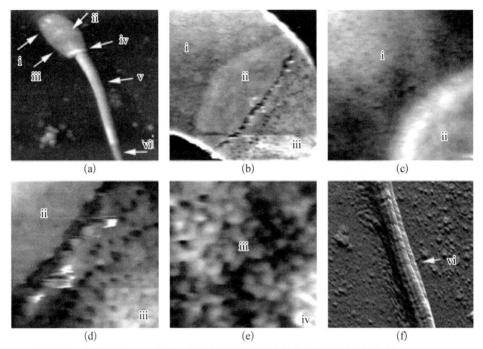

图 7.19　活精子的 AFM 图像，精子已经用叠氮化钠处理以降低其活力[与 P James,
R Jones (IAH, Babraham UK)和 C Wolf(IFR, Norwich UK)合作获得的数据]

(a) 完整精子在空气中轻敲模式成像显示出不同的结构特征：(i) 顶体,(ii) 赤道区域,(iii) 顶体后部,
(iv) 颈部区域,(v) 中段和(vi) 主段(扫描尺寸为 20 μm×20 μm)；(b) 使用延长的高度为 7 μm 的针尖
对缓冲液中精子头部的形貌学接触模式图像[结构细节已经被"钝化"掩蔽(Adobe PS 图像处理软件)
增强,扫描尺寸为 5 μm×5 μm]；(c) 缓冲区域的接触模式成像为 i 和 ii,扫描尺寸为 3 μm×3 μm；(d) ii
和 iii,扫描尺寸为 2 μm×2 μm；(e) iii 和 iv,扫描尺寸为 1.5 μm①；(f) 尾部主段在空气中的错误信号模
式图像,扫描尺寸为 20 μm×20 μm

7.10　植物细胞

植物细胞是通过 AFM 进行成像的最初生物系统之一[8]。从植物叶片中剪出
小块,黏在不锈钢片上,然后在水中进行 AFM 成像。紫薇(一种小的印度树)叶子
下部表面的图像显示出了细胞特征。高分辨率图像未能显示尺寸小于 200 nm 的
结构特征,这归因于厚的角质层的存在。睡莲(*Nymphaea odorata*)叶子被认为具
有较薄的角质层,AFM 图像显示了更多的细节。除了类似于细胞的特征之外,有
可能识别纤维结构。在大的施加力下,样品表面被刮伤和损坏,但是如果成像力保

---

①　原文如此。

持在 2 nN 以下,则可以解析到 12 nm 以下的特征[8]。

最近的 AFM 研究报道了提取的常春藤叶片角质层[181]。从植物叶片中通过酶法提取角质层。嵌入 Epon 环氧树脂后用切片机切割横断面。提取角质层的内表面和外表面的图像在将角质层往下结合到双面胶后获得。在切片的 AFM 图像中可看到在外层区域存在堆积的薄层。内网状区域大部分是无定形的,有证据表明在靠近表皮细胞壁区域有纤维包裹体。角质层的外表面看上去是无特征的且难以成像,这是因为探头针尖倾向于黏在表面上。角质层内表面的低分辨率图像显示被高墙包围的表皮细胞的印记。该印记的较高分辨率图像显示纤维结构的螺旋堆叠。通过酸水解可以去除这些纤维结构,表明它们是从表皮细胞壁散发进入蜡角质层中的多糖纤维。通过 AFM 看到的内表面纤维结构与 AFM 和 TEM 看到的接近细胞壁的横剖面切片上的纤维是一致的[181]。

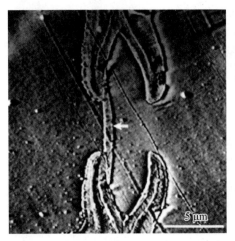

图 7.20　黑云杉(*Picea mariana*)的横断面切片表面的 AFM 偏转模式图像,显示连接一对管腔的边界坑[182](白色箭头指示花托,可以区分中间薄层、原代细胞壁和次生细胞壁,对角线是由金刚石刀的缺陷产生,并指示刀的方向)

AFM 对黑云杉(*Picea mariana*)木材的机械纸浆纤维表面、横截面和径向截面切片进行了检查[182]。从 Epon 环氧树脂嵌入木片中纤维切片得到薄切片。切片 AFM 研究显示细胞壁和特征结构(如边界凹坑)的细节(见图 7.20)。在切片图像中,可以分辨出中间薄层和次要细胞壁的不同区域(见图 7.21)。AFM 揭示的这些"纹理"差异被认为是在切割时出现的。相对于切割方向,细胞壁内微纤维的取向将影响细胞壁的粗糙度,并且可能影响扫描期间其变形的程度,从而影响 AFM 图像的对比度。木质组织木质化,木浆纤维的相图显示归因于残留木质素亮块,这在正常的形貌图像中是看不见的[183]。木质素被认为是比纤维素更疏水性的,从而引起对比度的差异。

有一些关于花粉粒的研究[184-186],尽管样品制备更容易,但通常图像与 SEM 数据相当,而且 AFM 可以揭示外表面亚结构的更高分辨率数据。Rowley 和同事们研究了从粉粒嵌入树脂中切割的切片[184]。来自长寿花和玉米的花粉粒铺在双面胶基底上,然后以接触模式成像。在误差信号模式图像中看到的表面细节(见图 7.22)与用场发射扫描电子显微镜(FESEM)所看到的结果[185]相似,但是通过 AFM 可以获得更高分辨率的图像,例如,玉米花粉粒外壁面的 AFM 和 FESEM 图

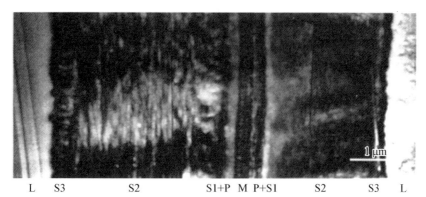

图 7.21　黑云杉相邻纤维壁的三个 AFM 图像的组合[182][这些切片已经径向通过切向壁,可以很容易地区分中间薄层(M)、原代细胞壁(P)和次生细胞壁(S1、S2 和 S3),树脂填充腔(L)也显示在图像中,图像左侧的内腔中的刀痕指示刀的方向,相邻细胞壁之间的对比度差异因切割时表面粗糙度的差异而出现,并且归因于细胞壁中微纤维的不同取向(如过渡区域 S1~S3)]

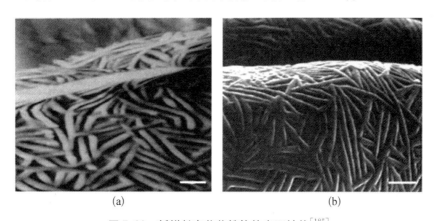

图 7.22　新鲜长寿花花粉粒的表面结构[185]

(a) 空气中的误差信号模式 AFM 图像,标尺为 1 μm;(b) Au/Pt 包裹后的长寿花花粉粒的比较 FESEM 图像(标尺为 1 μm)

像都显示出散布有小孔的球状突起,但 AFM 显示 FESEM 未见的突起亚结构。Demanet 和 Sakar 使用最简单的样品制备方法:将花粉粒直接沉积在不锈钢圆片上,然后以非接触模式成像[186]。分离的植物细胞壁和提取的纤维素微纤维的详细成像在第 4.4.4 节中有详细的讨论。至少已经有一个关于植物细胞原生质体的研究报告[185]。

已经获得以下样品的成像:在玻璃载玻片上干燥后在空气中、细胞附着于聚-L-赖氨酸包覆的载玻片上在水中的固定样品,或在空气、缓冲液或培养基中未固定的原生质体。最好的图像显示了固定的、空气干燥的原生质体。没有尝试识别图像中显示的特征[185]。

已经开发了原位观察植物组织中淀粉颗粒超微结构(见第 4.4.4 节)的方法[187]。该方法包括使用显微切片机切割种子,以便产生足够平坦的表面以允许 AFM 成像。将种子保持在显微切片机的卡盘中并在两端平坦化,以便将切割的种子粘贴到小云母片上,使得 AFM 成像的面相对于扫描管是正方形的。上表面的 AFM 成像是相对简单的过程,可以在空气中接触或轻敲模式进行。所得的 AFM 图像显示种子的所有主要成分,即蛋白质体、细胞壁和淀粉颗粒,而不需要染色组织(见图 7.23)。管淀粉颗粒的详细超微结构所需的唯一处理是控制颗粒切面的水化。水化软化和溶胀颗粒内的无定形区域,产生无定形区域和结晶区域之间的对比度。这种原位成像的优点是它提供了淀粉天然超微结构的最佳图像,并允许描述种子中颗粒结构的变化,反映在发育和生长期间的结构变化。使用这种方法获得的淀粉颗粒的细节水平表明它或许可以用做鉴定淀粉结构的天然突变体的筛选工具,或用于直接测定遗传操作/变异或选择性育种对植物组织功能重要方面的影响[187]。

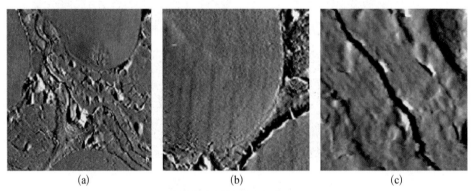

(a)　　　　　　　　　　(b)　　　　　　　　　　(c)

图 7.23　豌豆种子切割表面的 AFM 图像(扫描尺寸分别为 18 μm×18 μm,10 μm×
10 μm,3 μm×3 μm,图片由 Mike Ridout 拍摄)

(a) 示出了组织中的淀粉颗粒、细胞壁和蛋白质体的总体视图;(b) 淀粉颗粒;(c) 细胞壁边界的特写视图

7.11　组织

完整的组织由于太大且粗糙而不可能通过 AFM 直接成像。此外,AFM 只会探测样品的最外层结构。组织学和细胞学方面的标准制备方法是将软生物材料转化为刚性样品和复制品。进一步地,还有用于压裂或切片样本的标准技术来揭示内部结构。将这些方法与 AFM 成像相结合有哪些优势? 因为它们刚性更强,比

未处理的生物材料变形少,因此 AFM 应该更容易进行这些样品的成像。因为 AFM"感觉"到表面结构,如果断裂或切片导致表面过于粗糙,就不可能获得图像。如果表面不太粗糙,则 AFM 提供的潜在分辨率比光学显微镜和 SEM 更好,与 TEM 相当。在最高放大倍率下,在某些情况下 AFM(相对于 TEM)有可能受限于粗糙度。然而,如果样品粗糙度较小且来自样品相关性质,则这可能提供独特的 AFM 图像对比度。

7.11.1 嵌入切片

嵌入生物材料薄切片的早期 AFM 研究揭示了 AFM 对切割切片表面粗糙度的敏感性[188]。在 Epon 嵌入霍乱弧菌薄切片(用金刚石或玻璃刀切割)的 TEM 图像中细菌细胞清晰可见。尽管在金刚石切片的 AFM 图像中细菌细胞是可识别的,但玻璃刀切割切片的附加粗糙度掩盖了 AFM 图像中的细菌细胞。这清楚地说明了不同的对比度机制,以及 AFM 对样品制备的附加敏感性。后来的研究[189]证实了使用金刚石刀的优点,但不支持嵌入 LR 白色树脂优于 Epon 树脂的建议[190]。从大鼠收集的组织样品的超薄切片的轻敲模式图像显示了气管上皮细胞的细胞质细胞器(线粒体或分泌颗粒)、核组分(核仁和染色质)、粗糙内质网和相关核糖体、微绒毛和纤毛以及基体的细节[189]。羊毛纤维嵌入 LR 白色树脂超薄切片的相似接触模式图像显示了细胞组成的细节,邻位和旁皮质细胞、细胞膜复合物、巨纤维和核残留物[191]。总表面粗糙度将限制使用 AFM 研究薄切片。然而,与样品结构相关的表面粗糙度详细差异可能在图像中提供新的对比度。这种效果已经在第 7.10 节中提及。当从嵌入木材切割切片时,相对于切割方向的纤维取向引起表面纹理的变化,这在 AFM 图像(见图 7.21)中表现为穿过细胞壁切片的对比度变化[182]。

7.11.2 无嵌入切片

一个有趣的方法是使用 AFM 来研究细胞和组织的无嵌入切片[192,193],使用了 Wolosewick 等人最初介绍的方法[194,195]。基本上,将固定的样品嵌入聚乙二醇中,用液氮固化,用显微切片机切片,沉积在聚-L-赖氨酸涂覆的玻璃载玻片上,通过逐级乙醇系列脱水,临界点干燥。已经使用轻敲模式获得小鼠中肾、肝、胰腺和小肠组织的令人印象深刻的图像[192]。肝组织切片显示窦状红细胞、肝细胞核中的染色质纤维、肝细胞质中的糖原颗粒、肝脏肝细胞中的线粒体和肾脏的收集管细胞。小肠样品中可以清晰分辨出微绒毛,更高分辨率图像表明微绒毛表面存在球状结构(见图 7.24)。无嵌入方法被认为是电子显微镜可接受的保存技术,可以为 AFM 提供一种常规方法。

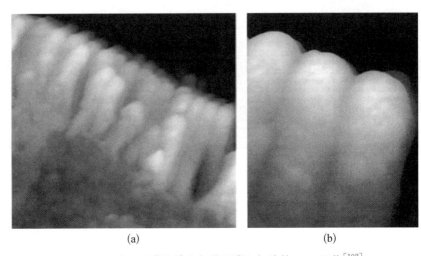

(a)   (b)

图 7.24　小肠吸收细胞上部的无嵌入切片的 AFM 图像[192]

(a) 微绒毛的图像,放大约 45 000 倍;(b) 更高放大倍数的图像显示出在微绒毛表面的颗粒结构,放大约 192 000 倍

7.11.3　水合切片

AFM 的潜在优势之一是天然状态样品的成像。使用新鲜切割的湿切片的一个例子是牛的角膜和巩膜的研究[196]。手工切割 100～200 μm 厚的切片,然后胶合到平钢圆片上。样品在空气中成像,并且在这些条件下,水合水平被考虑从约 70% 降低到 20%～40%。主要的实验困难是定位在成像期间足够平坦且保持稳

图 7.25　牛巩膜纤维的误差信号模式 AFM 图像[196] (可以清楚地看到纤维之间的交联桥,扫描尺寸为 369 nm × 369 nm)

定的区域。然而,一旦发现这样的区域,则证明有可能在某种程度上分辨尺寸低至 2～3 nm 的特征。在角膜和巩膜的切片中都观察到了胶原网络,显示了胶原纤维周期的细节、其表面形态和被认为涉及蛋白聚糖结构的交联桥的高分辨率图像(见图 7.25)。因为胶原纤维堆积成阵列,所以测量的尺寸相对不受针尖加宽效应的影响,测量值与 X 射线衍射(而非 TEM)数据更好地相关,与从 X 射线衍射获得的数据显示:仅仅当含水量低于 30% 时,纤维收缩率变得十分显著。AFM 对接近于天然状态湿的、未染色样品的分辨率接近于通过常规 TEM 研究可获得的

分辨率。对于固定的人角膜和巩膜组织机械解离的胶原网络已经获得了类似的高分辨 AFM 图像[197]。

7.11.4 冷冻-断裂复制品

冷冻-断裂复制品已成功地用于获得关于细胞和亚细胞结构的详细信息，Kordylewski 和同事们已经报道了对大鼠心房组织冷冻-断裂复制品的 AFM 研究[198]，该样品已经通过 TEM 进行了很好的表征[199]。AFM 可以提供复制品形貌的直接信息，并且可以对复制品的两侧进行成像。在低放大倍率下，TEM 和 AFM 图像显示出相似的特征。在更高的放大倍数下，AFM 能够分辨出在 TEM 数据中不明显的细节。将 TEM 图像与误差信号模式 AFM 图像进行比较是最有用的，但是需要使用形貌图像来测量尺寸。与 TEM 一样，可以产生用于观察表面形貌的立体图像对。由 TEM 和 AFM 都能观察到的特征包括心房颗粒、具有嵴的线粒体、膜片、核以及核表面上的开放和闭孔[198]。使用 AFM 的主要优点是表面几何形状的直接观察，以及容易确定表面特征尺寸，尽管后者需要与纠正针尖加宽效应的困难进行权衡。

7.11.5 免疫标记

细胞和组织 AFM 成像的主要问题是识别或鉴定结构特征。联合 AFM 和光学显微镜，加上特定的染色或荧光标记，是这个问题的有力解决方案。该方法的例子已经描述过。在光学和电子显微镜中都很好地建立了免疫标记技术。抗体已经用来标记单个分子如 DNA（见第 4.2.4 节）、大分子复合物如染色体（见第 4.2.5 节）、细菌生物被膜（见第 7.2.1 节）、细胞[127,128,134,138] 或组织[189] 的特定抗原。如果表面特征是单个分子，或者对于平坦的层状结构，例如细菌 S 层[76]，则可能直接识别抗体-抗原复合物，不过此时必须注意区分特异性结合和被动吸附。当表面粗糙时，标记增强是必要的。金标记的抗体可以单独使用或去定位抗-抗原复合物[134,200]。用于 AFM 研究时该程序可能不像用于 EM 时那么简单。金标记可能与表面突起混淆，甚至被探针压到表面，使得它们难以发现[200]。大的金标记可能容易识别，然而较小的可能难以通过 AFM 单独定位[138]。标记定位可以通过产生更大的颗粒沉积物来改善，用于 AFM 的实例包括银增强[128,134]、过氧化物酶标记的抗体及它们与 DAB 的反应（见第 4.2.5 节和第 4.3 节），甚至荧光标记复合物[201]（见第 4.2.5 节）。使用 AFM 可以修改标签或探针针尖以提高其灵敏度。磁性标记可以用磁性针尖检测，应该会提高灵敏度。至少有一个关于使用超顺磁珠作为标记的报告[128]。Yamashina 和 Shingo 使用开尔文力探针显微镜来增强金标记的成像：在金标记附近表面电位提高[189]。抗体包裹的针尖可用于定位样品表面上的抗原。免疫标记方法可以与 AFM 一起使用，在此方面有改善技术灵敏度和控制使用的空间。

7.12 生物矿物

生物矿物通常是复杂的，但矿物组分可能意味着它们是刚性的，并且可能是有序的，因此可以通过 AFM 成像。以下收集了关于这种材料 AFM 研究的几个例子。

7.12.1 骨、肌腱和软骨

使用 AFM 研究胶原蛋白的结构和组装已经在第 4.5.3 节进行了讨论。在骨骼中，最终结构是基于胶原蛋白和沉积磷灰石之间的相互作用。矿物和脱矿物肌腱的 AFM 和 TEM 组合研究已用于细化火鸡腿肌腱的复合模型。TEM 和 AFM 研究相互补充，TEM 显示样品内的结构，AFM 显示表面的结构[202]。体外和生理钙化肌腱胶原的敲击模式 AFM 研究表明纤维表面结构诱导磷灰石晶体的成核，并且其随后的生长并不明显改变纤维结构[203]。来自大鼠尾肌腱的干胶原纤维上的轻敲模式 AFM 成像允许观察与胶原表面结合的蛋白多糖[204]。蛋白多糖的分布通过比较从天然结构、用软骨素酶处理的样品和用铜丙蓝孵育的样品、特定设计来稳定阴离子糖胺聚糖链的染料获得的图像来测定。这些研究有助于构建这些复杂材料超微结构的图片。关节软骨作为滑膜关节中的低摩擦轴承，AFM 提供了一种方法来表征生理相关介质中新鲜切除的关节组织的表面和亚表面结构[22]。将带有薄层骨的软骨圆片黏到玻璃盖玻片上，然后在磷酸盐缓冲液中成像。AFM 研究显示关节表面是无定形的，图像的模糊归因于可能与其润滑性质有关的高表面黏度。AFM 图像中不存在之前 SEM 观察到的表面不规则性，表明它们是制备过程导致的伪像。观察到小凹坑，但是尚不清楚这些是天然表面的固有特征还是在软骨分离期间被诱导的特征。酶促消化蛋白多糖后显示出纤维亚结构。AFM 允许在生理条件下成像，在正常和酶消化的材料上进行机械测量，以及测量胶原纤维网络的尺寸和周期。骨的低分辨率 AFM 形貌和弹性图像与通过光学和电子显微镜获得的图像相似，但是在较高分辨率下，AFM 显示出在小距离（大约 50 nm）处的弹性特性显著波动[27]。

一项重要的工作是 Hansma 课题组完成的研究骨生物矿化支架和非胶原结构蛋白的相互作用，非胶原结构蛋白将复合物胶合在一起（经过矿化胶原纤维）[205-207]。这项工作值得用一章篇幅来进行描述，在此仅用几句话来总结主要发现。该课题组表明复合材料中的"胶水"成分通过一种迄今未知的机制发挥作用。

"胶水"聚合物强度的秘密涉及在聚合物链中形成结合键,这大大增加了破坏它们所需的能量。此外,如果施加在它们上的应变去除后,这些键可以在断裂之后重新形成,从而表明"胶水"的自愈能力[207]。该课题组还开发了一种分析仪器,通过使用压痕测试来尝试将骨折风险与简单的可测量机械反应相关联。撰写本书时,这在临床上尚未得到证实[208]。

7.12.2 牙

许多研究已经证明了使用 AFM 研究牙本质[209-213]和牙釉质[214]的价值。牙齿的牙本质本体受到其外层由约 86% 羟基磷灰石晶体组成的牙釉质保护,以免进食期间的磨耗腐蚀、酸性食物或细菌代谢物的化学侵蚀。为了获得釉质的图像,将牙冠取出,嵌入 Epon,并抛光以显露釉质表面。使用特别设计的液体池、釉质可以快速暴露于酸性饮料中,AFM 用于跟踪和定量这种刻蚀或者随时间变化的脱矿物[214]。牙本质位于人牙齿的牙髓和牙釉质之间,主要由羟基磷灰石晶体和胶原组成,具有微管状结构。目前牙本质黏合的方法取决于牙本质的脱矿物以产生可被黏合剂渗透的微孔结构。AFM 已经用于观察脱矿物、干燥和黏合过程[209,211-213]。

通过研究暴露于一系列调理剂下的变化来对这些类型进行阐述[213]。从与牙齿长轴垂直的无菌牙本质切割圆片,从而使小管垂直于暴露的表面。抛光表面,并将金网格蒸发到表面上作为监测脱矿物质过程的参考。追踪管周和管间区域随着调理剂暴露时间增加的变化(见图 7.26)。通过用金刚石针尖和不锈钢悬臂代替正常的氮化硅针尖-悬臂组件,已经可以在牙本质样品切面的管周和间管区域产生形貌和弹性绘谱图[210]。离子通过牙本质小管的运输被认为是牙本质过敏中神经刺激的重要机制。Nughes 和 Denuault 使用扫描电化学显微镜成像了离子流通过小管,并识别和监测堵塞孔隙的影响[215]。建议这种研究能够帮助评估牙本质过敏治疗[215]。通过称为"化学力滴定"的新技术,已经对来自骨骼组织的天然羟基磷灰石上的表面电荷进行 AFM 测绘[216]。该方法根据针尖和表面不同的电离电位 pK_a,利用化学改性的 AFM 针尖和表面之间的分离力随 pH 值的变化而变化这一事实。严格地说,测量探测了化学修饰针尖和基底的相互作用作为本体溶液 pH 值(而不是分子单层表面的 pH 值,尽管这大致相当于表面 pK_a 的 2 倍)的函数。将这些矿物表面上观察到的电荷模式与一系列基质蛋白的结合相关联,在一定程度获得了成功,为蛋白质-矿物相互作用机制提供了新见解[216]。同一课题组也研究了釉质基质蛋白质牙釉蛋白与其推定的靶细胞(人牙周膜成纤维细胞和人骨肉瘤细胞)之间的相互作用[217]。在牙釉蛋白功能化 AFM 针尖和细胞之间记录的黏附力范围和量级指示了特异性受体-配体相互作用。这表明牙釉蛋白对靶细胞膜

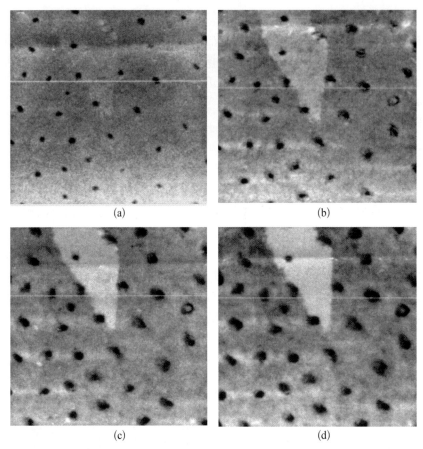

图 7.26   AFM 研究显示牙质在稀磷酸(3 mM)中的脱矿物质作用,扫描尺寸为 40 μm×40 μm[213][经不同时间间隔,在去离子水中抛光后成像,每个图像的上部显示金参考岛]

(a) 0 s;(b) 30 s;(c) 60 s;(d) 80 s

有直接作用[217]。

7.12.3   外壳

外壳是可以分辨原子水平细节的少数生物材料例子之一[218,219]。将蛤蜊 (*Tivela stultorum*)和海胆(*Stronglyocentrotus purpuratus*)壳粉碎并压制成 KBr 圆片,AFM 成像获得了原子尺度分辨率[218]。硅藻是单细胞藻类,经常用于检查光学显微镜物镜的分辨率。外壳是硅基并涂覆有多糖、蛋白质和脂质的层。AFM 对一系列硅藻表面的研究显示出特征性的毛和波纹,并确定了脊及它们的中心节点[220]。AFM 已经用来对牡蛎(*Crassostrea virginica*)壳的基质蛋白进行成像[221]，并研究了与鹌鹑蛋壳表面上有色斑块相关的不同尺寸的表皮色素颗粒分布[222]。珠母贝(软体动物贝壳珍珠层)由镁橄榄石晶体片层组成。AFM 已经用于检查双壳类(*Atrina sp.*)和腹足类(*Haliotis rufescens*)中的镁橄榄石晶体片层的不同分布。该研究的一个特点是通过在液体中成像可以追踪珠母贝的溶解或脱矿化：通过逐层剥离，单个片层的结构以及它们与垂直连接片层的层间关系已揭示[219]。近期大多数关于外壳 AFM 工作都是在硅藻类上进行的。这是因为它们相对容易获得，更好地了解浮游生物的生物学可能对其对全球气候变化的影响越来越重要，浮游生物被认为在从海洋表面水中输出碳过程中起重要作用[223,224]。

此外，硅藻群落是过去和现在监测环境条件的常用工具，常用于水质研究。AFM 研究已经从死硅藻结构的简单成像(见图 7.27)扩展到通过结合高分辨率成像与力谱分析对活体硅藻的更完整分析。例如，Higgins 和同事们表征了由三个活底栖硅藻分泌的黏液层的黏合和弹性特性[225]。通过绘制样品表面的弹性，研究显示不同物种之间黏液层位置的空间变化很大。在一个相关工作中，同一课题组研究了两种底栖硅藻晶体的黏附黏液和细胞-底层黏附机制，揭示了沿着脊开口出现的多股连接臂的存在。在力谱中，看到这些连接臂在与底层形成一个"握持样"的附着之前从细胞延伸出相当远的距离[225]。

图 7.27　硅藻表面的 AFM 图像(扫描尺寸为 20 μm×20 μm)

参考文献

[1]　Haberle W，Horber J K H，Binnig G. Force microscopy on living cells. *Journal of vacuum science & technology. B, Microelectronics and nanometer structures: processing, measurement, and phenomena: an official journal of the American Vacuum Society* **1991**，9 (2)，1210 - 1213.

[2]　Southam G，Firtel M，Blackford B L，et al. Transmission electron microscopy, scanning tunneling microscopy, and atomic force microscopy of the cell envelope layers of the archaeobacterium Methanospirillum hungatei GP1. *Journal of Bacteriology* **1993**，175 (7)，1946 - 1955.

[3]　Horber J K，Haberle W，Ohnesorge F，et al. Investigation of living cells in the nanometer regime with the scanning force microscope. *Scanning Microscopy* **1992**，6

(4), 929 – 930.

[4] Ohnesorge F M, Horber J K, Haberle W, et al. AFM review study on pox viruses and living cells. *Biophysical Journal* **1997**, *73* (4), 2183 – 2194.

[5] Holstein T W, Benoit M, Herder G V, et al. Fibrous mini-collagens in hydra nematocysts. *Science* **1994**, *265* (5170), 402 – 404.

[6] Kasas S, Ikai A. A method for anchoring round shaped cells for atomic force microscope imaging. *Biophysical Journal* **1996**, *68* (5), 1678 – 1680.

[7] Gad M, Ikai A. Method for immobilizing microbial cells on gel surface for dynamic AFM studies. *Biophysical Journal* **1996**, *69* (6), 2226 – 2233.

[8] Butt H J, Wolff E K, Gould S A, et al. Imaging cells with the atomic force microscope. *Journal of Structural Biology* **1990**, *105* (1), 54 – 61.

[9] Doktycz M J, Sullivan C J, Hoyt P R, et al. AFM imaging of bacteria in liquid media immobilized on gelatin coated mica surfaces. *Ultramicroscopy* **2003**, *97* (1 – 4), 209.

[10] Schilcher K, Hinterdorfer P, Gruber H J, et al. A non-invasive method for the tight anchoring of cells for scanning force microscopy. *Cell Biology International* **1997**, *21* (11), 769.

[11] Prater C B, Weisenhorn A L, Northern B D, et al. Imaging molecules and cells with the atomic force microscope. **1990**, (XIIth International Congress for Electron Microscopy), 254 – 255.

[12] Gad M, Itoh A, Ikai A. Mapping cell wall polysaccharides of living microbial cells using atomic force microscopy. *Cell Biology International* **1997**, *21* (11), 697 – 706.

[13] Hinterdorfer P, Dufrene Y F. Detection and localization of single molecular recognition events using atomic force microscopy. *Nat Meth* **2006**, *3* (5), 347 – 355.

[14] Hoh J H, Heinz W F, A-Hassan E. Force volume. Digital instruments support note No. 240, digital instruments, 112 Robin Hill Road, Santa Barbara, CA 93117, California, USA. **1997**.

[15] Heinz W F, Hoh J H. Spatially resolved force spectroscopy of biological surfaces using the atomic force microscope. *Trends in Biotechnology* **1999a**, *17* (4), 143 – 150.

[16] Radmacher M, Fritz M, Hansma P K. Imaging soft samples with the atomic force microscope: gelatin in water and propanol. *Biophysical journal* **1995**, *69* (1), 264 – 270.

[17] Heinz W F, Hoh J H. Relative surface charge density mapping with the atomic force microscope. *Biophysical Journal* **1999b**, *76* (1), 528 – 538.

[18] Ludwig M, Dettmann W, Gaub H E. Atomic force microscope imaging contrast based on molecular recognition. *Biophysical Journal* **1997**, *72* (1), 445 – 448.

[19] A-Hassan E, Heinz W F, Antonik M D, et al. Relative microelastic mapping of living cells by atomic force microscopy. *Biophysical Journal* **1998**, *74* (3), 1564.

[20] Radmacher M, Fritz M, Kacher C M, et al. Measuring the viscoelastic properties of human platelets with the atomic force microscope. *Biophysical Journal* **1996**, *70* (1), 556 – 567.

[21] Laney D E, Garcia R A, Parsons S M, et al. Changes in the elastic properties of cholinergic synaptic vesicles as measured by atomic force microscopy. *Biophysical Journal* **1997**, *72* (1), 806 – 813.

[22] Jurvelin J S, Muller D J, Wong M, et al. Surface and subsurface morphology of bovine humeral articular cartilage as assessed by atomic force and transmission electron microscopy. *Journal of Structural Biology* **1996**, *117* (1), 45 – 54.

[23] Haydon P G, Lartius R, Parpura V, et al. Membrane deformation of living glial cells using atomic force microscopy. *Journal of Microscopy* **1996**, *182* (2), 114 – 120.

[24] Putman C A J, van der Werf K O, de Grooth B G, et al. Viscoelasticity of living cells allows high resolution imaging by tapping mode atomic force microscopy. *Biophysical Journal* **1994**, *67* (4), 1749.

[25] Hoh J H, Schoenenberger C A. Surface morphology and mechanical properties of MDCK monolayers by atomic force microscopy. *Journal of Cell Science* **1994**, *107* (Pt 5) (107 (Pt 5)), 1105.

[26] Fritzsche W, Henderson E. Mapping elasticity of rehydrated metaphase chromosomes by scanning force microscopy. *Ultramicroscopy* **1997**, *69* (3), 191 – 200.

[27] Tao N J, Lindsay S M, Lees S. Measuring the microelastic properties of biological material. *Biophysical journal* **1992**, *63* (4), 1165 – 1169.

[28] Hofmann U G, Rotsch C, Parak W J, et al. Investigating the Cytoskeleton of Chicken Cardiocytes with the Atomic Force Microscope. *Journal of Structural Biology* **1997**, *119* (2), 84 – 91.

[29] Domke J, Parak W J, George M, et al. Mapping the mechanical pulse of single cardiomyocytes with the atomic force microscope. *Eur Biophys J* **1999**, *28* (3), 179 – 186.

[30] Xu W, Mulhern P J, Blackford B L, et al. Modeling and measuring the elastic properties of an archaeal surface, the sheath of Methanospirillum hungatei, and the implication of methane production. *Journal of Bacteriology* **1996**, *178* (11), 3106 – 3112.

[31] Butt H J. Measuring local surface charge densities in electrolyte solutions with a scanning force microscope. *Biophysical Journal* **1992**, *63* (2), 578 – 582.

[32] Rotsch C, Radmacher M. Mapping local electrostatic forces with the atomic force microscope. *Langmuir* **1997**, *13* (10), 2825 – 2832.

[33] Yuan Y, Lenhoff A M. Characterization of phase separation in mixed surfactant films by liquid tapping mode atomic force microscopy. *Langmuir* **1999**, *15* (9), 3021 – 3025.

[34] Willemsen O H, Snel M M E, Werf K O V D, et al. Simultaneous height and adhesion

imaging of antibody-antigen interactions by atomic force microscopy. *Biophysical Journal* **1998**, *75* (5), 2220 - 2228.

[35] Brown H G, Hoh J H. Entropic exclusion by neurofilament sidearms: a mechanism for maintaining interfilament spacing. *Biochemistry* **1997**, *36* (49), 15035 - 15040.

[36] Hinterdorfer P, Baumgartner W, Gruber H J, et al. Detection and localization of individual antibody-antigen recognition events by atomic force microscopy. *Proceedings of the National Academy of Sciences of the United States of America* **1996**, *93* (8), 3477.

[37] Yokokawa M, Wada C, Ando T, et al. Fast-scanning atomic force microscopy reveals the ATP/ADP-dependent conformational changes of GroEL. *Embo Journal* **2006**, *25* (19), 4567 - 4576.

[38] Picco L M, Bozec L, Ulcinas A, et al. Breaking the speed limit with atomic force microscopy. *Nanotechnology* **2007**, *18* (4), 044030.

[39] Almqvist N, Bhatia R, Primbs G, et al. Elasticity and adhesion force mapping reveals real-time clustering of growth factor receptors and associated changes in local cellular rheological properties. *Biophysical Journal* **2004**, *86* (3), 1753 - 1762.

[40] Raab A, Han W, Badt D, et al. Antibody recognition imaging by force microscopy. *Nature Biotechnology* **1999**, *17* (9), 901 - 905.

[41] Ebner A, Kienberger F, Kada G, et al. Localization of single avidin-biotin interactions using simultaneous topography and molecular recognition imaging. *Chemphyschem A European Journal of Chemical Physics & Physical Chemistry* **2005**, *6* (5), 897.

[42] Stroh C M, Ebner A, Geretschlager M, et al. Simultaneous topography and recognition imaging using force microscopy. *Biophysical Journal* **2004**, *87* (3), 1981.

[43] Stroh C, Wang H, Bash R, et al. Single-molecule recognition imaging microscopy. *Proceedings of the National Academy of Sciences of the United States of America* **2004**, *101* (34), 12503 - 12507.

[44] Chtcheglova L A, Shubeita G T, Sekatskii S K, et al. Force spectroscopy with a small dithering of AFM tip: a method of direct and continuous measurement of the spring constant of single molecules and molecular complexes. *Biophysical Journal* **2004**, *86* (2), 1177 - 1184.

[45] Gabai R, Segev L, Joselevich E. Single polymer chains as specific transducers of molecular recognition in scanning probe microscopy. *Journal of the American Chemical Society* **2005**, *127* (32), 11390.

[46] Dupres V, Verbelen C, Dufrêne Y F. Probing molecular recognition sites on biosurfaces using AFM. *Biomaterials* **2007**, *28* (15), 2393.

[47] Grandbois M, Dettmann W, Benoit M, et al. Affinity imaging of red blood cells using an atomic force microscope. *Journal of Histochemistry & Cytochemistry* **2000**, *48* (5),

719 - 724.

[48] Lehenkari P P, Charras G T, Nykanen A, et al. Adapting atomic force microscopy for cell biology. *Ultramicroscopy* **2000**, *82* (1), 289 - 295.

[49] Horton M, Charras G, Lehenkari P. Analysis of ligand-receptor interactions in cells by atomic force microscopy. *J Recept Signal Transduct Res* **2002**, *22* (1 - 4), 169 - 190.

[50] Gunning A P, Chambers S, Pin C, et al. Mapping specific adhesive interactions on living human intestinal epithelial cells with atomic force microscopy. *The FASEB Journal* **2008**, *22* (7), 2331 - 2339.

[51] Hell S. In breaking the barrier: fluorescence microscopy with diffraction-unlimited resolution, International Chromosome Conference, 2007; pp 55.

[52] Betzig E, Patterson G H, Sougrat R, et al. Imaging intracellular fluorescent proteins at nanometer resolution. *Science* **2006**, *313* (5793), 1642 - 1645.

[53] Patterson G H, Betzig E, Lippincott-Schwartz J, et al. In Developing Photoactivated Localization Microscopy (PALM), 4th IEEE International Symposium On Biomedical Imaging: Macro to Nano, 2007; pp 940 - 943.

[54] Lamontagne C, A, Cuerrier C M, Grandbois M. AFM as a tool to probe and manipulate cellular processes. *Pflügers Archiv-European Journal of Physiology* **2008**, *456* (1), 61 - 70.

[55] Radmacher M. Studying the mechanics of cellular processes by atomic force microscopy. *Methods in Cell Biology* **2007**, *83*, 347.

[56] Charras G T, Lehenkari P P, Horton M A. Atomic force microscopy can be used to mechanically stimulate osteoblasts and evaluate cellular strain distributions. *Ultramicroscopy* **2001**, *86* (1), 85 - 95.

[57] Li S, Huang N F, Hsu S. Mechanotransduction in endothelial cell migration. *Journal of Cellular Biochemistry* **2005**, *96* (6), 1110 - 1126.

[58] Prass M, Jacobson K, Mogilner A, et al. Direct measurement of the lamellipodial protrusive force in a migrating cell. *The Journal of Cell Biology* **2006**, *174* (6), 767 - 772.

[59] Charras G T, Horton M A. Single cell mechanotransduction and its modulation analyzed by atomic force microscope indentation. *Biophysical Journal* **2002**, *82* (6), 2970.

[60] Kasas S, Wang X, Hirling H, et al. Superficial and deep changes of cellular mechanical properties following cytoskeleton disassembly. *Cell Motility & the Cytoskeleton* **2005**, *62* (2), 124 - 132.

[61] Wu H W, Kuhn T, Moy V T. Mechanical properties of L929 cells measured by atomic force microscopy: effects of anticytoskeletal drugs and membrane crosslinking. *Scanning* **1998**, *20* (5), 389 - 397.

[62] Oberleithner H, Riethmüller C, Ludwig T, et al. Differential action of steroid hormones

on human endothelium. *Journal of Cell Science* **2006**, *119* (Pt 9), 1926 – 1932.

[63] Rotsch C, Radmacher M, Jacobson K. Dimensional and mechanical dynamics of active and stable edges in motile fibroblasts investigated by using atomic force microscopy. *Proceedings of the National Academy of Sciences of the United States of America* **1999**, *96* (3), 921 – 926.

[64] Szabo B, Selmeczi D, Kornyei Z, et al. Atomic force microscopy of height fluctuations of fibroblast cells. *Physical Review E Statistical Nonlinear & Soft Matter Physics* **2002**, *65* (4 Pt 1), 041910.

[65] Puech P H, Poole K, Knebel D, et al. A new technical approach to quantify cell-cell adhesion forces by AFM. *Ultramicroscopy* **2006**, *106* (8 – 9), 637.

[66] Shroff S G, Saner D R, Lal R. Dynamic micromechanical properties of cultured rat atrial myocytes measured by atomic force microscopy. *Am J Physiol* **1995**, *269* (1), 286 – 292.

[67] Pelling A E, Sehati S, Gralla E B, et al. Local nanomechanical motion of the cell wall of saccharomyces cerevisiae. *Science* (*New York*, *N. Y.*) **2004**, *305* (5687), 1147 – 1150.

[68] Pelling A E, Veraitch F S, Puikei C C, et al. Mapping correlated membrane pulsations and fluctuations in human cells. *Journal of Molecular Recognition* **2007**, *20* (6), 467 – 475.

[69] Osada T, Uehara H, Kim H, et al. mRNA analysis of single living cells. *Journal of Nanobiotechnology* **2003**, *1* (1), 2.

[70] Cuerrier C M, Lebel R, Grandbois M. Single cell transfection using plasmid decorated AFM probes. *Biochemical & Biophysical Research Communications* **2007**, *355* (3), 632 – 636.

[71] Uehara H, Osada T, Ikai A. Quantitative measurement of mRNA at different loci within an individual living cell. *Ultramicroscopy* **2004**, *100* (3 – 4), 197.

[72] Chen X, Kis A, Zett A, et al. A cell nanoinjector based on carbon nanotubes. *Proceedings of the National Academy of Sciences of the United States of America* **2007**, *104* (20), 8218 – 8222.

[73] Suo Z, Avci R, Deliorman M, et al. Bacteria survive multiple puncturings of their cell walls. *Langmuir the Acs Journal of Surfaces & Colloids* **2009**, *25* (8), 4588 – 4594.

[74] Schabert F, Hefti A, Goldie K, et al. Ambient-Pressure Scanning Probe Microscopy of 2D Regular Protein Arrays. *Ultramicroscopy* **1992**, *42* (3), 1118 – 1124.

[75] Muller D J, Schabert F A, Buldt G, et al. Imaging purple membranes in aqueous solutions at sub-nanometer resolution by atomic force microscopy. *Biophysical Journal* **1995**, *68* (5), 1681 – 1686.

[76] Ohnesorge F, Heckl W M, Haberle W, et al. Scanning force microscopy studies of the S-layers from Bacillus coagulans E38 – 66, Bacillus sphaericus CCM2177 and of an antibody

binding process. *Ultramicroscopy* **1992**, *42 - 44* (*pt b*) (3), 1236 - 1242.

[77] Schabert F A, Engel A. Reproducible acquisition of escherichia coli porin surface topographs by atomic force microscopy. *Biophysical Journal* **1994**, *67* (6), 2394 - 2403.

[78] Schabert F A, Henn C, Engel A. Native escherichia coli OmpF porin surfaces probed by atomic force microscopy. *Science* **1995**, *268* (5207), 92.

[79] Mcmaster T J, Miles M J, Walsby A E. Direct observation of protein secondary structure in gas vesicles by atomic force microscopy. *Biophysical Journal* **1996**, *70* (5), 2432 - 2436.

[80] Velegol S B, Logan B E. Contributions of bacterial surface polymers, electrostatics, and cell elasticity to the shape of AFM force curves. *Langmuir* **2002**, *20* (9), 5256 - 5262.

[81] Suo Z, Avci R, Yang X, et al. Efficient immobilization and patterning of live bacterial cells. *Langmuir* **2008**, *24* (8), 4161 - 4167.

[82] Dufrene Y F. Using nanotechniques to explore microbial surfaces. *Nature reviews. Microbiology* **2004**, *2* (6), 451.

[83] Gunning P A, Kirby A R, Parker M L, et al. Comparative imaging of pseudomonas putida bacterial biofilms by scanning electron microscopy and both DC contact and AC non-contact atomic force microscopy. *Journal of Applied Microbiology* **1996**, *81* (3), 276 - 282.

[84] Braga P C, Ricci D. Atomic force microscopy: application to investigation of Escherichia coli morphology before and after exposure to cefodizime. *Antimicrobial Agents & Chemotherapy* **1998**, *42* (1), 18.

[85] Jaschke M, Butt H, Wolff E K. Imaging flagella of halobacteria by atomic force microscopy. *Analyst* **1994**, *119* (9), 1943 - 1946.

[86] Beech I B, Cheung C W S, Johnson D B, et al. Comparative studies of bacterial biofilms on steel surfaces using atomic force microscopy and environmental scanning electron microscopy. *Biofouling* **1996**, *10* (1 - 3), 65.

[87] Rajyaguru J M, Kado M, Richardson M C, et al. X - ray micrography and imaging of Escherichia coli cell shape using laser plasma pulsed point x - ray sources. *Biophysical Journal* **1997**, *72* (4), 1521.

[88] Kasas S, Fellay B, Cargnello R. Observation of the action of penicillin on bacillus subtilis using atomic force microscopy: Technique for the preparation of bacteria. *Surface & Interface Analysis* **1994**, *21* (6 - 7), 400 - 401.

[89] Suo Z, Yang X, Avci R, et al. HEPES-stabilized encapsulation of salmonella typhimurium. *Langmuir* **2007**, *23* (3), 1365 - 1374.

[90] Wright C J, Armstrong I. The application of atomic force microscopy force measurements to the characterisation of microbial surfaces. *Surface & Interface Analysis* **2006**, *38*

(11)，1419－1428.

[91] Dupres V，Menozzi F D，Locht C，et al. Nanoscale mapping and functional analysis of individual adhesins on living bacteria. *Nature Methods* **2005**，*2*（7），515.

[92] Emerson R J，Camesano T A. Nanoscale investigation of pathogenic microbial adhesion to a biomaterial. *Applied and environmental microbiology* **2004**，*70*（10），6012－6022.

[93] Camesano T A，Logan B E. Probing bacterial electrosteric interactions using atomic force microscopy. *Environmental Science & Technology* **2000**，*34*（16），3354－3362.

[94] Cail T L，Hochella M F. The effects of solution chemistry on the sticking efficiencies of viable Enterococcus faecalis：an atomic force microscopy and modeling study. *Geochimica Et Cosmochimica Acta* **2005**，*69*（12），2959－2969.

[95] Abu-Lail N I，Camesano T A. Specific and nonspecific interaction forces between Escherichia coli and silicon nitride，determined by poisson statistical analysis. *Langmuir : the ACS journal of surfaces and colloids* **2006**，*22*（17），7296.

[96] Loll P J，Axelsen P H. The structural biology of molecular recognition by vancomycin. *Annual Review of Biophysics & Biomolecular Structure* **2000**，*29*（1），265.

[97] Walsh C T，Fisher S L，Park I S，et al. Bacterial resistance to vancomycin：five genes and one missing hydrogen bond tell the story. *Chemistry & Biology* **1996**，*3*（1），21.

[98] Li X，Logan B E. Analysis of bacterial adhesion using a gradient force analysis method and colloid probe atomic force microscopy. *Langmuir the Acs Journal of Surfaces & Colloids* **2004**，*20*（20），8817.

[99] Bemfield M. Functions of cell surface heparan sulfate proteoglycans. *Annual Review of Biochemistry* **1999**，*68*（1），729－777.

[100] Tkachenko E，Simons M. Clustering induces redistribution of syndecan-4 core protein into raft membrane domains. *Journal of Biological Chemistry* **2002**，*277*（22），19946－19951.

[101] Surman S B，Walker J T，Goddard D T，et al. Comparison of microscope techniques for the examination of biofilms. *Journal of Microbiological Methods* **1996**，*25*（1），57－70.

[102] Beech I B. The potential use of atomic force microscopy for studying corrosion of metals in the presence of bacterial biofilms — an overview. *International Biodeterioration & Biodegradation* **1996**，*37*（96），141－149.

[103] Bremer P J，Geese G G，Drake B. Atomic force microscopy examination of the topography of a hydrated bacterial biofilm on a copper surface. *Current Microbiology* **1992**，*24*（4），223－230.

[104] Steele A，Goddard D T，Beech. An atomic force microscopy study of the biodeterioration of stainless steel in the presence of bacterial biofilms. *International biodeterioration & biodegradation* **1994**，*34*（1），35－46.

[105] Maurice P, Forsythe J, Hersman L, et al. Application of atomic-force microscopy to studies of microbial interactions with hydrous Fe(Ⅲ)-oxides. *Chemical Geology* **1996**, *132* (1-4), 33-43.

[106] Geesey G G, Mittelman M W, Iwaoka T, et al. Role of bacterial exopolymers in the deterioration of metallic copper surfaces = Rôle des exopolymères bactériens dans la détérioration des surfaces de cuivre métalliques. *Materials Performance* **1986**.

[107] Jolley J G, Geesey G G, Hankins M R, et al. Auger electron spectroscopy and x-ray photoelectron spectroscopy of the biocorrosion of copper by Gum Arabic, BCS and Pseudomonas atlantica exopolymer. **1988**.

[108] Parker M L, Brocklehurst T F, Gunning P A, et al. Growth of food-borne pathogenic bacteria in oil-in-water emulsions: I — Methods for investigating the form of growth. *Journal of Applied Bacteriology* **1995**, *78* (6), 601-608.

[109] Bolshakova A V, Kiselyova O I, Yamin sky L V. Microbial surfaces investigated using atomic force microscopy. *Biotechnol.* **2004**, *20* (1615-1622.), 1615-1622.

[110] Steinberger R E, Allen A R, Hansa H G, et al. Elongation correlates with nutrient deprivation in Pseudomonas aeruginosa-unsaturates biofilms. *Microbial Ecology* **2002**, *43* (4), 416.

[111] Beech I B, Smith J R, Steele A A, et al. The use of atomic force microscopy for studying interactions of bacterial biofilms with surfaces. *Colloids & Surfaces B Biointerfaces* **2002**, *23* (2-3), 231-247.

[112] Kolari M, Schmidt U, Kuismanen E, et al. Firm but slippery attachment of Deinococcus geothermalis. *Journal of Bacteriology* **2002**, *184* (9), 2473-2480.

[113] Ahimou F, Semmens M J, Novak P J, et al. Biofilm cohesiveness measurement using a novel atomic force microscopy methodology. *Applied & Environmental Microbiology* **2007**, *73* (9), 2897.

[114] Bowen W R, Lovitt R W, Wright C J. Direct quantification of Aspergillus niger spore adhesion in liquid using an atomic force microscope. *Journal of Colloid & Interface Science* **2000a**, *228* (2), 428-433.

[115] Bowen W R, Lovitt R W, Wright C J. Direct quantification of aspergillus niger spore adhesion to mica in air using an atomic force microscope. *Colloids & Surfaces A Physicochemical & Engineering Aspects* **2000b**, *173* (1-3), 205-210.

[116] Van der Aa B C, Michel R M, Asther M, et al. Stretching cell surface macromolecules by atomic force microscopy. *Langmuir* **2001**, *17* (11), 3116-3119.

[117] Dufrêne Y F C J P, Boonaert P A, Gerin M A, et al. Direct probing of the surface ultrastructure and molecular interactions of donnant and genninating spores of Phanerochaete chrysosporium. *Bacteriol* **1999**, *181*, 5350-5354.

[118] Bowen W R, Hilal N, Lovitt R W, et al. Application of atomic force microscopy to the

study of micromechanical properties of biological materials. *Biotechnology Letters* **2000c**, *22* (11), 893 – 903.

[119] Henderson E. Imaging of living cells by atomic force microscopy. *Progress in Surface Science* **1994**, *46* (1), 39 – 60.

[120] De Souza Pereira R, Parizotto N A, Baranauskas V. Observation of baker's yeast strains used in biotransformation by atomic force microscopy. *Applied Biochemistry & Biotechnology* **1994**, *59* (2), 135.

[121] Ahimou F, Touhami A, Dufrene Y F. Real-time imaging of the surface topography of living yeast cells by atomic force microscopy. *Yeast* **2003**, *20* (1), 25.

[122] Gould S A C, Drake B, Prater C B, et al. From atoms to integrated circuit chips, blood cells, and bacteria with the atomic force microscope. *Journal of Vacuum Science & Technology A Vacuum Surfaces & Films* **1990**, *8* (1), 369 – 373.

[123] Almqvist N, Backman L, Fredriksson S. Imaging human erythrocyte spectrin with atomic force microscopy. *Micron* **1994**, *25* (3), 227 – 232.

[124] Zhang Y, Sheng S, Shao Z. Imaging biological structures with the cryo atomic force microscope. *Biophysical Journal* **1996**, *71* (4), 2168 – 2176.

[125] Zhang P C, Bai C, Huang Y M, et al. Atomic force microscopy study of fine structures of the entire surface of red blood cells. *Scanning Microscopy* **1995**, *9* (4), 981.

[126] Han W, Mou J, Sheng J, et al. Cryo atomic force microscopy: a new approach for biological imaging at high resolution. *Biochemistry* **1995**, *34* (26), 8215.

[127] Takeuchi M, Miyamoto H, Sako Y, et al. Structure of the erythrocyte membrane skeleton as observed by atomic force microscopy. *Biophysical Journal* **1998**, *74* (5), 2171 – 2183.

[128] Neagu C, Van der Werf K O, Putman C A, et al. Analysis of immunolabeled cells by atomic force microscopy, optical microscopy, and flow cytometry. *Journal of Structural Biology* **1994**, *112* (1), 32.

[129] Zachee P, Boogaerts M A, Hellemans L, et al. Adverse role of the spleen in hereditary spherocytosis: evidence by the use of the atomic force microscope. *British Journal of Haematology* **1992**, *80* (2), 264 – 265.

[130] Zachee P, Boogaerts M, Snauwaert J, et al. Imaging uremic red blood cells with the atomic force microscope. *American Journal of Nephrology* **1994**, *14* (3), 197 – 200.

[131] Zachee P, Snauwaert J, Vandenberghe P, et al. Imaging red blood cells with the atomic force microscope. *British Journal of Haematology* **1996**, *95* (3), 472 – 481.

[132] Garcia C R, Takeuschi M, Yoshioka K, et al. Imaging Plasmodium falciparum-infected ghost and parasite by atomic force microscopy. *Journal of Structural Biology* **1997**, *119* (2), 92 – 98.

[133] Putman C A J, Werf K O V D, Grooth B G D, et al. Atomic force microscope with

integrated optical microscope for biological applications. *Review of Scientific Instruments* **1992**, *63* (3), 1914 – 1917.

[134] Putman C A J, Grooth B G D, Hansma P K, et al. Immunogold labels: cell-surface markers in atomic force microscopy. *Ultramicroscopy* **1993**, *48* (1 – 2), 177 – 182.

[135] Fritz M, Radmacher M, Gaub H E. In vitro activation of human platelets triggered and probed by atomic force microscopy. *Experimental Cell Research* **1993**, *205* (1), 187 – 190.

[136] Fritz M, Radmacher M, Gaub H E. Granula motion and membrane spreading during activation of human platelets imaged by atomic force microscopy. *Biophysical Journal* **1994**, *66* (5), 1328 – 1334.

[137] Siedlecki C A, Marchant R E. Atomic force microscopy for characterization of the biomaterial interface. *Biomaterials* **1998**, *19* (4 – 5), 441 – 454.

[138] Eppell S J, Simmons S R, Albrecht R M, et al. Cell-surface receptors and proteins on platelet membranes imaged by scanning force microscopy using immunogold contrast enhancement. *Biophysical Journal* **1995**, *68* (2), 671.

[139] Parpura V, Haydon P G, Sakaguchi D S, et al. Atomic force microscopy and manipulation of living glial cells. *Journal of Vacuum Science & Technology A Vacuum Surfaces & Films* **1993**, *11* (4), 773 – 775.

[140] Henderson E, Haydon P G, Sakaguchi D S. Actin filament dynamics in living glial cells imaged by atomic force microscopy. *Science (New York, N. Y.)* **1992**, *257* (5078), 1944 – 1946.

[141] Parpura V, Haydon P G, Henderson E. Three-dimensional imaging of living neurons and glia with the atomic force microscope. *Journal of Cell Science* **1993**, *104* (Pt 2) (2), 427.

[142] Vinckier A, Heyvaert I, D'Hoore A, et al. Immobilizing and imaging microtubules by atomic force microscopy. *Ultramicroscopy* **1995**, *57* (4), 337 – 343.

[143] Schaus S S, Henderson E R. Cell viability and probe-cell membrane interactions of XR1 glial cells imaged by atomic force microscopy. *Biophysical Journal* **1997**, *73* (3), 1205.

[144] Giebel K, Bechinger C, Herminghaus S, et al. Imaging of cell/substrate contacts of living cells with surface plasmon resonance microscopy. *Biophysical Journal* **1999**, *76* (1 Pt 1), 509.

[145] Haydon P G, Henderson E, Stanley E F. Localization of individual calcium channels at the release face of a presynaptic nerve terminal. *Neuron* **1994**, *13* (6), 1275 – 1280.

[146] Parpura V, Doyle R T, Basarsky T A, et al. Dynamic imaging of purified individual synaptic vesicles. *Neuroimage* **1995**, *2* (1), 3 – 7.

[147] Le Grimellec C, Lesniewska E, Cachia C, et al. Imaging of the membrane surface of

0

MDCK cells by atomic force microscopy. *Biophysical Journal* **1994**, *67* (1), 36 – 41.

[148] Pietrasanta L I, Schaper A, Jovin T M. Imaging subcellular structures of rat mammary carcinoma cells by scanning force microscopy. *Journal of Cell Science* **1994**, *107* (*Pt 9*) (6), 2427.

[149] Braet F, Seynaeve C, De Zanger R, et al. Imaging surface and submembranous structures with the atomic force microscope: a study on living cancer cells, fibroblasts and macrophages. *Journal of Microscopy* **1998**, *190* (3), 328 – 338.

[150] Kirby A R, Fyfe D J, Parker M L, et al. Structural studies on human coleretal adenocarcinoma HT29 cells by atomic force microscopy, transmission electron microscopy and scanning electron microscopy. *Probe Microscopy* **1998**, *1*, 153 – 162.

[151] Lesniewska E, Giocondi M C, Vie V, et al. Atomic force microscopy of renal cells: limits and prospects. *Kidney International Supplement* **1998**, *65* (4), S42.

[152] Schoenenberger C A, Hoh J H. Slow cellular dynamics in MDCK and R5 cells monitored by time-lapse atomic force microscopy. *Biophysical Journal* **1994**, *67* (2), 929 – 936.

[153] Antonik M D, D'Costa N P, Hoh J H. A biosensor based an micromechanical interrogation of living cells. *IEEE Engineering in Medicine & Biology Magazine* **1997**, *16* (2), 66 – 72.

[154] Zhang X, Chen A, De L D, et al. Atomic force microscopy measurement of leukocyte-endothelial interaction. *American Journal of Physiology Heart & Circulatory Physiology* **2004**, *286* (1), H359.

[155] Leonenko Z, Finot E, Amrein M. Adhesive interaction measured between AFM probe and lung epithelial type II cells. *Ultramicroscopy* **2007**, *107* (10 – 11), 948 – 953.

[156] Le Grimellac C, Lesniewska E, Giocondi M C, et al. Imaging of the cytoplasmic leaflet of the plasma membrane by atomic force microscopy. *Scanning Microscopy* **1995**, *9*, 401 – 411.

[157] Oberleithner H, Giebisch G, Geibel J. Imaging the lamellipodium of migrating epithelial cells in vivo by atomic force microscopy. *Pflügers Archiv* **1993**, *425* (5 – 6), 506 – 510.

[158] Oberleithner H, Schwab A, Wang W, et al. Living renal epithelial cells imaged by atomic force microscopy. *Nephron* **1994**, *66* (1), 8.

[159] Oberleithner H, Brinckmann E, Giebisch G, et al. Visualizing life on biomembranes by atomic force microscopy. *Kidney International* **1995**, *48* (4), 923.

[160] Oberleithner H, Schneider S, Larmer J, et al. Viewing the renal epithelium with the atomic force microscope. *Kidney & Blood Pressure Research* **1996**, *19* (3 – 4), 142 – 147.

[161] Oberleithner H, Geibel J, Guggino W, et al. Life on biomembranes viewed with the atomic force microscope. *Wiener Klinische Wochenschrift* **1997**, *109* (12 – 13), 419.

[162] Henderson R M, Schneider S, Li Q, et al. Atomic force microscopy used to image the inwardly-rectifying ATP-sensitive potassium channel protein, ROMK1. *Kidney International* **1996**, *50* (5), 1780 - 1780.

[163] Oberleithner H, Schneider S W, Henderson R M. Structural activity of a cloned potassium channel (ROMK1) monitored with the atomic force microscope: The "molecular-sandwich" technique. *Proceedings of the National Academy of Sciences of the United States of America* **1997**, *94* (25), 14144 - 14149.

[164] Henderson R M, Schneider S, Li Q, et al. Imaging ROMK1 inwardly rectifying ATP-sensitive K + channel protein using atomic force microscopy. *Proceedings of the National Academy of Sciences* **1996**, *93* (16), 8756 - 8760.

[165] Le Grimellac C, Lesniewska E, Giocondi M C, et al. Simultaneous imaging of the surface and the submembraneous cytoskeleton in living cells by tapping mode atomic force microscopy. *Comptes Rendus de l'Académie des Sciences — Series Ⅲ — Sciences de la Vie* **1997**, *320* (8), 637 - 643.

[166] Haberle W, Horber J K, Ohnesorge F, et al. In situ investigation of single living cells infected by viruses. *Ultramicroscopy* **1992**, *42 - 44 (Pt B)* (3), 1161 - 1167.

[167] Barbee K A, Davies P F, Lal R. Shear stress-induced reorganization of the surface topography of living endothelial cells imaged by atomic force microscopy. *Circulation Research* **1994**, *74* (1), 163.

[168] Barbee K A. Changes in surface topography in endothelial monolayers with time at confluence: influence on subcellular shear stress distribution due to flow. *Biochemistry and cell biology = Biochimie et biologie cellulaire* **1995**, *73* (7 - 8), 501.

[169] Auger-Messier M, Turgeon E S, Leduc R, et al. The constitutively active N111G - AT 1 receptor for angiotensin II modifies the morphology and cytoskeletal organization of HEK - 293 cells. *Experimental Cell Research* **2005**, *308* (1), 188 - 195.

[170] Braet F, De Z R, Kalle W, et al. Comparative scanning, transmission and atomic force microscopy of the microtubular cytoskeleton in fenestrated liver endothelial cells. *Scanning Microscopy Supplement* **1996**, *10*, 225.

[171] Braet F, De Zanger R, Kammer S, et al. Noncontact versus contact imaging: An atomic force microscopic study on hepatic endothelial cells in vitro. *International Journal of Imaging Systems & Technology* **1997**, *8* (2), 162 - 167.

[172] Braet F, Rotsch C, Wisse E, et al. Comparison of fixed and living liver endothelial cells by atomic force microscopy. *Applied Physics A* **1998**, *66* (1), S575 - S578.

[173] Hertz H. Uber die Beruhrung fester elastischer Korper. *Reine Angew Math.* **1882**, *92*, 156 - 171.

[174] Chang L, Kious T, Yorgancioglu M, et al. Cytoskeleton of living, unstained cells imaged by scanning force microscopy. *Biophysical Journal* **1993**, *64* (4), 1282 - 1286.

[175] Braunstein D, Spudich A. Structure and activation dynamics of RBL – 2H3 cells observed with scanning force microscopy. *Biophysical Journal* **1994**, *66* (5), 1717 – 1725.

[176] Kasas S, Gotzos V, Celio M R. Observation of living cells using atomic force microscope. *Biophysical Journal* **1993**, *64* (2), 539 – 544.

[177] Beckmann M, Kolb H A, Lang F. Atomic force microscopy of peritoneal macrophages after particle phagocytosis. *Journal of Membrane Biology* **1994**, *140* (3), 197 – 204.

[178] Da Silva L b, Trebes J E, Balhorn R, et al. X-ray laser microscopy of rat sperm nuclei. *Science* **1992**, *258* (5080), 269 – 271.

[179] Allen M J, Lee C, Balhorn R. Extent of sperm chromatin hydration determined by atomic force microscopy. *Molecular Reproduction & Development* **1996**, *45* (1), 87 – 92.

[180] Soon L L L, Bottema C, Breed W G. Atomic force microscopy and cytochemistry of chromatin from marsupial spermatozoa with special reference to Sminthopsis crassicaudata. *Molecular Reproduction & Development* **1997**, *48* (3), 367 – 374.

[181] Canet D, Rohr R, Chamel A, et al. Atomic force microscopy study of isolated ivy leaf cuticles observed directly and after embedding in Epon. *New Phytologist* **1996**, *134* (4), 571 – 577.

[182] Hanley S J, Gray D G. Atomic force microscope images of black spruce wood sections and pulp fibres. *Holzforschung — International Journal of the Biology, Chemistry, Physics and Technology of Wood* **1994**, *48* (1), 29 – 34.

[183] Hansma H G, Kim K J, Laney D E, et al. Properties of biomolecules measured from atomic force microscope images: a review. *Journal of Structural Biology* **1997**, *119* (2), 99 – 108.

[184] Rowley J R, Flynn J J, Takahashi M. Atomic force microscope information on pollen exine substructure in nuphar. *Plant Biology* **1995**, *108* (4), 300 – 308.

[185] Van der WeI N H, Putman C, Van Noort S T, et al. Atomic force microscopy of pollen grains, cellulose microfibrils, and protoplasts *Protoplasma* **1996**, *194*, 29 – 39.

[186] Demanet C M, Sankar K V. Atomic force microscopy images of a pollen grain: A preliminary study. *South African Journal of Botany* **1996**, *62* (4), 221 – 223.

[187] Parker M L, Kirby A R, Morris V J. In situ imaging of pea starch in seeds. *Food Biophysics* **2008**, *3* (1), 66 – 76.

[188] Amako K, Takade A, Umeda A, et al. Imaging of the surface structures of epon thin sections created with a Glass Knife and a Diamond Knife by the Atomic Force Microscope. *Journal of Electron Microscopy* **1993**, *42* (2), 121 – 123.

[189] Yamashina S, Shigeno M. Application of atomic force microscopy to ultrastructural and histochemical studies of fixed and embedded cells. *Journal of Electron Microscopy*

1995, *44* (6), 462 – 466.

[190] Yamamoto A, Tashiro Y. Visualization by an atomic force microscope of the surface of ultra-thin sections of rat kidney and liver cells embedded in LR white. *Journal of Histochemistry & Cytochemistry Official Journal of the Histochemistry Society* **1994**, *42* (11), 1463 – 1470.

[191] Titcombe L A, Huson M G, Turner P S. Imaging the internal cellular structure of merino wool fibres using atomic force microscopy. *Micron* **1997**, *28* (1), 69 – 71.

[192] Ushiki T, Shigeno M, Abe K. Atomic force microscopy of embedment-free sections of cells and tissues. *Archives of Histology & Cytology* **1994**, *57* (4), 427 – 432.

[193] Ushiki T, Hitomi J, Ogura S, et al. Atomic force microscopy in histology and cytology. *Archives of Histology & Cytology* **1996**, *59* (5), 421 – 431.

[194] Woloosewick J J. The application of polyethylene glycol (PEG) to electron microscopy. *Journal of Cell Biology* **1980**, *86* (2), 675 – 661.

[195] Kondo H. Polyethylene glycol (PEG) embedding and subsequent de-embedding as a method for the structural and immunocytochemical examination of biological specimens by electron microscopy. *Microscopy Research & Technique* **1984**, *1* (3), 227 – 241.

[196] Fullwood N J, Hammiche A, Pollock H M, et al. Atomic force microscopy of the cornea and sclera. *Current Eye Research* **1994**, *14* (7), 529 – 535.

[197] Meller D, Peters K, Meller K. Human cornea and sclera studied by atomic force microscopy. *Cell & Tissue Research* **1997**, *288* (1), 111 – 118.

[198] Kordylewski L, Saner D, Lal R. Atomic force microscopy of freeze-fracture replicas of rat atrial tissue. *Microscopy-Oxford* **1994**, *173* (3), 173 – 181.

[199] Kordylewski L, Goings G E, Page E. Rat atrial myocyte plasmalemmal caveolae in situ. Reversible experimental increases in caveolar size and in surface density of caveolar necks. *Circulation Research* **1993**, *73* (1), 135 – 146.

[200] Mulhern P J, Blackford B L, Jericho M H, et al. AFM and STM studies of the interaction of antibodies with the Slayer sheath of the archaeobacterium Methanospirillum hungatei. *Ultramicroscopy* **1992**, *42* (3), 1214 – 1221.

[201] Mcmaster T J, Miles M J, Winfield M O, et al. Analysis off cereal chromosomes by atomic force microscopy. *Genome* **1996**, *39* (2), 439 – 444.

[202] Lees S, Prostak K S, Ingle V K, et al. The loci of mineral in turkey leg tendon as seen by atomic force microscope and electron microscopy. *Calcified Tissue International* **1994**, *55* (3), 180 – 189.

[203] Bigi A, Gandolfi M, Roveri N, et al. In vitro calcified tendon collagen: an atomic force and scanning electron microscopy investigation. *Biomaterials* **1997**, *18* (9), 657 – 665.

[204] Raspanti M, Alessandrini A, Ottani V, et al. Direct visualization of collagen-bound proteoglycans by tapping-mode atomic force microscopy. *Journal of Structural Biology*

1997, *119* (2), 118 - 122.

[205] Hansma P K, Fantner G E, Kindt J H, et al. Sacrificial bonds in the interfibrillar matrix of bone. *J Musculoskelet Neuronal Interact* **2005**, *5* (4), 313 - 315.

[206] Fantner G E, Hassenkam T, Kindt J H, et al. Sacrificial bonds and hidden length dissipate energy as mineralized fibrils separate during bone fracture. *Nature Materials* **2005**, *4* (8), 612 - 616.

[207] Fantner G E, Oroudjev E, Schitter G, et al. Sacrificial bonds and hidden length: unraveling molecular mesostructures in tough materials. *Biophysical Journal* **2006**, *90* (4), 1411 - 1418.

[208] Hansma P, Turner P, Drake B, et al. The bone diagnostic instrument II: indentation distance increase. *Review of Scientific Instruments* **2008**, *79* (6), 064303 - 064303 - 8.

[209] Kinney J H, Balooch M, Marshall G W, et al. Atomic force microscope study of dimensional changes in dentin during drying. *Archives of Oral Biology* **1993**, *38* (11), 1003 - 1007.

[210] Kinney J H, Balooch M, Marshall S J, et al. Atomic force microscope measurements of the hardness and elasticity of peritubular and intertubular human dentin. *Journal of Biomechanical Engineering* **1996**, *118* (1), 133 - 135.

[211] Cassinelli C, Morra M. Atomic force microscopy studies of the interaction of a dentin adhesive with tooth hard tissue. *Journal of Biomedical Materials Research* **1994**, *28* (12), 1427 - 1431.

[212] Marshall Jnr G W, Balooch M, Tench R J, et al. Atomic force microscopy of acid effects on dentin. *Dental Materials Official Publication of the Academy of Dental Materials* **1993**, *9* (4), 265 - 268.

[213] Marshall Jnr G W, Balooch M, Kinney J H, et al. Atomic force microscopy of conditioning agents on dentin. *J Biomed Mater Res* **1995**, *29* (11), 1381.

[214] Sollbohmer O, May K, P, Anders M. Force microscopical investigation of human teeth in liquids. *Thin Solid Films* **1995**, *264* (2), 176 - 183.

[215] Nugues S, Denuault G. Scanning electrochemical microscopy: amperometric probing of diffusional ion fluxes through porous membranes and human dentine. *Journal of Electroanalytical Chemistry* **1996**, *408* (1 - 2), 125 - 140.

[216] Smith D A, Connell S D, Robinson C, et al. Chemical force microscopy: applications in surface characterisation of natural hydroxyapatite. *Analytica Chimica Acta* **2003**, *479* (1), 39 - 57.

[217] Kirkham J, Andreev I C R, Brookes J R, et al. Evidence for direct amelogenin-target cell interactions using dynamic force spectroscopy. *European Journal of Oral Sciences* **2006**, *114* (s1), 219 - 224.

[218] Friedbacher G, Hansma P K, Ramli E, et al. Imaging powders with the atomic force

microscope: from biominerals to commercial materials. *Science* **1991**, *253* (5025), 1261 – 1263.

[219] Manne S, Zaremba C M, Giles R, et al. Atomic force microscopy of the nacreous layer in mollusc shells. *Proceedings of the Royal Society B Biological Sciences* **1994**, *256* (1345), 17 – 23.

[220] Linder A, Colchero J, Apell H J, et al. Scanning force microscopy of diatom shells. *Ultramicroscopy* **1992**, *s 42 – 44* (3), 329 – 332.

[221] Donachy J E, Drake B, Sikes C S. Sequence and atomic-force microscopy analysis of a matrix protein from the shell of the oyster Crassostrea virginica. *Marine Biology* **1992**, *114* (3), 423 – 428.

[222] Makita T, Ohoue M, Yamoto T, et al. Atomic force microscopy (AFM) of the cuticular pigment globules of the quail egg shell. *Microscopy* **1993**, *42* (3), 189 – 192.

[223] Smetacek V S. Role of sinking in diatom life-history cycles: ecological, evolutionary and geological significance. *Marine Biology* **1985**, *84* (3), 239 – 251.

[224] Dugdale R C, Wilkerson F P. Silicate regulation of new production in the equatorial Pacific upwelling. *Nature* **1998**, *391* (6664), 270 – 273.

[225] Higgins M J, Molino P, Mulvaney P, et al. The structure and nanomechanical properties of the adhesive mucilage that mediates diatom-substratum adhesion and motility 1. *Journal of Phycology* **2003**, *39* (6), 1181 – 1193.

可供读者参考的文献

[1] Butt H J, Wolff E K, Gould S A, et al. 1990. Imaging cells with the atomic force microscope. *Journal of Structural Biology*, 105, 54 – 61.

[2] Firtel M, Beveridge T J. 1995. Scanning probe microscopy in microbiology. *Micron*, 26, 347 – 362.

[3] Hansma H G, Kim K J, Laney D E, et al. 1997. Properties of biomolecules measured from atomic force microscope images: a review. *Journal of Structural Biology*, 119, 99 – 108.

[4] Henderson E. 1994. Imaging of living cells by atomic force microscopy. *Progress in Surface Science*, 46, 39 – 60.

[5] Ohnesorge F M, Horber J K, Haberle W, et al. 1997. AFM review study on pox viruses and living cells. *Biophysical Journal*, 73, 2183 – 2194.

[6] Shao Z, Mou J, Czajkowsky D M, et al. 1996. Biological atomic force microscopy: what is achieved and what is needed. *Advances in Physics*, 45, 1 – 86.

8 其他探针显微镜

8.1 概述

其他种类的探针显微镜也有很多种,它们由于检测到的表面相互作用的类型不同,因而使用的传感器类型也不同。在其他大多数方面,这些仪器是类似的,例如,它们都使用压电器件来启动针尖/样品移动,因此都使用高压放大器。甚至仪器软件都包含许多共同的元素。以下列出了一些可用的仪器,当然还有一些并没有列出来。

扫描隧道显微镜(STM);	扫描近场微波显微镜(SNMM);
光子扫描隧道显微镜(PSTM);	扫描近场声显微镜(SNAM);
扫描电容显微镜(SCAM);	扫描近场热显微镜(SNTM);
原子力显微镜(AFM);	扫描等离子体近场显微镜(SPNM);
磁力显微镜(MFM);	扫描离子电导显微镜(SICM);
光子力显微镜(PFM);	扫描电化学显微镜(SECM);
扫描近场光学显微镜(SNOM);	扫描热显微镜(SThM)
扫描近场红外显微镜(SNIM);	

只有一些类型与生物实验相关,其中极具前景的类型将在接下来的章节进行讨论。

8.2 扫描隧道显微镜

虽然这本书介绍的几乎完全是 AFM,但它并不是第一种探针显微镜,该荣誉应归属于扫描隧道显微镜(STM)。如图 8.1 所示,STM 被设计用于在超高真空(UHV)下检查导电表面,特别是半导体材料(如硅)。这是一个非常重要的成就[1],它使创始人 Gerd Binnig 和 Heinrich Rohrer 赢得了 1986 年诺贝尔奖。STM 采用的尖锐导电针尖是从金属(如金、钨或铂-铱合金)上或者机械切割或者电化学蚀刻而制备获得的。

图 8.1 由 WA Technology Ltd 制造的超高真空 STM 头,圆形法兰能够使头螺栓固定在其他超高真空设备上[水平板 A 的堆叠用于隔震,其中阻尼由位于板与板之间的氟橡胶珠来提供,样品支架 B 确保垂直固定样品,且压电管水平放置,针尖和样品的对准可以通过光学工作台 C 观察,当然光学工作台并不是"用于观察原子"(如我们实验室的一些访客所认为),针尖-样品之间的距离可以由粗和细调旋钮 D 来调节]

图 8.2 中,在针尖和样品之间施加约 1 V 的小"偏"电压(V_b),样品通常处于正电位(但不是绝对)。当针尖和样品之间的距离减少到约 1 nm 时,发生量子力学效应,产生"隧道"电流(I_t)并在它们之间流动。这种隧道电流非常小,只有几纳安培,尽管很小,但使用低噪声放大器很容易检测到。隧道电流的有趣特征是随着针尖和样品之间的距离增加呈指数衰减,即其在针尖-样品距离变化时量级变化很大。事实上,如果针尖-样品距离仅降低了 1 Å,隧道电流可以增加约一个数

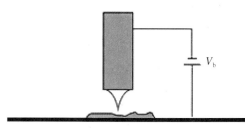

图 8.2 针尖和样品之间小距离的示意图[偏电压(V_b)是启动隧道电流(I_t)所必需的]

量级。这使得它非常适用于检测样品表面的小特征,并且它非常灵敏以至于可以轻松地分辨原子晶格。这突出强调了与 AFM 相比的重要区别,即 STM 中的检测机制对针尖-样品距离具有指数依赖性,而在 AFM 中,这种依赖性是线性的。这就是为什么 STM 本身比 AFM 更灵敏。有趣的是,STM 的极端垂直灵敏度要求只有针尖顶点的原子明显地参与隧道过程。因此,STM 针尖表现为原子级锐利,这是相对于 AFM 探针非常明显的改善。虽然所有这些因素加起

来似乎都有相当大的优势,但实际上由于 STM 需要导电基底,STM 检测生物样品几乎过时了。尽管如此,熟悉该技术是有用的,因为它是所有现代探针显微镜的基础。

石墨是生物 STM 中基底的流行选择,可惜它是疏水性的,因此排斥任何含有水的生物样品,导致样品与基底结合差。另外,STM 中针尖-样品之间非常小的距离导致两者之间存在显著的范德瓦尔斯吸引力,因此它们容易被针尖推移(特别是存在黏附力时),因而大大降低了定位(生物)样品的可能性。可惜的是,由于控制回路监测的是隧道电流而不是力,所以它可能变得很大,从而导致样品的移动或损坏。一些早期的生物 STM 论文包含了现在被认为是实际显示基底缺陷细节的图像伪影。生物 STM 的另一个局限性是由于隧道电流在远离样品时衰减非常快,所以很快就难以检测到,从而导致信号在电子噪声中丢失。这相当于在任何潜在的样品上都设置了一个非常低的最大高度,从而实际上生物 STM 仅仅可以检测平的、膜状的材料或单个分子。

最常见的 STM 操作模式称为"恒定电流",控制环路驱使导电针尖相对样品上下移动以保持恒定的隧道电流。这类似于 AFM 中的直流模式,其中样品在恒定的力下成像。

问:"如果 STM 绘谱样品上隧道电流变化,最终图像代表什么? 它是形貌数据吗?"

答:"最终图像只是表面形貌的估计。更准确地说,STM 记录了全部或空电子状态的数量,通常称为"局部状态密度"(LDGS)。偏电压的大小确切地参与隧道过程的状态,因此影响图像对比度。而对于金属导体,最终图像与形貌密切相关,半导体和特别是生物材料可能产生与形貌基本无关的图像。此外,游离电子的存在(如在苯环中发现的电子)可能促进隧道效应增强。这导致图像区域看起来更亮。

在 STM 针尖和导电体或半导体样品之间发生的隧道现象可合理地理解。然而,生物样品通常不是导体,所以为什么这些材料允许隧道电流的通过是不清楚的。导电体和半导体样品可以用 STM 合理地成像。然而,生物样品的成功率要差很多,这可能要么是由于样品推移原因造成的(如前所述),要么是由于样本不会始终维持可测量的隧道电流。无论什么原因,生物STM 的用户无疑将必须熟悉"死亡或荣耀"场景,即样品图像要么非常好要么非常差!"

8.3　扫描近场光学显微镜

　　尽管荧光显微镜的最新进展已经克服了透镜像差和衍射效应的限制（见第7.1.1节），但是传统光学显微镜的性能仍然受到这些的限制。最大可实现分辨率近似等于光源波长的一半，命名为"阿贝衍射极限"。在可见光谱中间位置的绿光具有 550 nm 的波长，因此，在此约束条件下，理论空间分辨率为 275 nm（0.275 mm）。然而，这假定了光学器件是无故障的，且 100％ 的光线完全聚焦，这显然是不现实的。高品质仪器的实际分辨率限制实际上更接近于 400 nm（0.4 μm）。使用扫描近场光学显微镜（SNOM，也称为 NSOM），激光器作为单波长光源，其通过精细光纤传输到样品上。为了避免衍射问题，SNOM 使用压电管将光纤定位到"近场"中，即靠近样品的位置，在衍射引起光分散之前照亮样品。根据经验，样品和光纤之间的距离应小于孔直径的约三分之一。这确保真正是在近场中操作（见图 8.3）。光纤通过加热然后拉出直到约 50 nm 的点而被有效地锐利化。可惜的是，这比光源的波长少了 10 倍，导致激光不仅从光

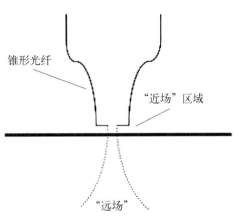

图 8.3　通过将光纤定位在"近场"区域中，光在衍射之前与样品相互作用（因此，SNOM 的分辨率不再受衍射限制，而是取决于光纤末端的孔径可以制造成多小）

纤的最末端出射而且也从侧面出射。为了避免这种情况，光纤的外部涂覆有薄层金属（通常为铝），因此光仅仅通过光纤末端的孔逸出。

　　当在近场方式下操作时，仪器的分辨率近似等于孔直径，并且在很大程度上与照明的波长无关。这相当于比传统高质量光学仪器的分辨率提高一个数量级。在将来，随着新技术的发展，光纤的孔径尺寸可以减小以进一步提高分辨率。

　　激光通过光纤照射样品，散射与样品表面密切相关的瞬逝光，并允许它被物镜所收集，即所谓的"远场"。物镜可以处于反射或透射位置，后者通常是半透明生物样品首选（见图 8.4）。由物镜收集的光强度提供用于构建光学图像的信息。显然，与其他探针显微镜一样，有必要利用控制回路将光纤保持在样品上方的正确高度。为了向控制回路提供合适的输入信号，通常使用称为"剪切力反馈"的技术。这与 AFM 中的非接触式交流模式相似，只有一点不同，即 SNOM 垂直光纤侧向振荡。随着其接近样品，振荡振幅由于有范德瓦尔斯吸引力的影响而降低。该信

息可用于记录表面的形貌,从而可以比较相同区域的光学和形貌图像。由于光纤不与样品接触,所以它可以自由地与任何扰动共振,因此安静的操作环境(具有一定程度的声学隔离)是至关重要的。也可以用荧光标记标记样品上的感兴趣区域,然后用激光激发它们并记录亮的区域。当然,激光必须发出正确波长的光,以使标记发出荧光。作为使用光纤照明的替代方案,可以制造 AFM 型探针,但是在顶点铣削小孔可用作波导。另外,通过使用 AFM 针尖散射入射激光,"无孔 SNOM"是可能的。在这种情况下,针尖通常是金属,或涂覆有金属的硅,因为它促进光散射增强。因为探针顶点不会通过制造波导而被无意间钝化,所以无孔方法的分辨率可能更高。

图 8.4 由 Thermomicroseopes 生产的 SNOM/AFM 组合(将 SPM 台安装在
倒置的光学显微镜上,可以观察样品和使用荧光标记物)

8.4 扫描离子电导显微镜

Hansma 和同事们开发了一种具有传感器而非类似微 pH 值探针的非接触式仪器,以便成像浸在各种电解质中的绝缘材料[2]。如图 8.5 和图 8.6 所示,含有电极和填充电解质的微量移液管位于靠近样品的位置。其与样品的接近限制了离子通过微量移液管末端孔的流动。因此,微量移液管中的电极与位于电解质溶液中的参比电极之间的电导率降低。为了获取形貌信息,使用压电驱动器使微量移液管在样品上扫描,同时控制回路调整其垂直(z)位置以保持恒定的电导率。或者,可以通过使微量移液管在样品上恒定高度扫描并记录离子流(即离子电流 I_{DC})的局部变化。可以使用膜片钳放大器监测离子电流。这能够用于提供关于生物系统的电生理数据,例如通过膜表面中孔或通道的离子电流。

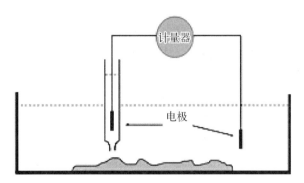

图 8.5 两个电极之间的电导随着微量吸管紧密接近样品而减小
(这是因为离子通过微小孔径的流动受到限制)

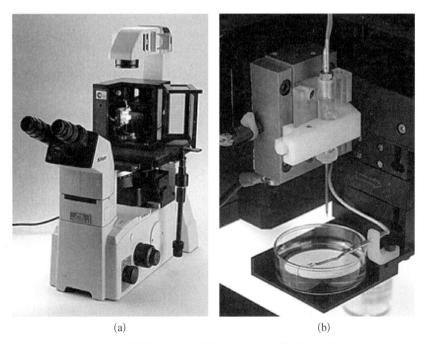

(a)   (b)

图 8.6 安装在倒置光学显微镜上的仪器整体视图(a),法拉第笼式外壳是为了消除任何电干扰,设备(b)的"实用部分"显示微量移液管和参比电极(图片由 Noah Freedman,Ionscope Ltd,Cambridge 提供)

后来的设计使用通过向 z 方向压电添加交流信号来调制移液管的垂直位置[3]。这在离子电流中引入了交流分量,称为 I_{MOD},现在可以将其用作控制信号而

不是 I_{DC}。这为反馈回路提供了更强大的控制信号,不受吸管部分阻塞或由缓冲液蒸发引起的离子浓度漂移的影响,现在可以长时间(数小时)研究活细胞,从而允许捕获动态事件。

可实现分辨率受玻璃微量移液器末端的孔径大小所控制。典型值与使用激光加热移液管制造的 SNOM 光纤相似,直径约 50 nm。使用石英毛细管可以制造小至 10 nm 的孔径。扫描离子电导显微镜(SICM)相比于传统 AFM 对活细胞成像具有一定的优势。在接触或轻敲模式下操作 AFM 时,针尖引起细微细胞膜不可避免的变形。这种相互作用也可能导致细胞表现出一些应激反应。通过 STCM 的非接触操作,可以避免这些变形产生的伪影。

8.5　扫描热显微镜

这种类型的仪器允许用户除了观察形貌之外还可以观察样品的热性质。Dinwiddie 和同事们首先描述的热传感器似乎与 AFM 悬臂相似,但实际上是由"沃拉斯通线"制成的,即细白金线包裹在银鞘中[4]。在传感器的最后端,银被酸蚀

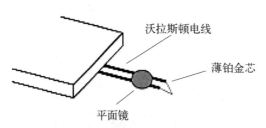

图 8.7　沃拉斯通线被蚀刻掉以露出其铂芯,形成热传感器的针尖(铂芯是非常精细的,所以针尖是传感器中使其具有显著电阻的唯一部分)

刻以露出铂芯,并且该部分向下成一角度以形成针尖。热传感器的针尖(见图 8.7)在扫描期间与样品接触,并且可以借助于附在传感器腿上的反射表面来记录形貌。该传感器既作为局部电阻加热器又作为温度计。针尖处暴露的铂芯直径仅为 5 μm,贡献了探针电阻的大部分。

其结构形成了局部小热源的优点,并且还使由探针柔性腿的温度变化引起的任何热漂移最小化。尽管外观相对粗糙,传感器可以制造成具有较低的弹簧常数。通过使用小直流电信号,使传感器的针尖加热,并将一些热量传递到样品。成像技术是基于在扫描期间通过改变所施加的电信号来将传感器针尖维持在恒定温度。然后可以测定在样品的不同区域中保持一定温度所需的电功率,因此获得阐明热导率相对变化的图像。此外,可以向电信号中添加交流分量,使得通常以几千赫兹的频率向表面施加短的加热脉冲。这提供了关于"热扩散性"的信息,即热是怎么渗透样品上多个深度的。探针质量小确保其对热性能变化的快速响应。

这种技术的完美是可以同时获取同一区域的所有三种类型的数据:形貌、热导性和热扩散性。如果针尖保持在固定的 x-y 位置,则可以通过记录传感器的 z

位移来探测局部样品加热的效果。这
能提供热机械信息,如熔化和膨胀。早
期的探针有些粗糙,但最近的设计更像
是典型的 AFM 针尖,具有非常尖锐的
顶点,如图 8.8 所示。

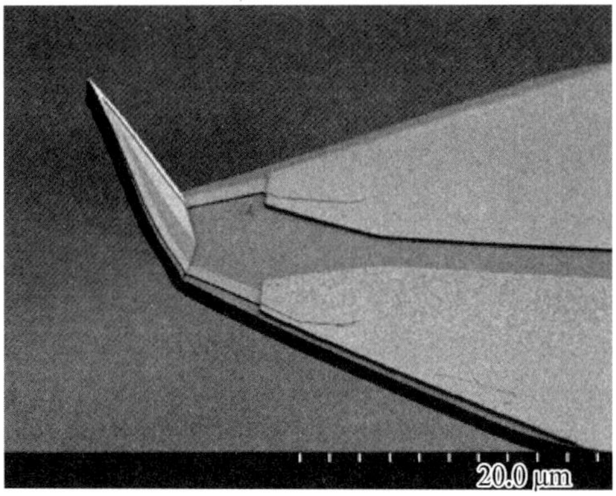

8.6 光镊和光子力显微镜

光镊和光子力显微镜(PFM)有一
个显著的装置[5-8]位于仪器的核心,命
名为许多不同的名字:"光学陷阱""光
镊",甚至是"激光镊子"。虽然它不是
常规的探针显微镜,但它非常重要和强大,值得了解它如何工作。

图 8.8 较新的探头设计提供更尖锐的探针,从而提高分辨率(图片由 Anasys Instruments 提供)

生物材料几乎总是低密度的,因此主要是半透明的。在光的存在下,小颗粒生物材料如细胞和细菌可以作为微型透镜,导致光"折射",即弯曲或偏转。如果光线特别强烈,如激光,它可以导致在照明物体上产生侧向力。因为没有明显的物理相互作用来引起这种非常小但足够强大以移动周围目标物体的力,所以这似乎是非常奇怪的。要了解这种力是如何产生的首先参考图 8.9。

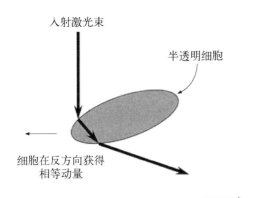

图 8.9 动量守恒定律决定了从激光束偏转所获得的任何动量必须通过在相反方向上细胞获得的动量来精确地与之平衡

由于激光束被细胞的透镜状行为所折射,所以它在正 x 方向上获得了动量。作为基本物理量,动量是"守恒的",即整个系统的总动能总是保持不变。唯一可以保持这种情况的方法是细胞在相反($-x$)方向获得相等量的动量,因此细胞移动。为了简单起见,图 8.9 仅显示了一个可能的光路。对于一个宽且未聚焦的激光束,比目标细胞更宽,似乎合理的解释是预期所有各种光路产生的各个力将抵消,使得细胞保持静止。然而,实际上即使是激光束也不是均匀的,因为光束中心的强度稍高于其边缘处的强度。图 8.10 示出了通过一个细胞的两个光路 A 和 B。激光强度随与光轴距离增加而变化用渐变阴影来表示,光束是从左向右照射。相比于光路 B,光路 A 涉及强度低的光,因此细胞上对于光路 A 的动量增益和随后

的力要小。这意味着细胞总是移动到光强度最高的地方,在这种情况下是朝向光轴的。一旦在光轴上,两条光路所产生的相反力正好互相抵消,而细胞仍然被捕获在光束的中心。一个看似连续不断的光子束击中细胞左侧的结果是产生推动细胞向右侧的力。这种力(称为"辐射压力")仅仅对强照明光源具有重要意义。然而,当透镜放入平行光束时,焦点处会产生一个非常集中的光区域。因为那是光强度最高的地方,任何在焦点几微米之内的微小物体都会被拉向它。使用聚焦好的光时,辐射压力被物理推动到聚焦点的力所克服。这意味着,根据它的起始位置,物体甚至可以向光源行进!一旦物体到达焦点,它就被捕获在那里,可以通过移动激光束来定位。

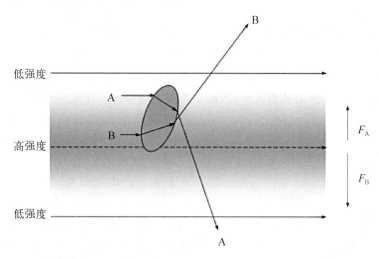

图 8.10 激光束的中心比其边缘更强,因此,折射光束 A 获得比折射光束 B 更少的动量,故光束 A 导致的细胞上平衡力 F_A 小于光束 B 导致的力 F_B,并且净力将细胞推向光轴

基于光镊的第一台探针显微镜由 Ghislain 和 Webb 描述[9]。一个玻璃碎片在样品上扫描,散射的激光用来确定由于样品形貌导致的碎片位移。后来,Florin 和同事们开发了这台仪器的另外一种型号[10]。在这种情况下,它采用一种荧光标记的乳胶珠,其被捕获在光镊聚焦处并用作成像针尖。此外,激光也可以作为荧光标记的激发源。因此,当乳胶珠被样品表面的特征推移时,其相对于光学焦点移动,并且荧光强度降低,这提供了记录样品形貌的优良手段。

光镊的主要缺点一直是仪器设置的复杂性(见图 8.11)。该设备必须由用户从头开始组装在一起,包括具有激光和大量透镜、反光镜、偏振器等的光学台。控制仪器的软件必须是"内部"编写。这些因素为希望进入该领域的生物学家或生物物理学家设置了一个相当艰难的学习过程。

图 8.11　传统的开放式结构光镊设置(图片由美国北卡大学 Davidson
　　　　学院物理系 John Yukich 提供)

　　2008 年,由德国的一家公司(JPK Instruments AG)开发并销售了一整套非常
用户友好的多合一产品(见图 8.12)。它可作为力传感器,灵敏度范围为 0.1～

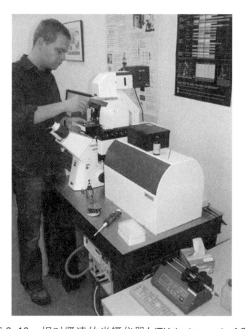

图 8.12　相对紧凑的光镊仪器(JPK Instruments AG)

100 pN,比基于悬臂的系统(10~10 000 pN)更灵敏(但有限)。光镊能够在样品上施加的"握力"称为"光学陷阱的刚度"。这随着激光功率的增加而增加。如果要避免样品加热和光漂白,这个"握力"显然存在极限。

参考文献

[1] Binnig G, Rohrer H, Gerber C, et al. Surface studies by scanning tunnelling microscopy. *Physical Review Letters* **1982**, *49*, 57 - 61.

[2] Hansma P K, Drake B, Marti O, et al The scanning ion-conductance microscope. *Science* **1989**, *243* (4891), 641 - 643.

[3] Shevchuk A I, Gorelik J, Harding S E, et al. Simultaneous measurement of Ca^{2+} and cellular dynamics: combined scanning ion conductance and optical microscopy to study contracting cardiac myocytes. *Biophysical Journal* **2001**, *81* (3), 1759 - 1764.

[4] Dinwiddie R B, Pylkki R J, West P E. Thermal conductivity contrast imaging with a scanning thermal microscope. **1994**, *22*, 668 - 677.

[5] Ashkin A, Dziedzic J M. Observation of radiation-pressure trapping of particles by alternating light beams. *Physical Review Letters* **1985**, *54* (12), 1245.

[6] Ashkin A, Dziedzic J M, Bjorkholm J E, et al. Observation of a single-beam gradient force optical trap for dielectric particles. *Optics Letters* **1986**, *11* (5), 288.

[7] Ashkin A, Dziedzic J M, Yamane T. Optical trapping and manipulation of single cells using infrared laser beams. *Berichte Der Bunsengesellschaft Für Physikalische Chemie* **1987**, *330* (6150), 769 - 771.

[8] Ashkin A, Dziedzic J M. Optical trapping and manipulation of viruses and bacteria. *Science* **1987**, *235* (4795), 1517 - 1520.

[9] Ghislain L P, Webb W W. Scanning-force microscope based on an optical trap. *Optics Letters* **1993**, *18* (19), 1678.

[10] Florin E L, Pralle A, Hörber J K, et al. Photonic force microscope based on optical tweezers and two-photon excitation for biological applications. *Journal of Structural Biology* **1997**, *119* (2), 202.

9　力　谱

9.1　原子力显微镜的力测量

原子力显微镜最独特的方面可能是其与样品物理相互作用的能力。回到一个盲人通过触摸样品来对样本进行观察的比喻，不需要大量的想象力就能意识到，触觉有能力推动、拉动、变形和操纵物体。简而言之，AFM 可以比大多数人从传统的显微镜概念中想象的只生成样品图像做得更多。把 AFM 强大的灵敏度计算在内，人们开始惊叹于触摸所赋予 AFM 的能力。在这种操作模式下，AFM 可以感测的力的范围跨越从几十皮牛到几十纳牛的范围。该范围包括可能发生在单个分子之间的一些更强的相互作用，例如共价和静电键，甚至是由于多个氢键而引起的受体-配体和抗体-抗原识别，但不足以检测更微妙的相互作用（如单氢键）。这些非常弱的相互作用暂时仍然是光镊的研究领域（参见第 8.6 节）。然而，相比光镊相对较小的上限（约 100 pN），AFM 可以量化非常大的力，从而揭示大量新的生物学应用。例如，AFM 可以很容易地处理可能在生物过程中发生的多个事件作用，例如细胞间结合或黏附。此外，力谱测量可以在液体环境和对生物系统在生理条件下以无与伦比的空间分辨率进行。关于这一领域的文献数量确实很多，但由于相对缺乏可追溯的方法，AFM 力谱技术仍然可以被认为是一种新兴的技术。对于初学者而言，似乎有很多令人困惑的方法。力谱涉及在针尖和基底之间拉伸或推压分子。一些力谱实验使用功能化的针尖和表面以控制分子黏附的位置，而其他简单地涉及感兴趣分子与 AFM 针尖的非特异性黏附和分子拉伸，随后数据挖掘获得的力谱以分离出"好"数据。后一种方法导致了从业者对更传统力测量技术（如表面力装置，SFA）的批评。尽管有这些担忧，正在进行的 AFM 力谱验证过程是正在帮助它成为一种既定的方法，无疑 AFM 将继续在解决以前棘手的科学问题中发挥重要作用。本章的目的是解释 AFM 力谱实验所涉及的步骤，并总结已经应用于解决不同问题的各种方法，以便读者可以决定哪种技术适合自己所研究的情况。这个方法将用科学文献的例子来说明，其目的是澄清某些方面，而不是综述整个文献。在相关主题章节中描述和引用了在特定领域引起新见解的力谱具体例子。

AFM 力模式使用可以大致分为两类。第一类称之为"拉伸"实验；其中数据流主要来自力-距离周期的回缩部分。第二类称之为"推压"实验，其中力-距离周期的接近部分产生大部分信息。进一步讨论这两个方面之前，有关力谱学所需要的背景知识详述如下。

9.2 力谱的第一步：从原始数据到力-距离曲线

9.2.1 定量悬臂位移

假设 AFM 使用光学臂检测（实际上所有的 AFM 都这样做），那么除了测定 k 之外，也必须测定悬臂弯曲光学响应的灵敏度（显示在光电检测器上）[1]。这个所谓的 $InvOLS$（反向光学臂灵敏度）因素可以通过各种方式测定，其中大部分涉及将臂偏转已知距离并记录由光电检测器产生的电信号。实现这一步最直接的方法是简单地将 AFM 针尖接近到硬表面上（即，不会因 AFM 针尖施加的力而变形的表面），并执行"力-距离"实验。在这种操作模式下，AFM 扫描管的 x, y 通道被冻结，反馈回路悬挂，通过渐变扫描管的 z 压电通道而将针尖和样品推到一起（并且通常也被再分开），再对悬臂弯曲产生的光电二极管信号进行绘图。所得到的原始输出数据，产生光电二极管输出（在某些情况下是电位差或电流）与扫描器位移的关系图。该曲线的斜率产生应该用于计算悬臂偏转实际距离（s）的 $InvOLS$ 因子。由于它将光电二极管输出的电位差（V）与由悬臂移动的距离（s）相关联，因此：

$$InvOLS = \frac{V}{s} \tag{9.1}$$

因为液体的折射率将使光学杆检测系统以稍微复杂点的方式工作，所以重要的是记住在液体中进行 $InvOLS$ 测量再执行后续实验。如果一个简单的 AFM 针尖被用于"固定再拉伸"操作模式（参见第 9.3 节），这种将针尖压在硬表面上的方法是很好的，但是如果你刚刚花费了相当多的时间来将特定分子种类功能化针尖以便绘谱样品上的特定位点，则这不是一个好方法。在这种情况下，对硬表面执行 $InvOLS$ 运行可能会损伤或破坏探针上的功能化分子。在最好的情况下，在 $InvOLS$ 运行之后绘谱实验根本不起作用，没有获得特异相互作用，是非常令人沮丧的。但更坏的情况是收集大量非特异性相互作用数据，需要花费几周时间进行无意义的数据分析。因此，开发不需要将针尖压入硬表面而没有可能破坏其功能风险的 $InvOLS$ 测量需求成为开发替代方法的主要驱动力。为此，已经提出了一种利用液体中悬臂-胶体球组件的流体动力学响应的方法[2]。该方法根据用于测量标准悬臂 $InvOLS$ 的建议程序[3]进行修改的。最近，已经开发了一种用于测

定矩形悬臂的 *InvOLS*(不需要接触表面)的更实用的替代方法[4]。当悬臂处于液体中时,它被激发成以所有固有弯曲模式振荡的分子的热运动所推来推去。通过测量发生的悬臂热噪声谱(由光电二极管的输出揭示,参见第 3.2.2 节),然后将基本谐振模式拟合到简谐振荡器的功率响应函数 $S(f)$,可以得到以下等式中的未知参数:

$$S(f) \cong P_{\text{white}} + \frac{P_{\text{dc}} f_{\text{R}}^4}{(f^2 - f_{\text{R}}^2)^2 + \dfrac{f^2 f_{\text{R}}^2}{Q^2}} \tag{9.2}$$

Higgins 和同事们已经衍生出下面的方程,可以使用它来确定 *InvOLS*:

$$InvOLS = \sqrt{\frac{2k_{\text{B}} T}{\pi k f_r P_{\text{dc}} Q}} \tag{9.3}$$

式中,k_{B} 是玻尔兹曼常数,T 是绝对温度,f_r 是悬臂的共振频率,P_{dc} 是从光电检测器测量的悬臂直流功率响应(V^2/Hz)。

9.2.2　确定悬臂弹性常数

确定 *InvOLS* 之后,下一步操作是测定 AFM 悬臂的弹性常数。因为商业公司给出的值只是基于制造长度和厚度的近似值,实际值可以超过二或三倍,因此弹性常数必须通过实验来确定。这个看似明显的步骤是整个过程中最有问题的部分之一,本节稍后将讨论与此任务相关的问题。现在让我们讨论悬臂力学的基本物理学。简单谐波振荡器(例如弹簧端部的块)的谐振频率可以使用以下方程来确定:

$$f = \frac{1}{2\pi} \sqrt{\frac{k}{m}} \tag{9.4}$$

式中,k 是弹簧的弹性常数,m 是附加物体的质量。但是,AFM 悬臂梁不是一个简单的点质量,而是具有沿其长度分布的重量,所以上述方程需要通过使用有效质量来稍微修正,如以下方程(9.5),其是由悬臂几何学决定。此外,不仅仅是单独测量 AFM 悬臂的谐振频率,使用以下方程通过测量谐振频率随着添加小质量添加(以钨球的形式)的变化可以更精确地确定弹性常数[5]。

$$\omega^2 = \frac{k}{m^* + m_0} \qquad f = \frac{\omega}{2\pi} \tag{9.5}$$

式中,k 是弹性常数,m^* 是末端载荷质量,m_0 是有效悬臂质量,ω 是悬臂的角频率。附加质量 m^* 对 ω^2 的曲线的斜率等于 k，截距等于有效悬臂质量 m_0。通过仔细执行上述测量，Cleveland 和同事们得出以下方程[5]，其允许通过仅测量悬臂的无载荷共振和假设具有长度和厚度的准确信息但不确定厚度来以合理的精确度来计算 k。

$$k = 2w(\pi l f_r)^3 \sqrt{\frac{\rho^3}{E}} \qquad (9.6)$$

式中，l 是悬臂的长度，w 是其宽度[不要与上述方程(9.5)中的 ω 混淆]，ρ 是悬臂材料的密度，E 是悬臂材料的弹性模量或（杨氏模量），f_r 是测得的谐振频率。因为微加工 AFM 悬臂的长度和宽度由光刻工艺（亚微米）很好地高精度控制，但厚度可以显著变化，所以这是一个有用的方程。

已经开发了一种针对矩形悬臂的更准确的方法，称为"Sader"方法，仅需要测量悬臂的无载荷谐振[6,7]。有学者给出了与以前的方法的详细比较，另外还对空气阻尼和镀金对测量 AFM 悬臂共振频率的影响作了修正。或许最重要的是，它们也表明了与弹性常数相关的载荷位置的重要性。"Sader"方法已被扩展以便能够

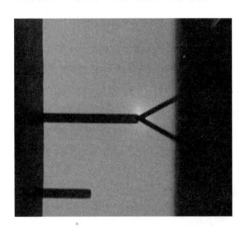

图 9.1 通过将未知 V 形悬臂按压在校准的矩形参考臂上来测定弹性常数

同时校准矩形 AFM 悬臂的扭转弹性常数（k_t）[8]。这种被称为"扭转 Sader"方法的扩展能够使用一种相同的实验方法来校准扭转弹性常数。随着近年来力测量技术在摩擦测量中的应用进展，需要考虑弹性常数实际意义的新定义。AFM 悬臂的常规弹性常数通常指的是用 z 下标的 k_z，扭转弹性常数通常指的是用 t 下标的 k_t。AFM 悬臂的测量弹性常数相当强烈地依赖于其被加载的位置，这是因为在其他事实中，这决定了有效质量和有效长度。由于这个原因，其他方法主张通过使用参考弹簧推动实际针尖本身（即此时力作用在样品上）并监测相对偏转从而更直接地测量悬臂的弹性常数（见图 9.1）[9]。

这种技术受益于微机电系统（MEMS）的进步，其可以产生几何形状订制的悬臂阵列，从而能够以小于 7% 的不确定度来测量常规、扭转和纵向弹性常数[10-12]。

近来已经对许多新方法进行了全面的比较，包括力学方法（通过推动已知弹簧的悬臂静态偏转）和动态方法（基于热或驱动运动谱模拟共振特征分析）[13]。对于矩形悬臂，大多数最近的动态方法提供了对弹性常数的合理估计，其中不确定度水

平为 15%～20%。这主要是由于悬臂材料杨氏模量值的不确定性,因为对于具有显著比表面积的梁几何形状使用本体值可能导致误差,它忽略了表面应力或裂纹的潜在影响,并假设材料的完美均匀性[14]。然而,当 Clifford 和 Seah 使用有限元分析来模拟更复杂的 V 形悬臂的弯曲以预测弹性常数时,效果并不那么好。通过比较 k_z 的有限元预测值与应用最常用方法获得的测量值揭示了显著的问题,没有一种测定 k_z 的动态方法(其模拟共振数据)被认为是有效的。Neumeister 和 Ducker 通过修饰其中的一个方程(为了矫正一个力不是施加在顶点上的钳住三角形端板的弯曲影响)描述了一种方法,结果与有限元分析数据最佳匹配(1% 以内)[13,15],但是这需要对悬臂厚度的非常不确定的测量以及杨氏模量值。

从用户的角度来看,其中一个主要问题是实际实现各种已发表的方法,这些方法本质上非常数学化,对非物理学家来说有些令人气馁。为了补救这种情况,Cook 和同事们已经写了一份全面的论文为实现两种最常见的动态方法("Sader"和热噪声方法)提供了实用的建议。这篇优秀论文回顾了每种方法背后的理论,并讨论了获得所需参数的实际实验手段[16]。最近在探索悬臂校准方面取得的积极进展是推动开发可追溯到国际单位(SI 单位)体系的方法。为此,建立了基于静电装置的力标准[17]。Chung 和同事们推测这种方法可能产生几百皮牛范围内的参考力,其不确定性水平约为 1%,且在 AFM 中弹性常数校准变换时也是如此。目前来看,总结的教训是如果使用动态非接触方法(此时需要弹性常数的精确知识,但没有针尖由于接触而损坏的风险),矩形悬臂才是力谱应用的选择。综上所述,在许多最新一代的 AFM 中,$InvOLS$ 和 k 的测定倾向于作为半自动或全自动化过程被包含在软件模块中,这些过程在每次力谱实验开始时都会进行:在此即使"原始"输出都将显示为力-扫描管距离。

无论如何获得 $InvOLS$ 和悬臂的弹性常数,由悬臂施加在样品上的力 F 是使用胡克定律给出的令人放心的简单公式计算,该公式将悬臂偏转距离(s)乘以弹性常数(k),因此:

$$F = k \cdot s \tag{9.7}$$

9.2.3 力-距离曲线分析

当论文中显示"力-距离"曲线时,它们已经以各种方式进行修改和优化,使其更易于被读者理解。当初学者在初次进行实验时看到并不直观的"原始"数据时,这可能会引起初学者的混淆。本节的目的是解释力-距离曲线的不同部分是什么,以及如何从原始数据获得这些曲线。为了让读者熟悉原始的力曲线,一个典型的标记相关特征的例子如图 9.2 所示。

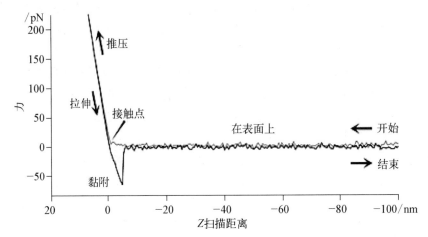

图 9.2　以 1 μm/s⁻¹ 的恒定(接近,回缩)速度获得的原始力-扫描管位移图(接近-灰线,回缩-黑线)[周期开始于图的右侧,样品向悬臂移动,最初,悬臂在表面上方,不受干扰和是伸直的(不施加净力),一旦接触,"推动"状态开始,悬臂向上偏转,当悬臂和样品驱动到一起时,产生以线性方式增加的正力,在刚刚超过 200 pN 时扫描管反转方向开始"拉伸"状态(力在随着悬臂放松回到其伸直位置时以相同的速度减小),最初,拉伸时获得的数据完全完美地覆盖接近数据,然而,在该示例中,力随后由于悬臂和样品表面之间的黏附而变为负值,在进一步拉伸后,针尖-样品接触发生断裂,向下弯曲的悬臂弹回到其伸直的零净力位置,直至周期结束,打破接触所需的净力是黏附力,阴影区域定义了破坏黏附力所需的功]

　　原始力-距离图最令人困惑的方面可能是数据流从 x 轴的右侧开始,朝向原点工作,再回到起点。大部分实验以另外的方式显示数据,将原点定义为起点。一旦这个打破惯例被理解,其他大部分就清楚了。有许多可能的变化,但典型的力-距离周期开始于将 AFM 针尖从样品表面拉伸到预定距离,以确保针尖和样品在周期开始时不接触:这定义了零力。接下来,z 压电扫描管使针尖和样品再次接近,直到针尖和样品表面接触,导致悬臂开始偏转。然后将针尖和样品推到一个预定的最大程度,以便控制接触力的大小并避免样品的压痕。在用户指定的时间延迟之后,扫描管方向反转,将针尖和样品分开并返回到起始点。如果样品没有塑性变形,并且针尖和样品之间没有黏附,则悬臂的返回路径应与接近时相同(几乎),并且两个阶段的数据位于彼此的顶部。但是,如图 9.2 所示,如果针尖和样品之间存在黏附,则在数据的回缩部分出现负峰。负峰的深度是拉伸针尖离开表面所需的断裂力的量度,由峰包围的区域(阴影)定义了破坏黏附相互作用所需做的功(或消耗的能量)。接触区域曲线的梯度提供了样品的机械性能信息(见第 9.5.3 节)。

　　在原始显示格式中,如图 9.2 所示,力-距离图的 x 轴有时可以在零点的右侧具有负值,这简单地反映 z 压电扫描器在实验周期内移动的方向,其中负值被定义为针尖远离表面的运动。为了呈现结果，数据通常被绘制为力-伸展曲线，以消除这种异常现象。通过将针尖和样品之间的接触点定义为零距离，然后从零位置的位移变成正值，从而获得伸展部分。对于在样品表面上的不同点获得的原始数据，因为接触点取决于针尖和样品在周期开始时的位置，并且这个位置在样品表面（特别是如果它粗糙的话）上不同，所以接触点可以出现在 x 轴上的任何位置。最后，为了使数据更直观地表现出来（参见下一节的例子），力-距离图经常被反转以使断裂力是正的。

9.3 拉伸方法

9.3.1 分子的固有弹性特性

拉伸方法是 AFM 力谱的最大应用。其一个方面是研究单个聚合物（包括合成和生物大分子）的固有机械性能。为了测量单个聚合物的机械性能，必须要拉伸它们：聚合物需要附着在表面上，然后附着到 AFM 针尖。至少在实验中，实现这一点的最简单的方法是可以被称为"固定再拉伸"的方法。许多关于生物聚合物（蛋白质和多糖）的单分子力谱研究是使用这种方法：这些生物聚合物倾向于很好地黏附到表面和 AFM 针尖上，而不需要功能化。然而，其他大分子（如合成聚合物），以及对生物聚合物的更精确的研究，通常需要针尖和基底表面的功能化。有关如何实现的细节将在下一节（9.3.2）中讨论。

应用包括合成聚合物的基本弹性性质[18]，一级和二级结构对蛋白质[19]、双链和单链核酸[20]和多糖[21,22]机械性能的影响。

通过考虑更简单的"固定再拉伸"方法及其用于研究强迫蛋白质展开，可以最好地说明单分子的力谱。该领域提供了 AFM 具有研究单分子力学能力的杰出示范，并且有助于解释数据收集和分析中的各个步骤（包括实践和理论）。在该方法中，允许研究的蛋白质分子从稀溶液吸附到它们具有一定亲和力的基底上。对于大多数蛋白质，选择的基底是金包裹云母、且是新鲜制备的以确保表面清洁度[23]。

通过存在于蛋白质中的硫基团形成相对较强的 S—Au 键而将蛋白质连接到金表面上。硫存在于氨基酸半胱氨酸中，但如果不存在，则可以通过遗传修饰将其添加到序列中。该方法具有以下优点：半胱氨酸可以以高效受控的方式添加到蛋白质结构中的特定位置，通常在或接近任一末端，因此对拉伸测量进行控制[23]。然后将样品放入 AFM 的液体池中，并将针尖按压到表面上的随机位置，当针尖回缩时记录力曲线。偶尔，一个分子将被针尖吸附，并且当样品和针尖被拉开时该分子被拉伸。一些从业者主张使用相对较高的接触力（10～40 nN）和长的接触持续时间(1～3 s)[21],而其他人发现只要进行正常的力-距离周期,此时针尖与表面瞬时接触,足以吸附分子[23]。一个日常的比喻是一只鸟在啄地上寻找蠕虫;大多数尝试是不成功的,但是经常它会很幸运的将蠕虫拉出土壤。对于这种在 AFM 实验中产生有用数据的方法,需要对样品制备条件进行优化(想象它像鸟踩着脚假装下雨,哄骗虫子逼近表面)。鸟类非常高兴在每次尝试中捕获尽可能多的蠕虫,而 AFM 实验与此不同,AFM 实验需要更有选择性。分子的覆盖率必须保持足够低以避免多于一个分子同时结合到针尖上。理想的制备条件将因不同的样品而异。对于 IgG 型蛋白质结构域,已经推荐将浓度高达 5 μM 的溶液在金表面上孵育,然后使用干净缓冲液中冲洗[23]。对于多糖,首选略有不同的方法,0.001%～0.1% 浓度的溶液液滴沉积在干净玻璃上并干燥,然后进行大量冲洗[21,22]。AFM 针尖上的样品覆盖率和成功附着之间的一个很好的妥协应该是在回缩曲线中产生不超过 10%的"命中率"。比这更高的值大大增加了数据污染可能性,即由于受到多个分子串联拉伸而导致的数据[23]。

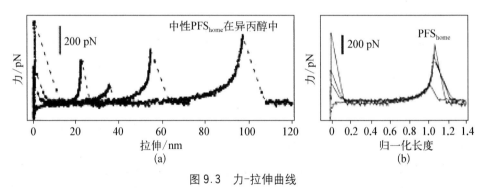

图9.3 力-拉伸曲线

(a) 在异丙醇中拉伸单个中性聚(二茂铁基硅烷)均聚物的力-伸展曲线;(b) 力曲线叠加归一化为 250 pN 的力值(虚线指示为归一化而选择的力)[24]

不幸的是,由上述研究中使用的大范围样品浓度所可以看出的,满足这些标准所需的实际分子浓度需根据经验来确定。不同的系统对基底和针尖具有不同的亲和力,在使用者充分拉伸分子之前潜在地延长使用者的耐心! 但可能会更糟糕,这里的成功或失败就是实验生死攸关的问题。这种"固定再拉伸"技术的一个明显消极面是针尖可以附着在分子的任何地方,导致一系列"表观"轮廓长度。然而,如图 9.3 所示,与分析这些数据有关的问题可以通过将选定力值的数据归一化到单个曲线上来解决[24]。如果数据来自拉伸单分子,因为这个过程依赖于分子弹性与轮廓长度线性缩放的事实,所以这个过程是有效的。顺便提及,因为来自多个分子串联的数据不符合这种行为,所以这提供了选择单个分子力谱的方法[24]。目前,在串联拉伸分子中获得力谱的建模及解释方面取得了重大进展[25,26]。这应该感谢在 AFM 力谱早期阶段这种复杂的混合数据阻碍了解释机械性能的尝试。在蛋白质折叠研究中直到"聚蛋白"(由蛋白质工程构建的单一结构域的串联重复)的使用才取得有意义的进展[27]。这些样品允许明确指认 AFM 力谱中看到的展开事件(见图 9.4)。一般的想法是在这样的样品中,每个结构域应该在力曲线中以近似相同的特征展开,并且由于每个"聚蛋白"中的结构域数目已知,所以在测量期间当曲线展现出太多的展开事件时,显而易见是在一个测量中有多于一个分子被拉伸。

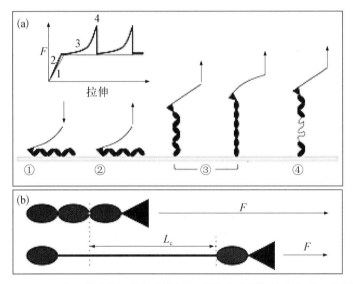

图 9.4 (a) "固定再拉伸"力谱实验期间悬臂的响应[① 针尖与表面接触并偏转;② 蛋白质吸附到针尖上;③ 针尖以固定的拉伸速度从表面缩回,力状态开始;悬臂偏转以响应于蛋白质延伸的熵恢复力;④ 发生结构域展开事件,系统松弛;插图是从理想拉伸预期出现力峰值的接近跟踪线(灰色)和回缩跟踪线(黑色)的示意力跟踪线];(b) 如第④部分所示的蛋白质结构域展开导致轮廓长度(ΔL_c)增加[23]

这为数据的收集后审查提供了合理依据,使得"好"的数据可以从"坏"数据中筛选出来。"好"和"坏"的实际数据例子如图 9.5 所示[23]。

因此,提出了一套通常的选择标准(见表 9.1)[28]。对于蛋白质展开或聚合物拉伸研究,必须进行多次重复测量以提供统计学上足够的数据。因为数据的后续建模(第 9.5 节)将载荷速率作为参数之一,数据应以几种不同的拉伸速度获得。一旦优化了数据收集,就可以将细微的改良纳入实验。例如,在测定特定分子从分子(或基底)脱离之前能够被牵拉的最大距离之后,随后固定分子可以保持在该极

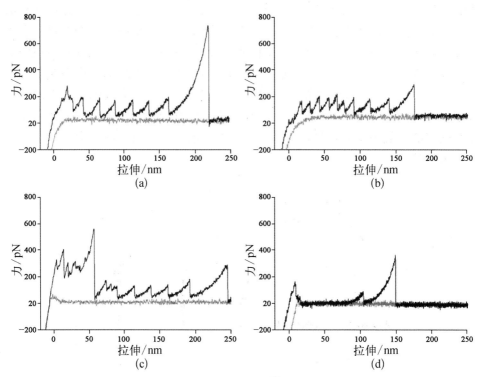

图 9.5 在多结构域聚蛋白的力谱实验过程中获得的数据[23]（接近-灰色，回缩-黑色）
（a）理想的力跟踪线；（b）多个蛋白质串联拉伸；（c）高的初始非特异性力；（d）在拉伸周期开始之前蛋白质展开

限内并重复拉伸。通过计数展开事件的初始数量，然后允许分子松弛，在再次拉伸之前，测量结构域重折叠成为可能[27]。如果这是作为时间的函数完成的，则可以直接确定重折叠速率。此外，这种钳住的分子为一种新的被称为"力钳"的力技术铺平了道路[29-33]。该方法中分子可以在基于力的反馈控制下经受一系列逐步的力渐变。通过采用力反馈控制，力钳方法具有这样的优点：它可以在整个测量过程中维持分子拉伸的力，或者提供施加力的真正恒定增速率。这简化了数据的后续解释，数据不是传统方法中简单拉伸分子所看到的锯齿图案，而是显示为一系列步骤，每个步骤表示单个展开事件。在由 z 压电确定固定速率的简单拉伸传统模式中，结构域展开导致在整个拉伸过程中蛋白质的实际加载速率是变化的。另一种替代流程是钳住分子能够维持在给定（通常低）力下而同时监测悬臂随时间变化的热噪声谱[34]，这种方式类似于光镊测试。在这种方式下，可以检测到热诱导的展开事件，一些科学家认为与发生在溶液中的天然过程更接近这个过程，而不是从更主动拉伸方法获得的强制伸展数据[34]。

表 **9.1** 蛋白质展开力谱研究的选择标准[28]

1	跟踪线开始时的非特异性/非指定力(如果存在)必须是低的(即在相同的力范围或低于力峰值)
2	力峰必须等距,它们之间的距离必须大约是蛋白质的预期轮廓长度
3	跟踪线必须包括三个或更多的可以确定或区分为蛋白质与 AFM 针尖脱离事件的力峰
4	每个连续峰的基数高于之前峰的基数
5	必须观察到明显的针尖分离事件(即比之前峰值更大的力峰)
6	拉伸周期必须终止于悬臂的完全松弛,并且接近和回缩基线必须重叠,表明在测量过程中没有漂移
7	一旦收集到跟踪线,则除了第一个峰和最后的脱离峰外,其余峰都应该测量

无论选择哪种方法,许多非 AFM 从业者心中的问题仍然是通过强制拉伸蛋白获得的数据是否与控制蛋白质行为的真实动力学有任何关系? Carrion-Vazquez 和同事们对通过 AFM 机械展开收集的实验数据与聚蛋白质的化学变性进行了仔细的比较。AFM 数据的 Monte Carlo 建模获得了与化学变性实验几乎相同的展开速率和过渡态[27]。这些结果表明,至少对于所研究的蛋白质,AFM 的机械展开反映了与传统化学展开实验中所观察到的相同事件。然而,这些作者还揭示了传统化学和 AFM 机械方法所测得的聚蛋白重折叠动力学显著不同。这种差异被认为是由于分子自由度束缚的局限性引起的。此外,其研究显示,甚至非常适度的束缚力(5 pN)也提供了足够的熵恢复力,以显著减少分子的重折叠动力学[27],这个因素可能会影响最温和的 AFM 力谱"力钳"方法。

还有一些理论工作支持了用 AFM 强制拉伸分子的有效性。1997 年,物理学家 Christopher Jarzynski 得出了一个将多个测量的不可逆转功与均衡自由能量差相关联的恒等式[35]。这项工作表明,只要在足够高的信号/噪声比下进行多次测量,就可以从任意远离平衡的过程获得平衡热力学参数。该工作后来被修改用于单分子拉伸实验分析[36],并实验验证了 RNA 机械展开测量[37]。

9.3.2 分子识别力谱

拉伸力谱的第二个主要应用与先前描述的第一个应用的不同之处在于,它不涉及正在研究分子的固有机械行为,而是使用机械研究来探测分子之间的可能相互作用。生物学实例包括受体-配体结合[38]和抗体-抗原识别[39]。可以获得关于诸如涉及分子识别相互作用的动力学速率、亲和力甚至结合口袋的动态结构等因素的信息[40]。对于这种类型的研究,有必要用感兴趣分子来对 AFM 针尖进行功能化。这通常通过共价连接、而不是依赖于物理吸附来实现。然后通过使用功能化 AFM 针尖执行力-距离周期对样品表面上的互补配体或受体进行搜寻并测量在针尖回缩时看到的黏附相互作用的大小和频率。一旦针尖-样品相互作用以可重复的方式建立，则可以通过将活性物质互补物质或者合适的抑制剂作为自由分子添加到溶液中来明确确立相互作用的特异性。这应该可以消除黏附(见图 9.6)或至少大大降低黏附事件的频率。这是因为受体-配体结合是一个随机过程，一些"命中"将仍然是可能的，但是会少得多。虽然分子的选择性束缚比"固定再拉伸"方法更好地控制到底什么物质被拉伸，但是该方法涉及更多的准备步骤，意味着实验的许多微妙方面都需要优化以获得良好的结果。

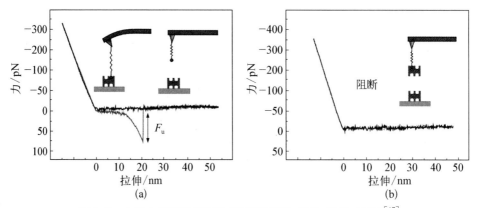

图 9.6　力谱中特定识别事件的验证(接近-黑色，回缩-灰色)[47]

(a) 由于配体与样品表面上的受体结合，并且针尖必须无破坏，针尖回缩过程中发生黏附(大小为 F_u)；(b) 如果过量的游离受体被引入液体中，则针尖上的配体被覆盖，因此不能与表面上的受体分子相互作用：在针尖回缩时不发生黏附，并且接近和回缩曲线完美覆盖

　　事实上，这种力谱模式关注的是测量不同分子之间的具体相互作用，这意味着分子的表现模式至关重要。通常，作为第一步，在连接到针尖或在某些情况下连接到基底或样品表面时，需要有保护感兴趣分子结合位点的策略。这可以通过在共价连接过程中的孵育步骤期间使用分子复合形式(例如分子-抑制剂复合物)，随后在连接之后(通常在清洗或者透析时)分裂复合物来实现。这将产生保留其对其互补配体亲和力功能的束缚分子。例如，如果希望使用凝集素功能化的针尖来探测碳水化合物-凝集素结合，则凝集素的碳水化合物识别结构域(CRD)可以被其靶标糖占据，使用设计用来偶联自由官能团的间隔物质来进行共价连接[41]。如果这个策略不实际，那么还有其他的替代方法可以确保在连接后分子种类上的正确位点是可以进行相互作用的[40]。最近已经广泛综述了针尖功能化的策略[42]。

　　分子识别力谱中最重要的一步可能是由 Peter Hinterdorfer 和同事们开创的，

基于将探测分子连接到由聚乙二醇（PEG）链组成的柔性连接分子的一端上[40,43,44]。PEG 是合成的线性聚合物,其能以受控的方式容易合成,使得可以制备非常单分散的链长。Hinterdorfer 的方法涉及 PEG 两端化学修饰以产生具有不同反应化学特性的异双功能间隔物[40,45]。PEG 间隔物的一端被功能化以连接到 AFM 针尖,另一端连接到被研究的探测分子。结果:AFM 悬臂变得类似于钓竿,PEG 间隔物代表线,探测分子是诱饵钩。可以结合到 PEG 链上的末端化学几乎是无限的,但最常用的是将胺反应酯 N -羟基琥珀酰亚胺(NHS)连接到胺基修饰的 AFM 针尖,巯基反应基团 2 -(吡啶基二硫代)丙酰(PDP)偶联到探测分子中的游离半胱氨酸[43]。

　　针尖的胺基修饰涉及乙醇胺(通过一个酯化反应)处理(干净的)硅或氮化硅针尖,在硅表面上形成均匀的胺基膜,其密度为使得仅有一个或两个胺基分子存在于针尖的顶点(该方法的详细描述参见[46])。这可以防止多个 PEG 链黏附到针尖顶点。此外,在没有进一步功能化的情况下,胺基包裹的针尖也表现出对云母表面的黏附。

　　PEG 间隔物的使用在分子识别力谱中提供了几个关键优势。相比于紧密束缚分子,探测分子具有大大增强的自由度,因此在每次尝试与其预期靶标对接时,可以自由地采集更多的相互作用模式和更大的相互作用区域。PEG 的柔软和非线性弹性性质使得它容易区分力-距离曲线中的非特异性和受体特异性相互作用事件(见图 9.7)。进一步地,活性探测分子远离针尖的间距降低了在力-距离周期期间针尖与硬表面接触而导致分子被损坏(压碎)的可能性。这提高了数据的重复

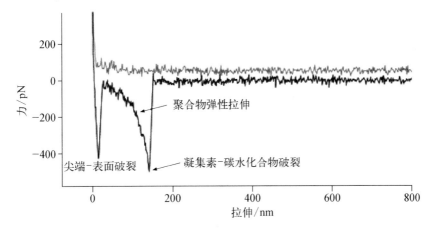

图 9.7　力-距离数据说明了两种黏附相互作用的来源[非特异性和聚合物拉伸,通过用凝集素功能化针尖拉伸表面结合葡甘露聚糖多糖获得的数据;请注意,长链多糖的间隔物效应使凝集素-碳水化合物破裂事件与针尖-表面分离事件分开(接近-灰色,回缩-黑色)]

性,其对实验中添加游离配体后的验证步骤是至关重要的因素。关于 PEG 间隔物长度的先验知识还允许根据针尖和样品之间的距离来对黏附数据进行过滤:通过测量力-距离曲线中沿 x 轴的针尖-表面拉脱点与最小黏附事件的位置之间的距离来量化的(见图 9.7)。这是非常有用的,因为当样品和针尖被拉开时可能存在许多非特异性黏附的潜在来源(例如静电和疏水相互作用),并且如果不使用间隔物难以排除这些潜在的来源(非特异性黏附的误差棒通常与受体-配体型系统的测量值具有相同的级数大小)。

图 9.7 阐明了聚合物间隔物如何能够实现这种辨别。这种情况下,在针尖和表面初始分离时存在非特异性黏附相互作用。虽然非理想(显然最好不要有任何非特异性黏附),但是数据说明了当使用聚合物间隔物时,如何区分特异性和非特异性黏附事件。非特异性黏附从回缩后的第一个负峰的梯度是显而易见的,与针尖-表面接触区域的线性相同,表明针尖和样品表面仍然相互接触并且是匀速运动。在几十纳米之后,存储在负弯曲悬臂中的能量足以使针尖脱离表面,且悬臂返回其零力(伸直)位置。然而,随着进一步回缩,悬臂再次开始向下偏转,但是这一次,梯度看起来是非常不同的:与弹性变形发生的初始峰显示出的直线形式显著地偏离。这是确定该峰来自跨越针尖和表面之间的间隔物拉伸的特征。在这种情况下,"间隔物"分子是相对大的半柔性多糖,因此该拉伸区域是长而明显的。典型的力识别实验将由数十,数百甚至数千个拉伸周期组成。通过以适当的间隔距离选取所得到的黏附数据,可以客观地区分受体特异性和非特异性事件,其意义斐然。有趣的是,似乎有最佳间隔长度。注意到与使用 8 nm PEG 间隔物的相同系统相比,35 nm 的 PEG 间隔物对于生物素化 PEG 针尖探测生物素测试系统会产生更少的"命中"[48]。随着系链长度的增加,与聚合物系链非线性载荷相关的问题将加剧[49](参见第 9.5.2 节)。除了提供关于特异相互作用大小的信息之外,特异分子识别力谱可以与 AFM 的 AC 成像模式(参见 3.2.2 节)组合以产生所谓的"分子识别图像"。在该技术中,由于受体-配体相互作用而导致的针尖-样品接触区域的额外阻尼被用于绘谱表面上受体或配体的位置[50,51]。这个想法是,悬臂振荡的自由振幅保持在间隔分子的延伸长度内,使得如果探测分子(配体)遇到靶标分子(受体),则随着针尖经过,该分子对将保持结合,导致振荡悬臂的可测量阻尼。如果悬臂振荡的自由振幅超过间隔分子的延伸长度,那么在振荡周期期间任何配体-受体相互作用都将破裂,并且当针尖经过靶标分子时针尖的任何阻尼变得不可检测[51]。因此,通过对振荡幅度选择合适值,可以将纯形貌图像与"识别"成像进行比较。作为一种对样品表面绘谱黏附相互作用的手段,这是一种对于在每个成像点执行力-距离曲线的传统"力-阵列"图像(参见第 7.1.2 节)更快更方便的替代方法。需要注意的一个重要点是,这种技术只能在液体中使用低质量因子悬臂

($Q < 1$)、低于共振频率下工作才可以正确产生样品表面的独立形貌图和黏附图[47]。事实上,由于绘谱动态方法的速度优于在样本上离散点处执行力-距离曲线的准静态方法,所以即使是在定量分子识别力谱中,它们也变得越来越普遍[52]。

9.3.3 化学力显微镜(CFM)

化学力显微镜是 AFM 力谱的另一个方面。它可以被认为是分子识别力谱的一个子集,主要是采用功能化的 AFM 针尖用于探测预期具有一些亲和性的表面。它的区别在于,通常分子识别力谱涉及大分子样品相互作用,而 CFM 倾向于涉及小得多的分子之间的相互作用。CFM 通常利用功能化针尖和具有一定化学亲和力的表面之间产生的摩擦力,以产生图像对比度,作为直接量化断裂力的替代方法。使用 CFM 的研究主要集中在两个领域。该技术首先开发旨在为 AFM 成像和表面高分辨率化学绘谱增加化学特异性[53],该焦点仍然是该技术一些方面的主要驱动力。CFM 的第二个不断增长的应用是在纳米尺度上研究表面化学键合和分子摩擦学的基本方面[54],CFM 已经对这些过程的理解取得了重大进展,这些过程反过来又直接导致对 AFM 力谱的更多了解。事实上,因为 CFM 和分子识别力谱之间的界限是模糊的,所以将 CFM 称作不同的技术纯粹是语义问题:一个生物分子识别力谱实验可以被设计来绘谱和量化抗生素及其靶肽的相互作用[55],因此可以被同样很好地描述为 CFM 的例子。

9.4 推压方法

9.4.1 胶体探针显微镜(CPM)

AFM 力谱的一大兴趣领域是研究控制胶体颗粒在溶液中行为的相互作用。了解胶体颗粒之间的相互作用对于食品和制药行业、石油采收和矿物浮选等行业都很重要。术语胶体通常被描述为分散在液体(连续相)中的尺寸范围为纳米至微米的离散物体(分散相)。这种分散物体现在被公认为"软物质",包括乳液、泡沫、悬浮液,以及一些生物系统(如在血液中循环的细胞)。分散相质地可以不同:从半固体、半刚性的软且可变形颗粒到固体刚性颗粒。胶体系统的主要问题是了解如何确保颗粒在非溶剂中保持分散,且不会简单地聚集、凝聚、沉淀或成糊。在泡沫和乳液生产中产生的界面是被表面活性分子(通常是两亲分子)吸附来稳定的。吸附在液滴表面或固体颗粒表面的这些分子将决定在连续相中颗粒之间的相互作用(静电和空间效应的相互作用是两个最常见的作用),从而稳定系统。

历史上,已经开发了许多技术来测量胶体颗粒的相互作用[56]。近年来,表面力装置(SFA)[57]、原子力显微镜(AFM)[58]和全内反射显微镜(TIRM)[59]的出现使得这一领域已经取得了卓越的实验进展。每种技术都有自己的优点和缺点[60]。TIRM 能够观察动态粒子之间的相互作用,这些动态粒子是可以自由旋转和平移的。该方法的缺点是通常需要大量的盐来筛选排斥相互作用,以使颗粒与研究的表面紧密接触。SFA 受其十字圆柱几何限制[60]。为了通过干涉测量来测量表面之间的绝对分离,衬底限于镀银云母片。虽然 SFA 已经被修改来增加可以研究的基底范围,但是不可能来直接确定这种系统中的表面之间的绝对分离。

AFM 的多功能性和将感兴趣探测的胶体粘到悬臂针尖(术语胶体探针显微镜是这样产生的)上的能力已经允许研究更广泛范围的基底。而且,与 SFA 不同,AFM 的多功能性允许直接测量两个胶体颗粒之间的相互作用。此外,AFM 允许将两个感兴趣的表面机械驱动在一起,因此不需要屏蔽希望测量的相互作用,而这在使用 TIRM 时有需要。与 SFA 类似,AFM 研究最初限于研究刚性模型表面,即颗粒-基底或颗粒-颗粒相互作用,此时绝对分离被定义为在这两个表面之间进行"硬"接触时的点。然而,这并没有阻碍测量其中一个或两个表面是可变形表面的相互作用,这对于理解诸如泡沫或乳液系统是至关重要的。近年来报道的工作从试图研究可变形油滴[61]和气泡[62]的相互作用与 DLVO 理论的符合,到可变形系统的测量[63,64]以及开发和(或)应用模型来解释在这些系统中被研究表面的变形性[65-68]。其他研究聚焦于准确测定两个表面之间分离的外部方式上,更准确地说,是在可变形样品情况下如何界定接触点。例如,Clark 和同事们已经开发了一种倏逝波-AFM(EW-AFM),它能够使用类似于目前 TIRM 使用的方法来分辨表面之间的颗粒间分离[69,70]。CPM 的主要局限性是由于扫描管压电漂移和蠕变而导致非常低速度、能力相当差,以及"表面清洁度"(在通常非常小的 AFM 液体池中所需的)维持严格标准的实际困难(见第 5.2 章)。然而,CPM 的应用持续增长,并已经导致了对胶体系统行为的新见解。这个新兴领域的全面综述由 Hans-Jurgen Butt 撰写[71],Liang 和同事们最近也已经对 CPM 与传统胶体技术的比较进行了综述[72]。

CPM 实验和前面描述的拉伸类型实验之间的区别是前者使用力-距离曲线的两部分。推压与拉伸对于胶体研究者来说同样有趣,因此它被列入"推压"方法的章节内。当胶体颗粒彼此靠近或与靠近另一个表面时发生的基本物理过程类似于在第 3 章(见 3.1 节)中描述的原子之间发生的那些过程。带电胶体颗粒之间的相互作用由 DLVO 理论进行描述[73,74],这在第 9.5.7 节中有更详细的讨论。然而,还有胶体颗粒所处的流体环境独有的其他因素影响相互作用。主要因素是作用在颗粒上的流体动力,这是源于当它们移动通过液体介质时施加在它们上的阻力。当广泛分离时,这限制了颗粒的平移扩散,其方式仅由其尺寸和连续相的黏度决定。然而,和人际关系一样,当粒子开始变得靠近,事情变得更有趣! 想象一下,将悬浮在液体中的两个颗粒聚集在一起。随着中间液膜变薄,颗粒被强迫到一起的容易性就会变化。周围的液体具有有限的黏度,这限制了它可以从相邻颗粒之间的闭合间隙中排出的速度。其作用反对它们靠近到一起,它们经受一个距离越近力越大的排斥力。现在想象这些粒子在一起,我们想把它们分开。当液体介质试图填充颗粒之间的膨胀间隙时,发生与液体排液相同的限制,这时它们经受黏合力。这种所谓的流体动力的大小显然取决于颗粒的大小、它们接近或试图相互远离的速度以及液体介质的黏度。由于这个原因,相互作用的胶体颗粒之间的测量力通常相对于粒度进行归一化,因为这一般是固定的量。因此,CPM 文献中的大部分力图显示为力除以粒子半径与距离。流体动力的大小也可能受到粒子性质(它们是柔性的还是刚性的)以及围绕每个颗粒的界面或表面层性质的影响。作用于胶体颗粒的其他力也可以由颗粒或周围介质的性质产生,包括吸附在相邻颗粒表面或界面上的分子之间的空间相互作用以及渗透效应如水合和耗散力。除了研究胶体相互作用的基本方面外,胶体探针还在定量力学力谱学中广泛应用于样品变形研究。

进行 CPM 实验的第一步是获得或制造胶体探针:具有将胶体颗粒黏在邻近或取代金字塔形针尖的 AFM 悬臂,这些可以购买(昂贵)或"自制"(便宜)。产生胶体探针的常见但复杂的方法是使用细线和显微操纵仪将微滴胶水转移到 AFM 悬臂的末端,随后添加胶体颗粒。当然,如果您有观察探针针尖的方法,那么大多数商业 AFM 具有所需的所有要求,可以走更简单的"自己动手"的路线,而不需要昂贵的显微操纵仪,即粗接近控制的某种形式,是通过马达或手动螺丝以及用于样品台或 AFM 头上的精细 x,y 位置调节器来实现的。

9.4.2 如何制作胶体探针悬臂组件

大多数 CPM 实验使用胶体二氧化硅颗粒,主要是因为它们非常坚硬,易于获得良好控制的单分散尺寸,并且可以使用成熟的硅烷化学对其进一步的功能化。二氧化硅颗粒(它们通常被称为的"珠")分散在水溶液中。有时较大的尺寸范围($>10\ \mu m$,倾向于玻璃而不是纯二氧化硅)为粉末形式。"溶液"形式几乎总是含有一些防腐剂,和通常少量表面活性剂以防止聚集,因此在使用前必须进行洗涤。

为了洗涤珠子,取出几十微升的储备二氧化硅珠悬浮液,并将其放入 Eppendorf 管中,然后用纯水将样品加满至 1 mL 标记位置。使用台式离心机(30 秒,6 000 r/min 就可以了)离心,通过一系列水(3 mL×1 mL)、随后乙醇或异丙醇(3 mL×1 mL)洗涤进行清洗,在每次清洗前通过振荡(或者如果必要则超声)将珠子重新悬浮。最后珠子悬浮在乙醇中,可以将它们沉积在表面上,然后再将它们转移到针尖上。对于亲水性的普通二氧化硅,塑料培养皿的盖子是理想的,因为它是疏水性的,且在下一步骤中颗粒容易从表面摘取（值得注意的是它们在玻璃上液滴沉积后几乎不可能从玻璃表面上除去）。只需将几微升珠悬浮液移至培养皿表面，等待几分钟以便乙醇蒸发。如果使用干珠，将它们转移到表面上的有效方式是将圆形滤纸切成楔形，将薄端轻轻地浸入您的珠子瓶中，然后轻轻地将其碰到基底上（在这种情况下为玻璃载玻片和塑料）。这种简单的方法是由 Gleb Yakubov（联合利华研究公司，英国科尔沃思）开发的，具有方便地大大减少被处理珠的数量的优点，从而最小化吸入它们的危害（如果尝试将干燥珠子撒"盐"到表面时会产生这种危害）。现在胶体珠已经准备就绪，需要准备黏珠子的 AFM 悬臂。首先，混合少量的两部分环氧胶黏剂（慢速固化的品种最适合初学者）。接下来，使用微量移液管吸头或针将少量新鲜混合的黏合剂在干净的玻璃载玻片上涂成条纹。将玻璃载玻片放置在 AFM 样品台上，降低以及预安装好悬臂的 AFM 头，使其顶点与胶条的末端重叠。接下来，将针尖轻轻地朝胶水下降，直到观察到嵌入事件。这作为悬臂的快速抽动很容易被检测到（如果从上俯瞰，看到探针背面反射照明的突然变化）。一旦这种情况发生，就反转悬臂离开胶水，此时可以看到清晰的悬臂反向拖拉。即使在针尖上看不到任何胶水，在这个随后的回缩过程中悬臂发生反向拖拉，则肯定一些胶水已经转移到了针尖上［实际上如果在转移之后可以看到针尖上的胶水，则几乎肯定胶水太多了，如图 9.8(b)所示］。接下来用预先准备好的胶体颗粒样品替换含有胶水的载玻片并重复该过程，在拾取颗粒之前请注意使颗粒尽可能接近悬臂的顶点。悬臂的突然压上(snap-in)抽动通常足以使胶体颗粒［见图 9.8(a)］完全捕获，而不会使颗粒完全被环氧树脂包住［见图 9.8(b)］，而且如前所述，一旦该事件被看到发生时，悬臂应该快速反转。

　　化学功能化的胶体颗粒通常需要稍微多一些的力量来促使它们从表面上移开。在

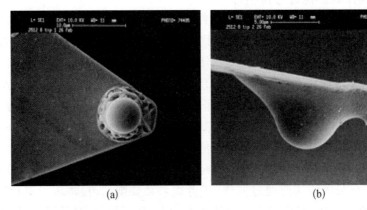

(a)　　　　　　　　　　　　(b)

图 9.8　理想(a)和非理想(b)胶体探针的 SEM 图像，(b)图中用了太多的胶水，二氧化硅珠粒被包住(图片来自 Kathryn Cross)

这种情况下，当到达突然压上点时，需要使用 x 或 y 调节器"调整"AFM 头以提供一些剪切力。同时，将针尖从表面拉出。如果您独自无法完成这个问题，寻求其他人的帮助。任何有自尊心的游戏玩家都应该能够很容易地应付这个棘手的挑战。可能看起来很明显，但是实际上确认将小珠黏在针尖上的最佳方法是检查转移后在培养皿/载玻片上的缺失。一旦黏在悬臂（特别是 V 形悬臂）的下侧，很难用光学方法成像它们：即使是倒置显微镜，很难获得照射光。最后一步是休息一下以便环氧树脂固化，对于慢固化性是过夜，但是如果操作者足够熟练而使用更快固化型树脂时，也就是吃午餐的时间。由于上述原因，探针的质量验证最好是通过 SEM 进行。如果您可以使用现代变量 SEM，则可以在使用探针之前完成，因为这些 SEM 可以不需要采用金属涂覆探针而成像。如果不是，则可以在使用后进行此检查。SEM 不仅提供了珠子的存在及其在悬臂上位置的明确证明，而且还容易显示出任何大的表面凹凸，这能够在后续的数据分析中证明模型假设错误。

对于可变形的胶体体系，油滴可以附着在悬臂上[63]。第一步是彻底清洁玻璃显微镜载玻片。首先在本生灯（蓝色火焰）上烧玻璃，直至开始产生黄色火焰，表明钠离子从表面释放出来。让载玻片冷却，然后用实验室级洗涤剂（例如美国新泽西州国际产品公司的 10% Micro‐90）溶液、使用牙刷刷洗载玻片（戴上手套以防止来自手的污染）从而彻底清洗载玻片。接下来用自来水（需要离子将洗涤剂冲洗干净）、随后去矿物质水、然后超纯水（18.2 MΩ）清洗、最后异丙醇来彻底清洗载玻片以及戴上手套。最后，用超纯水再次冲洗载玻片，放入烘箱（120℃）中干燥。一旦干燥，将载玻片冷却至室温，则现在它已经准备好包裹喷洒油滴了。这可以通过使用移液器吸头作为喷嘴和一个空气管路来喷洒细雾油（正十四烷）到载玻片上来方便地实现。几次喷出通常足以将良好数量的液滴沉积在玻璃上（您需要相当好的液滴覆盖，但是尽量避免产生连续的油膜）。下一步是将水放在载玻片上，这必须以特定的方式进行，以便将一些油滴黏在载玻片上。将处理好的载玻片放置在倒置显微镜台上，将水（通常为 100 μL）从载玻片上方几厘米的移液管中逐滴挤压，使其垂直落在载玻片上。这看上去最小化了剪切力（如果水是从直接放置在玻璃上的移液管中转移出来则会发生），允许一些液滴保持附着在玻璃上。话虽如此，仍有许多液滴会脱离而自由漂浮在水面上。

使用低倍数物镜（10X），通过显微镜观察附着的液滴（聚焦应对准玻璃表面而不是液体中）。除了它们不同的聚焦位置，附着的液滴显得稍微平坦，并且可以通过轻敲显微镜来与漂浮液滴进行区分，轻敲显微镜时，漂浮液滴会移动，而附着的液滴不会移动。下一步是将 AFM 头放置到位，并将液滴转移到 AFM 悬臂的末端。这通过简单地将悬臂的末端顶点对准附着的液滴上并将驱动针尖进入到其中来完成[见图 9.9(a)]。当液滴与悬臂接触时，悬臂发生具有明显抽动的跳跃性接触,因此针尖应反向将液滴从玻璃表面拉出[见图 9.9(b)]。该过程的成像视频可在 www.ifr.ac.uk/SPM/网站获得。

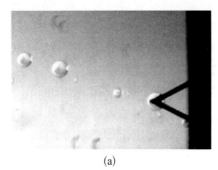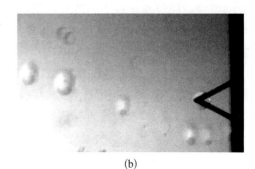

(a)　　　　　　　　　　　　　　　　(b)

图 9.9　油滴捕获到 200 μm 长的 SiN₃ 悬臂上

(a) 悬臂被驱动到附着在玻璃表面上的固着液滴上(注意:焦距外的液滴是自由浮在水面上的);
(b) 当悬臂回缩离开玻璃时,液滴转移到悬臂上(焦点聚焦在悬臂结合的液滴上,因此剩余的液滴看起来模糊)

　　这种方法对于 V 型氮化硅悬臂是最有效的,对于矩形硅悬臂也有效,尽管液滴在这些悬臂上具有较小的侧向稳定性。悬臂-液滴组件现在可以定位于剩余的固定(附着)液滴之一以进行液滴间的力测量。向液体池中加入表面活性剂允许通过在液滴的油-水界面处自组装生产界面膜。这应该是在液滴捕获之后进行的,因为一旦这样涂布,就不可能转移到悬臂上。进一步通过添加到液体池中,可以研究一大堆环境因素(即离子强度改变、吸附或非吸附聚合物、竞争性表面活性剂)的影响。

9.4.3　变形和压痕方法

　　"推压"型力谱的另一个主要应用是测量纳米尺度材料的压缩特性。该原理涉及用 AFM 针尖推压材料,直到其在施加的载荷下变形,并相对于不可压缩的标准来量化这种变形。这种方法可以采取两种形式,实际上只有样品被推压的程度才有区别。对于许多生物学应用,例如测量细菌细胞的膨胀压力[75,76]或哺乳动物细胞的机械特征[77],推力通常受限于需要确保压缩保持在弹性(即可逆)状态下,虽然在实践中可能很难避免一些塑性变形。对于材料科学家熟悉的材料性质的更基础研究,测量超出了这个限制,包括塑性变形和样品表面的最终压痕[78]。任一情况下,样品的变形被力-距离曲线接触区域(有时被误导性地称为"恒定顺应性"区域)的梯度变化所揭示。如本章开头所述,力-距离曲线的接触区域包含样品表面的黏弹性信息,这是因为载荷力 f 与悬臂的偏转 s 成比例:

$$f = k \cdot s \tag{9.8}$$

式中, k 是悬臂的弹性常数。对于硬样品,悬臂偏转的大小 s 与扫描管位移 z 成正比(即 $s=z$)。 对于软样品,由于样品的弹性变形,相同的扫描管位移 z 将导致悬臂更小的偏转 s(即 $s=z-\delta$)。 因此,软样品的力-距离曲线为以下形式:

$$f=k(z-\delta) \tag{9.9}$$

通过对软样品与硬质基准材料(基底)获得的数据进行比较,可以产生压痕-力曲线,然后对其进行建模来测定样品的弹性模量。原始数据可以采用 Hertzian 接触理论(见第 9.5.3 节)等模型来模拟。该方法的最具挑战性的方面是获得压痕头(即针尖)尺寸和形状的精确测量。对于压痕测量,通常通过对所得凹坑的 SEM 成像获得,依赖于针尖的未知部分(顶点)仅构成深度轮廓一小部分的事实。然而,使用 AFM 进行压痕测量的最大问题为:在大多数 AFM 针尖-样品几何结构中载荷不是纯粹正向施加在表面上,而是以一定角度施加。这导致在压痕期间针尖在某种程度上是侧犁过材料,为后续分析引入潜在的错误。

对于"非压痕"类的测量,因为样品的穿透被故意限制,并且与样品相互作用的针尖的主要区域是难以定义的顶点。由于这个原因,这一类的大多数研究倾向于使用胶体探针针尖来界定更好的相互作用[77]:由标准 AFM 金字塔形针尖呈现的接触区极难以充分准确地表征。此外,在实验过程中,针尖形状可能会由于针尖的钝化或污染而改变,这具有非常真实的可能性,使得在这些研究中使用标准 AFM 探针会有问题。加之标准针尖顶点的精确表面化学和物理性质的不确定性,可知为什么用可追溯特征的胶体球代替它用于定量测量是理想的。

9.5　力-距离曲线分析

虽然已经讨论了一些理论考虑,但是讨论一般基本原理和介绍通常用于分析力谱数据的模型,以下部分给出了主要数学处理的简要介绍。

9.5.1　蠕虫状链和自由连接链模型

最简单的线性聚合物可以描述为无规卷曲:一串单体单元,单体间连接键可以自由旋转。对于真正的聚合物,单体间连接的旋转受到限制,且聚合物的体积增加。这可能源自单体单元的化学结构、连接的性质、或有序二级结构的采用,这些聚合物称为半柔性卷曲。半柔性聚合物的拉伸行为由两个统计模型进行了最好的描述,Kratky-Porod 蠕虫状链模型(WLC)[79,80]和自由连接链(FJC)模型[81,82]。这些模型是等效的,但使用不同的概念来描述刚性链。WLC 模型引入了持久长度 l_p 的概念。如果从聚合物链上的某个位置开始并沿着链行进,则 l_p 是在空间中随机分布的开始和结束点所需的旅程长度的量度。该模型提供了生物聚合物如 DNA 和某些螺旋多糖链的最佳直观描述。WLC 模型已经被扩展用于处理原始模型的特定限制，文献中出现了几个版本。最常用的公式描述了具有轮廓长度 L_c 和持久长度 l_P 的蠕虫状链响应于拉伸力 F 时的延长值 z，如下：

$$F(z) = \frac{k_B T}{l_P}\left[\frac{1}{4}\left(1 - \frac{z}{L_c}\right)^{-2} + \frac{z}{L_c} - \frac{1}{4}\right] \qquad (9.10)$$

式中，k_B 是玻尔兹曼常数，T 是绝对温度[83,84]。在 DNA 的特定情况下，加入表示伸展模量的额外术语 K_0，给出如下[85]：

$$F(z) = \frac{k_B T}{l_P}\left[\frac{1}{4}\left(1 - \frac{z}{L_c}\right)^{-2} + \frac{z}{L_c} - \frac{F}{K_0} - \frac{1}{4}\right] \qquad (9.11)$$

在 FJC 模型中，通过有效地代替单体长度为柔性连接之间的 Kuhn 统计段长度 l_k 来描述刚度，以便考虑增加的体积。对于半柔性聚合物，Kuhn 长度是持续长度的两倍。FJC 模型特别适用于描述缺乏二级结构但显示单体连接间单体单元限制性旋转的聚合物。一般形式如下：

$$Z(F) = L_c\left[\coth\left(\frac{F l_k}{k_B T}\right) - \frac{k_B T}{F l_k}\right] \qquad (9.12)$$

为了将该模型扩展到更高力的更常应用于有序刚性聚合物如 DNA 的力谱实验的范围，一种改进形式被开发，灌输有限弹性的部分，使得链被视为一系列弹簧[82]：

$$Z(F) = L_C\left[\coth\left(\frac{F l_k}{k_B T}\right) - \frac{k_B T}{F l_k}\right]\left(1 + \frac{F}{K_S l_k}\right) \qquad (9.13)$$

式中，l_k 是 Kuhn 长度，K_S 是弹性常数。

如果聚合物的轮廓长度与 l_k 相比较大，并且伸展度适度，则伸展大部分本质上是熵。通过将实验的力-伸展数据拟合到两个模型的任何一个中，可以确定两个基本聚合物性质，即轮廓长度和持久或 Kuhn 长度（见图 9.10）。

如图 9.10 所示的示例中，可以看到三个拉伸事件。这些可以对应于在一个测量周期中拉伸的不同长度的三个多糖链。然而，更可能的解释是，这是由于相同分子的几个环从表面被拉出，如图 9.11 所示，不一定只是链的端部结合到表面上。

在较大的伸展时，需要考虑焓值。在方程式（9.11）和式（9.13）中引入的修改提供了描述这种效应的第一近似值。在更大的伸展中，需要更详细的模型来描述事件，例如螺旋的解压缩、糖环形状的构型变化、或蛋白质结构域的局部和顺序的

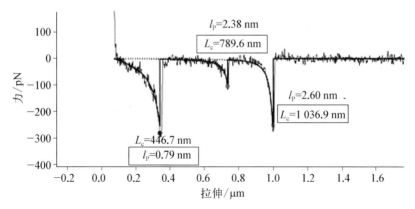

图 9.10　拉伸半柔性多糖的力-伸展数据,通过将实验数据(噪声灰线)拟合到 WLC 模型(平滑黑线),获得轮廓长度 L_c 和持续长度 l_P 的链特征

内在解折叠。

9.5.2　分子相互作用

受体-配体结合是一种随机过程,其中结合和未结合状态存在于平衡状态。描述该过程的方程式基本上量化了复合物的结合率和解离率的比率。即使在零施加力时,任何给定的键都具有有限的寿命(τ_0),并且将在更长的时间尺度上解离。键的平均寿命(τ_0)由解离率常数(k_{off})的倒数给出: $\tau_0 = 1/k_{off}$。 然而,如果试图破坏键的时间尺度小于平均寿命,那么它将抵抗断裂且将需要有限的力。这基本上是在力谱实验中发生的情况,并且遵循这个论点的逻辑,则可以看出任何给定键的断裂力的大小都不是单一值,而是随复合物断裂的速率而变化。因此,拉伸速度是在特定识别实验中不同的参数,以产生将解离力的大小与加载速率相关联的图。重要的是要注意,当聚合物间隔物用于实验中时,实际加载速率(r)是在仪器软件中设定的拉伸速度和黏附曲线(即 $r = df/dt$)拉伸区域的力距离轮廓显示的伸展非线性率的组合。实际上,近来已经表明,聚合物系链

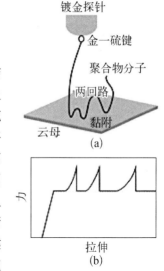

图 9.11　(a) 阐明在典型聚合物拉伸实验中可以看到多个事件的示意图; (b) 在力谱中看到三个拉伸事件,对应于从表面拉出的两个环(由聚合物的中间部分固定的)[86]

对被研究的键施加的非线性载荷速率在随后的解离速率计算中产生了系统误差,这需要校正[49]。在典型 AFM 实验的时间尺度(ms~s)上,热激活控制解离过程。在这种情况下,复合物的寿命可以用 Boltzmann 方程来估计[40,87,88]:

$$\tau(0) = \tau_{osc} \exp\left(\frac{E_{barr}}{k_B T}\right) \tag{9.14}$$

式中，τ_{osc} 是复合物的自然振荡频率的倒数，E_{barr} 是解离的能量势垒。这给出了一个简单的解离速率对势垒高度的 Arrhenius 依赖性。作用在复合物上的强迫力使相互作用能量地貌变形，降低活化能垒。以恒力（f）牵拉的键的寿命[89]如下：

$$\tau(f) = \tau_{osc} \exp\left(E_{barr} - \frac{fx}{k_B T}\right) \tag{9.15}$$

式中，x 是能垒沿施加力的方向与最小值的距离。在恒定力下复合物的寿命与零力下的寿命相比较，因此：

$$\tau(f) = \tau(0) \exp\left(-\frac{fx}{k_B T}\right) \tag{9.16}$$

可以预测解离力的分布如何随加载速率而变化[90]。每个分布的最大值 $[f^*(r)]$ 对于各自的加载速率（r）给出了最可能的解离力：

$$f^*(r) = \frac{k_B T}{x} \ln \frac{rx}{k_B T k_{off}} \tag{9.17}$$

解离力与加载速率的对数成线性关系，因此对于单个能量势垒，这将导致在 f^* 对 r 的图中的单个梯度。对于具有多于一个能垒的复合物，该图将显示一系列线性区域，每个区域对于一个能垒。因此，通过在力谱实验中改变加载速率，可以获得关于复合物种类相互作用的结构和动力学信息。测量的断裂力对加载速率曲线的斜率产生了能量势垒的长度（斜率的倒数代表沿着施加力矢量投影的活化能垒的最小值到最大值的距离）。将数据外推至零力产生复合物脱偶联的解离速率常数。

一个普遍困扰受体-配体相互作用力谱数据的问题是在测量的断裂力直方图中存在意想不到的高力拖尾。这导致数据分析中出现问题，因为它扭曲了从分布获得的拟合，这可能导致重要参数计算错误。Gu 和同事们已经研究了这种高断裂力"拖尾"的起源，被归因于（几乎）同时断裂了一个以上的键[26]。断裂力的不均匀分布可能是由于以下几个因素：间隔物长度的多分散性、AFM 针尖上的间隔物附着位置的差异和样品粗糙度。作为这些因素中任何一个的结果，当在拉伸周期中测量到多个键断裂时，一个键总是比其他键具有更高的载荷（即一个间隔物将是最伸展的），因此将是第一个断裂。当断裂发生时，加载将立即转移到由新的最为伸展的间隔物连接的键，并且也可能断裂。然而，这第二个键将以比第一键明显更低的力断裂，且几乎立即发生。问题是第二次断裂不可分辨为独立事件，因此它的大小将简单地增加到初始断裂的大小上,但是不能以量化的方式解释(即它不会是简单的多个典型单键强度)。这导致数据中明显的"单一"事件峰,具有比单键破裂典型值更大的数据[26]。Gu 和同事们开发了一个模型优先考虑到这些想法,该课题组继续在第二篇论文中表明生物素-链霉亲和素复合物 AFM 数据可以被分析以产生与分子动力学模拟预测的能量地貌相一致的动力学参数[91]。他们还表明,在拉伸测量期间多于一个分子键可能破裂的情况下,存在拉伸速度的噪声受限范围,此时通过力谱测量的动力学参数对应于真实的能量地貌。在这种速度范围之外,通过使用标准最可能力方法提取的动力学参数可能被解释为在实际能量地貌中不存在的人工能垒[91]。

实际上需要自动化或半自动化分析力谱数据。一个典型的分子识别实验可以产生数百或数千个力-距离曲线,Baumgarter 和同事们描述了详细的分析程序[92]。在分子识别力谱中,目的是量化来自力-伸展数据的解离或断裂力的大小。这可以通过从多次拉伸周期中收集的偶联事件的简单柱状图分析来完成。已经开发了一种更聪明的方法,其构建了来自解离力数据的经验概率密度函数[92]。断裂力每个值的平均值和方差计算单位面积的单高斯函数,通过对曲线回缩部分中的偶联事件的跳跃高度进行测量来获得断裂力。将单个高斯函数相加并归一化以产生其数据被准确度加权的图[40,92]。

最近,已经开发了一种可以免费下载的最新的自动化程序[93]。除了自动化力谱分析之外,还通过采用模式识别提取数据中的异常事件来扩展技术的能力,这可以指示样品集中的亚群,揭示罕见的具有不同解离/去折叠路径的情况,否则其可能会被平均而丢失[93]。

9.5.3 变形分析

当 AFM 针尖(或胶体针尖)被压入样品表面时发生变形的建模是基于 Hertz 的接触力学理论[94]。Hertz 观察到放置在透镜上的玻璃球产生椭圆形牛顿环。他意识到这意味着球体对镜片施加的压力也必须假定为椭圆分布。他的理论假定:变形的表面是均匀的,忽略了探针与表面之间的黏附。JKR[95] 和 DMT[96] 是两种基于 Hertz 模型的最常用的接触力学模型。就 AFM 接触力学而言的 JKR 和 DMT 模型的相关方面被总结在非常有用的文献中[97],下面进行了转载。

9.5.4 剥离时的黏合力

这两个模型包括了探针和表面之间的黏附效应,黏附(断裂)力的相关方程式为:

$$F_{ad} = \frac{3}{2}\pi\gamma R \quad (JKR) \tag{9.18}$$

$$F_{ad} = 2\pi\gamma R \quad (DMT) \tag{9.19}$$

式中，R 是压痕探针的曲率半径，γ 是界面能。

9.5.5 变形时的弹性压痕深度(δ)和接触半径(a)

两个模型根据针尖半径和黏附力产生了在变形期间压痕深度(δ)和接触半径(a)的表达式：

$$a(JKR) = \left(\frac{R}{K}\left(\sqrt{F_{ad(JKR)}} + \sqrt{F_n + F_{ad(JKR)}}\right)^2\right)^{\frac{1}{3}} \tag{9.20}$$

$$\delta(JKR) = \frac{a^2(JKR)}{R} - \frac{4}{3}\sqrt{\frac{a(JKR)F_{ad}(JKR)}{RK}} \tag{9.21}$$

$$a(DMT) = \left(\frac{R}{K}(F_n + F_{ad(DMT)})\right)^{\frac{1}{3}} \tag{9.22}$$

$$\delta(DMT) = \frac{a^2(DMT)}{R} \tag{9.23}$$

此处，K 是由以下术语给出的针尖和样品的折减弹性模量：

$$K = \frac{4}{3}\left[(1-v_1^2)/E_1 + (1-v_2^2)/E_2\right]^{-1} \tag{9.24}$$

式中，E_1 和 E_2 是针尖和样品的杨氏模量，v_1 和 v_2 是针尖和样品泊松比。

9.5.6 零载荷时的接触半径

零载荷(a_0)的接触半径由以下表达式给出：

$$a_0(JKR) = \left(\frac{6\pi R^2}{K}\right)^{\frac{1}{3}} \tag{9.25}$$

$$a_0(DMT) = \left(\frac{2\pi R^2}{K}\right)^{\frac{1}{3}} \tag{9.26}$$

JKR 模型最适合于顺应性样品，其具有强黏附力和大针尖半径，而 DMT 模型更适合刚性材料，其具有弱黏附力和小针尖半径。JKR 和 DMT 模型之间的过渡区域则适合"M－D"模型,该模型包括一个参数来决定在给定情况下 JKR 或 DMT 模型到底哪个最适用[98-100]。然而,这可能难以应用于实验数据,因为方程的数值解必须通过迭代推导得到[97]。

近来,已经开发了一套针对 M－D 模型的普通解决方案,可以与实验数据进行比较,并且可以准确地适应 JKR 和 MDT 模型,从而可以对来自中间样本的数据进行建模[97]。另一个流行的纳米压痕模型是 Oliver-Pharr 模型,其将卸荷数据视为纯弹性[101]。

9.5.7 胶体力

根据 DLVO 理论可以理解胶体颗粒的稳定性,其依据范德瓦尔斯吸引力(vdW)和库仑排斥相互作用描述了水性介质中的球形胶体颗粒之间的相互作用(参见文献[102])。图 9.12 显示了使用 DLVO 理论得到的有效成对相互作用能(W)对粒子表面距离(D)的关系图。

净电势曲线(实线)可用于预测不同场景下颗粒抗聚结的稳定性。所有的曲线在范德瓦尔斯力主导的非常短的范围内具有初级最小值。充分接近的胶体颗粒将落入该能量阱中并遭受不可逆的聚集。在稳定系统中,颗粒上表面电荷的存在导致排斥能垒出现。在低电解质浓度和高表面电荷下,胶体颗粒在环境温度下的布

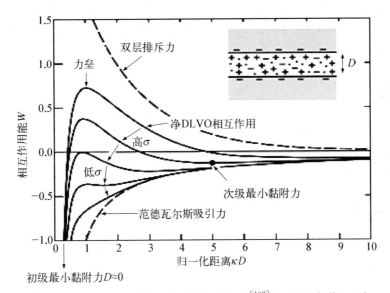

图 9.12 DLVO 相互作用的能量对距离曲线[102][当表面电荷(σ)降低时,排斥能垒的高度也降低,相互作用变成纯吸引力,胶体的稳定性将丢失;注意,水平刻度上的一个单位是溶解电解质屏蔽单位电荷的有效距离,因为 κ 是表面解离常数(即德拜长度的倒数)]

朗运动将不能提供足够的能量来打破相对较大的能垒。然而,由于移动反离子的屏蔽(见图 9.12 插图),连续相的电解质浓度增加,则表面电荷排斥的有效范围将会降低,且能垒降低。在足够高的盐(和/或低表面电荷)下,能垒被完全去除,分散体变得不稳定。颗粒在很远的范围内就被相互吸引,且随着它们不可逆转地进入深度初级最小值,非常迅速地聚集/聚结。在这两个极端之间(即中等的离子强度或表面电荷),净能量曲线中存在可引起颗粒可逆聚集的二次最小值。它们彼此黏附,但被剩余的能垒保持在初级最小值之外(想象成它就站在覆盖在井上的蹦床上,你会以稍微下垂一点以达到一个明显的平衡位置,但仍然能用适当量的功来爬出)。从胶体探针显微镜获得的实验数据可以与 DVLO 理论进行比较[72,103],便宜的 DLVO 拟合程序可从 Clayton McKee(Department Chemical Engineering, Virginia Tech. VA)获得。与 DLVO 行为的偏差可以表明在系统中存在由于流体动力学、空间位置、渗透或疏水效应而可能发生的非 DLVO 相互作用。然而,即使没有"非 DLVO"效应,该模型有时对于静电主导系统也会失败。像任何分析模型一样,它都服从数学近似。库仑贡献特别考虑到平均场水平,忽略了溶解离子的电荷-电荷相关性。每个离子只感觉到其邻近的集体平均场,而不是单个相互作用。而且,这些离子的平衡分布在线性响应近似中进行处理。这些忽略的影响在高电解质浓度或存在多价离子时变得重要,并导致与 DLVO 预测的显著偏差。此外,Derjaguin 近似被用于简化曲面的几何形状,并且被限制在远小于胶体颗粒半径的相互作用范围。因此,对于表面曲率与特征分离距离相当的小颗粒,DLVO 理论也可能失败。

参考文献

[1] Meyer G, Amer N M. Novel optical approach to atomic force microscopy. *Applied Physics Letters* **1988**, 53 (12), 1045-1047.

[2] Craig V S J, Neto C. In situ calibration of colloid probe cantilevers in force microscopy: hydrodynamic drag on a sphere approaching a wall. *Langmuir* **2001**, 17 (19), 6018-6022.

[3] Proksch R, Cleveland J P. STM'OI Conference Abstract British Columbia University, Vancouver, Canada, 2001.

[4] Higgins M J, Proksch R, Sader J E, et al. Noninvasive determination of optical lever sensitivity in atomic force microscopy. 2006; Vol. 77, p 013701-013701.

[5] Cleveland J P, Manne S, Bocek D, et al. A nondestructive method for determining the spring constant of cantilevers for scanning force microscopy. **1993**, 64 (2), 403-405.

[6] Sader J E, Larson I, Mulvaney P, et al. Method for the calibration of atomic force microscope cantilevers. *Review of Scientific Instruments* **1995**, 66 (7), 3789-3798.

[7] Sader J E, Chon J W M, Mulvaney P. Calibration of rectangular atomic force microscope cantilevers. *Review of Scientific Instruments* **1999**, *70* (10), 3967 – 3969.

[8] Green C P, Lioe H, Cleveland J P, et al. Normal and torsional spring constants of atomic force microscope cantilevers. *Review of Scientific Instruments* **2004**, *75* (6), 1988 – 1996.

[9] Li Y Q, Tao N J, Pan J, et al. Direct measurement of interaction forces between colloidal particles using the scanning force microscope. *Langmuir* **1993**, *9* (3), 637 – 641.

[10] Cumpson P J, Hedley J. Accurate analytical measurements in the atomic force microscope: a microfabricated spring constant standard potentially traceable to the SI. *Nanotechnology* **2003**, *14* (12), 1279.

[11] Cumpson P J, Zhdan P, Hedley J. Calibration of AFM cantilever stiffness: a microfabricated array of reflective springs. *Ultramicroscopy* **2004**, *100* (3 – 4), 241 – 251.

[12] Cumpson P J, Hedley J, Clifford C A. Microelectromechanical device for lateral force calibration in the atomic force microscope: Lateral electrical nanobalance. *Journal of Vacuum Science & Technology B Microelectronics & Nanometer Structures* **2005**, *23* (5), 1992 – 1997.

[13] Clifford C A, Seah M P. The determination of atomic force microscope cantilever spring constants via dimensional methods for nanomechanical analysis. *Nanotechnology* **2005**, *16* (16), 1666.

[14] Petersen K E, Guarnieri C R. Young's modulus measurements of thin films using micromechanics. *Journal of Applied Physics* **1979**, *50* (11), 6761 – 6766.

[15] Neumeister J M, Ducker W A. Lateral, normal, and longitudinal spring constants of atomic force microscopy cantilevers. *Review of Scientific Instruments* **1994**, *65* (8), 2527 – 2531.

[16] Cook S M, Lang K M, Chynoweth K M, et al. Practical implementation of dynamic methods for measuring atomic force microscope cantilever spring constants. *Nanotechnology* **2006**, *17* (9), 2135 – 2145.

[17] Chung K H, Scholz S, Shaw G A, et al. SI traceable calibration of an instrumented indentation sensor spring constant using electrostatic force. *Review of Scientific Instruments* **2008**, *79* (9), 095105.

[18] Giannotti M I, Vancso G J. Interrogation of single synthetic polymer chains and polysaccharides by AFM-based force spectroscopy. *Chemphyschem A European Journal of Chemical Physics & Physical Chemistry* **2007**, *8* (16), 2290.

[19] Ng S P, Randles L G, Clarke J. Single molecule studies of protein folding using atomic force microscopy. Humana Press: 2007; p 139 – 167.

[20] Strunz T, Oroszlan K, Schäfer R, et al. Dynamic force spectroscopy of single DNA

molecules. *Proceedings of the National Academy of Sciences of the United States of America* **1999**, *96* (20), 11277.

[21] Marszalek P E, Oberhauser A F, Pang Y P, et al. Polysaccharide elasticity governed by chair|[ndash]|boat transitions of the glucopyranose ring. *Nature* **1998**, *396* (6712), 661 – 664.

[22] Marszalek P E, Li H, Fernandez J M. Fingerprinting polysaccharides with single-molecule atomic force microscopy. *Nature Biotechnology* **2001**, *19* (3), 258 – 262.

[23] Rounsevell R, Forman J R, Clarke J. Atomic force microscopy: mechanical unfolding of proteins. *Methods* **2004**, *34* (1), 100.

[24] Zou S, Korczagin I, Hempenius M A, et al. Single molecule force spectroscopy of smart poly(ferrocenylsilane) macromolecules: Towards highly controlled redox-driven single chain motors. *Polymer* **2006**, *47* (7), 2483 – 2492.

[25] Fantner G E, Oroudjev E, Schitter G, et al. Sacrificial bonds and hidden length: unraveling molecular mesostructures in tough materials. *Biophysical Journal* **2006**, *90* (4), 1411 – 1418.

[26] Gu C, Kirkpatrick A, Ray C, et al. Effects of multiple-bond ruptures in force spectroscopy measurements of interactions between fullerene C_{60} molecules in water. *Journal of Physical Chemistry C* **2008**, *112* (13), 5085 – 5092.

[27] Carrion-Vazquez M, Oberhauser A F, Fowler S B, et al. Mechanical and chemical unfolding of a single protein: a comparison. *Proceedings of the National Academy of Sciences of the United States of America* **1999**, *96* (7), 3694.

[28] Best R B, Brockwell D J, Toca-Herrera J L, et al. Force mode atomic force microscopy as a tool for protein folding studies. *Analytica Chimica Acta* **2003**, *479* (1), 87 – 105.

[29] Braun O, Hanke A, Seifert U. Probing molecular free energy landscapes by periodic loading. *Physical Review Letters* **2004**, *93* (15), 158105.

[30] Oberhauser A F, Hansma P K, Carrionvazquez M, et al. Stepwise unfolding of titin under force-clamp atomic force microscopy. *Proceedings of the National Academy of Sciences of the United States of America* **2001**, *98* (2), 468 – 472.

[31] Fernandez J M, Li H. Force-clamp spectroscopy monitors the folding trajectory of a single protein. *Science* **2004**, *306* (5695), 1674 – 1678.

[32] Humphris A D L, Tamayo J, Miles M J. Active quality factor control in liquids for force spectroscopy. *Langmuir* **2000**, *16* (21), 7891 – 7894.

[33] Humphris A D L, Antognozzi M, McMaster T J, et al. Transverse dynamic force spectroscopy: a novel approach to determining the complex stiffness of a single molecule. *Langmuir* **2002**, *18* (5), 1729 – 1733.

[34] Kawakami M, Byrne K, Khatri B, et al. Viscoelastic properties of single polysaccharide molecules determined by analysis of thermally driven oscillations of an atomic force

microscope cantilever. *Langmuir the Acs Journal of Surfaces & Colloids* **2004**, *20* (21), 9299 – 9303.

[35] Jarzynski C. Nonequilibrium equality for free energy differences. *Physical Review Letters* **1997**, *78* (14), 2690 – 2693.

[36] Hummer G, Szabo A. Free energy reconstruction from nonequilibrium single-molecule pulling experiments. *Proceedings of the National Academy of Sciences of the United States of America* **2001**, *98* (7), 3658.

[37] Liphardt J, Dumont S, Smith S B, et al. Equilibrium information from nonequilibrium measurements in an experimental test of jarzynski's equality. *Science* **2002**, *296* (5574), 1832.

[38] Lee G U, Kidwell D A, Colton R J. Sensing discrete streptavidin-biotin interactions with atomic force microscopy. *Langmuir* **1994**, *10* (2), 354 – 357.

[39] Dammer U, Hegner M, Anselmetti D, et al. Specific antigen/antibody interactions measured by force microscopy. *Biophysical Journal* **1996**, *70* (5), 2437 – 2441.

[40] Hinterdorfer P, Gruber H J, Kienberger F. Surface attachment of ligands and receptors for molecular recognition force microscopy. *Colloids & Surfaces B Biointerfaces* **2002**, *23* (2), 115 – 123.

[41] Gunning A P, Bongaerts R J M, Morris V J. Recognition of galactan components of pectin by galectin-3. *Faseb Journal Official Publication of the Federation of American Societies for Experimental Biology* **2009**, *23* (2), 415.

[42] Barattin R, Voyer N. Chemical modifications of AFM tips for the study of molecular recognition events. *Chemical Communications* **2008**, *48* (13), 1513 – 1532.

[43] Hinterdorfer P, Baumgartner W, Gruber H J, et al. Detection and localization of individual antibody-antigen recognition events by atomic force microscopy. *Proceedings of the National Academy of Sciences of the United States of America* **1996**, *93* (8), 3477 – 381.

[44] Kienberger F, Ebner A, Gruber H J, et al. Molecular recognition imaging and force spectroscopy of single biomolecules. *Accounts Chem. Res.* **2006**, *37* (19).

[45] Haselgruebler T, Amerstorfer A, Schindler H, et al. Synthesis and applications of a new poly (ethylene glycol) derivative for the crosslinking of amines with thiols. *Bioconjug Chem* **1995**, *6* (3), 242.

[46] Ebner A, Hinterdorfer P, Gruber H J. Comparison of different aminofunctionalization strategies for attachment of single antibodies to AFM cantilevers. *Ultramicroscopy* **2007**, *107* (10 – 11), 922 – 927.

[47] Hinterdorfer P, Dufrene Y F. Detection and localization of single molecular recognition events using atomic force microscopy. *Nature Methods* **2006**, *3* (5), 347.

[48] Gabai R, Segev L, Joselevich E. Single polymer chains as specific transducers of

molecular recognition in scanning probe microscopy. *Journal of the American Chemical Society* **2005**, *127* (32), 11390 – 11398.

[49] Ray C, Brown J R, Akhremitchev B B. Rupture force analysis and the associated systematic errors in force spectroscopy by AFM. *Langmuir* **2007**, *23* (11), 6076 – 6083.

[50] Raab A, Han W, Badt D, et al. Antibody recognition imaging by force microscopy. *Nature Biotechnology* **1999**, *17* (9), 901.

[51] Ebner A, Kienberger F, Kada G, et al. Localization of single avidin-biotin interactions using simultaneous topography and molecular recognition imaging. *Chemphyschem A European Journal of Chemical Physics & Physical Chemistry* **2005**, *6* (5), 897.

[52] Janovjak H, Muller D J, Humphris A D. Molecular force modulation spectroscopy revealing the dynamic response of single bacteriorhodopsins. *Biophysical Journal* **2005**, *88* (2), 1423 – 1431.

[53] Frisbie C D, Lieber C M. Functional group imaging by chemical force microscopy. *Science* **1994**, *265* (5181), 2071 – 2074.

[54] Noy A. Strength in numbers: probing and understanding intermolecular bonding with chemical force microscopy. *Scanning* **2008**, *30* (2), 96 – 105.

[55] Gilbert Y, Deghorain M, Ling W, et al. Single-molecule force spectroscopy and imaging of the vancomycin/D-Ala-D-Ala interaction. *Nano Letters* **2007**, *7* (3), 796 – 801.

[56] Craig V S J. An historical review of surface force measurement techniques. *Colloids & Surfaces A Physicochemical & Engineering Aspects* **1997**, *s 129 – 130* (97), 75 – 93.

[57] Israelachvili J N, Adams G E. Measurement of forces between two mica surfaces in aqueous electrolyte solutions in the range 0 – 1000 nm. *Journal of the Chemical Society Faraday Transactions Physical Chemistry in Condensed Phases* **1978**, *74*, 975 – 1001.

[58] Binnig G, Quate C F, Gerber C. Atomic force microscope. *Physical Review Letters* **1986**, *56* (9), 930.

[59] Prieve D C, Frej N A. Total internal reflection microscopy: a quantitative tool for the measurement of colloidal forces. *Langmuir* **1990**, *6* (2), 396 – 403.

[60] Hodges C S. Measuring forces with the AFM: polymeric surfaces in liquids. *Advances in Colloid & Interface Science* **2002**, *99* (1), 13 – 75.

[61] Hartley P G, Grieser F, Mulvaney P, et al. Surface forces and deformation at the oil-water interface probed using AFM force measurement. *Langmuir* **1999**, *15* (21), 7282 – 7289.

[62] Butt H J. A technique for measuring the force between a colloidal particle in water and a bubble. *Journal of Colloid & Interface Science* **1994**, *166* (1), 109 – 117.

[63] Gunning A P, Mackie A R, Wilde P J, et al. Atomic force microscopy of emulsion droplets: probing droplet-droplet interactions. *Langmuir the Acs Journal of Surfaces & Colloids* **2004**, *20* (1), 116.

[64] Dagastine R R, Stevens G W, Chan D Y, et al. Forces between two oil drops in aqueous solution measured by AFM. *Journal of Colloid & Interface Science* **2004**, *273* (1), 339.

[65] Chan D Y C, Dagastine R R. Forces between a rigid probe particle and a liquid interface: I. the repulsive case. *Journal of Colloid & Interface Science* **2001**, *236* (1), 141 – 154.

[66] Gillies G, Prestidge C A, Attard P. An AFM study of the deformation and nanorheology of cross-linked PDMS droplets. *Langmuir* **2002**, *18* (5), 2029 – 2034.

[67] Aston D E, Berg I C. Thin-film hydrodynamics in fluid interface-atomic force microscopy. *Industrial & Engineering Chemistry Research* **2002**, *41* (3), 389 – 396.

[68] Chan D Y C, Dagastine R R, White L R. Forces between a rigid probe particle and a liquid interface: II. The general case. *Journal of Colloid and Interface Science* **2002**, *247* (2), 310 – 320.

[69] Clark S C, Walz J Y, Ducker W A. Atomic force microscopy colloid-probe measurements with explicit measurement of particle-solid separation. *Langmuir the Acs Journal of Surfaces & Colloids* **2004**, *20* (18), 7616 – 7622.

[70] Mckee C T, Clark S C, Walz J Y, et al. Relationship between scattered intensity and separation for particles in an evanescent field. *Langmuir the Acs Journal of Surfaces & Colloids* **2005**, *21* (13), 5783.

[71] Butt H J, Cappella B, Kappl M. Force measurements with the atomic force microscope: Technique, interpretation and applications. *Surface Science Reports* **2005**, *59* (1), 1 – 152.

[72] Liang Y, Hilal N, Langston P, et al. Interaction forces between colloidal particles in liquid: theory and experiment. *Advances in colloid and interface science* **2007**, *134 – 135* (21), 151.

[73] Derjaguin B, Landau L. Theory of the stability of strongly charged lyophobic sols and of the adhesion of strongly charged particles in solutions of electrolytes. *Progress in Surface Science* **1941**, *43* (1 – 4), 30 – 59.

[74] Verwey E J W, Overbeek J T G. Theory of the stability of lyophobic colloids. *Elsevier, Amsterdam* **1948**.

[75] Arnoldi M, Kacher C M, Bäuerlein E, et al. Elastic properties of the cell wall of Magnetospirillum gryphiswaldense investigated by atomic force microscopy. *Applied Physics A* **1998**, *66* (1), S613 – S617.

[76] Gaboriaud F, Gee M L, Strugnell R, et al. Coupled electrostatic, hydrodynamic, and mechanical properties of bacterial interfaces in aqueous Media. *Langmuir the Acs Journal of Surfaces & Colloids* **2008**, *24* (19), 10988 – 10995.

[77] Li Q S, Lee G Y H, Ong C N, et al. AFM indentation study of breast cancer cells. *Biochemical & Biophysical Research Communications* **2008**, *374* (4), 609 – 613.

[78] Calabri L, Pugno N, Menozzi C, et al. AFM nanoindentation: tip shape and tip radius of curvature effect on the hardness measurement. *Journal of Physics Condensed Matter* **2008**, *20* (47), 1005 – 1008.

[79] Kratky O, Porod G. Röntgenuntersuchung gelöster Fadenmoleküle. *Recueil des Travaux Chimiques des Pays-Bas* **1949**, *68* (12), 1106 – 1122.

[80] Flory P J, Volkenstein M. Statistical mechanics of chain molecules. *Physics Today* **1998**, *8* (5), 71 – 71.

[81] Beuche F, Physical properties of polymers. *Interscience, New York.* **1962**.

[82] Smith S B, Cui Y, Bustamante C. Overstretching B – DNA: the elastic response of individual double-stranded and single-stranded DNA molecules. *Science* **1996**, *271* (5250), 795 – 799.

[83] Bustamante C, Marko J F, Siggia E D, et al. Entropic elasticity of lambda-phage DNA. *Science* **1994**, *265* (5178), 1599 – 600.

[84] Marko J F, Siggia E D. Stretching DNA. *Macromolecules* **1995**, *28* (26), 8759 – 8770.

[85] Wang M D, Yin H, Landick R, et al. Stretching DNA with optical tweezers. *Biophysical Journal* **1997**, *72* (3), 1335 – 1346.

[86] Haschke H, Miles M J, Koutsos V. Conformation of a single polyacrylamide molecule adsorbed onto a mica surface studied with atomic force microscopy. *Macromolecules* **2004**, *37* (10), 3799 – 3803.

[87] Bell G I. Models for the specific adhesion of cells to cells. *Science* **1978**, *200* (4342), 618.

[88] Kienberger F, Kada G, Gruber H J, et al. Recognition force spectroscopy studies of the NTA – His6 bond. *Single Moecules* **2000**, *1*, 59 – 65.

[89] Evans E, Ritchie K. Dynamic strength of molecular adhesion bonds. *Biophysical Journal* **2007**, *72* (4), 1541 – 1555.

[90] Strunz T, Oroszlan K, Schumakovitch I, et al. Model energy landscapes and the force-induced dissociation of ligand-receptor bonds. *Biophysical Journal* **2000**, *79* (3), 1206 – 1212.

[91] Guo S, Ray C, Kirkpatrick A, et al. Effects of multiple-bond ruptures on kinetic parameters extracted from force spectroscopy measurements: revisiting biotin-streptavidin interactions. *Biophysical Journal* **2008**, *95* (8), 3964.

[92] Baumgartner W, Hinterdorfer P, Schindler H. Data analysis of interaction forces measured with the atomic force microscope. *Ultramicroscopy* **2000**, *82* (1 – 4), 85.

[93] Kuhn M, Janovjak H, Hubain M, et al. Automated alignment and pattern recognition of single-molecule force spectroscopy data. *Journal of Microscopy* **2005**, *218* (2), 125 – 132.

[94] Hertz H, Uber die Beruhrung fester elastischer Korper. *Reine Angew Math* **1882**, *92*,

156 - 171.

[95] Johnson K L, Kendall K, Roberts A D. Surface energy and contact of elastic solids. *Proceedings of the Royal Society A* **1971**, *324* (1558), 301 - 313.

[96] Derjaguin B V, Muller V M, Toporov Y P. Effect of contact deformations on the adhesion of particles. *Journal of Colloid & Interface Science* **1975**, *53* (2), 314 - 326.

[97] Pietrement O, Troyon M. General equations describing elastic indentation depth and normal contact stiffness versus load. *Journal of Colloid & Interface Science* **2000**, *226* (1), 166 - 171.

[98] Maugis D. Adhesion of spheres: The JKR - DMT transition using a dugdale model. *Journal of Colloid & Interface Science* **1992**, *150* (1), 243 - 269.

[99] Dugdale D S. Yielding of steel sheets containing slits. *Journal of the Mechanics & Physics of Solids* **1960**, *8* (2), 100 - 104.

[100] Tabor D. The hardness of solids. *Colloid & Interface Sci* **1977**, *58*, 145 - 179.

[101] Oliver W C, Pharr G M. An improved technique for determining hardness and elastic modulus using load and displacement sensing indentation experiments. *Journal of Materials Research* **1992**, *7* (6), 1564 - 1583.

[102] Israelachvili J. Intermolecular and surface forces, 3rd ed. — Chapter 14: electrostatic forces between surfaces in liquids. **2009**.

[103] Ralston J, Larson I, Rutland M W V, et al. Atomic force microscopy and direct surface force measurements (IUPAC Technical Report). *Pure & Applied Chemistry* **2005**, *77* (12), 2149 - 2170.

扫描探针显微镜(SPM)相关参考书籍

[1] Bai C. (1995). *Scanning tunnelling microscopy and its application*. Springer-Verlag.

[2] Batteas J D. (2005). *Applications of scanned probe microscopy to polymers* (ACS Symposium Series) American Chemical Society.

[3] Behm R J, et al. (1990). *Scanning tunnelling microscopy and related methods; proceedings*. Kluwer Academic Publishers.

[4] Bhushan B, Fuchs H. (2005). *Applied scanning probe methods* Ⅱ: *scanning probe microscopy techniques*. Springer.

[5] Bhushan B, Fuchs H, Tomitori M. (2008). *Applied scanning probe methods* Ⅷ: *scanning probe microscopy techniques*. Springer.

[6] Birdi K S. (2003). *Scanning probe microscopes: applications in science and technology*. CRC Press.

[7] Bonnell D A. (1993) *Scanning tunnelling microscopy and spectroscopy: theory, techniques and applications*. VCH.

[8] Chen C J. (1993). *Introduction to scanning tunnelling microscopy*. Oxford University Press (NY).

[9] Cohen S H, et al. (1995). *Atomic force microscopy/scanning tunnelling microscopy; Proceedings*. Plenum.

[10] Colton R J, et al. (1998). *Procedures in scanning probe microscopies*. Wiley.

[11] Drelich J, Mittal K. (2005). *Atomic force microscopy in adhesion studies*. Brill Academic Publishers.

[12] Guntherodt H-J. (1995). *Forces in scanning probe methods: proceedings of the NATO advanced study*. Kluwer Academic Publishers.

[13] Guntherodt H-J, Weisendanger R. (1995). *Scanning tunnelling microscopy; Further applications and related scanning techniques*. Springer-Verlag.

[14] Guntherodt H-J，Weisendanger R. （1994）. *Scanning tunnelling microscopy*；*General principles and applications to adsorbate covered surfaces*. Springer-Verlag.

[15] Guntherodt H-J，Weisendanger R. （1993）. *Scanning tunnelling microscopy*；*Theory of STM and related scanning probe methods*. Springer-Verlag.

[16] Jena B P，Horber H J K. （2002）. *Atomic force microscopy in cell biology* Academic Press.

[17] Jena B P，Heinrich J K. （2006）. *Force microscopy: applications in Biology and Medicine*. Wiley-Liss.

[18] Kaupp G. （2005）. *Atomic force microscopy，scanning nearfield optical microscopy and nanoscratching: application to rough and natural surfaces*. Springer.

[19] Marti O，Amrein M. （1993）. *STM and SFM in biology*. Academic Press.

[20] Magnov S N，Whangbo M-H. （1995）. *Surface analysis with STM and AFM: experimental and theoretical aspects of image analysis*. VCH.

[21] Meyer E，Hug H J，Bennewitz R. （2003） *Scanning probe microscopy: the lab on a tip*. Springer-Verlag.

[22] Minne S C，et al. （1999）. *Bringing scanning probe microscopy up to speed*. Kluwer Academic Publishers.

[23] Morita S，Wiesendanger R，Meyer E. （2002）. *Noncontact atomic force microscopy*. Springer Verlag.

[24] Neddermeyer H. （1993）. *Scanning tunnelling microscopy*. Kluwer Academic Publishers.

[25] Samori P. （2006）. *Scanning probe microscopies beyond imaging: manipulation of molecules and nanostructures*. Wiley-VCH.

[26] Sarid D. （1994）. *Scanning force microscopy with applications to electric，magnetic，and atomic forces*. Oxford University Press （NY）.

[27] Stroscio J A，Kaiser W J. （1994）. *Scanning tunnelling microscopy*. Academic Press.

[28] Weisendanger R. （1994）. *Scanning probe microscopy and spectroscopy: methods and applications*. Cambridge University Press.

索 引